21世纪高等职业教育计算机技术规划教材
21 ShiJi GaoDeng ZhiYe JiaoYu JiSuanJi JiShu GuiHua JiaoCai

计算机应用基础

（Windows 7+Office 2010）

COMPUTER APPLICATION

孟敬 主 编
叶华 副主编

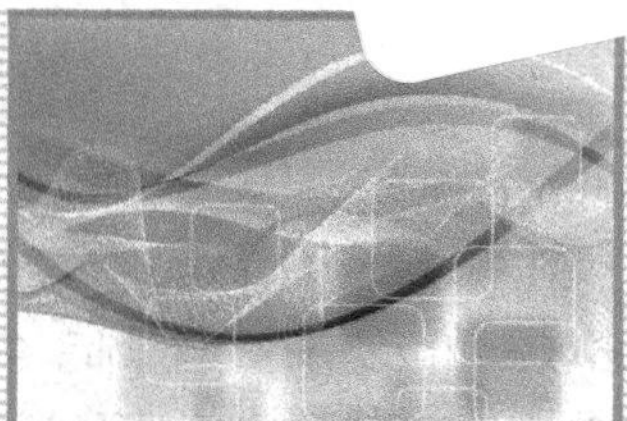

人 民 邮 电 出 版 社
北 京

图书在版编目（CIP）数据

计算机应用基础 / 孟敬主编. -- 北京 : 人民邮电出版社, 2014.6（2018.8 重印）
21世纪高等职业教育计算机技术规划教材
ISBN 978-7-115-33928-7

Ⅰ. ①计… Ⅱ. ①孟… Ⅲ. ①电子计算机—高等职业教育—教材 Ⅳ. ①TP3

中国版本图书馆CIP数据核字(2014)第063878号

内 容 提 要

本书参照《高职高专计算机应用基础课程标准》，同时依据教育部考试中心制定的《全国计算机等级考试新编大纲》、劳动和社会保障部制定的《办公软件应用模块高级操作员级考试考试大纲》，结合一线教师多年的实际教学经验编写而成。本书系统地介绍了计算机基础知识、Windows 7 操作系统、Word 2010 的应用、Excel 2010 的应用、PowerPoint 2010 的应用、计算机网络基础和实训项目等内容。

本书编写注重应用和实践，具有选材精练、详略得当、实用性强、体例新颖、图文并茂、通俗易懂的特点。为了更好地提高学生操作技能，每章配有练习题，还设有项目实训任务。

为配合本课程的教与学，本书提供电子教案、电子课件、项目实训素材、操作练习题库及答案等，索取方式参见“配套资料索取说明”。

本书可作为高等职业学校、普通高等院校各专业计算机公共基础课程的教材或教学辅导书，也可作为各培训班的计算机基础教材和计算机等级考试（一级计算机基础及 MS Office 应用、二级 MS Office 高级应用）科目的参考用书，还可以作为广大计算机爱好者的自学用书。

◆ 主　　编　孟　敬
副 主 编　叶　华
责任编辑　万国清
责任印制　沈　蓉

◆ 人民邮电出版社出版发行　　北京市丰台区成寿寺路 11 号
邮编　100164　　电子邮件　315@ptpress.com.cn
网址　http://www.ptpress.com.cn
北京虎彩文化传播有限公司印刷

◆ 开本：787×1092　1/16
印张：16.25　　2014 年 6 月第 1 版
字数：475 千字　　2018 年 8 月北京第 6 次印刷

定价：39.90 元

读者服务热线：(010)81055256　印装质量热线：(010)81055316
反盗版热线：(010)81055315
广告经营许可证：京东工商广登字 20170147 号

前言

高职教育担负着为国家培养并输送生产、建设、管理、服务第一线的，高素质技术应用型人才的重任。

“计算机应用基础”作为高职学生的基础课程，十分需要一本以培养学生职业能力、社会能力、方法能力、学习能力为出发点，服务专业、服务后续课程的教材，为了达到这一目标，结合职业教育新的理念及计算机发展的新趋势，编写了本书。

本书的主要特色如下。

1. 体现职业性

本书基于工作过程、贴近工作业务实际，所用案例都以办公室发生的实际业务（如文档编写、谈判稿件、市场调查、资料展示等）资料为基础编写，充分体现职业性。

本书根据高职学生特点，将全国计算机新版等级考试一级、二级 MS Office 考试内容，劳动和社会保障部全国计算机信息高新技术考试办公软件应用高级操作员考试内容体现在教材案例中，并设计相关项目实训任务，使学生通过学习本课程后可以获得专业证书。

本书依据学生实际情况，将毕业论文编写规范、毕业生个人简历的制作和自荐信的写作排版内容体现在教材案例中，并介绍了个人电脑的购买和硬件、软件的维护等内容。

2. 遵循做中学、学中做的理论与实操一体化原则

本书在编写过程中，注重理论基础和实践能力的合理分配，符合高职教育要求，强化学生动手能力，每一个内容都有项目实训的任务，学生通过亲自完成任务，填写实验报告，进行自我评价来强化学习效果。

在本书编写上进行项目教学设计采用任务驱动、项目导向等学做一体的教学模式，针对职业岗位的工作任务和职业能力，强化专业技能综合实训，引入教、学、做一体化理念。

通过“边学、边练”的教材编排形式，实现理论与实践一体化的教学模式。

3. 教学配套资源的开发

为更好地发挥教材的作用，体现以人为本的教育理念，提高学生学习兴趣，调动学生学习的积极性和主动性，特开发了系列配套教学/学习辅助资源。

本书提供配套资源包括电子教案、电子课件、项目实训素材、操作练习题库及答案等，索取方式参见“配套资料索取说明”。

本书内容分 6 章和项目部分，内容如下。

第 1 章 计算机基础知识，主要包括计算机概述、组成、微型计算机的配置、数制及信息存储及计算机安全等内容。

第 2 章 Windows 7 操作系统，主要包括 Windows 7 操作系统的概念、功能、操作及汉字输入等内容。

第 3 章 Word 2010 的应用，主要包括 Word 2010 的文档的编辑、排版、图文与表格处理、邮件合并及综合处理技术等内容。

第 4 章 Excel 2010 的应用，主要包括 Excel 2010 的文档编辑、排版、公式与函数、图表与打印、数据排序、筛选与汇总及数据透视表等内容。

第 5 章 PowerPoint 2010 的应用，主要包括演示文稿的概念、创建、编辑及放映等

内容。

第 6 章计算机网络基础，主要包括计算机网络概念、应用、因特网的原理、浏览器及电子邮件的操作等内容。

项目部分 主要包括项目实训任务，具体为计算机基础操作、Windows 7 的操作、Word 2010 的操作、Excel 2010 的操作、PowerPoint 2010 的操作、网络操作及项目实训报告等内容。

本书由孟敬任主编，叶华任副主编。第 1 章、第 2 章、第 5 章、第 6 章及实训项目由孟敬编写，第 3 章、第 4 章由叶华编写。

鉴于编者水平，书中不足之处在所难免，恳请指正。

编 者

2013 年 12 月

目 录

第1部分 理论学习

第1部分 理论学习

第1章 计算机基础知识

本章学习要求

1. 了解计算机的发展与应用情况。
2. 掌握计算机的硬件结构与工作原理。
3. 掌握微型计算机的配置结构。
4. 掌握信息在计算机内的存储形式及数制的转换。
5. 了解安全使用计算机的常识。

1.1 计算机概述

从第一台电子计算机问世至今，人类从生产到生活发生了巨大变化，以计算机为核心的信息技术作为一种新的生产力，正在向社会的各个领域渗透。

1.1.1 计算机的发展史

计算机（computer）是一种具有极快的处理速度、很强的存储能力、精确的计算和逻辑判断能力、由程序自动控制操作过程的电子设备。程序（program）是为实现特定目标或解决特定问题而用计算机语言编写的命令序列的集合。

1. 第1台计算机的诞生

世界上第一台电子计算机于 1946 年在美国宾夕法尼亚大学诞生，取名为电子数字积分器与计算器（electronic numerical integrator and calculator，ENIAC），如图 1.1 所示。

图 1.1 世界上第一台电子计算机

2. 计算机的发展阶段

自从第一台计算机问世以来，计算机发展极其迅速，根据计算机的性能和主要元器件，计算机的发展分成 4 代。

第 1 代（1946—1957 年）计算机以电子管为逻辑元件，迟延线或磁鼓做存储器。第 1 代计算机运算速度慢，体积大，功耗惊人，价格高，主要用于科学计算和军事方面。

第 2 代（1958—1964 年）计算机以晶体管为逻辑元件，以磁芯、磁盘机或磁带机做外存储设备。计算机性能大为提高，使用更方便，应用领域也扩大到数据处理和事务管理等方面。

第 3 代（1965—1971 年）计算机以集成电路为主要功能器件。主存储器采用半导体存储器，计算机体积、重量、功耗大大减少，运算精度和可靠性等指标大为改善，软件功能大大增强。计算机应用已遍及科学计算、工业控制、数据处理等各个方面。

第 4 代（1972 年至今）计算机使用大规模或超大规模集成电路，使计算机在存储容量、运算速度、可靠性及性能价格比等方面均比上一代有较大突破。计算机应用则极其广泛，已扩展到几乎所有行业或部门。

不同年代的计算机主要功能器件实物，如图 1.2 所示。

图 1.2　电子管、晶体管、集成电路和大规模或超大规模的集成电路

3. 计算机的未来发展

计算机技术是世界上发展最快的科学技术之一，产品不断升级换代。当前计算机正朝着巨型化、微型化、智能化、网络化等方向发展，计算机本身的性能越来越优越，应用范围也越来越广泛，从而使计算机成为工作、学习和生活中必不可少的工具。

为了争夺世界范围内信息技术的制高点，20 世纪 80 年代初期，各国开展了研制第 5 代计算机的激烈竞争。第 5 代计算机的研制推动了专家系统、知识工程、语音合成与语音识别、自然语言理解、自动推理和智能机器人等方面的研究，取得了大批成果。

从目前的研究方向看，未来的计算机可能有以下几个方向。

量子计算机。利用量子动力学规律进行高速数学和逻辑运算、存储及处理的计算机。

神经网络计算机。模仿人脑的神经元机构，将信息存储在神经元之间的联络中，并采用大量的并行分布式网络就构成了神经网络计算机。

生物计算机。生物计算机使用生物芯片，优点是生物芯片的蛋白质具有生物活性。

光计算机。光计算机是用光子代替半导体芯片中的电子，以光互连来代替导线制成数字计算机。

1.1.2　计算机的分类

计算机的分类方法大致有如下几种。

1. 按信息的表示和处理方式划分

按信息的表示和处理方式，计算机可分为数字电子计算机、模拟电子计算机及数字模拟混合电子计算机。

（1）数字电子计算机。信息用离散的二进制形式的代码串（0 和 1 组成的代码串）表示，特点是解题精度高、便于信息存储、通用性强。通常所说的电子计算机就是指数字电子计算机。

（2）模拟电子计算机。信息用连续变化的模拟量表示，其运算部件主要由运算放大器及一些有源或无源的网络组成。运算速度很快，但精度不高。每当数学模型和运算方法变化时，就需要重新设计和编排电路，故通用性不强。

（3）混合计算机。吸取两种计算机之长，既有数字量又有模拟量，既能高速运算，又便于存储，但这种计算机设计困难，造价昂贵。

2. 按计算机的用途划分

按计算机的用途划分，可分为专用计算机与通用计算机。

（1）专用计算机。针对某一特定应用领域，为解决某些特定问题而设计的。其结构比较简单、成本低、可靠性好，但功能单一，在其他领域使用时，性能很差。

（2）通用计算机。针对多种应用领域或者面向多种算法而研制的，它有较复杂的系统结构，较丰富的通用系统软件，其通用性强、功能全，能适应多种用户的需求，成本则较专用计算机高。目前生产的计算机多数是通用计算机。

3. 按计算机规模与性能划分

按计算机规模大小与性能划分，可分为巨型机、大型机、中型机、小型机与微型机 5 大类。这种划分是综合了计算机的运算速度、字长、存储容量、输入与输出能力、价格等指标。

（1）巨型计算机。巨型计算机（又称超级计算机）是指运算速度快、存储容量大，每秒可达 1 亿次以上浮点运算速度，主存储容量高达几百 MB 甚至几十 GB。这类机器价格相当昂贵，主要用于复杂、尖端的科学研究领域，特别是军事科学计算。中国、美国和日本在巨型计算机研制方面竞争激烈，2013 年 6 月我国自主研发的"天河二号"以每秒 33.86 千万亿次的运算速度排名世界第一，让中国拥有了全球最快的超级计算机，如图 1.3 所示。

（2）大/中型计算机。大/中型计算机也具有较高的运算速度，每秒钟可以执行几千万条指令，并具有较大的存储容量及较好的通用性，但价格比较昂贵，通常被用来作为银行、铁路等到大型应用系统中的计算机网络的主机来使用。

图 1.3 天河二号超级计算机

（3）小型计算机。小型计算机运算速度和存储容量略低于大/中型计算机，但与终端和各种外部设备连接比较容易，适合于作为联机系统的主机，或者工业生产过程的自动控制机器。

（4）微型计算机。以运算器和控制器为核心，加上由大规模集成电路制作的存储器、输入/输出接口和系统总线，就构成体积小、结构紧凑、价格低但又具有一定功能的微型计算机，又称微电脑或个人计算机。

（5）工作站。工作站（workstation）就是一种以个人计算机和分布式网络计算为基础，是为了某种特殊用途由高性能的微型计算机系统、输入/输出设备以及专用软件组成。

（6）服务器。服务器（server）是一种在网络环境下为多用户提供服务的共享设备，一般分为文件服务器、通信服务器和打印服务器等。该设备连接在网络上，网络用户在通信软件的支持下实现远程登录，共享各种服务。

1.1.3 计算机的特点与应用

1. 计算机的特点

计算机之所以能够成为信息处理的重要工具和人类进入信息社会的主要标志，是因为它有如下特点。

（1）运算速度快。计算机运算速度以每秒的运算次数来表示。不同的计算机运算速度从每秒几十万次到几亿次以至几十万亿次不等，而且还在不断提高。

（2）精确度高。计算机中数的精确度主要取决于数据（以二进制形式）表示的位数，位数越长则精确度越高。

（3）存储容量大。计算机有存储大量信息的存储部件。

（4）具有逻辑判断功能。计算机不仅能快速准确地计算，还具有逻辑运算能力。

2. 计算机的应用

计算机已经渗透到人类社会的各个领域，改变着我们的工作、学习和生活方式，在如下几个领域中的应用比较常见。

（1）科学计算。科学计算是指利用计算机进行科学技术领域中的数值计算。

（2）实时控制。实时控制是指利用计算机实施过程或系统的控制，对提高产品质量和生产效率、改善劳动条件、节约能源与原材料、提高经济效益有重大作用。

（3）数据处理。数据处理是指利用计算机处理生产、经济活动、社会与科学研究中获得的大量数据，对这些数据进行搜集、转换、分类、存储、传送、生成报表和一定规格的文件，以满足查询、统计、排序等需要。

（4）计算机辅助系统。计算机辅助系统包括计算机辅助设计、辅助制造和辅助教学等。计算机辅助设计（computer aided design，CAD）是利用计算机对船舶、飞机、汽车、建筑、机械、集成电路、服装等进行辅助设计，如提供模型、计算、绘图等。计算机辅助制造（computer aided manufacturing，CAM）是利用计算机进行生产设备与操作的控制，以代替人的部分操作。计算机辅助教学（computer assisted instruction，CAI）是利用计算机进行教学和训练，是一种新兴的教育技术，可以有效地提高教学的质量和效率，节省训练经费，在各类教学和训练中取得了很大的成功。

（5）文字处理和办公自动化。文字处理（word processing）是从普通公文和信件的处理，到文献摘录、书刊、报纸的排版，以及办公文档处理等，应用非常广泛。办公自动化（office automation，OA）是将现代化办公和计算机网络功能结合起来的一种新型的办公方式。

（6）人工智能。人工智能（artificial intelligence，AI）的研究和应用是智能化的前提。人工智能是研究如何构造智能系统（包括智能机器），以便模拟、延伸、扩展人类智能的一门科学。例如，研究并模拟人的感知（视觉、听觉、嗅觉、触觉）、学习、推理，甚至模拟人的联想、感悟、发现等思维过程。

（7）计算机网络应用。计算机网络是计算机技术和通信技术相结合的产物。计算机网络综合了计算机系统资源丰富和通信系统迅速、及时的优势，具有很强的生命力。

1.2 信息在计算机内的存储

1.2.1 计算机中数的表示方法

计算机内部只使用 0 和 1 两个数，由 0 和 1 组成的数制称为二进制。

计算机是由电子元件组成的，计算机中的信息都用电子元件的状态来表示，物理上一个具有两种不同稳定状态且能相互转换的器件是很容易找到的。如电位的高低、晶体管的导通和截止、磁化的正方向和反方向、脉冲的有或无、开关的闭合和断开等，这些恰恰可以与 0 和 1 对应。

二进制的运算，也很容易用电子元件的门电路实现。逻辑判断中的“真”和“假”，也恰好与二进制的 0 和 1 相对应。所以，计算机从其易得性、可靠性、可行性及逻辑性等各方面考虑，选择了二进制数字系统。

1.2.2　常用数制的表示方法

按进位的原则进行计数称为进位计数制，简述数制。在日常生活中习惯使用十进制，而实际存在多种进制。

1. 十进制

我们最熟悉、最常用的是十进位计数制，简称十进制，它是由 0～9 共 10 个数字组成，即基数为 10。十进制具有“逢十进一”的进位规律。

2. 二进制

与十进制数相似，二进制有 0 和 1 两个数字，即基数为 2。二进制具有“逢二进一”的进位规律。在计算机内部，一切信息的存放、处理和传送都采用二进制的形式。

3. 八进制

八进位记数制（简称八进制）的基数为 8，使用 8 个数码即 0、1、2、3、4、5、6、7 表示数，低位向高位进位的规则是“逢八进一”。

4. 十六进制

十六进位记数制（简称十六进制）的基数为 16，使用 16 个数码即 0、1、2、3、4、5、6、7、8、9、A、B、C、D、E、F 表示数。这里借用 A、B、C、D、E、F 作为数码，分别代表十进制中的 10、11、12、13、14、15。低位向高位进位的规则是“逢十六进一”。

不同进制数值对比，如表 1.1 所示。

表 1.1　常用的几种进位制对同一个数值的表示

十进制	二进制	八进制	十六进制	十进制	二进制	八进制	十六进制
0	0	0	0	9	1001	11	9
1	1	1	1	10	1010	12	A
2	10	2	2	11	1011	13	B
3	11	3	3	12	1100	14	C
4	100	4	4	13	1101	15	D
5	101	5	5	14	1110	16	E
6	110	6	6	15	1111	17	F
7	111	7	7	16	10000	20	10
8	1000	10	8				

1.2.3　常用数制的相互转换

将数从一种进制转换为另一种进制的过程称为数制的转换。

1. 二、八、十六进制数转换为十进制

二、八、十六进制数转换为十进制数有规律可寻，并不复杂。

（1）二进制数转换成十进制数。将二进制数转换成十进制数，只要将二进制数用计数制通用形式表示出来，计算出结果，便得到相应的十进制数。

例：$(1101100.111)_2=(1000000+100000+1000+100+0.1+0.01+0.001)_2$

$=1\times2^6+1\times2^5+1\times2^3+1\times2^2+1\times2^{-1}+1\times2^{-2}+1\times2^{-3}$

$=64+32+8+4+0.5+0.25+0.125=(108.875)^{10}$

（2）八进制数转换成十进制数。以 8 为基数按权展开并相加，便得到相应的十进制数。

例：$(652.34)_8=(600+50+2+0.3+0.04)_8$

$=6\times8^2\times5\times8^1+2\times8^0+3\times8^{-1}+4\times8^{-2}$

$=384+40+2+0.375+0.0625=(436.4375)_{10}$

（3）十六进制数转换成十进制数。以 16 为基数按权展开并相加，便得到相应的十进制数。

例：$(19BC.8)_{16}=(1000+900+B0+C+0.8)_{16}$

$=1\times16^3+9\times16^2+B\times16^1+C\times16^0+8\times16^{-1}$

$=4096+2304+176+12+0.5=(6588.5)_{10}$

2. 十进制数转换为二进制数

十进制转换为二进制数需要将整数和小数部分分开转换。

（1）整数部分的转换。整数部分的转换采用的是除 2 取余法，直到商为 0，余数按倒序排列，称为“倒序法”。例如将 $(126)_{10}$ 转换成二进制数：

2	126	…………	余 0	(K_0)	低
2	63	…………	余 1	(K_1)	↑
2	31	…………	余 1	(K_2)	
2	15	…………	余 1	(K_3)	
2	7	…………	余 1	(K_4)	
2	3	…………	余 1	(K_5)	
2	1	…………	余 1	(K_6)	高
	0				

结果为 $(126)_{10}=(1111110)_2$。

（2）小数部分的转换。小数部分的转换采用乘 2 取整法，直到小数部分为 0，整数按顺序排列，称为“顺序法”。例如将十进制数 $(0.534)_{10}$ 转换成相应的二进制数：

0.534 × 2 = 1.068	……………………	1	(K_{-1})	高
× 2 = 0.136	……………………	0	(K_{-2})	↓
× 2 = 0.272	……………………	0	(K_{-3})	
× 2 = 0.544	……………………	0	(K_{-4})	
× 2 = 1.088	……………………	1	(K_{-5})	低

结果为 $(0.534)_{10}\approx(0.10001)_2$，显然 $(0.534)_{10}$ 不能用有限位的二进制数精确地表示。

3. 八进制数与二进制数之间的相互转换

八进制数与二进制数之间的转换相对较简单，三位二进制数对应一位八进制数。

（1）八进制数转换为二进制数。八进制数转换成二进制数所使用的转换原则是“一位拆三位”，即把一位八进制数对应于 3 位二进制数，然后按顺序连接即可。例如将 $(64.54)_8$ 转换为二进制数：

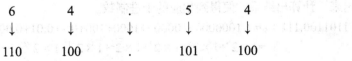

6	4	.	5	4
↓	↓	↓	↓	↓
110	100	.	101	100

结果为 $(64.54)_8=(110100.101100)_2$。

（2）二进制数转换成八进制数。二进制数转换成八进制数可概括为“三位并一位”，即从小数点开始向左右两边以每 3 位为一组，不足三位时补 0，然后每组改成等值的一位八进制数即可。例如将（110111.11011）$_2$转换成八进制数：

110	111	.	110	110
↓	↓	↓	↓	↓
6	7	.	6	6

结果为（110111.11011）$_2$ =（67.66）$_8$。

4. 十六进制数与二进制数之间的相互转换

十六进制数转换成二进制数，转换原则是“一位拆四位”，即把 1 位十六进制数转换成对应的 4 位二进制数，然后按顺序连接即可。例如将（C41.BA7）$_{16}$转换为二进制数：

C	4	1	.	B	A	7
↓	↓	↓	↓	↓	↓	↓
1100	0100	0001	.	1011	1010	0111

结果为（C41.BA7）$_{16}$ =（110001000001.101110100111）$_2$。

二进制数转换成十六进制数，转换原则是“四位并一位”，即从小数点开始向左右两边以每四位为一组，不足四位时补 0，然后每组改成等值的一位十六进制数即可。例如将（1111101100.00011010）$_2$转换成十六进制数：

0011	1110	1100	.	0001	1010
↓	↓	↓	↓	↓	↓
3	E	C	.	1	A

结果为（1111101100.00011010）$_2$ =（3EC.1A）$_{16}$。

在程序设计中，为了区分不同进制，表示数的方法如下。

十进制数，在数字后面加字母 D 或不加字母。

二进制数，在数字后面加字母 B。

八进制数，在数字后面加字母 O。

十六进制数，在数字后面加字母 H。

5. 利用“计算器”进行数制的转换

微软 Windows 7 操作系统附件程序“计算器”程序可以进行数制转换，选择“开始”|“所有程序”|“附件”|“计算器”命令，打开“计算器”程序窗口，如图 1.4 所示。

Windows 7 的计算器程序分标准型、科学型、程序员和统计信息 4 种类型，分别完成不同的任务，单击“查看”菜单，如图 1.5 所示。

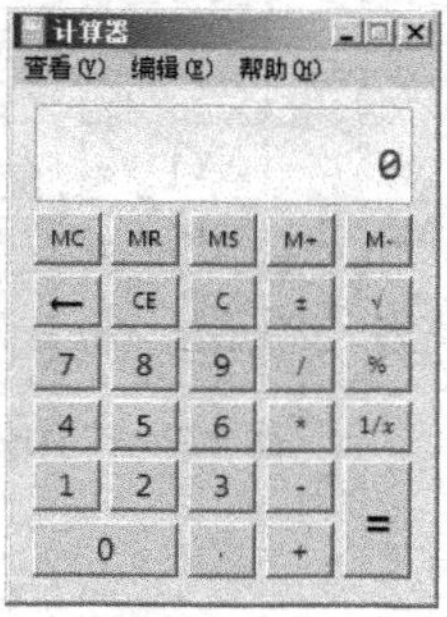

图 1.4　计算器程序窗口

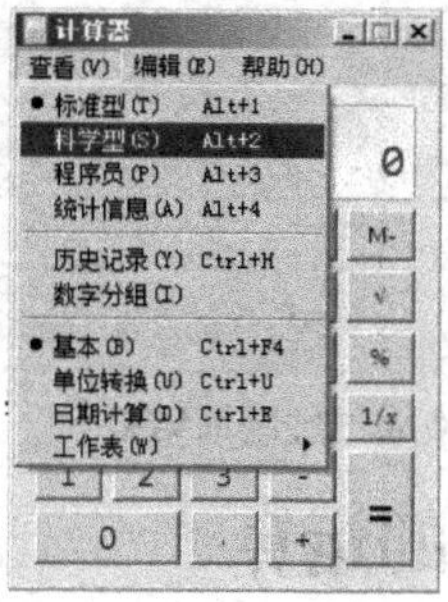

图 1.5　计算器查看菜单

程序员的计算器可以进行数制的转换，选择菜单“查看”|“程序员”命令，打开“程序员

型计算器”窗口，如图 1.6 所示。

数制转换分成整数和小数两部分，数制转换的方法是不同的。整数数据的数制转换，例如把十进制的 89 转换为二进制，操作方法如下。

鼠标单击十进制单选按钮，然后在文本框输入 89，再单击二进制单选按钮。文本框就显示出 89 转化为二进制的结果了，如图 1.7 所示，结果 $(89)_{10}=(1011001)_2$。

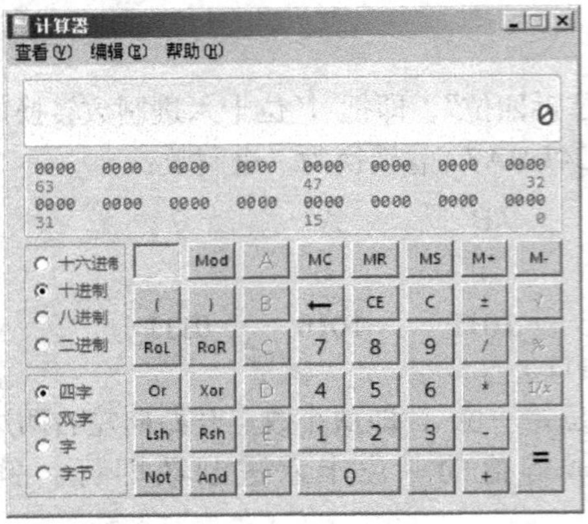

图 1.6　程序员型计算器窗口

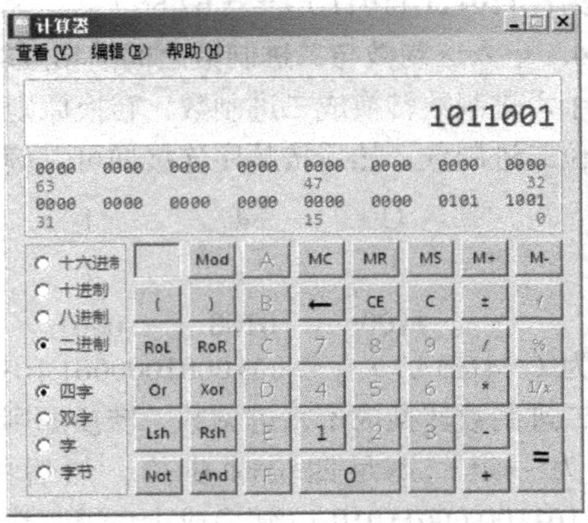

图 1.7　转换成二进制的结果

小数数据的数制转换，不能使用计算器直接转换。例如，十进制的 0.89 转换成二进制的方法如下。

小数数据的数制转换，一般不能在有限位内表示，就要确定保留小数后多少位，如保留十位，就先计算 0.89*1024（2^{10}）＝911.36。再把十进制的整数 911 部分转换成二进制，如图 1.8 所示。结果为整数，把二进制整数小数点向左移动十位，就得到最终结果 $(0.89)_{10}\approx(0.1110001111)_2$。

如果要计算二进制的小数 0.11101 转换成十进制的小数，方法如下。

先把小数点向右移动 5 位，转成二进制整数 11101，通过计算器转换成十进制的整数，然后再除上 32（2^5），如图 1.9 所示。结果 $(0.11101)_2=(0.90625)_{10}$。

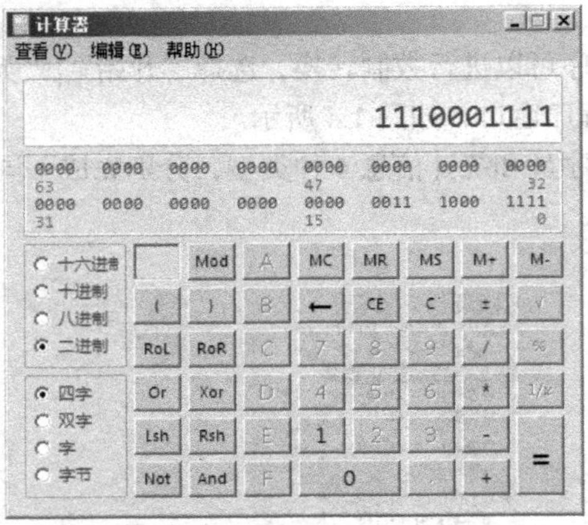

图 1.8　转换成二进制的结果

图 1.9　转换成十进制的结果

1.2.4　二进制的运算

在计算机内部，信息都是采用二进制的形式进行存储、运算、处理和传输的。二进制数可以进行算术运算，包括加法和乘法运算，其运算规律和十进制数的运算相似。

1. 二进制加法

$0+0=0$　　$0+1=1$

$1+0=1$　　$1+1=10$

例：二进制 1010011+1110001 = 11000100。

2. 二进制的乘法

$0\times0=0$　　$0\times1=0$

$1\times0=0$　　$1\times1=1$

例：二进制 101001×101 = 11101101。

二进制数 1 和 0 在逻辑上可以代表“真”与“假”。这种逻辑值之间的运算称为逻辑运算。计算机的逻辑运算和算术运算的主要区别是逻辑运算是按位进行的，位与位之间不像加减运算那样有进位或借位的联系。

逻辑运算主要包括 3 种基本运算逻辑或运算、逻辑与运算和逻辑非运算。此外，异或运算也很有用。

3. 二进制逻辑或运算

$0\vee0=0$　　$0\vee1=1$

$1\vee0=1$　　$1\vee1=1$

例：$10100001\vee10011011=10111011$。

4. 二进制逻辑与运算

$0\wedge0=0$　　$0\wedge1=0$

$1\wedge0=0$　　$1\wedge1=1$

例：$10111001\wedge11110011=10110001$。

5. 二进制逻辑非运算

$\overline{0}=1$　　$\overline{1}=0$

例：$\overline{10111001}=01000110$。

1.2.5 数据单位

计算机的存储设置，如内存、硬盘等需要计算容量，经常用到 M、G、T 等单位，这些都是计算机中数据单位。

1. 位

计算机中最小的数据单位是二进制的一个数位。计算机中最直接、最基本的操作就是对二进制位的操作。我们把二进制数的每一位叫一个字位（bit），或叫一个比特。比特是计算机中最基本的存储单元。

2. 字节

一个 8 位的二进制数单元叫做一个字节（byte）。字节是计算机中最小的存储单元。其他容量单位还有千字节（KB）、兆字节（MB）、吉字节（GB）以及太字节（TB）。它们之间有下列换算关系。

$1B=8bit$　　$1KB=2^{10}B=1024B$

$1MB=2^{20}B=1024KB$　　$1GB=2^{30}B=1024MB$

$1TB=2^{40}B=1024GB$

3. 字

中央处理器（CPU）通过数据总线一次存取、加工和传送的数据称字，一个字由若干个字节组成。

4. 字长

一个字中包括二进制数的位数称为字长。例如，一个字由两个字节组成，则该字字长为 16 位。

不同类型计算机的字长是不同的，字长是计算机功能的一个重要标志，字长越长表示功能越强。字长是由中央处理器芯片决定的。例如，80286CPU 字长为 16 位，即一个字长为两个字节，2001—2007 年个人计算机的中央处理器逐渐由 32 位过渡为 64 位。

1.2.6 计算机的编码

计算机只能识别二进制数码。在实际应用中，计算机除了要对数码进行处理之外，还要对其他信息（如符号、文本、声音等）进行识别和处理，因此，必须先把数据信息编成二进制数码，这种把信息编成二进制数码的过程，称为计算机的编码。

通常计算机编码分为数值编码和字符编码，下面介绍几种常用编码方法。

1. BCD 码

BCD 码是指每位十进制数用 4 位二进制数码表示。值得注意的是，4 位二进制数有 16 种状态，但 BCD 码只选用 0000～1001 来表示 0～9 这 10 个数码。这种编码自然简单、书写方便。

例：$(85.6)_{10} = (1000\ 0101.0110)_{BCD}$

8 5 6

1000 0101 0110

2. ASCII 码

ASCII 码是美国国家信息交换标准代码。这种编码是字符编码，利用 7 位二进制数字 0 和 1 的组合码，对应着 128 个符号。字符的 ASCII 码表如表 1.2 所示，其中前面两列是控制字符，通常用于控制或通信。

表 1.2 7 位 ASCII 码表

$D_3D_2D_1D_0$	$D_6D_5D_4$							
	000	001	010	011	100	101	110	111
0000	NUL	DLE	SP	0	@	P	`	p
0001	SOH	DC1	!	1	A	Q	a	q
0010	STX	DC2	"	2	B	R	b	r
0011	ETX	DC3	#	3	C	S	c	s
0100	EOT	DC4	$	4	D	T	d	t
0101	ENQ	NAK	%	5	E	U	e	u
0110	ACK	SYN	&	6	F	V	f	v
0111	BEL	ETB	'	7	G	W	g	w
1000	BS	CAN	(	8	H	X	h	x
1001	HT	EM	)	9	I	Y	i	y
1010	LF	SUB	*	:	J	Z	j	z
1011	VT	ESC	+	;	K	[	k	{
1100	FF	FS	,	<	L	\	l	|
1101	CR	GS	-	=	M	]	m	}
1110	SO	RS	.	>	N	^	n	~
1111	SI	US	/	?	O	_	o	DEL

ASCII 码一般用一个字节来表示，其中第 7 位通常用作奇偶校验，余下 7 位进行编码组合。“奇偶校验”是一种简单且最常用的检验方法，主要用来验证计算机在进行信息传输时的正确性。在工作时，通常把第 7 位取为“0”。

7	6	5	4	3	2	1	0
0	1	0	0	0	0	0	1

图 1.10 字符 A 的 ASCII 码

例：字符 A 的 ASCII 码如图 1.10 所示，对应的十进制数为 65。从 ASCII 码表中可以看出，数字 0～9、字母 A～Z、a～z 都是顺序排列的，且小写字母比大写字母 ASCII 值大 32，这有利于大、小写字母之间的编码转换。

3. 国标码

国标码是指国家标准信息交换汉字字符集（GB2312）。这是我国制定的统一标准的汉字交换码，又称标准码，是一种双七位编码。此外，在我国的台湾地区采用的是另一套不同标准码（BIG5 码）。因此，两岸的汉字系统及各种文件不能直接相互使用。

国标码的任何一个符号、汉字和图形都是用两个 7 位的字节来表示的。国标码中收录了 7445 个汉字及图形字符，其中汉字 6763 个。

4. 汉字的处理过程

计算机在处理汉字信息时，要将其转化为二进制代码，这就要对汉字进行编码。汉字的处理首先要解决汉字的输入、输出以及计算机内部的编码问题。根据汉字的处理过程不同，有多种编码形式，主要可分为汉字输入码、国标码、汉字机内码和汉字字形码 4 类，如图 1.11 所示。

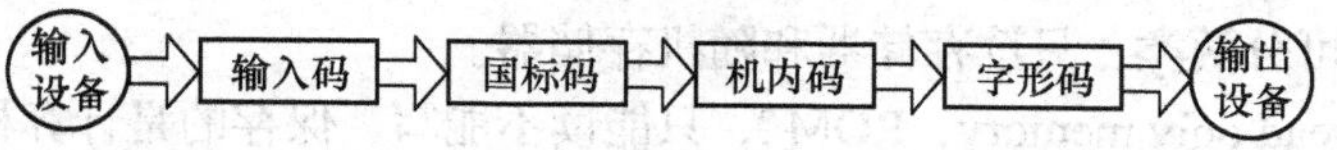

图 1.11　汉字的处理过程

1.3 计算机系统的组成

1.3.1 计算机系统概述

计算机系统是由硬件系统和软件系统组成的。硬件是指计算机中"看得见"、"摸得着"的所有物理设备，软件则是指计算机运行的各种程序的总和。

硬件系统主要包括计算机的主机和外部设备，软件系统主要包括系统软件和应用软件。计算机系统的组成，如图 1.12 所示。

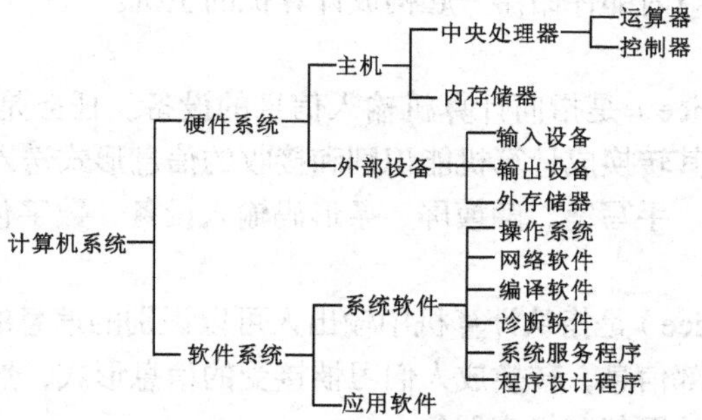

图 1.12　计算机系统的组成

1.3.2 计算机的硬件系统

计算机的硬件部分是由运算器、控制器、存储器和输入/输出设备 5 部分组成。

通常把运算器、控制器和存储器合起来统称为计算机的主机，而把各种输入和输出设备统称为计算机外部设备。

1. 运算器

运算器（arithmetic unit）是计算机中对信息进行加工、运算的部件，它的速度决定了计算机的运算速度。运算器的功能是对二进制编码进行算术运算（加、减、乘、除）和逻辑运算（与、或、非、比较、移位）。

2. 控制器

控制器（control unit）是控制计算机各部分按照程序指令的要求协调工作，自动地执行程序。它的工作是按程序计数器的要求，从内存中取出一条指令并进行分析，根据指令的内容要求，向有关部件发出控制命令，并让其按指令要求完成操作。

运算器和控制器是做在一块集成电路中，称为中央处理器，英文简称 CPU。

3. 存储器

存储器（memory）的功能是存储程序和数据。计算机存储器通常分为内部存储器及外部存储器两种。

内部存储器简称内存，又称为主存储器，主要存放当前要执行的程序及相关数据。CPU 可以直接对内存数据进行存、取操作，且存、取速度很快。

内部存储器又可分两类，只读存储器和随机存储器。

只读存储器（read only memory，ROM），只能读不能写，保存的是计算机最重要的程序或数据，由厂家在生产时用专门设备写入，用户无法修改，只能读出数据来使用。在关闭计算机后，ROM 存储的数据和程序不会丢失。

随机存储器（random access memory，RAM），既可读又可写。在关闭计算机后，随机存储器的数据和程序就被清除。通常说的“内存”一般是指随机存储器。

外部存储器简称外存，又称为辅助存储器，主要存放大量计算机暂时不执行的程序以及目前尚不需要处理的数据。造价较低、容量大，存、取速度相对较慢。

外部存储器主要有磁盘机（包括软盘机及硬盘机，又称为软盘驱动器和硬盘驱动器）、光盘机（光盘驱动器）及磁带机。其存储实体分别是软盘片、硬盘片和光盘片、磁带。在关闭计算机后，存储在外部存储器的数据和程序仍可保留，适合存储需要长期保存的数据和程序。不过，在个人计算机上几乎不用磁带机，U 盘也取代了早期的软盘。

中央处理器（CPU）与内部存储器一起构成计算机的主机。

4. 输入设备

输入设备（input device）是指向计算机输入信息的设备。任务是向计算机输入信息，如文字、图形、声音等，并将其转换成计算机能识别和接收的信息形式送入存储器中。常用的输入设备有键盘、鼠标、扫描仪、手写笔、触摸屏、条形码输入设备、数字化仪等。

5. 输出设备

输出设备（output device）是指从计算机中输出人可以识别的信息的设备。它的功能是将计算机处理的数据、结果等内部信息，转换成人们习惯接受的信息形式，然后将其输出。常用的输出设备有显示器、打印机、绘图仪和扬声器等。

输入/输出设备和外部存储器统称为外部设备。

1.3.3 计算机的软件系统

软件系统是指为了运行、管理和维护计算机所编制的各种程序的集合。软件系统按其功能可分为系统软件和应用软件两大类。

1. 系统软件

系统软件是指计算机的基本软件，是为使用和管理计算机而编写的各种应用程序。系统软件包括监控程序、操作系统、汇编程序、解释程序、编译程序和诊断程序等。

服务器上常用的操作系统有 Linux、UNIX 和 Windows 三大类。

微型计算机操作系统主要有微软的 Windows、基于开放源代码的 Linux 的各种操作系统、苹果公司的 Mac OS X 等。

本书将以微软公司 2009 年发布的 Windows 7 为例讲述操作系统的使用方法，因其操作系统已“图形化”，故使用难度不大。

2. 应用软件

应用软件是专门为解决某个应用领域里的总体任务而编制的程序。

常用的有办公软件（如微软的 Office 系列、金山公司的 WPS 系列、永中 Office 系列）、反病毒软件（如金山毒霸、360 杀毒、瑞星杀毒等）、数据库软件（如微软的 Access 和 SQL Server、甲骨文公司的 Oracle 等）、图像处理软件、媒体播放软件、即时通信软件等。

本书以微软公司 2009 年发布的 Office 2010 来讲述办公软件的使用。金山 WPS 系列软件兼容微软 Office，并且可免费使用，而且资源占用方面有先天的优势，对个人用户是不错的选择。

补充知识

在微型计算机相当普及的今天，出现了大量的应用软件，除了极少数的软件需要学习，其他软件的使用方法大同小异，会用一种其他就很容易上手。

1.3.4　计算机的工作原理

美籍匈牙利科学家冯·诺依曼（John von Neumann）奠定了现代计算机的基本结构，如图 1.13 所示。他提出计算机的基本原理，主要有 5 大功能组成部分、二进制、存储程序、逐条执行，因此被称为电子计算机之父。

存储程序，逐条执行是指预先要把指挥计算机如何进行操作的指令序列（称为程序）和原始数据通过输入设备输送到计算机内存储器中。每一条指令中明确规定了计算机从哪个地址取数、进行什么操作、然后送到什么地址去等步骤。计算机的工作过程是控制运算器从内存中取出第一条指令，通过控制器的译码，按指令的要求，从存储器中取出数据进行指定的运算和逻辑操作等加工，然后再按地址把结果送到内存中去。接下来，再取出第二条指令，在控制器的指挥下完成规定操作。依此进行下去，直至遇到停止指令。

计算机的工作原理，如图 1.14 所示。

图 1.13　冯·诺依曼

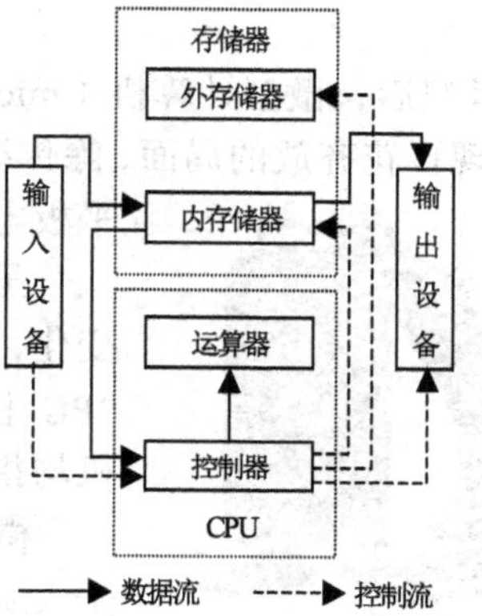

图 1.14　计算机的工作原理

1.3.5 计算机程序设计语言

编写计算机程序所用的语言即计算机程序设计语言，通常分为机器语言、汇编语言和高级语言 3 类。

1. 机器语言

机器语言是计算机硬件系统所能识别的、不需翻译、直接供机器使用的程序语言。机器语言用二进制代码 0 和 1 表示，是唯一能被计算机直接识别的程序，执行速度最快，但编写难度大，调试修改烦琐。用机器语言编写的程序不便于记忆、阅读和书写，因此通常不用机器语言直接编写程序。

2. 汇编语言

汇编语言是一种用助记符（英文或英文缩写）表示的面向机器的程序设计语言。汇编语言的每条指令对应一条机器语言代码，不同类型的计算机系统一般有不同的汇编语言。用汇编语言编写的程序称为汇编语言程序，机器不能直接识别和执行，必须由“汇编程序”（或汇编系统）翻译成机器语言程序才能运行。汇编语言程序比机器语言程序易读、易修改和检查，同时也保持了机器语言执行速度快、占用存储空间小的优点。汇编语言适用于编写直接控制机器操作的底层程序，它与机器密切相关，不容易使用。

机器语言与汇编语言和计算机有十分密切的关系，因此我们称为低级语言。

3. 高级语言

高级语言是一种比较接近自然语言和数学表达式的计算机程序设计语言。用高级语言编写的程序一般称为“源程序”，计算机不能识别和执行，要把用高级语言编写的源程序翻译成机器指令，通常有编译和解释两种方式。

编译方式是将源程序整个地翻译成用机器指令表示的目标程序，然后让计算机来执行，例如 C 语言。

解释方式是将源程序逐句翻译，翻译一句执行一句，也就是边解释边执行，不产生目标程序，如 Basic 语言。

高级语言直观、易读、易懂、易调试，便于移植。常用的高级语言有 Basic、FORTRAN、Pascal、C、Java 等。

1.4 微型计算机的配置

进入 21 世纪后，微型计算机（micro computer）又称个人电脑（personal computer，PC）发展迅速，呈现百花齐放的局面，除传统的台式机外，笔记本电脑、一体机、掌上电脑（PDA）、平板电脑、嵌入式电脑等也进入个人的生活领域。

图 1.15 微型计算机的外观

虽然微型计算机类型繁多，但其内部结构并未发生大的变化，早期微型计算机多是台式机，故而“个人计算机”或“PC 机”经常作为微型计算机的代称，本节所讲的微型计算机均指台式机。

微型计算机小巧玲珑（如图 1.15 所示），置于桌面，主要为个人所用。从外部来看，主要的组成部分是主机、显示器、键盘、鼠标、音箱等。

1.4.1　微型计算机的基本配置

微型计算机有多种品牌和型号，虽然功能组成部件都相同，但选用何种部件进行组装，性能差别很大。用户在选购微型计算机时应遵循“够用、适用、好用”的原则。

微型计算机的基本配置是指组成计算机的各个功能部件的生产厂家、型号和性能等参数，通过了解主要部件的配置参数就可以判断机器的性能。例如，2013 年出厂的联想 T4996d 配置参数，如图 1.16 所示。

联想 扬天T4996d 详细参数　　　　查看：更多信息 | 产品图片

基本参数	
型号	T4996d
类型	商用台式机
处理器	Intel Core i7 3770(3.4GHz/L3 8M)
处理器类型	第三代酷睿i7
处理器频率	3.4-3.9GHz
处理器接口	LGA 1155
三级缓存	L3 8M
操作系统	Windows 8
处理器外频	100MHz
主板/内存	
主板/芯片组	Intel H61
总线技术	DMI(5.0GT/s)
内存类型	DDR3 1600
内存大小	4GB
存储设备	
硬盘类型	SATA2硬盘
硬盘参数	7200转
硬盘容量	1000GB
光驱	DVD光驱
光驱描述	16X
视频音频	
显示器	宽屏液晶
尺寸	20寸
分辨率	1600×900
显卡	AMD Radeon HD 8470
显卡类型	独立显卡
显存容量	1GB
显卡性能	PCI-E X16接口标准，支持DirectX 11
声卡	板载声卡
通 讯	
网卡	板载10-100-1000M网卡
其他硬件	
电源	180W电源
机箱	立式，396.5*160(前面板)*399.6（含脚垫，面板mm）
外部接口	前面板I/O接口：2×USB2.0；1×耳机输出接口；1×麦克风输入接口 背板 I/O接口：4×USB2.0+2×USB3.0；1×DVI-D；1×HDMI；1×VGA；1×RJ45（网络接口）；3×S/PDIF输出；1×电源接口
键盘/鼠标	USB键盘/USB鼠标
其它附件	保修卡，说明书，驱动光盘
其他	
附带软件	中小企业应用12版(for WIN7)
售后服务	三年有限保修及上门
属性关键字	使用超线程处理器，四核处理器，处理器支持64位计算技术
其他参数	

数据来源：太平洋电脑网 产品报价（product.pconline.com.cn）

图 1.16　联想 T4996d 的配置参数

1.4.2 主机

计算机是由主机和外部设备组成，通常主机箱内部的组成如下。

1. 主板

主机板又称为母板或底板，它是微型计算机的核心部件，它提供各种插座、连接中央处理器、内存、外存，还有一些扩展槽和各种接口、开关和跳线，如图 1.17 所示。

根据主板的不同结构和种类，主板上的部件的种类有所不同。但是，主要的部件都是一样的。具体来说，主板的主要部件有 CPU 插座、内存插槽、板卡扩展槽、主板芯片组、时钟发生器、IDE 接口和软驱接口和电源模块等。

（1）只读存储器。主机板上有块只读存储器（ROM）芯片，用于存放计算机基本输入/输出系统 BIOS。BIOS 提供最基本的和初步的操作系统服务，如开机自检程序、装入引导程序。

（2）总线。总线是连接微机各部件的一组公共信号线，分为数据总线（DB）、控制总线（CB）、地址总线（AB）。目前微机使用总线的标准有 ISA 总线、MCA 总线、EISA 总线及 PCI 总线等。

（3）扩展槽。扩展槽是主板的接口，扩展槽用于插接各种功能板卡。接口类型主要有 AGP、PCI 扩展槽。

2. 中央处理器

中央处理器（CPU）由运算器和控制器组成，是微机计算机的核心部件。CPU 的主频率有一定的范围，主频率越高，说明微型计算机的运行速度越高，如图 1.18 所示。

中央处理器几乎为英特尔和 AMD 两家公司垄断，我国在 2002 年也研发出了龙芯 1 号，在此后十年间有了巨大的进步，并有了广泛的应用，但在微型计算机中央处理器市场尚无和英特尔和 AMD 竞争的实力。

3. 随机存取存储器（RAM）

随机存取存储器（RAM）是指计算机能够根据需要任意在其内部存放和取出指令和数据的内存储器。通常所讲的内存就是指随机存取存储器。随机存取存储器直接与中央处理器进行数据传递和交换。2013 年微型计算机主流内存容量一般为 2～16GB，如图 1.19 所示。

图 1.17　主板结构图

图 1.18　Intel Pentium 4 CPU

图 1.19　内存条

1.4.3 外存储器

微型计算机的外存储器常见的有固定在机箱内的硬盘和一些移动存储设备，早期计算机还使用磁带、软盘等作为外存储设备。

1.4.3.1　硬盘

硬盘是微型计算机最重要的外部存储器，微型计算机硬盘规格一般是 3.5 英寸，笔记本电脑一般是 2.5 英寸，在超薄笔记本等设备上还有尺寸更小的硬盘。

从工作原理来分，最常见的有机械式硬盘（HDD）和固态硬盘（SSD）两种，2010 年已有厂商推出了将机械式硬盘和固态硬盘结合在一起的混合式硬盘（HHD）。

1. 机械式硬盘

机械式硬盘驱动器是在微型计算机中使用最早、最广泛的硬盘，故而经常被简称为“硬盘”，具有容量大价格低的优势，如图 1.20 所示。机械式硬盘由一个或者多个铝制或者玻璃制的碟片组成，碟片外覆盖有铁磁性材料。

2013 年主流硬盘容量一般可达 1～3TB，在技术规格上有以下几项指标。

（1）容量。硬盘有单片和多片，其中单片容量越大越好。

（2）平均寻道时间（average seek time）。寻道时间指硬盘磁头移动到数据所在磁道时所用的时间，单位为毫秒（ms），平均寻道时间越短越好。

（3）主轴转速。转速是指硬盘内主轴的转动速度，硬盘的主轴转速一般为 5 400～7 200rpm，主流硬盘的转速为 7 200rpm。

2. 固态硬盘

固态硬盘（solid state disk，SSD）用固态电子存储芯片阵列而制成的硬盘。

固态硬盘没有了机械运动，读、存速度快，没有物理损耗，寿命长等，如图 1.21 所示三星公司在 2006 年首次使用在笔记本电脑上，但价格昂贵，截至 2013 年，同容量固态硬盘仍旧较机械式硬盘价格贵十倍以上，在主流微型计算机市场还不能取代机械硬盘。

图 1.20　硬盘

图 1.21　固态硬盘

1.4.3.2　移动存储设备

常见的移动存储设备有光盘、软盘、U 盘、移动硬盘等。2000 年之后 U 盘逐渐取代了软盘，移动硬盘也因其容量优势和日益缩小的体积在市场中占有一席之地。

1. 光盘

光盘由光盘驱动器和光盘盘片组成，如图 1.22 所示。具有容量大、速度快、兼容性强、盘片成本低等特点。

光盘的种类很多，常用的光盘系统有 CD（光盘）、CD-ROM（只读光盘）、CD-R（可刻录光盘）、CD-RW（可重写光盘）、DVD（数字视盘）、DVD-R（只读 DVD）、DVD-RW（可重写 DVD）等。

CD 光盘存储容量 640M，DVD 盘存储容量在 4～30G 之间。

2. 闪存、移动硬盘

闪存（flash memory）作为移动存储设备多被应用在便携设备上，例如笔记本电脑、数码相机、MP3、手机等。在这类移动存储设备中有代表性的是 CompactFlash、SmartMedia、Memory Stick 和 U 盘，如图 1.23 所示。

图 1.22　光盘

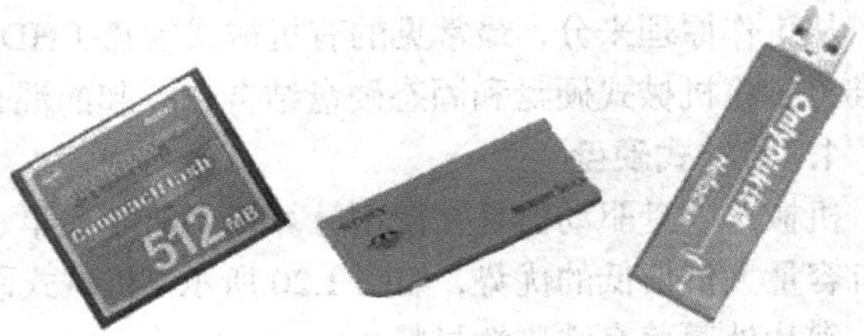

图 1.23　闪存

CompactFlash、SmartMedia 存储卡和 MemoryStick（记忆棒）常用在数字相机上，通过转换卡可以实现和计算机的数据共享。进入 21 世纪后，基于闪存的 U 盘（USB 闪存驱动器，USB Flash Disk）使用日益广泛。

移动硬盘原理和普通硬盘相同，通过 USB 数据线和电脑连接，常见的规格有 1.8 英寸、2.5 英寸、3.5 英寸三种，2013 年主流移动硬盘容量在 500GB～2TB 之间。

1.4.4　输入设备

微型计算机最主要的输入设备是键盘和鼠标，其他常用的输入设备有扫描仪、数字化仪、触摸屏、汉字书写板、条形码读入器、光笔和磁卡等。

1. 键盘

键盘是微型计算机的主要输入设备。用户的各种指令、程序和数据都通过键盘输入计算机。目前常用的键盘有 101 键和 104 键标准键盘。

2. 鼠标

鼠标也是一种输入设备。利用它可方便地在显示屏幕上指定光标的位置，亦可在应用软件的支持下，通过鼠标上的按钮完成某种特定的功能。

鼠标可分为机械鼠标、光学鼠标和轨迹球鼠标 3 大类。

键盘和鼠标，如图 1.24 所示。

3. 扫描仪

扫描仪是一种图像输入设备，如图 1.25 所示。由于它可以迅速地将图像输入到计算机中，因而成为图文通信、图像处理、模式识别、出版系统等方面的重要输入设备。

4. 数字化仪

数字化仪也是一种图形输入设备。由于它可以把各种图形的信息转换成相应的计算机可识别数字信号，送入计算机进行处理，并具有精度高、使用方便、工作幅面大等优点，因此成为计算机辅助设计的重要工具之一。目前常用的数字化仪有数码相机、数码摄像头，如图 1.26 所示。

图 1.24　键盘和鼠标

图 1.25　平板式扫描仪

图 1.26　数码摄像头

5. 触摸屏

触摸屏是一种定位设备，它通过一定的物理手段，当用户用手指或者其他设备触摸安装在计算机显示屏前的触摸屏时，所摸到的位置被触摸屏控制器检测到，并通过串行口送到中央处理器，从而确定用户所输入的信息。

1.4.5 输出设备

微型计算机常用的输出设备有显示器、打印机和绘图机等。

1. 显示器

显示器的作用是将电信号转换成可直接观察到的字符、图形或图像。

显示器由监视器和显示控制适配器两部分组成。常用的监视器有液晶监视器（LCD）和阴极射线管（CRT）监视器两种。在进入 21 世纪后，阴极射线管监视器的市场逐渐被液晶监视器挤占。显示控制适配器又称显示卡，是监视器的控制电路和接口。

2. 打印机

打印机是信息输出的主要设备。常用的打印机有 3 类：针式打印机、喷墨打印机和激光打印机，它们各有特点。

（1）针式打印机。经久耐用、价格低廉、打印成本极低，还可以打印复写纸、宽行打印纸等，缺点打印质量低、有噪声。主要用于打印票据。

（2）喷墨打印机。分辨率高、噪声低、质量中等、价格低。使用方便，已成为目前办公室打印机的主要种类。

（3）激光打印机。分为黑白和彩色两种，它提供了更高质量、更快速、适合打印高质量的文件。

3. 绘图仪

绘图仪是一种图形输出的设备，在软件的支持下，绘出各种复杂、精确的图形，因此成为计算机辅助设计（CAD）必不可少的设备。

1.4.6 其他配件

1. 声音卡

声音卡简称声卡，可以使计算机输入和输出声音，即对原声音进行采集、数字化、压缩、存储、解压和回放等处理，并提供各种声音设备的数字接口和集成能力。

现在的主板都带有声卡、显卡和网卡，所以不需另外购买。

2. 调制解调器

调制解调器（modem）把数字数据转化为模拟信号在电话线上传输，是计算机通过电话线传输数据的重要方式之一。

3. 机箱

机箱作为电脑配件之一，主要作用是放置和固定各电脑配件，起到一个承托和保护作用。此外，电脑机箱具有电磁辐射的屏蔽作用，如图 1.27 所示。

图 1.27 机箱

1.5 计算机的安全

计算机安全是指对计算机系统的硬件、软件、数据等加以保护，使之不因偶然的或恶意的原因而遭到破坏、更改、泄露，保证计算机系统的正常运行。

影响微型计算机安全最主要的因素是计算机病毒及黑客。

1.5.1 计算机病毒及特点

计算机病毒是对计算机安全的最主要的威胁之一。

计算机病毒是人为编制的程序，其中含有破坏计算机功能或者破坏数据、影响计算机使用并且能够自我复制的一组计算机指令或者程序代码，计算机病毒有如下的特点。

（1）破坏性。计算机病毒会破坏计算机中的某种资源。

（2）传播性。计算机病毒有很强的传播能力。病毒的传播手段可以通过U盘、光盘、局域网和互联网。

（3）隐蔽性。计算机病毒有很强的隐蔽性，会隐蔽在正常文件中，不易被发现。

（4）潜伏性。计算机病毒有很强的潜伏性，传染后会先潜伏下来，当条件符合时，才会发作。

1.5.2 计算机病毒的类型

计算机病毒破坏方式、传播方式和危害程度各不相同。按病毒的感染目标或方式把计算机病毒分为如下4类。

1. 引导型病毒

引导型病毒是感染文件的分区表或感染系统的启动文件。这类病毒的危害性极大，它们通常破坏计算机硬盘中的文件表，使文件或程序无法使用，甚至格式化硬盘。例如CIH病毒。

2. 文件型病毒

文件型病毒仅感染某一类程序或文件，而使这一类程序功能不正常或无法使用。

3. 混合型病毒

混合型病毒是前两种病毒的结合性产物，因而破坏性极强。例如幽灵病毒。

4. 网络病毒

网络病毒主要是通过网络或E-mail传播，可以破坏计算机的资源，使网络变慢，甚至使网络瘫痪。网络病毒又可分为木马病毒和蠕虫病毒。

（1）木马病毒。木马病毒是一种后门程序，它常常潜伏在操作系统中监视用户的各种操作，窃取用户资料或账号密码，甚至可以远程控制被木马入侵的电脑。

（2）蠕虫病毒。蠕虫病毒通过网络传播，利用系统和程序的漏洞进行攻击，占用大量的计算机资源和网络资源，影响计算机和网络的速度。严重时，会使系统崩溃。

1.5.3 计算机病毒的危害及传播渠道

计算机病毒的危害有很多，主要表现的为：破坏系统，使系统崩溃；破坏数据使之丢失；使电脑变慢；偷走电脑数据，如照片、密码、银行信息；堵塞网络等。

当计算机出现这种情况时，就要怀疑是否可能由病毒引起的。

计算机病毒的传播途径通常有4种：U盘的互换使用、使用来路不明的光盘或软件、硬盘文件的交换、内部网络或互联网中的传染。

病毒主要寄生在磁盘的引导扇区和可执行文件（扩展名为.com、.exe的文件）中，或寄生在硬盘的主引导扇区中。

1.5.4 计算机病毒的预防

计算机病毒的预防措施主要有如下两项。

1. 做好预防工作

有备无患，在病毒未到来前做好以下防备工作。

（1）安装防病毒软件。应把防病毒软件作为安装操作系统后的基本软件，并在开机之时启动“实时监测”功能。金山、瑞星、360 等公司都提供免费的反病毒软件，安装病毒软件后应及时升级病毒库文件，并在使用中经常升级。

（2）提前备份系统文件。安装操作系统之时，应生成系统启动盘，并保存好。当需要进行检查病毒或清除病毒时，很可能要使用它。

（3）提前备份所有数据。为防止硬盘的突然故障，防止硬盘受病毒的攻击，在系统正常之时便应提早备份系统中所有重要数据和程序。

2. 保持良好的使用习惯

律人律己，防止病毒从自己做起，应养成以下良好的习惯。

（1）使用正版软件。电脑病毒的产生之初，是软件开发人员因憎恨软件被盗用而设计的小程序，后来逐渐演化成使人闻风丧胆的电脑病毒。

（2）正确使用移动存储设备，不使用来路不明的 U 盘等。

（3）不接收莫名其妙的邮件，这些邮件都可能包含病毒。

（4）不要访问黑客网站或色情网站，这类网站常常是入侵程序或病毒程序的发源地。

1.5.5 网络安全

互联网的普及应用，成为现代人们的一种生活方式，如何有效的保证网络的安全也非常重要。

互联网的威胁主要来自黑客，微型计算机要安装好网络防火墙以防止黑客入侵。

1. 黑客

黑客是利用系统安全漏洞对网络进行攻击破坏或窃取资料的人。他们是精通各种编程语言和系统、擅长 IT 技术的计算机专业人员。

黑客常用的网络攻击方式有以下几种。

（1）网络监听。通过监听可以获得其所在网段的账号和密码资料。

（2）利用账号攻击。利用缺省账号和密码进行攻击，如微软 Windows 操作系统的 Administrator 和 Guest 账户经常被黑客利用。

（3）软件漏洞。利用软件的漏洞（bug）对系统进行攻击。

（4）拒绝服务攻击。通过攻击目标服务器，使其停止提供服务。

2. 防火墙

防火墙是指一种将内部网和公众访问网（如互联网）分开的方法，它实际上是一种隔离技术。

防火墙是在两个网络通信时执行的一种访问控制，它能允许你“同意”的人和数据进入你的网络，同时将你“不同意”的人和数据拒之门外，最大限度地阻止网络中的黑客来访问你的网络。

金山、360 等公司都提供免费防火墙软件，安装防火墙软件后也应及时升级。

1.6 键　　盘

键盘是向计算机提供指令和信息的工具之一，是计算机系统的重要输入设备，用一条电缆线连接到主机机箱。常用键盘有 101 键和 104 键。

1.6.1 键盘的构成

键盘按键可以分为 4 个区：主键盘区、数字键盘（也称小键盘）区、光标控制键区、功能键区，如图 1.28 所示。

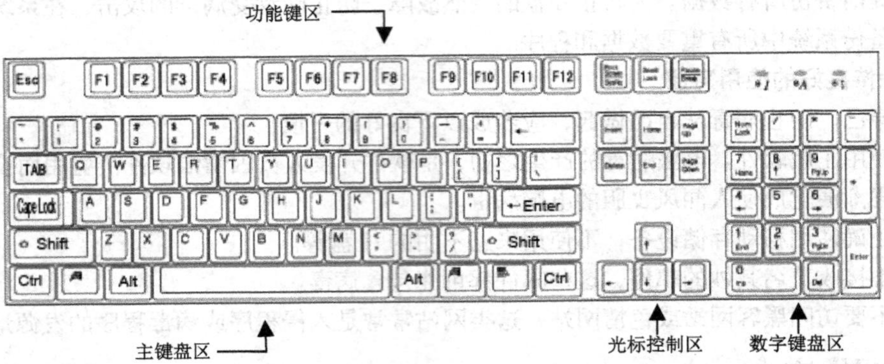

图 1.28　微型计算机键盘的构成

1. 主键盘区

主键盘区包括字符键（包括字母键、数字键、特殊符号键）及一些用于控制方面的键。

字符键。每按一次字符键，就在屏幕上显示一个对应的字符，如果按住一个字符键不放，屏幕上将连续显示该字符。

<Space>键（空格键）。位于主键盘下方的最长键，用于输入一个空格字符，且将光标右移一个字符的位置。空格键也属于字符键。

<Enter>键（回车键）。当用户输入完一条命令时，必须按一下回车键，表示该条命令输入结束，计算机方可接受所输入的命令。在有些编辑软件中，它又表示换行。

<Backspace>键（退格键）。位于主键盘区的右上角，有些键盘中该键标有“←”符号。用于删除光标左边的字符，且光标左移一个字符的位置。

<Caps Lock>键（大小写锁定键）。用于将字母键锁定在大写或小写状态。键盘右上角的 Caps Lock 显示灯标明了该键的状态。若灯亮，表示直接按字母键输入的是大写字母；若灯灭，表示直接按字母键输入的是小写字母。

<Shift>键（上档键）。该键通常与其他键配合使用。主键盘有些键上标有两个字符，当直接按这类键时，输入的是该键所标下面的字符，如果需要输入这类键所标上面的字符，只要按住上档键的同时按该键即可。另外，上档键还可以临时转换字母的大小写输入，即键盘锁定在大写方式时，如果按住<Shift>键的同时按字母键即可输入小写字母；反之，键盘锁定在小写方式时，如果按住<Shift>键的同时按字母键即可输入大写字母。

<Ctrl>键（控制键）。该键通常与其他键配合使用才具有特定的功能，在不同的系统中，

功能不同。

<Alt>键（转换键）。该键通常也是与其他键配合使用才具有特定的功能，且在不同的系统中，功能不同。

2. 光标控制键

在该区一共有 10 个键，这里只介绍它们的常用功能，在一些系统中它们可能有其他作用。

<↑>、<↓>、<←>、<→>键（方向键）：用来向上、下、左、右移动光标位置。

<Page Up>、<Page Down>键。用于向前或后移动一“页”。

<Home>、<End>键。用于将光标移到一行的行首或行尾。

<Insert（Ins）>键（插入键）。该键实际上是一个“插入”和“改写”的开关键。当开关设置为“插入”状态时，输入的字符都插入在当前光标处；如果开关设置为“改写”状态，且当前光标处有字符，则此时输入的字符将当前光标处的字符覆盖上。

<Delete（Del）>键（删除键）。用来删除当前光标后的字符。

3. 数字键盘

该键盘区的多数键有双重功能。一是与光标控制键区的 10 个键有相同功能，二是相当于计算器功能。在这个小键盘的左上角有一个<NumLock>键，该键就是在这两个功能之间做切换，当小键盘上面的 NumLock 指示灯亮时，小键盘的数字键起作用；如果 NumLock 灯灭时，则小键盘的光标控制键有效。

4. 功能键

在不同的软件中，12 个功能键 F1～F12 的作用是不相同的，但它们的主要作用是为了提高计算机的输入速度。

5. 其他键

<Esc>键（退出键）。在很多系统中该键都有强行中断、结束当前状态或操作的作用，但在有些系统中也有其他作用。

<Print Screen>键。用于将屏幕上的信息输出到打印机或剪贴板。

<Pause/Break>键（暂停/中断键）。单按该键，用于暂停命令或程序的执行，按了其他键后可以继续；如果按住<Ctrl>键的同时按该键，就是终止软件的运行，不能再继续。

1.6.2 键盘使用

正确的键盘指法是提高计算机信息输入速度的关键，因此，初学计算机的用户必须从一开始就严格按照正确的键盘指法进行操作。

1. 正确的姿势

只有姿势正确才能做到准确、快速地输入，而又不容易使人感到疲劳。

（1）调整椅子的高度，使得前臂与键盘平行，前臂与后臂成略小于 90°；上身保持笔直，并将全身重量置于椅子上。

（2）手指自然弯曲成弧形，指端的第一关节与键盘成垂直角度，两手与两前臂成直线，手不要过于向里或向外弯曲。

（3）打字时，手腕悬起，手指指尖要轻轻放在字键的正中面上，两手拇指悬空放在空格键上。此时的手腕和手掌都不能触及键盘或电脑桌的任何部位。

2. 击键

“击键”，顾名思义，就是手指要用“敲击”的方法去轻轻地击打字键，击毕即缩回。

3. 键盘指法分区

键盘指法分区如图 1.29 所示。要求操作者必须严格按照键盘指法分区规定的指法敲击键盘。

图 1.29 指法分区图

课后练习

一、单选题

1. 第 1 台电子计算机诞生于（　　）年。

   A. 1944　　B. 1945　　C. 1946　　D. 1947

2. CPU 包括（　　）。

   A. 内存和控制器　　B. 控制器和运算器

   C. 控制器、运算器和内存　　D. 高速缓存和运算器

3. 1KB 等于（　　）字节。

   A. 1024　　B. 64　　C. 32　　D. 2048

4. 在 ASCII 码文件中一个英文字母占（　　）字节。

   A. 2 个　　B. 8 个　　C. 1 个　　D. 16 个

5. 在计算机应用中，（　　）是研究用计算机模拟人类的某些智能行为，如感知、推理、学习等方面的理论和技术。

   A. 辅助设计　　B. 数据处理　　C. 人工智能　　D. 实时控制

6. 二进制的数 11111110 转换成十进制数是（　　）。

   A. 251　　B. 252　　C. 253　　D. 254

7. Num Lock 是带指示灯的数字锁定键，当指示灯亮时，表示（　　）。

   A. 数字键有效　　B. 光标键有效

   C. 数字键、光标键都有效　　D. 数字键、光标键都无效

8. 大容量并能永久保存数据的存储器是（　　）。

   A. 外存储器　　B. ROM　　C. RAM　　D. 内存储器

9. 鼠标属于（　　）。

   A. 输入设备　　B. 输出设备　　C. 存储器　　D. 动态随机存储器

10. 将运算器、控制器加上一个或多个寄存器组成中央处理器，人们常称为（　　）。

    A. ROM　　B. RAM　　C. CPU　　D. 硬盘

11. 高级语言编写的源程序需经（　　）翻译成目标程序，计算机才能执行。

A. 解释语言　B. 汇编语言　C. 编译语言　D. 目标语言

12. 计算机病毒的目的是（　　）。
A. 损坏硬设备　B. 干扰系统，破坏数据
C. 危害人体健康　D. 缩短程序的运行时间

13. 计算机是采用（　　）的记数方法进行设计的。
A. 十进制　B. 二进制　C. 八进制　D. 十六进制

14. 显示器是最常见的（　　）。
A. 微处理器　B. 输出设备　C. 输入设备　D. 存储器

15. 以存储程序原理为基础的计算机结构是由（　　）最早提出的。
A. 冯·诺依曼　B. 布尔　C. 卡诺　D. 图灵

16. 计算机病毒是一个（　　）。
A. 生物病毒　B. DOS 命令　C. 硬件设备　D. 程序

17. 世界上第一台电子计算机（ENIAC）诞生于 20 世纪（　　）年代。
A. 20　B. 30　C. 40　D. 50

18. 在计算机内，多媒体数据最终以（　　）形式存在。
A. 模拟数据　B. 二进制数据　C. 特殊的压缩码　D. 图形

19. 扫描仪的分辨率是指（　　）。
A. 每英寸扫描图像的大小　B. 每英寸扫描所得的像点数
C. 屏幕扫描图像的大小　D. 每屏幕扫描所得的像点数

20. 计算机系统是由（　　）组成的。
A. 硬件系统　B. 软件系统
C. 硬件系统和软件系统　D. 硬件系统和使用者

二、简答题

1. 计算机的发展有哪几个阶段？
2. 计算机有哪些用途和特点？
3. 计算机的 ROM 和 RAM 有什么分别？
4. 计算机的常用外部设备包括哪些？
5. 什么叫计算机的位、字、字长、字节？
6. 什么是计算机病毒？

三、操作题

1. 下载 360 安全卫士和 360 杀毒软件，安装使用。
2. 计算器的使用，把 123.45 转化为二进制、八进制和十六进制数。
3. 使用记事本进行字母的录入练习。

第2章 Windows 7操作系统

本章学习要求

1. 了解操作系统的功能。
2. 掌握 Windows 7 的基本功能。
3. 熟练掌握 Windows 7 的操作。

2.1 操作系统概述

操作系统（operating system，OS）是计算机系统中所有硬件、软件资源的组织者和管理者，是用户与计算机之间的接口，用户都是通过操作系统来使用计算机的。操作系统是计算机系统中最重要、最基本的系统软件。

计算机操作系统是用户与计算机硬件之间的“沟通者”，为用户与计算机硬件提供了一个交流的平台，其他系统软件的基础和核心。换句话说，所有硬件必须由操作系统进行管理，所有软件都是建立在操作系统支持下。

不同的操作系统向用户提供了不同的操作界面。微机操作系统的用户界面主要有命令行方式、菜单界面方式、图形界面方式 3 种。

2.1.1 操作系统的功能

操作系统的主要职能是管理计算机系统中的所有软件、硬件资源，合理组织计算机工作流程，为用户方便使用计算机提供接口，目的是方便用户操作和提高计算机工作效率。从资源管理的角度，操作系统具有以下 5 个功能。

1. 处理器管理（进程管理）

程序是以进程为执行单位，在计算机系统中有多道进程同时运行。进程管理是指合理地管理和控制进程，使 CPU 有条不紊地为多个进程工作，CPU 资源得到最充分的利用。

2. 存储器管理

存储器管理是指对内存资源进行统一管理，使有限的内存空间能为多个程序共享。

3. 设备管理

计算机系统中外部设备的种类很多，各设备的使用方法又存在很大的差异。设备管理是指对设备进行统一管理。

4. **文件管理（信息管理）**

文件管理是指对计算机系统中软件资源的管理。

5. **作业管理**

作业是用户在计算机系统中完成一个任务的过程，由正在执行的一个或多个相关进程组成。

作业管理是指给用户提供一个使用计算机系统的界面，方便地运行自己的作业，并对进入系统的所有用户作业进行管理和组织，以提高整个系统的运行效率。

2.1.2 常用的操作系统

计算机的发展过程中，出现过许多不同的操作系统，其中最为常用的有 UNIX、Linux、Mac OS 和 Windows 等。

1. **UNIX 操作系统**

UNIX 系统于 1969 年诞生于贝尔实验室，最初是在中小型计算机上运行。UNIX 为用户提供了一个分时系统以控制计算机的活动和资源，并且提供了一个交互、灵活的操作界面。UNIX 能够同时运行多进程，并且支持用户之间共享数据。

2. **Linux 操作系统**

Linux 最初由芬兰人 Linus Torvalds 开发，其源程序在互联网上公开发布，由此引发了全球电脑爱好者的开发热情，许多人下载该源程序并按照自己的意愿完善某一方面的功能，再发布到网上，Linux 也因此被雕琢成为一个全球最稳定的、最有发展前景的操作系统。

3. **DOS 操作系统**

DOS 最初是微软公司为 IBM-PC 开发的操作系统，它对硬件平台的要求很低，因此适用性较广。在 Windows 出现以前，DOS 是 PC 兼容电脑的最基本配备。MS-DOS 一般使用命令行界面来接受用户的指令。

4. **Mac OS 操作系统**

Mac OS 操作系统是美国苹果计算机公司为其 Macintosh 计算机设计的操作系统，Mac 率先采用了一些至今仍为人称道的技术，如图形用户界面（GUI）、多媒体应用和鼠标等，Macintosh 计算机在出版、印刷、影视制作和教育等领域有着广泛的应用。

5. **Windows 操作系统**

微软公司（Microsoft）公司在 1985 年 11 月发布了该系列的第一代窗口式多任务系统，它使 PC 机开始进入了图形用户界面的时代。这种界面方式为用户提供了很大的方便，将计算机的使用提高到了一个新的阶段。

2.1.3 Windows 7 特点

Windows 是微软公司推出的视窗操作系统。随着计算机硬件和软件技术的进步，微软公司对 Windows 操作系统也在不断升级，从 16 位、32 位到 64 位。从最初的 Windows 1.0 到大家熟知的 Windows 95、Windows NT、Windows 97、Windows 98、Windows 2000、Windows Me、Windows XP、Windows Server、Windows Vista，Windows 7，Windows 8 各种版本的持续更新，微软一直在致力于 Windows 操作的开发和完善。

Windows 7 是微软公司 2009 年 10 月发布的操作系统，较以往的 Windows 版本有了较大变化，Windows 7 具有如下特点。

1. **更易用**

Windows 7 做了许多方便用户的设计，如快速最大化、窗口半屏显示、跳转列表和系统故障快速修复等，这些新功能令 Windows 7 成为更易用的操作系统。

2. 更简单

Windows 7 搜索和使用信息更加简单，包括本地、网络和互联网搜索功能。

3. 更安全

Windows 7 包括改进了的安全和功能的合法性，还会把数据保护和管理扩展到外围设备。

4. 更好的连接

Windows 7 进一步增强了移动工作能力，无论何时、何地、任何设备都能访问数据和应用程序，无线连接、管理和安全功能会进一步扩展。

Windows 7 一共分为 7 个版本：Windows 7 Starter（简易版）、Windows 7 Home Basic（家庭普通版）、Windows 7 Home Premium（家庭高级版）、Windows 7 Professional（专业版）、Windows 7 Enterprise（企业版）、Windows 7 Ultimate（旗舰版）和 Windows 7 鲍尔默签名版。其中我们最常用的就是 Windows 7 Ultimate。

2.2　Windows 7 基本操作

2.2.1　Windows 7 的启动与退出

1. Windows 7 的启动

Windows 7 的启动步骤如下。

（1）开机。打开主机电源，计算机首先进行系统自检，没有发现问题便进入启动阶段。

（2）登录。启动过程中，屏幕显示 Microsoft Windows 7 字样及微软注册商标。

由于 Windows 7 是多用户系统，用户可以设置帐号和密码，稍等片刻，屏幕便会显示 Windows 7 的登录界面。

（3）显示桌面。在登录界面中选择登录用户，如需要密码，输入登录密码即可。登录完成，屏幕显示 Windows 7 桌面，操作系统启动完成，如图 2.1 所示。

2. Windows 7 的关机

计算机使用结束后，就需要将其关闭。方法是单击“开始”按钮，打开“开始”菜单，单击右下角“关机”按钮。

鼠标移至“关机”按钮右侧的“关闭选项”按钮，打开下一级子菜单，如图 2.2 所示。

图 2.1　Windows 7 桌面

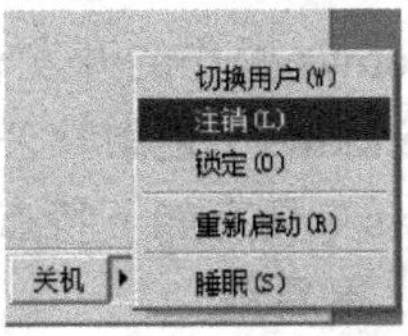

图 2.2　“关机”子菜单

"关机"子菜单命令功能如下。

（1）切换用户：指不关闭程序切换用户。

（2）注销：指注销用户。

（3）锁定：指锁定计算机。

（4）重新启动：指重新启动。

（5）睡眠：指计算机休眠，系统将保持当前的运行，计算机将转入低功耗状态。

2.2.2 鼠标操作

常见的鼠标有双键鼠标和三键鼠标，这里介绍普通双键鼠标的操作。

1. 鼠标的基本操作

鼠标的基本操作有移动、单击、双击、右击和拖放等。

（1）移动。移动是指滑动鼠标，使鼠标指针指向某个对象的操作。

（2）单击。单击是指鼠标指针在某个对象上时，用手指快速按下鼠标左键并立即释放。

（3）双击。双击是指用手指迅速而连续地两次单击鼠标左键。

（4）右击。右击是指鼠标指针在屏幕上的某个位置或某个对象上时，用手指按下鼠标右键，然后立即释放。鼠标在特定的对象上右击时，会弹出快捷菜单。

（5）拖放。拖放是指鼠标指针指向某个对象时，按住鼠标左键不放，然后移动鼠标到特定的位置后释放鼠标按键。

补充知识

三键鼠标除了左键和右键外，还有一个滚轮，滚轮的主要作用是浏览文档（图片或网页）时，可以方便地取代滚动条实现上下翻动功能。

2. 鼠标指针

在 Windows 7 系统中鼠标指针形状不同，表示计算机的不同的工作状态，常见的鼠标指针形状及含义，如图 2.3 所示。

（1）"正常选择"指针。这时可进行选定对象的操作，使用鼠标进行单击、双击或拖动操作。

（2）"求助"指针。这时可单击对象获得帮助信息。

（3）"忙"指针。这时表示计算机忙，不能进行其他操作。

（4）"精确定位"指针。精确定位指针的形状为一个"十"字，通常用于绘画时的精确定位。

（5）"选定文字"指针。文本编辑指针的形状为一竖线，是文本编辑的插入点。

（6）"水平调整"指针。这时可以改变水平方向的窗口等对象的大小。

（7）"垂直调整"指针。这时可以改变垂直方向的窗口等对象的大小。

（8）"沿对角线调整"指针。这时可以改变对角线方向的窗口等对象的大小。

（9）"移动"指针。这时可以移动窗口等对象的位置。

3. 键盘和鼠标协同工作

键盘和鼠标协同操作不仅可加快操作速度，还可做一些特殊的操作。

（1）<Ctrl>键+鼠标单击。在键盘上按住<Ctrl>键不放，然后使用鼠标单击不同的对象，可以选择多个不同的对象。

（2）<Shift>键+鼠标单击。先选择一个对象后，然后在键盘上按住<Shift>键并使用鼠标单击另一个对象，则可以选择两个对象之间的所有对象。

（3）<Alt>键+拖动鼠标。在键盘上按住<Alt>键不放，然后按下鼠标左键并拖动鼠标即可选取一个矩形区域。此操作一般应用于文字处理程序中选择一个矩形文本区域，如图 2.4 所示。

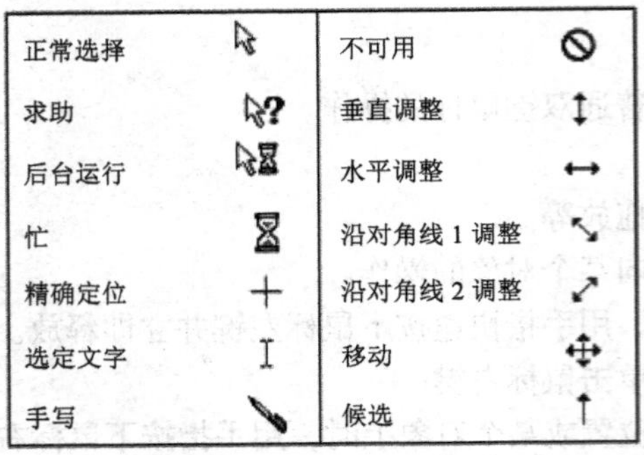

正常选择
求助
后台运行
忙
精确定位
选定文字
手写
不可用
垂直调整
水平调整
沿对角线 1 调整
沿对角线 2 调整
移动
候选

图 2.3　鼠标指针

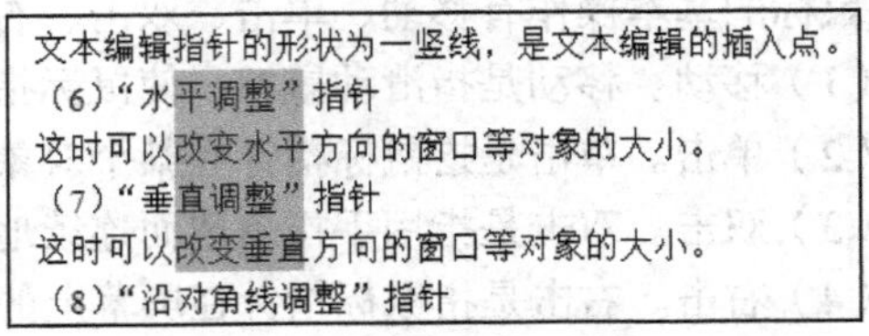

图 2.4　矩形区域的选择

4. 键盘操作

对计算机的操作除了使用鼠标之外，也可以使用键盘，而且这是区分高手和菜鸟一种方法。

键盘上除了常用的字母、数字和符号键之外，还有一些功能键如<Win>、<Ctrl>、<Alt>和<Shift>等。功能键和其他键可以组合成快捷键来使用，以方便地完成一些操作。

Windows 7 中最常用到的快捷键如下。

（1）<Win>打开或关闭开始菜单。

（2）<Win + D>显示桌面。

（3）<Win + M>最小化所有窗口。

（4）<Win + Shift + M>还原最小化窗口到桌面上。

（5）<Win + E>打开我的电脑。

（6）<Ctrl + C>复制文件或文件夹。

（7）<Ctrl + X>剪切文件或文件夹。

（8）<Ctrl + V>粘贴文件或文件夹。

（9）<Ctrl + A>选择全部文件、文件夹或文字内容。

（10）<Ctrl + F>查找内容。

（11）<Alt + Tab>在打开的多个程序或窗口间切换。

（12）<Alt + F4>关闭当前应用程序或窗口。

要查看所有的快捷键，请参阅 Windows 的帮助与支持中心文档。

2.2.3　中文版 Windows 7 桌面

桌面就是用户启动计算机登录到操作系统后看到的整个屏幕界面，桌面主要由 3 部分组成：背景、图标和任务栏。如图 2.5 所示。

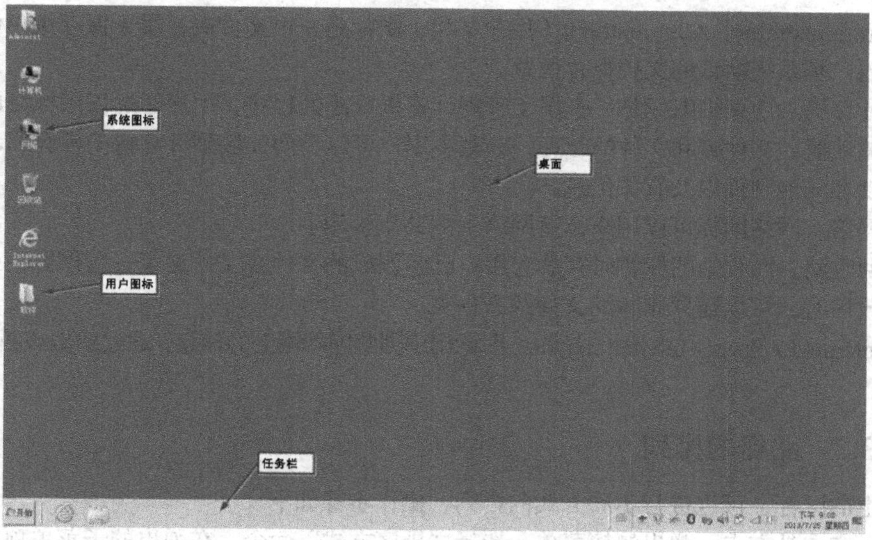

图 2.5　系统默认的桌面图标

2.2.3.1　添加系统图标

Windows 7 操作系统安装成功后，桌面上只有一个图标是回收站。如果要添加其他系统图标，操作步骤如下。

（1）在桌面空白处单击鼠标右键，在弹出快捷菜单选择“个性化”命令，打开“个性化”窗口中，如图 2.6 所示。

（2）在“个性化”窗口左边单击“更改桌面图标”超链接，打开“桌面图标设置”对话框，如图 2.7 所示。

图 2.6　“个性化”窗口

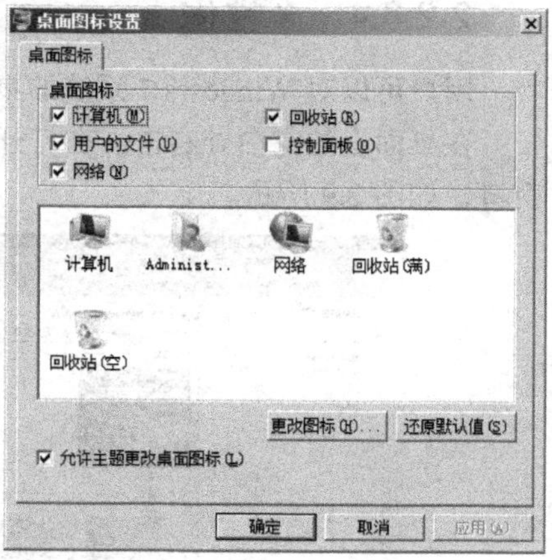

图 2.7　“桌面图标设置”对话框

（3）在“桌面图标”选项卡“桌面图标”选项区域中选中“计算机”、“用户的文件”、“网络”和“回收站”复选框，然后单击“确定”按钮。返回桌面即可看到系统图标。

2.2.3.2　桌面图标

桌面上常用系统图标说明如下。

（1）Administrator。Administrator（用户文档）图标是一个文件夹，用于保存用户信件、报告和其他文档，是系统默认的文档保存位置。

（2）计算机。计算机图标是一个用于管理计算机资源的程序，用户通过该图标可以实现对计算机硬盘驱动器、文件夹和文件的管理，在其中用户可以访问连接到计算机的硬盘驱动器、照相机、扫描仪和其他硬件以及有关信息。

（3）网络。网络图标可以用来浏览网络上的共享资源。

（4）回收站。回收站图标暂时存放着用户已经删除的文件或文件夹等一些信息，当用户还没有清空回收站时，可以还原删除的文件或文件夹。

（5）Internet Explorer。Internet Explorer 图标用于浏览因特网上的信息，通过双击该图标可以访问网络资源。

2.2.3.3 图标的排列

桌面上的图标，可以进行不同方式的排列，操作步骤如下。

在桌面空白处右击，弹出快捷菜单，选择“排序方式”命令，在弹出的子菜单项中包含了多种排列方式，如图 2.8 所示。

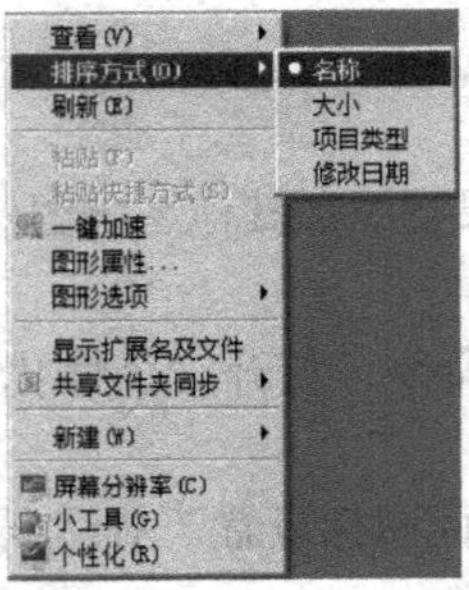

图 2.8 “排列图标”命令

图标的排列方式有按名称、大小、类型、修改时间来排列。选定后旁边出现“・”标志。

桌面的图标，也可以更改查看方式，在桌面空白处右击，在弹出快捷菜单中，选择“查看”命令，在子菜单项中包含了多种查看方式选择，有大图标、中等图标和小图标 3 种。

图标也可以自动排列、对齐到网络排列、显示到桌面图标、在桌面上锁定 Web 项目等，选定后旁边出现“√”标志。“√”标志消失，即表明取消了此选项。

2.2.3.4 个性化

用户可以对 Windows 7 系统的桌面进行个性化的设置，操作步骤如下。

在桌面上的空白处右击，在打开的快捷菜单中选择“个性化”命令，这时会出现“个性化”窗口，如图 2.9 所示。

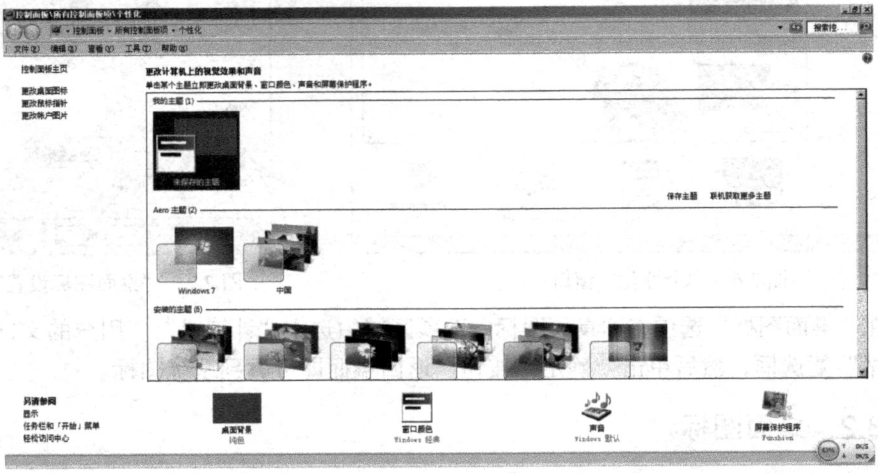

图 2.9 “个性化”窗口

在“个性化”窗口中，可以更改计算机上的视觉效果和声音。

（1）主题。单击窗口中某个主题立即更改桌面背景、窗口颜色、声音和屏幕保护程序。桌面主题是一组预定义的窗口元素，它们让您可以将计算机个性化，使之有别具一格的外观。用户可以选择喜爱的主题。

（2）桌面背景。通过“桌面背景”超链接，用户可以设置自己喜爱的桌面背景，如图 2.10 所示。

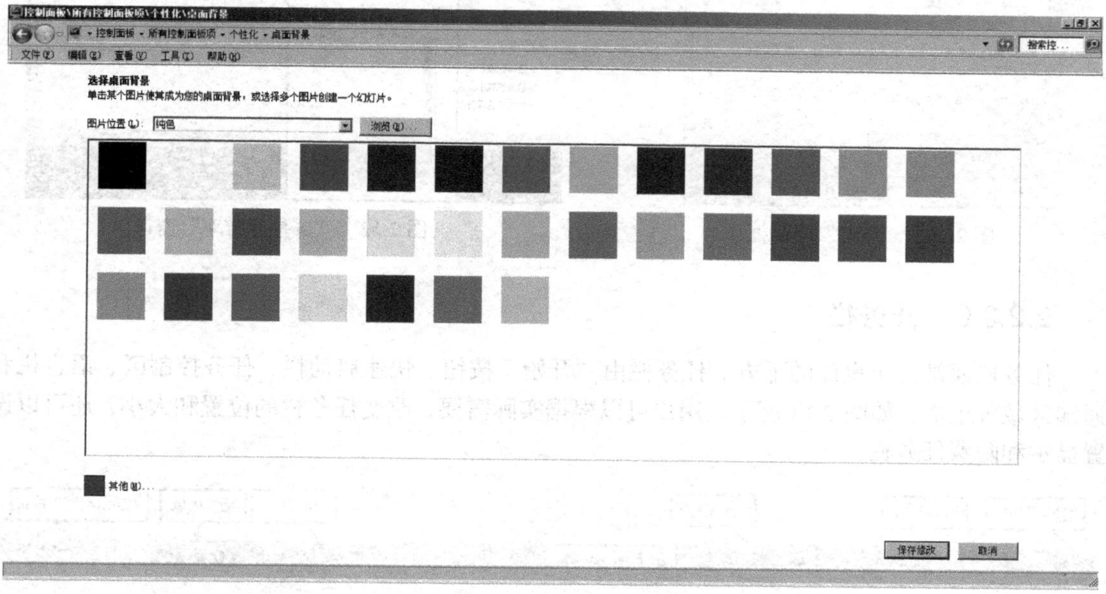

图 2.10　“桌面”选项卡

（3）窗口颜色。通过“窗口颜色”超链接，用户可以设置自己喜爱的窗口或其他对象的大小、颜色。

（4）声音。通过“声音”超链接，用户可以设置自己喜爱的声音方案，如图 2.11 所示。

（5）屏幕保护程序。通过“屏幕保护程序”超链接，用户可以设置计算机在无操作情况下的屏幕显示方式和电源的管理方式。

在“个性化”窗口还可以进行更改桌面图标、更改鼠标指针和更改账户图片的操作。用户通过“个性化”窗口打造自己的华丽的外观。

2.2.3.5　屏幕分辨率

屏幕分辨率和刷新频率是对显示器的设置，分辨率和刷新频率直接影响用户的视觉效果，具体设置方法是在桌面空白处右击，在弹出快捷菜单中，选择“屏幕分辨率”命令，打开“屏幕分辨率”窗口，如图 2.12 所示。

在“屏幕分辨率”窗口，单击“分辨率”下拉按钮，在打开的下拉列表中拖动滑块选择需要的分辨率，设置完成后单击“确定”按钮。

在“屏幕分辨率”窗口，单击“高级设置”超链接，在打开的“监视器”对话框中，可以进行刷新频率的设置。

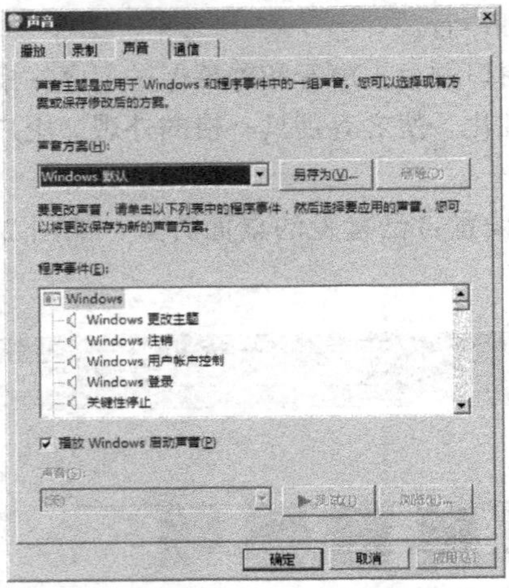

图 2.11 “声音”对话框

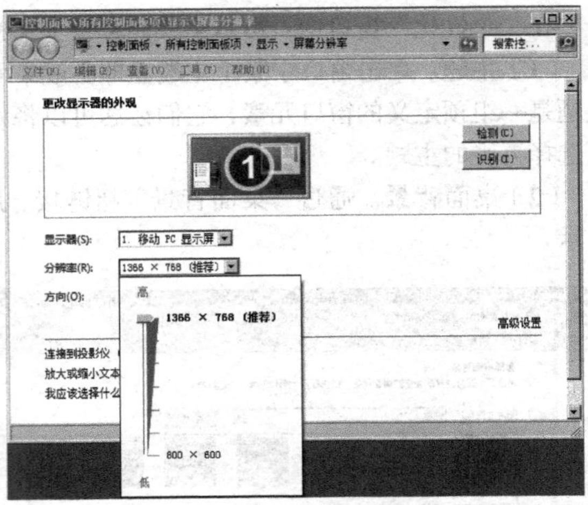

图 2.12 “屏幕分辨率”窗口

2.2.3.6 任务栏

任务栏通常位于桌面的下方。任务栏由“开始”按钮、快速启动栏、任务控制区、语言栏和通知区域等组成，如图 2.13 所示。用户可以根据实际需要，改变任务栏的位置和大小，还可以设置显示和隐藏任务栏。

图 2.13 任务栏

（1）“开始”按钮。单击此按钮，可以打开“开始”菜单。

（2）快速启动栏。由程序按钮组成，单击可以快速启动程序。

（3）任务控制区。用于表示正在运行的程序或打开的窗口，单击任务控制区的程序或窗口图标，可以切换后台任务。

（4）语言栏。此栏显示语言输入法，单击“语言栏”按钮，在弹出的菜单中可以选择不同输入法，如图 2.14 所示。

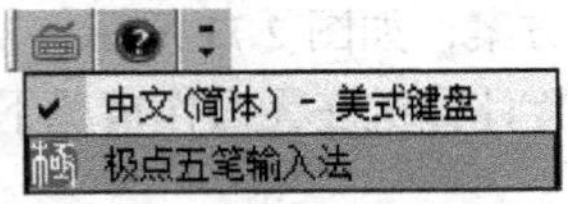

图 2.14 “输入法”选择菜单

用户如需要添加新的输入法，操作步骤如下。

在语言栏任意位置右击，在弹出的快捷菜单中选择“设置”命令，打开“文字服务和输入语言”对话框，如图 2.15 所示。

用户可以设置默认输入语言，对已安装的输入法进行添加、删除，可以添加世界各国的语言以及设置输入法切换的快捷键等操作。

（5）时间日期。在任务栏的右侧有时间显示，显示了系统当前的时间，将鼠标在上面停留片刻，会出现当前的日期时间，如果单击鼠标，将打开“日期时间”显示框，如图 2.16 所示。

在显示框中，单击“更改日期和时间设置”超链接，打

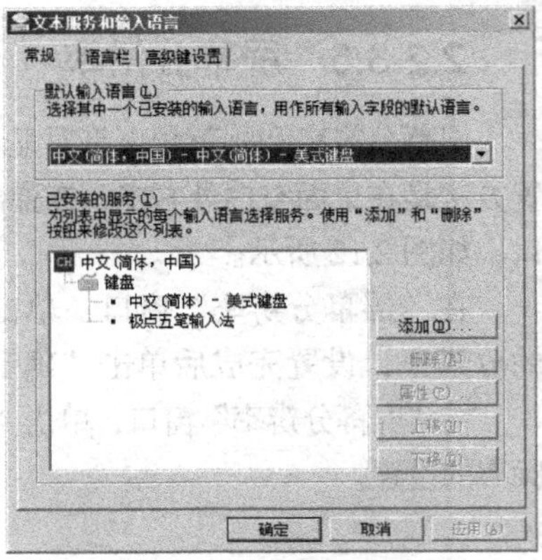

图 2.15 “文字服务和输入语言”对话

开“时间和日期”对话框，如图 2.17 所示。

用户可以通过更改日期和时间按钮、更改时区按钮进行时间和时区的校对。

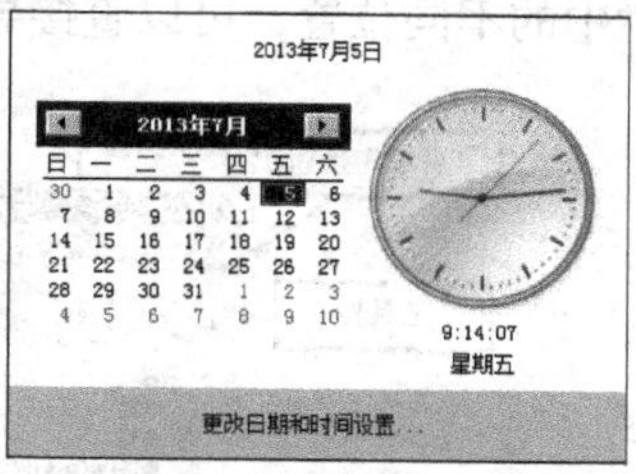

图 2.16　“日期时间”显示框

2.2.3.7　自定义任务栏

任务栏的个性化设置也很重要，操作方法如下。

1. 任务栏的属性

在任务栏中非按钮区域鼠标右击，在弹出快捷菜单中，选择“属性”命令，打开“任务栏和「开始」菜单属性”对话框，如图 2.18 所示。

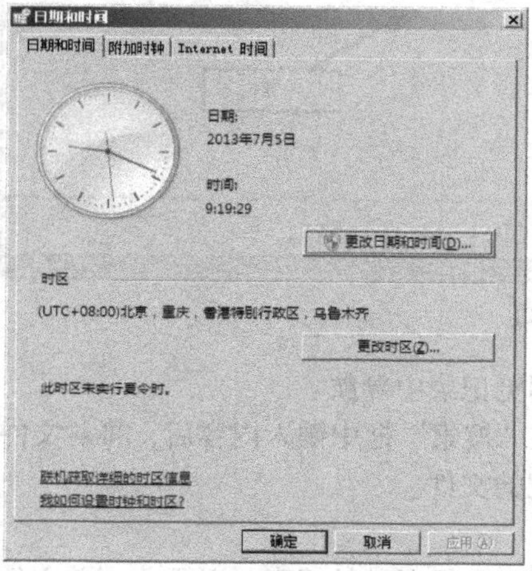

图 2.17　“日期和时间”对话框

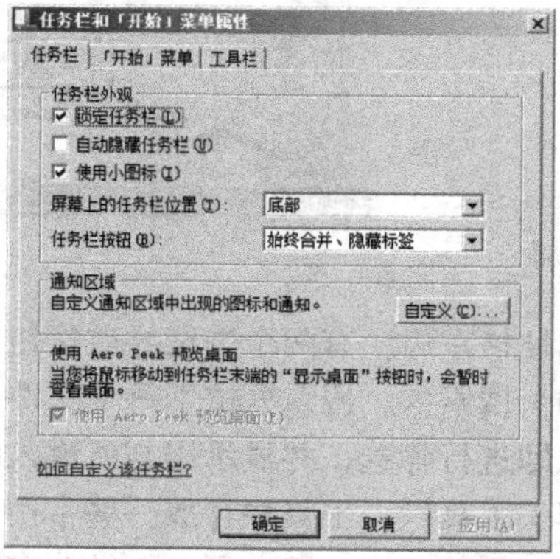

图 2.18　“任务栏和「开始」菜单属性”对话框

在“任务栏外观”选项组中，用户可以通过对复选框的选择来设置任务栏的外观。

在“「开始」菜单”选项卡，用户可以对开始菜单进行设置。

2. 改变任务栏的位置及大小

任务栏可以移动到桌面的任意边缘，在任务栏上的非按钮区按下鼠标左键拖动到所需要边缘位置再放手。

任务栏也可以改变大小。把鼠标移动放在任务栏的上边缘，当出现双箭头指示时，按下鼠标左键不放拖动到合适位置再松开手即可。

2.2.4　Windows 7 的窗口

窗口是操作系统的基本对象，Windows 7 中的所有应用程序都是以窗口的形式出现的，启动一个应用程序后，用户看见的是该应用程序的窗口。虽然每个窗口的内容各不相同，但大多数窗口都具有相同的基本组成部分，如图 2.19 所示。

2.2.4.1　窗口的组成

Windows 7 的窗口是在屏幕中带边框的矩形区域，“计算机”窗口，如图 2.19 所示。

（1）标题栏。显示文档和应用程序的名称或者所在文件夹的名称，标题栏的左边是程序图标，右边有 3 个按钮分别是“最小化”、“最大化”和“关闭”按钮。

（2）地址栏。地址栏位于每个窗口顶部的搜索框旁边，显示当前所在的位置。通过单击地址栏中的不同位置，可以直接导航到这些位置。

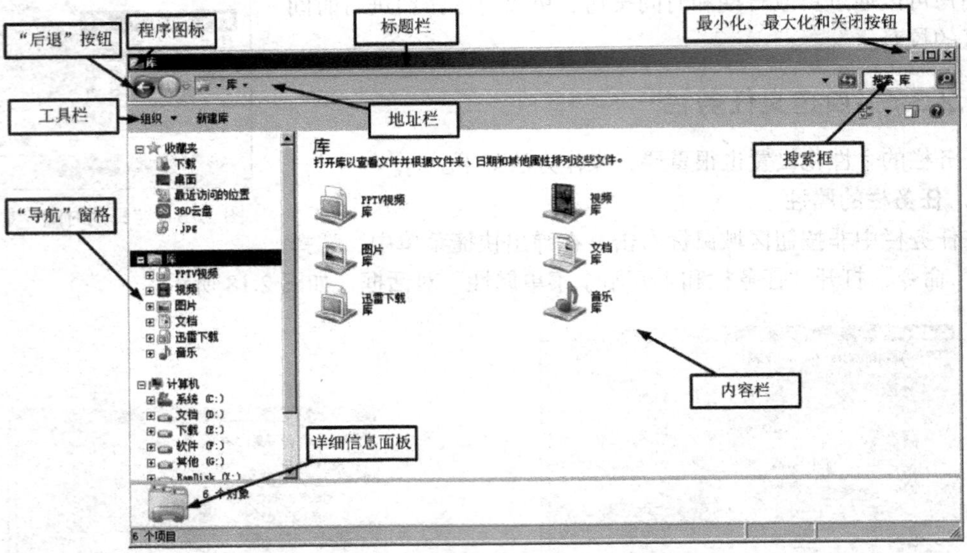

图 2.19　窗口

地址栏左边还有两个浏览导航按钮，可用于在浏览记录中导航。

（3）搜索框。搜索框位于每个文件夹的顶部，在"搜索"框中键入内容后，将对文件夹中的内容立即进行筛选，并显示出与所键入的内容相匹配的文件。

（4）工具栏。工具栏存放一些常用的命令按钮。

（5）导航窗格。用户可以在导航窗格中单击文件夹和保存过的搜索，以更改当前文件夹中显示的内容。使用导航窗格可以访问文档、图片和搜索等常用文件夹。

（6）内容栏。用于显示当前窗口中存放的文件和文件夹。

（7）详细信息面板。显示当前路径下的文件或文件夹中的详细信息。例如，可以显示文件夹中的项目数，也可以显示文件的修改日期、大小、创建日期等。

2.2.4.2　窗口格式

窗口在默认的情况下不显示传统的菜单栏及工具栏等，用户可以自行设置所需的项目，具体操作如下。

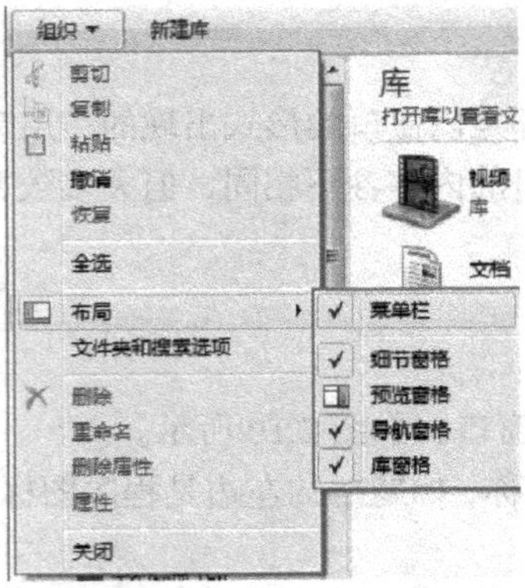

图 2.20　"布局"子菜单

在"计算机"窗口中，单击"组织"|"布局"命令，打开下级子菜单，如图 2.20 所示。

在子菜单中，选择菜单栏，就可以将传统的"菜单栏"显示出来。

该菜单栏包含"文件"、"编辑"、"查看"、"工具"、"帮助"等菜单项，每个菜单项又有许多子菜单，每个子菜单对应一个命令来实现某种操作。一般情况下，该窗口所允许的操作都会在菜单栏中找到对应的菜单命令。

Windows 7 的窗口可以分成两种类型：一种是文件夹窗口，如"计算机"窗口。另一种是应用程序窗口，如"记事本"窗口，如图 2.21 所示。这两种类窗口在外观上有所区别。

2.2.4.3　窗口的操作

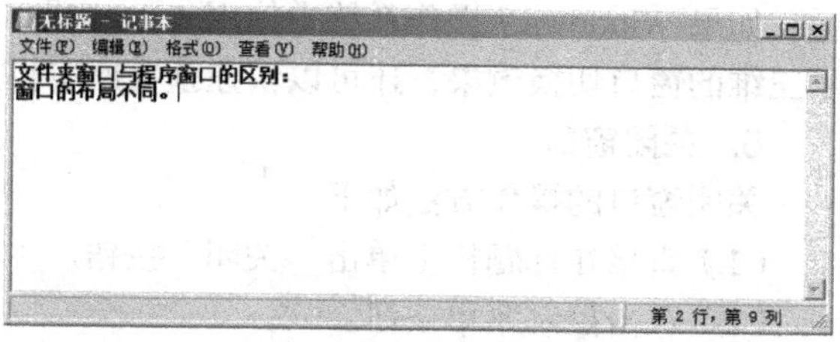

图 2.21　“记事本”窗口

窗口的基本操作如下。

1. 打开窗口

窗口通常是在启动程序时自动打开，当需要打开一个窗口时，可以通过下面两种方式来实现。

（1）选中要启动的程序图标，然后双击打开。

（2）在选中的程序图标上右击，在弹出快捷菜单中，选择“打开”命令。

2. 移动窗口

用户只需要在标题栏上按住鼠标左键拖动，移动到合适的位置后再松开，即可完成移动的操作。

用户在标题栏上右击，在弹出快捷菜单中，选择“移动”命令，当屏幕上出现“✣”标志时，再通过按键盘上的方向键（←↑↓→）或<Ctrl+方向键>来移动到合适的位置后用鼠标单击或者按回车键确认。

3. 缩放窗口

缩放窗口的方法如下。

把鼠标放在窗口的垂直边框上，当鼠标指针变成双向的箭头时，可以任意拖放。也可以把鼠标放在水平边框上，当指针变成双向箭头时进行拖放。还可以把鼠标放在边框的任意角上进行拖放。

在标题栏上右击，在弹出快捷菜单中，选择“大小”命令，屏幕上出现“✣”标志时，通过键盘上的方向键（←↑↓→）或<Ctrl+方向键>来调整窗口的高度和宽度，调整至合适位置时，用鼠标单击或者按回车键确认。

4. 最大化、最小化窗口

最大化、最小化窗口的方法如下。

最小化按钮：单击此按钮，窗口会以按钮的形式缩小到任务栏。

最大化按钮：单击此按钮，窗口最大化，铺满整个桌面。

还原按钮：当把窗口最大化后想恢复原来打开时的状态，单击此按钮即可。

在程序窗口中，右击程序图标，在弹出快捷菜单中，如图 2.22 所示，也能进行最大化、最小化窗口的操作。

通过快捷键<Alt+空格键>来打开控制菜单。

5. 切换窗口

当桌面同时打开了多个窗口时，需要在各个窗口之间进行切换，切换的方法如下。

窗口处于最小化状态时，用户在任务栏上单击所要操作窗口的按钮，即可完成切换。窗口处于非最小化状态时，可以在所选窗口的任意位置单击，当标题栏的颜色变深时，表明完成对窗口的切换。

用<Alt + Tab>组合键来完成切换，屏幕上会出现切换任务栏，如图 2.23 所示。

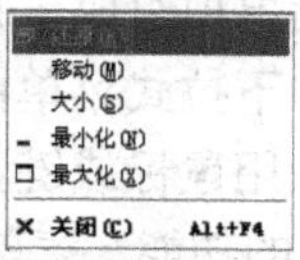

图 2.22　控制菜单

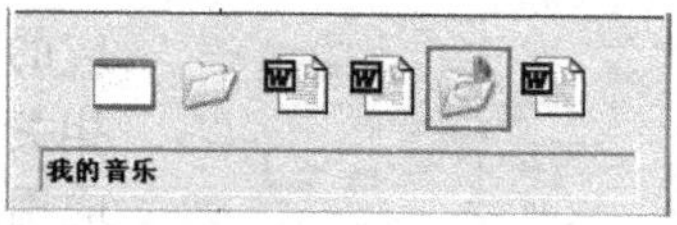

图 2.23　切换任务栏

然后在键盘上按<Tab>键，从“切换任务栏”中选择所要打开的窗口，选中后再松开两个键，选择的窗口即可成为当前窗口。

用<Alt + Esc>组合键来完切换。

如果 Windows 7 操作系统中使用 Aero 主题，在进行窗口切换时，按<Win+Tab>组合键就会显示三维的窗口切换效果，还可以快速预览所有打开的窗口，如图 2.24 所示。

6. 关闭窗口

关闭窗口的操作方法如下。

（1）直接在标题栏上单击“关闭”按钮。

（2）双击控制菜单按钮。

（3）单击控制菜单按钮，在弹出的控制菜单中选择“关闭”命令。

（4）使用<Alt+F4>组合键。

7. 窗口的排列

当桌面同时打开了多个窗口时，对窗口的排列方法如下。

在任务栏上的非按钮区右击，弹出一个快捷菜单，其中有几种窗口排列命令。如图 2.25 所示。

图 2.24　动态窗口切换

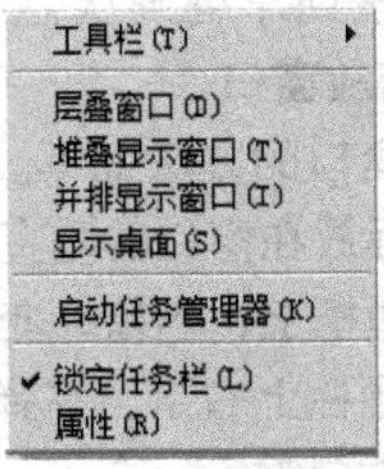

图 2.25　任务栏快捷菜单

各排列窗口命令的功能如下。

层叠窗口：把窗口按先后的顺序依次排列在桌面上。

横向平铺窗口：把窗口横向排列显示，每个窗口大小相等。

纵向平铺窗口：把窗口纵向排列显示，每个窗口大小相等。

在选择了某项排列方式后，在任务栏快捷菜单中会出现相应的撤销该选项的命令。例如用户选择了“层叠窗口”命令后，任务栏的快捷菜单会增加一项“撤销层叠”命令，当用户选择此命令后，窗口恢复原状。

2.2.5　菜单和菜单操作

Windows 7 提供了应用程序菜单、快捷菜单和开始菜单 3 种菜单形式。

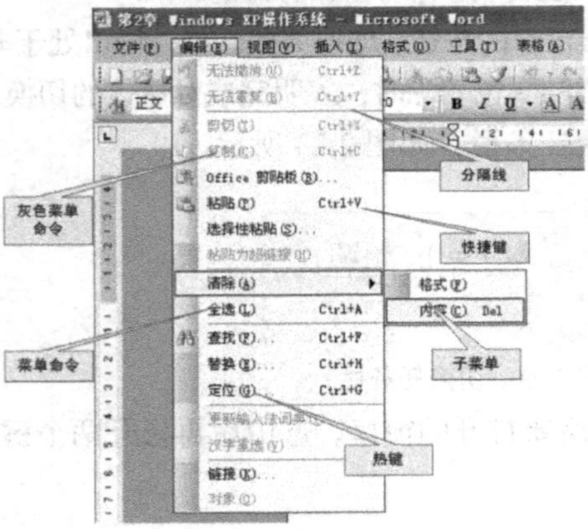

图 2.26　应用程序菜单

1. 应用程序菜单

应用程序菜单是在应用程序窗口内的菜单，为该应用程序提供基本操作命令。

菜单栏由若干个菜单项组成，每个菜单项都有对应的一个下拉式菜单，下拉式菜单由若干个与菜单项相关的菜单命令组成。用鼠标或键盘选择菜单命令，应用程序就会执行相应的功能。菜单项对应下拉菜单，如图 2.26 所示。

（1）分隔线。表示菜单命令的分组。

（2）灰色菜单命令。表示在目前状态下该命令不能使用。

（3）省略号…。表示选择该命令后会显示一个对话框，以输入命令所需要的相关信息。

（4）选择符√。表示这个菜单命令是一个逻辑开关，并且正处于被选中使用状态。

（5）选择符●。表示可选项单项分组，有且只有一个选项带有符号被选中。

（6）箭头▸。表示该菜单命令下还有下一层子菜单，称为下级菜单或级联菜单。

（7）热键。位于菜单命令名右边，用括号中带有下画线的一个字母表示，表示用键盘选择该菜单项时，只需按一下<Alt>键和该字母。

（8）快捷键。位于菜单命令的最右端，表示选择这个命令时不用打开菜单而只要按这个快捷键就可以调用。

使用鼠标选择菜单时，先用鼠标单击所需菜单项，然后在其下拉菜单中用鼠标单击选择所需的菜单命令。

用鼠标单击菜单外的任何地方，菜单即会自动关闭。

2. 快捷菜单

鼠标指向某一对象后右击，弹出快捷菜单。快捷菜单中的菜单命令是根据当前的操作状态而定的，操作对象不同，环境状态不同，快捷菜单也有所不同，如图 2.27 所示。

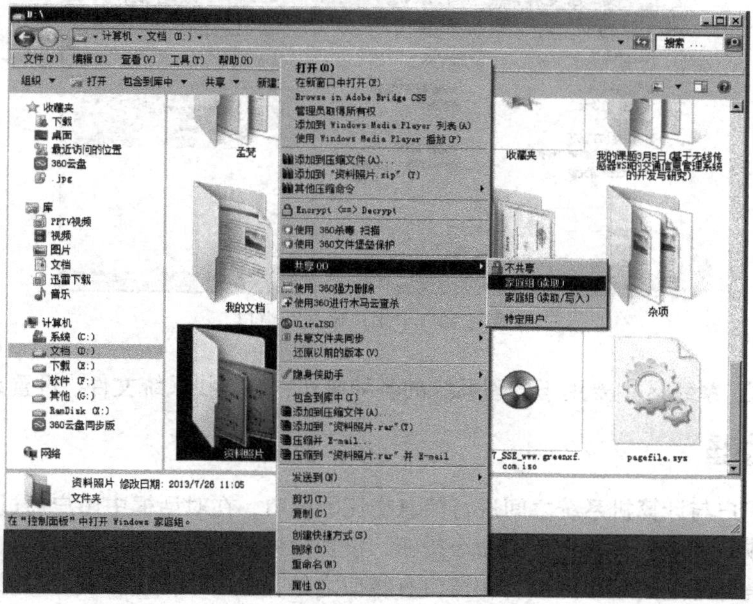

图 2.27　快捷菜单

3. 开始菜单

在默认状态下，“开始”按钮位于屏幕的左下方，开始按钮上有 Windows 标志。单击“开始”按钮，打开“开始”菜单，如图 2.28 所示。

“开始”菜单中存放操作系统或设置系统的绝大多数命令，及安装到当前系统里面的所有的程序，可以称为是操作系统的中央控制区域。

（1）常用程序区。该区域显示了使用频率最高的程序，也可以手动将需要的程序添加到该区域。

（2）“所有程序”区。选择该区域，会弹出了菜单包括所有的程序，如图 2.29 所示。

（3）搜索区。通过在文本框中输入关键字可以快速找到需要打开或启动的对象。

（4）账户头像。单击账户头像，打开“用户帐户”窗口，如图 2.30 所示。在该窗口中对系统账户进行添加、删除和修改等各种操作。

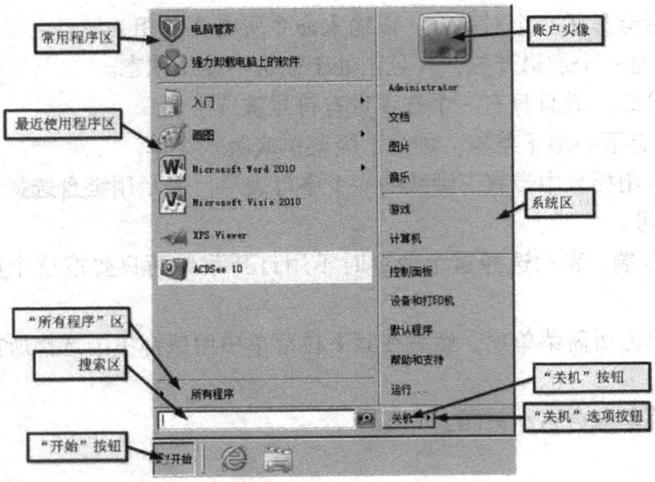

图 2.28　开始菜单

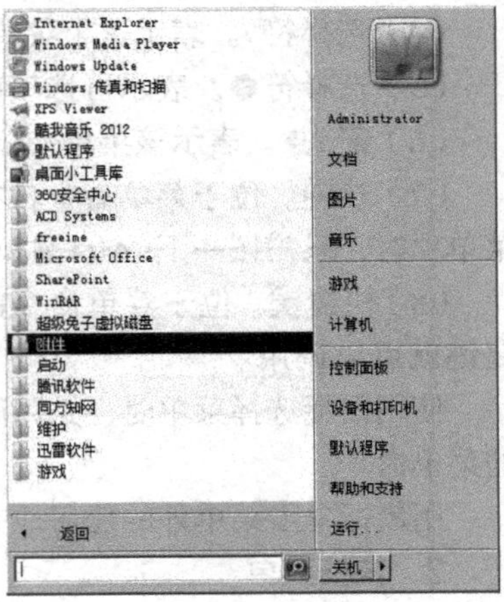

图 2.29　"开始"菜单的所有程序

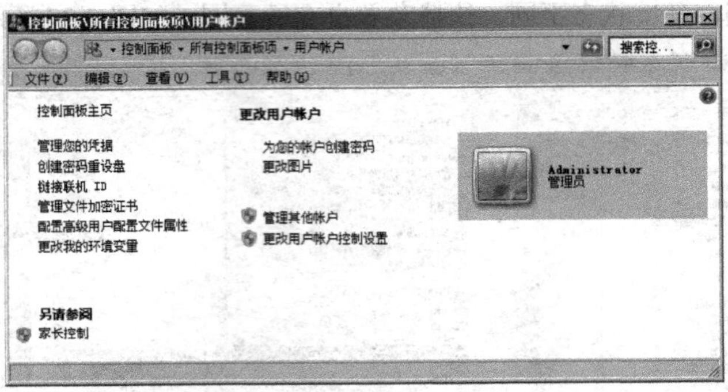

图 2.30　"用户帐户"窗口

（5）系统区。系统区主要用于管理系统的各种操作，如查找系统文件、设置系统软、硬件等。

2.2.6　对话框

对话框是用户与计算机系统之间进行信息交流的窗口，在对话框中用户通过对选项的选择和输入，设置完成后，单击"确定"等命令按钮，设置生效。

对话框也是屏幕上的矩形区域，和窗口有相似之处，也有不同。如图 2.31 所示。

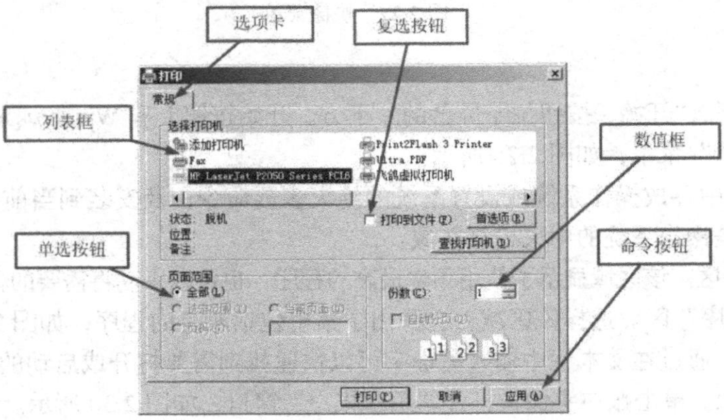

图 2.31　对话框组件

（1）标题栏。位于对话框的最上方，左侧标明了该对话框的名称，右侧有“关闭”按钮，有的对话框还有“帮助”按钮。

（2）选项卡和标签。对话框的内容很多时，标题栏下就会有多个选项卡。选项卡上写明了标签，以便于进行区分。用户可以通过各个选项卡之间的切换来查看不同的内容。

（3）文本框。文本框表现为一个矩形的长条框，主要用来输入文本。

（4）列表框。列表框表现为一个矩形框，右边有一个三角按钮，单击会弹出一个下拉列表，可以从中选择一个选项并执行。

（5）命令按钮。是指在对话框中的圆角矩形且带有文字的按钮，常用的有“确定”、“应用”和“取消”等。单击“确定”按钮，可在关闭对话框的同时保存用户在对话框中所做的修改。如果用户要取消所做的改动，同时关闭对话框，可以单击“取消”按钮，或者直接在标题栏上单击“关闭”按钮，也可以在键盘上按<Esc>键。

（6）单选按钮。通常是一个小圆形，其后面有相关的文字说明。当选中后，在圆形中间会出现一个绿色的小圆点，在对话框中通常是一个选项组中包含多个单选按钮，当选中其中一个后，其他的选项便不可以被选中。

（7）复选框。它通常是一个小正方形，在其后面也有相关的文字说明。当用户选择后，在正方形中间会出现一个“√”标志，它是可以任意选择的。

2.3 文件管理和磁盘管理

2.3.1 文件和文件夹的概念

1. 文件的概念

文件是计算机系统中数据组织的基本单位，在计算机中程序和数据都是以文件的形式存储在存储器上的。

2. 文件的命名

每个文件都有自己的文件名，Windows 7 就是按照文件名来识别、存取和访问文件的。文件名由文件主名和扩展名组成，两者之间用小数点“.”分隔。

文件主名一般由用户自己定义，文件扩展名主要表示文件的类型和属性。文件主名的命令规则如下。

（1）文件名最长可以使用 255 个字符，一个汉字算两个字符。

（2）扩展名用来表示文件类型，也可没有，但扩展名一般由系统给定。

（3）文件名中允许英文字母、符号、空格、中文等作为合法字符，但不允许使用下列字符（英文输入法状态）：“<”、“>”、“/”、“\”、“|”、“:”、“*”、“?”。

（4）Windows 7 系统对文件名中字母的大小写在显示时有不同，但在使用时不区分大小写。

3. 文件类型和文件图标

Windows 7 利用文件的扩展名来区别每个文件的类型。

Windows 7 中，每个文件在打开前是以图标的形式显示。每个文件的图标可能会因其类型不同而有所不同，而系统正是以不同的图标来向用户提示文件的类型。文件的扩展名对应的类型，如表 2.1 所示。

表 2.1 文件基本类型及其扩展名

扩展名	文件类型	扩展名	文件类型	扩展名	文件类型	扩展名	文件类型
.exe	可执行程序	.bmp	位图图像	.avi	活动图像	.txt	无格式文本
.bat	批处理程序	.wav	声音	.htm、.html	超文本文件	.sys	配置文件
.doc	Word 文本	.mid	MIDI 音乐	.tmp	临时文件	.hlp	帮助文件

4. 文件夹

计算机是通过文件夹（也称目录）来组织、管理和存放文件的，可以将同类文件存放在一个文件夹中，一个文件夹还可以包含其他文件夹。文件的组织形式是树型结构。

Windows 7 的文件夹，有些是系统文件夹（如“计算机”、“文档”、“回收站”等），有些是用户创建的文件夹。

计算机文件夹和文件图标，如图 2.32 所示。

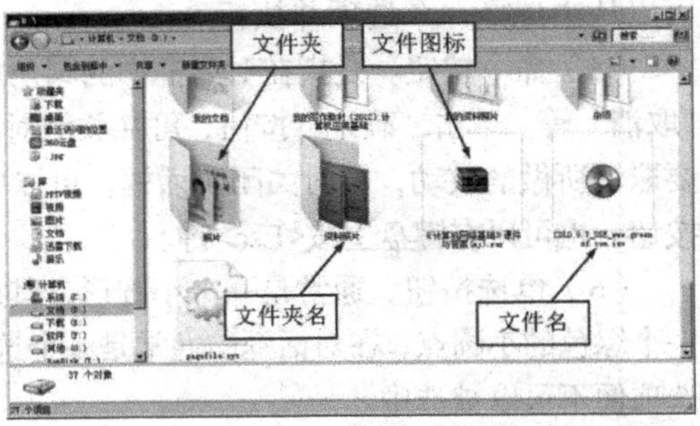

图 2.32 文件和文件夹图标

5. 盘符

计算机的硬盘空间一般会划分成几个分区，又称为几个逻辑盘，在 Windows 7 中表现为 C 盘、D 盘等。每一个盘符下可以包含多个文件和文件夹，每个文件夹下面又有文件或文件夹，形成树型结构。

用户在使用分区时，需要养成好的习惯，不同的逻辑盘存放不同的文件，例如 C 盘用于系统盘，D 盘用于常用的应用程序，E 盘用于用户的文档或工作，其他盘用于游戏或备份等。

补充知识

Window 操作系统用的时间长了，内置的软件、冗余注册表值、临时数据都会拖累操作系统运行速度，会出现越来越慢的情况。如对计算机较熟悉，可手工清除垃圾文件和信息，但很费时间，较简单的方法是借助“电脑管家”之类的电脑管理软件进行优化；当上述方法不能解决时可能需要重装操作系统。

Windows 系统崩溃后或重新安装时，可能会破坏用户的重要数据资源，如果养成良好的磁盘使用习惯，则不仅可避免丢失数据资源，还可减少部分软件的重新安装，如：

C 盘，安装操作系统和非绿色软件（如微软的 Office 软件等、杀毒软件）；

D 盘，安装绿色软件（不重新安装即可使用的软件，如 Foxmail、金山 WPS 等，安装完成后参照本章“2.4.3 在‘开始’菜单中添加应用程序”介绍的方法添加快捷方式即可）；

E 盘，存储工作文件；

F 盘，存储个人文件。

6. 路径

每个文件和文件夹都存放在计算机的某个位置。从盘符到找到文件的位置，称为路径，其中盘符、文件夹和文件都使用“\”进行分隔。

如文件 system.ini 的路径就是“C:\windows”。

2.3.2 查看计算机资源

1. “计算机”窗口

在计算机使用过程中，可以通过“计算机”窗口，显示计算机的资源，以更方便地实现浏览、查看、移动和复制文件或文件夹等操作。双击桌面“计算机”图标，打开“计算机”窗口，如图 2.33 所示。

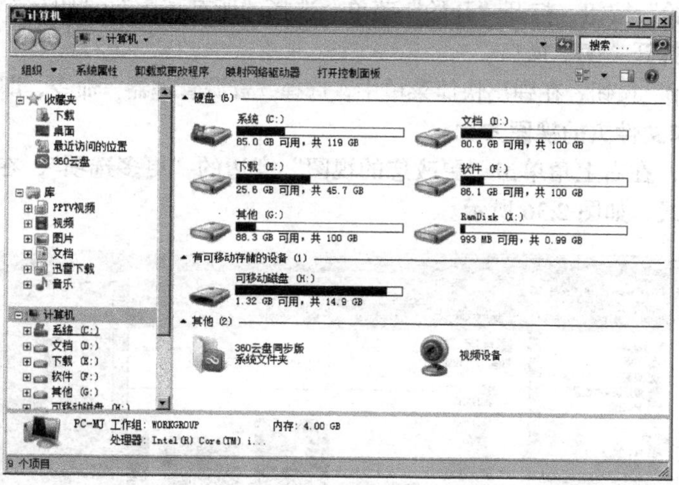

图 2.33　“计算机”窗口

在该窗口中，左边的导航窗格显示了所有磁盘和文件夹的列表，右边的内容窗格用于显示选定的磁盘和文件夹中的内容。

在左边的导航窗格中，若驱动器或文件夹前面有“+”号，表明该驱动器或文件夹有下一级子文件夹，单击该“+”号可展开其所包含的子文件夹。当展开驱动器或文件夹后，“+”号会变成“-”号，表明该驱动器或文件夹已展开，单击“-”号，可折叠已展开的内容。

2. 库

库是 Windows 7 操作系统所提供的一种高效管理文件的模式，库所包含的内容并非固定在某一个硬盘分区或文件夹内，而是利用链接（快捷方式）将来自硬盘不同分区、不同文件夹的内容集合起来。

在“计算机”窗口的导航窗格中单击“图片”，打开“库\图片”窗口，如图 2.34 所示。可以直观地看到储存在电脑硬盘的所有图片，并可以直接对其进行操作，而不需要定位图片文件的具体位置。

如果要知道图片库中图片的位置，可以单击图片库下边“3 个位置”超链接，打开“图片库位置”对话框，如图 2.35 所示。在该对话框可以为图片库添加新的对象。

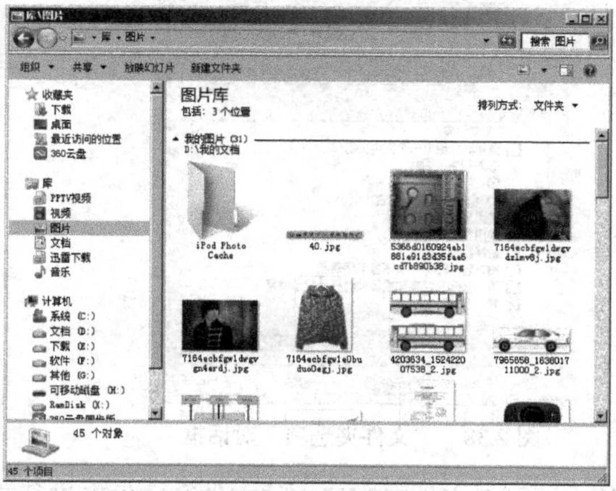

图 2.34　“库\图片”窗口

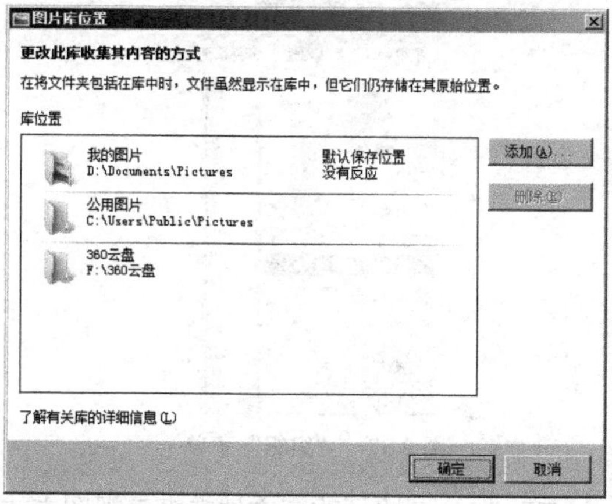

图 2.35　“图片库位置”对话框

3. 资源管理器

资源管理器也是管理计算机资源的方法，只是资源管理器打开的是“库”窗口。操作方法如下。

（1）单击“开始”按钮，打开“开始”菜单。选择“所有程序”|“附件”|“Windows 资源管理器”命令，即可打开“库”窗口。

（2）右击“开始”按钮，在弹出快捷菜单中，选择“资源管理器”命令，即可打开“库”窗口。

4. 改变文件和文件夹的视图方式

在文件夹窗口，在右上角单击“更改您的视图”旁边的“更多选项”，在弹出的列表中选择自己喜欢的视图方式，如图 2.36 所示。

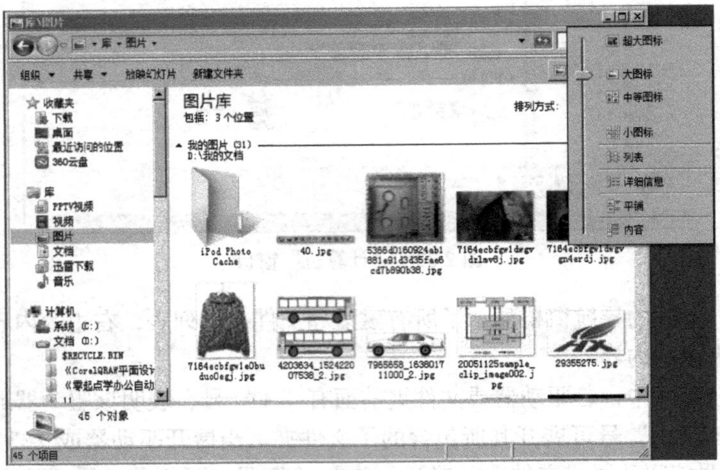

图 2.36　视图方式

如果要将这个文件夹的视图方式，应用到所有的文件夹窗口中，操作步骤如下。

（1）在“文件夹”窗口，单击左上方的“组织”，打开下拉菜单，如图 2.37 所示。选择“文件夹和搜索选项”命令。

（2）此时打开“文件夹选项”对话框，切换到“查看”选项卡，单击“应用到文件夹”按钮，如图 2.38 所示。

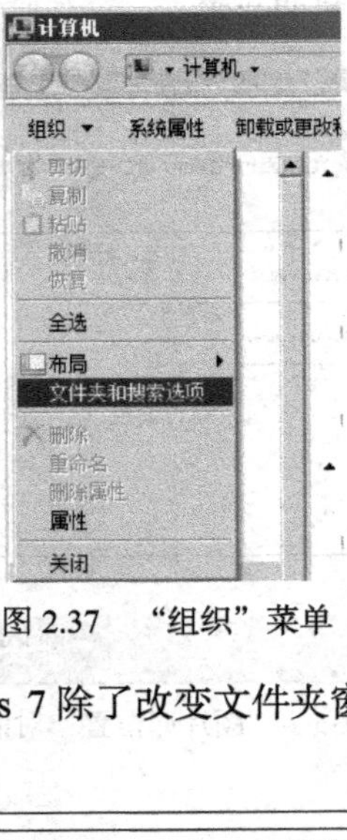

图 2.37　“组织”菜单

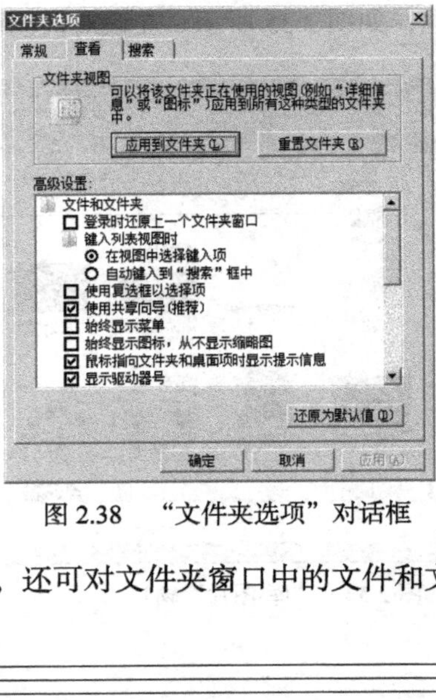

图 2.38　“文件夹选项”对话框

Windows 7 除了改变文件夹窗口视图方式之外，还可对文件夹窗口中的文件和文件夹进行排序和分组。

2.3.3　文件和文件夹的操作

在 Windows 7 操作中，有一个规则是“先选定，后操作”。指是先选定要操作的对象，再对选定的对象进行操作。操作前需要选定操作对象，被选定的文件或文件夹呈反相显示。如图 2.39 所示。

1. 选择文件和文件夹

在文件夹内容区选定文件或文件夹的操作方法如下。

（1）选择单个文件或文件夹。用鼠标单击所需的文件或文件夹，即可选定。

（2）选择连续排列的多个文件或文件夹。先单击第一个文件或文件夹，然后按住<Shift>键不放，再单击最后一个文件或文件夹。

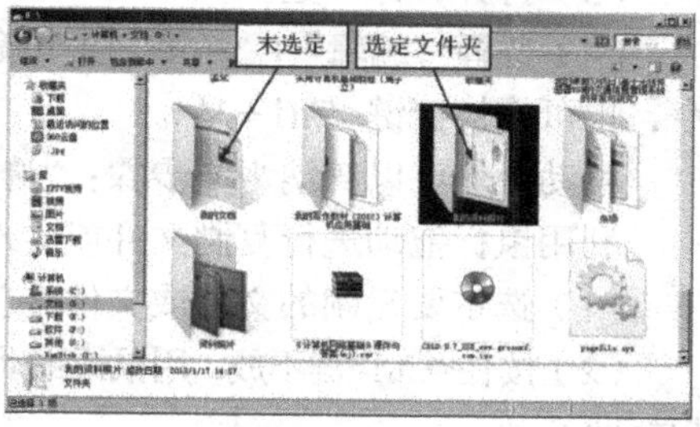

图 2.39　选定与未选定

（3）选择不连续排列的多个文件或文件夹。先单击第一个文件或文件夹，然后按住<Ctrl>键不放，再依次单击要选择的其他文件或文件夹。

（4）选择当前文件夹中的全部文件或文件夹。选择“编辑”|“全选”菜单命令，或按快捷键<Ctrl + A>。

（5）反向选择文件或文件夹。先选定不需要的文件或文件夹，选择“编辑”|“反向选定”菜单命令，这样可以方便地选择除个别文件或文件夹以外的所有文件或文件夹。

（6）取消选定。要取消已经选定的文件或文件夹，可以按住<Ctrl>键不放，再单击某个已选定的文件或文件夹，即可以取消对该文件或文件夹的选定。

如果单击文件或文件夹列表外任意空白处，可取消全部选定。

2. 打开、新建文件夹

打开一个文件夹，操作方法如下。

（1）双击该文件夹图标，即可打开该文件夹。

（2）右击该文件夹图标，在弹出快捷菜单中，选择“打开”菜单命令，即可打开该文件夹。

创建新文件夹，操作步骤如下。

（1）打开“计算机”窗口。

（2）双击打开要新建文件夹的磁盘或位置。

（3）选择“文件”|“新建”|“文件夹”菜单命令，或单击右键，在弹出快捷菜单中，选择“新建”|“文件夹”命令，即可新建一个文件夹。

（4）在新建的文件夹名称文本框中输入文件夹的名称，单击回车键或用鼠标单击其他地方即可。

3. 移动和复制文件或文件夹

移动和复制文件或文件，可以通过菜单命令，也可以通过鼠标的操作。

利用菜单命令实现复制文件或文件夹的操作步骤如下。

（1）选择要进行复制的文件或文件夹。

（2）单击“编辑”|“复制”菜单命令，或在已选择的文件或文件夹对象上单击右键，在弹出快捷菜单中，选择“复制”命令，也可按快捷键<Ctrl + C>。

（3）打开目标位置。

（4）选择“编辑”|“粘贴”菜单命令，或在空白位置单击右键，在弹出快捷菜单中，选择“粘贴”命令，也可按快捷键<Ctrl + V>。

复制操作可以归纳为 4 步骤：“选定”→“复制”→“定位”→“粘贴”。

利用菜单命令实现移动文件或文件夹的操作步骤如下。

（1）选择要进行移动的文件或文件夹。

（2）单击“编辑”|“剪切”菜单命令，或单击右键，在弹出快捷菜单中，选择 “剪切”命令，也可按快捷键<Ctrl + X>。

（3）打开目标位置。

（4）选择“编辑”|“粘贴”菜单命令，或单击右键，在打开的快捷菜单中，选择“粘贴”命令，也可按快捷键<Ctrl + V>。

移动操作可以归纳为 4 步骤：“选定” → “剪切” → “定位” → “粘贴”。

利用鼠标拖动进行复制文件或文件夹的操作步骤。

（1）选定要复制的文件或文件夹。

（2）按住<Ctrl>键不放，用鼠标拖动要复制的文件或文件夹图标到目标文件夹图标或窗口中，松开鼠标即可。

利用鼠标拖动进行移动文件或文件夹的操作步骤。

（1）选定要移动的文件或文件夹。

（2）按住<Shift>键不放，用鼠标拖动所选定的文件或文件夹图标到目标文件夹图标或窗口中，松开鼠标即可。

复制操作时，在拖动过程中鼠标光标上会多出一个“+”号，移动操作时则不会出现，由此可判断当前操作是复制还是移动。

在移动和复制文件和文件夹的操作时，如果目标位置的相同的文件和文件夹，会打开“移动或复制文件”对话框，如图 2.40 所示。有 3 个选项可以选择：“移动和替换”、“请勿移动”和“移动，但保留这两个文件”。

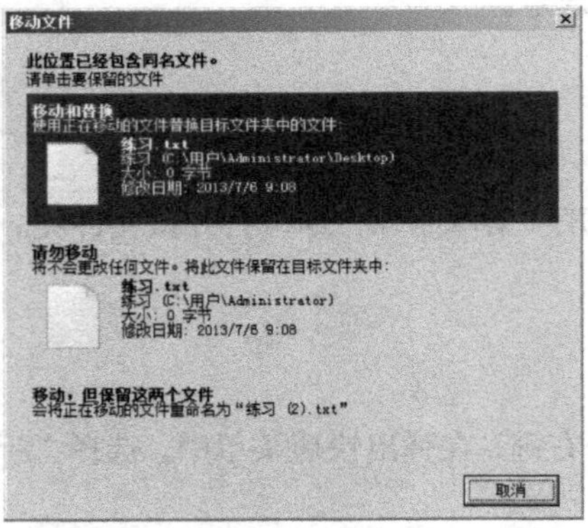

图 2.40 “移动或复制文件”对话框

4. 重命名文件或文件夹

重命名文件或文件夹，操作步骤如下。

（1）选择要重命名的文件或文件夹。

（2）单击“文件”|“重命名”菜单命令，或单击右键，在弹出快捷菜单中，选择“重命名”命令。

（3）这时文件或文件夹的名称将处于编辑状态（蓝底反白显示），用户可直接键入新的名称进行重命名操作。

还有一种重命名方法，先选择要重命名的文件或文件夹，再用鼠标在文件或文件夹名称处单击，使其处于编辑状态，键入新的名称进行重命名操作。

5. 删除文件或文件夹

当用户删除文件或文件夹，删除后的文件或文件夹将被放到“回收站”中，在“回收站”中用户可以选择将其彻底删除或还原到原来的位置。

删除文件或文件夹，操作步骤如下。

（1）选定要删除的一个或多个文件或文件夹。

（2）选择“文件”|“删除”菜单命令，或单击右键，在弹出快捷菜单中，选择“删除”命令，或按键盘的删除键。

（3）弹出“确认文件或文件夹删除”对话框，如图 2.41 所示。

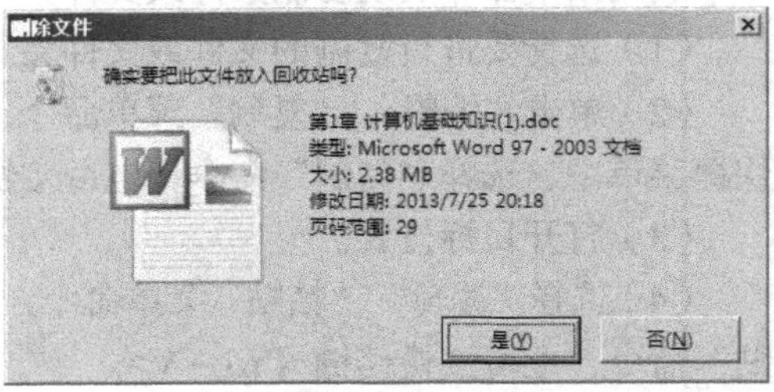

图 2.41 “确认文件夹删除”对话框

（4）若确认要删除该文件或文件夹，可单击“是”按钮；若不删除该文件或文件夹，可单击“否”按钮。

也可以选中要删除的文件或文件夹，将其拖到“回收站”中进行删除。

若要直接删除硬盘中的文件或文件夹，而不移入“回收站”中，可在删除时按住<Shift>键。

6. 删除或还原“回收站”中的文件或文件夹

“回收站”为用户提供了一个安全的删除文件或文件夹的解决方案。

删除或还原“回收站”中文件或文件夹，操作步骤如下。

（1）双击桌面上的“回收站”图标，打开“回收站”窗口，如图 2.42 所示。

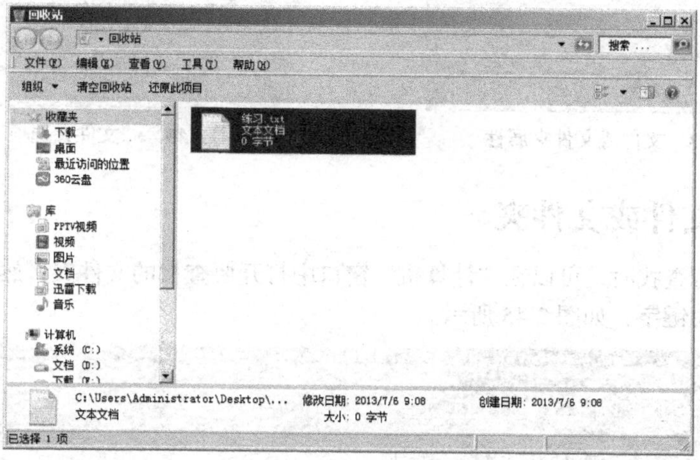

图 2.42 “回收站”窗口

（2）若要删除“回收站”中所有的文件和文件夹，可单击工具栏“清空回收站”命令（或通过菜单命令）。

（3）若要还原所有的文件和文件夹，可单击工具栏 “恢复此项目”命令；若要还原或删除一个或多个文件或文件夹，可先选定文件或文件夹，然后通过菜单命令“文件”|“还原/删除”即可完成。

7. 更改文件或文件夹属性

更改文件或文件夹属性，操作步骤如下。

（1）选定要更改属性的文件或文件夹。

（2）选择“文件”|“属性”菜单命令，或单击右键，在弹出快捷菜单中，选择“属性”命令，打开“属性”对话框，如图 2.43 所示。

只读：表示该文件或文件夹不允许更改和删除；

隐藏：表示该文件或文件夹在常规显示中将不被看到。

（3）在“属性”对话框中不同的选项卡进行合适的属性设置。

（4）单击“确定”按钮。

8. 文件夹选项设置

如果文件或文件夹有隐藏属性，默认情况下该文件或文件夹不可见。如果要查看隐藏的文件和文件夹，选择“计算机”窗口的菜单栏“工具” |“文件夹选项”命令，打开“文件夹选项”对话框，并选中“查看”选项卡，找到并选中“显示隐藏的文件和文件夹”选项，如图 2.44 所示。

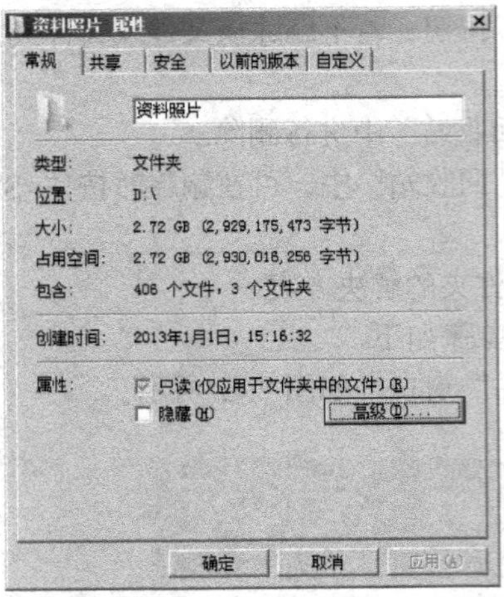

图 2.43　文件或文件夹属性

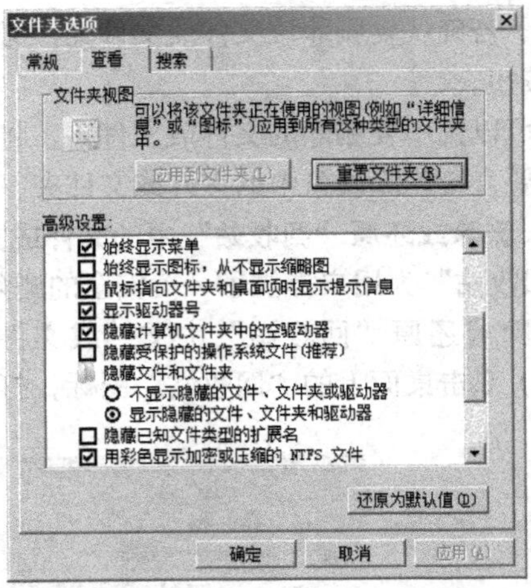

图 2.44　“文件夹选项”对话框

2.3.4　查找文件或文件夹

用户需要进行查找时，可以在“计算机”窗口中打开要查找的文件夹，然后在工具栏上的搜索条中输入搜索关键字，如图 2.45 所示。

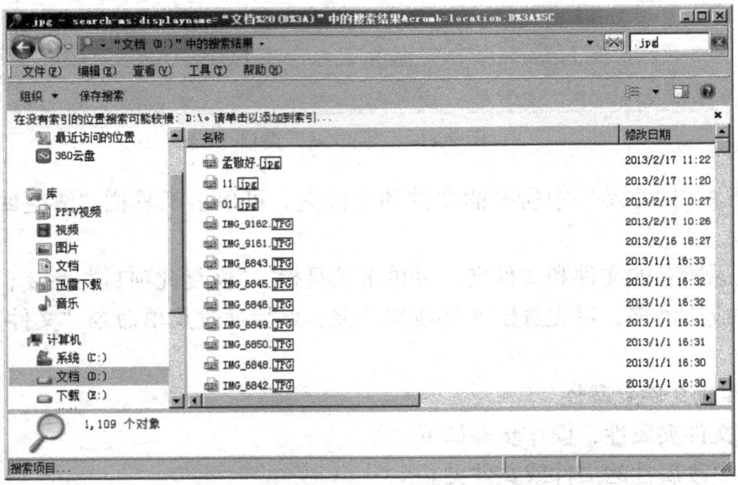

图 2.45　“搜索”窗口

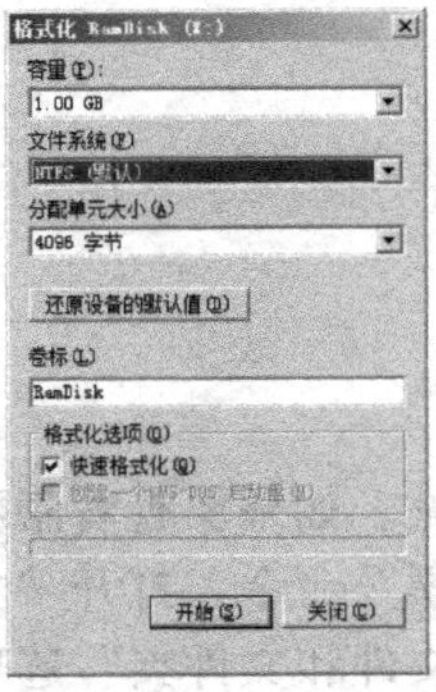

图 2.46　“格式化”对话框

在“搜索”窗口的工具栏，单击“保存搜索”命令，可以保存搜索结果。

2.3.5　磁盘操作

1. 格式化磁盘

当要格式化磁盘时，在“计算机”窗口选定磁盘图标，选择“文件”|“格式化”命令，或右击磁盘图标，在弹出快捷菜单中，选择“格式化”命令，打开“格式化”对话框，如图 2.46 所示。单击“开始”按钮，可以格式化磁盘。

格式化磁盘将删除磁盘中的全部信息，并且无法恢复。

2. 磁盘清理

磁盘清理程序可以将磁盘中的一些无用文件清除掉，操作步骤如下。

（1）打开“开始”菜单，选择“所有程序”|“附件”|“系统工具”|“清理磁盘”命令，打开“驱动器选择”对话框，如图 2.47 所示。

（2）在“驱动器”下拉列表框中选择需要清理的磁盘，单击“确定”按钮，打开“磁盘清理”对话框，如图 2.48 所示。在“要删除的文件”列表框中选择文件夹，磁盘清理程序开始计算所选磁盘可以释放的空间。要打开对应文件夹窗口浏览文件列表，可单击“查看文件”按钮。

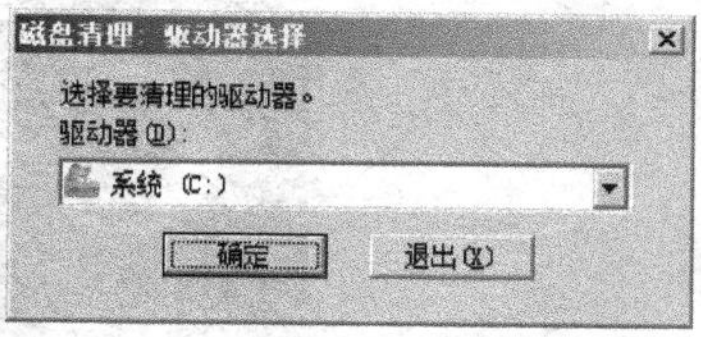

图 2.47 “驱动器选择”对话框

（3）单击“确定”按钮开始磁盘清理。

3. 磁盘碎片整理

磁盘碎片整理可以提高磁盘的读取速度。磁盘碎片整理操作的步骤如下。

（1）打开“开始”菜单，选择“所有程序”|“附件”|“系统工具”|“磁盘碎片整理程序”命令，打开“磁盘碎片整理程序”窗口，如图 2.49 所示。

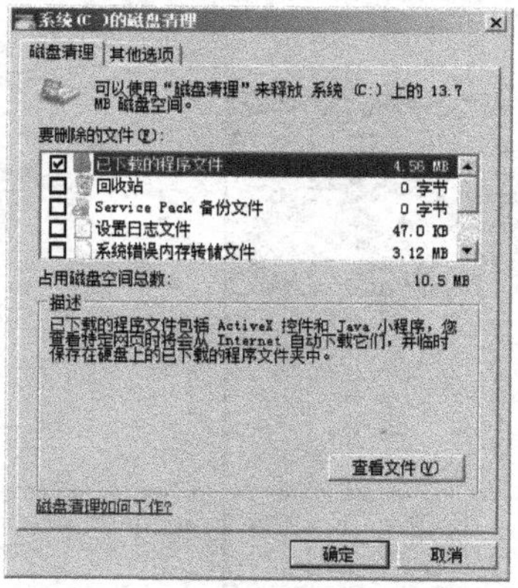

图 2.48 “磁盘清理”对话框

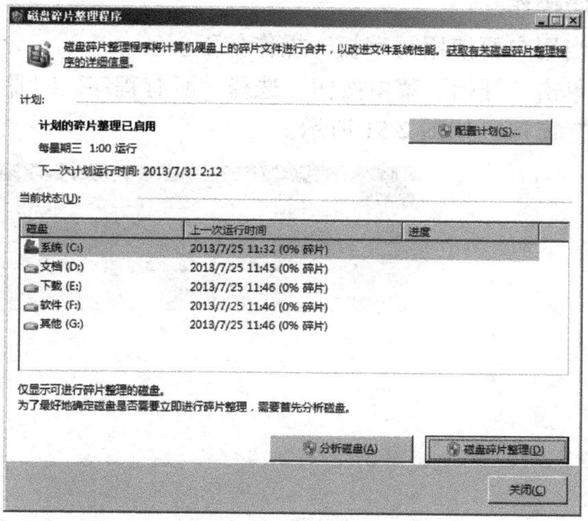

图 2.49 磁盘碎片整理

（2）选定磁盘，单击“分析磁盘”按钮，分析磁盘。单击“磁盘碎片整理”按钮开始整理。

2.4 应用程序的运行

2.4.1 附件

中文版 Windows 7 的“附件”程序为用户提供了许多使用方便而且功能强大的工具。

1. 画图

“画图”程序是一个位图编辑器，可以对各种位图格式的图像进行编辑、修改完成后，可以保存为“.bmp”、“.jpg”、“.gif”等格式的文件。

当用户要使用画图工具时，单击“开始”菜单按钮，选择“所有程序”|“附件”|“画图”命令，这时用户可以进入“画图”窗口，如图 2.50 所示。

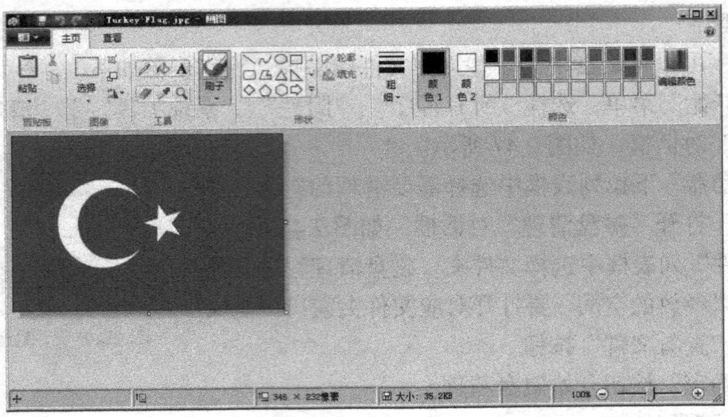

图 2.50 “画图”窗口

2. 写字板

“写字板”是一个使用简单、功能强大的文字处理程序，可以进行文字的编辑，格式的设置等排版操作。

当用户要使用写字板，操作如下。

单击“开始”菜单按钮，选择“所有程序”|“附件”|“写字板”命令，这时就可以进入“写字板”窗口，如图 2.51 所示。

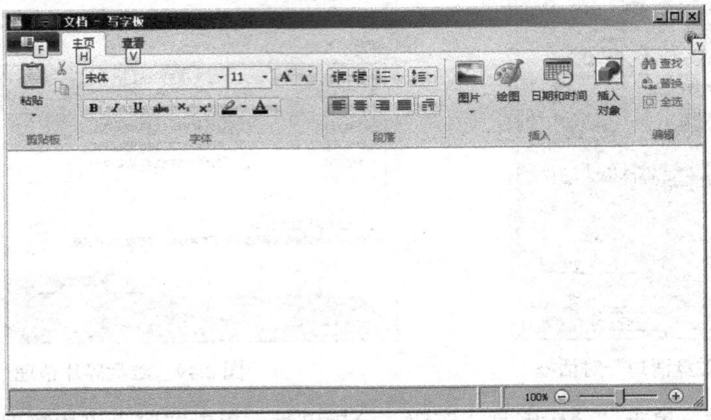

图 2.51 “写字板”窗口

写字板文档制作完成后，需要及时保存，避免发生意外丢失文档数据。写字板文件扩展名格式为“. rtf”。

3. 记事本

记事本用于纯文本文档的编辑，扩展名为“.txt”。

单击“开始”菜单按钮，选择“所有程序”|“附件”|“记事本”命令，打开“记事本”窗口，如图 2.52 所示。

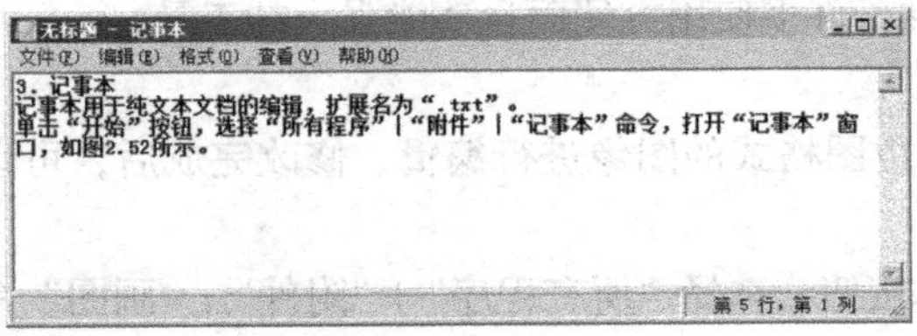

图 2.52 “记事本”窗口

记事本的一个特殊用途是创建日志，操作步骤如下。

（1）启动记事本程序，在记事本文档的第一行最左侧键入以下字符：.LOG（必须大写）。

（2）选择“文件”|“保存”菜单命令。

（3）关闭文档。

这样，以后每次打开该文档时，“记事本”都将计算机时钟指定的当前时间和日期添加到该文档的末尾，用户接着输入新的文本内容即可。

4. 命令提示符

“命令提示符”是为早期 DOS 命令提供的操作窗口。

用户需要使用 DOS，操作如下。

单击“开始”菜单按钮，选择“所有程序”|“附件”|“命令提示符”命令，即可启动 DOS。系统默认的当前位置是 C 盘下的“我的文档”，如图 2.53 所示。

5. 计算器

计算器可以帮助用户完成数据的运算，单击“开始”菜单按钮，选择“所有程序”|“附件”|“计算器”命令，打开“计算器”窗口，如图 2.54 所示。

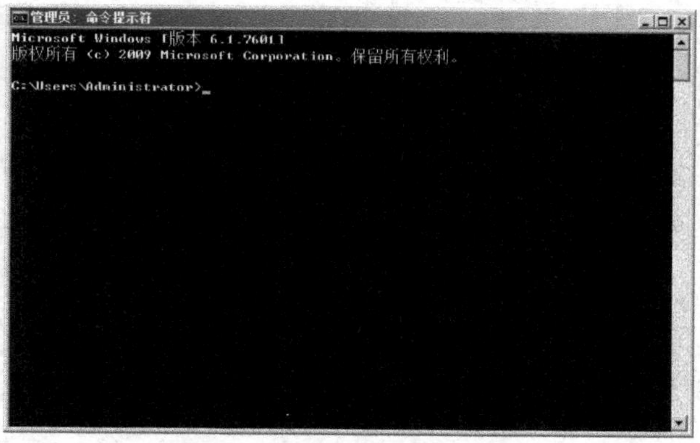

图 2.53 “命令提示符”窗口

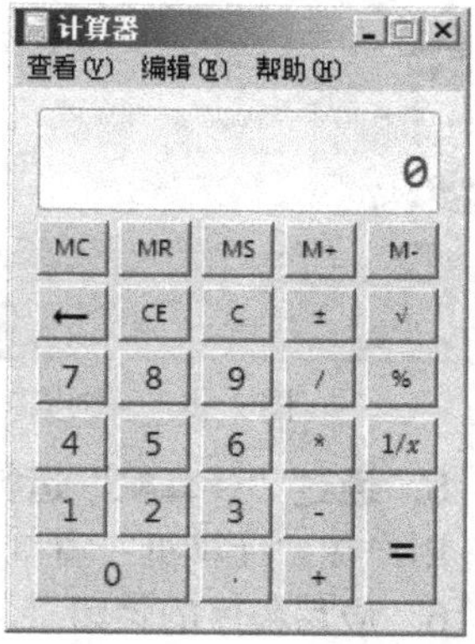

图 2.54 “计算器”窗口

Windows 7 提供了标准型、科学型、程序员和统计信息 4 种类型的计算器。“标准计算器”可以完成日常工作中简单的算术运算，“程序员计算器”可以完成数制转换。

2.4.2 应用程序的运行

运行（启动）应用程序的方式有多种，操作方法如下。

1. 通过桌面图标运行应用程序

常用的应用程序通常会在桌面有一个图标与之对应，用户只需双击应用程序对应的桌面图标，即可运行该应用程序。

2. 通过“开始”|“所有程序”菜单命令运行应用程序

应用程序都会在“开始”菜单的“所有程序”子菜单中有对应的菜单项，用户只要打开“程序”子菜单，找到应用程序对应的菜单项，单击该菜单项，即可运行该应用程序。

3. 通过“开始”|“运行”菜单命令运行应用程序

使用“开始”|“运行”命令来启动该应用程序，操作步骤如下。

（1）选择“开始”|“运行”命令，打开“运行”对话框，如图 2.55 所示。

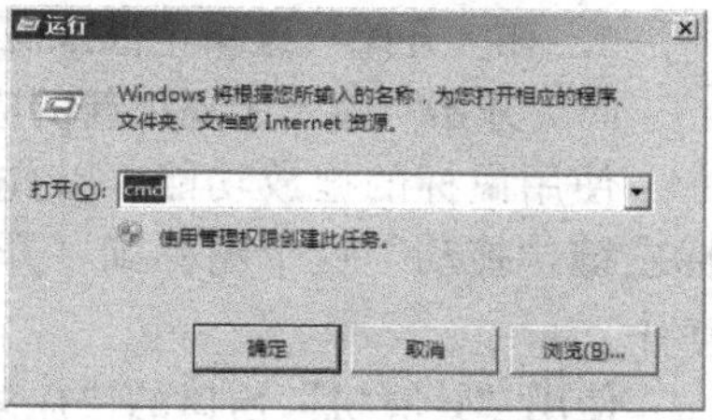

图 2.55 “运行”对话框

（2）用户可以在“打开”文本框中直接输入应用程序所在的路径和文件名，如果用户不明确应用程序的名称、路径，可以单击“浏览”按钮，打开“浏览”对话框，如图 2.56 所示。选定所要运行的应用程序，双击该文件图标或单击“打开”按钮。

（3）单击“确定”按钮即可启动该应用程序。

4. 通过“开始”|“文档”菜单命令运行应用程序

最近处理过的文档文件，Windows 7 会将其记录在“开始”|“文档”菜单中。

通过选择“开始”|“文档”菜单命令，打开“库文档”窗口，如图 2.57 所示。单击要处理的文档文件名，就可以运行处理该文档的应用程序。

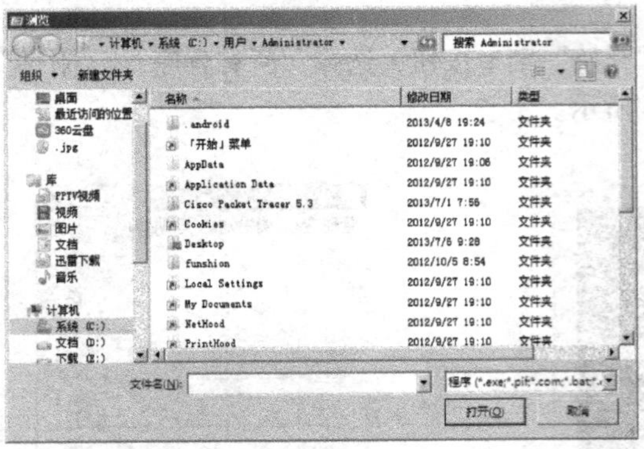

图 2.56 “浏览”对话框

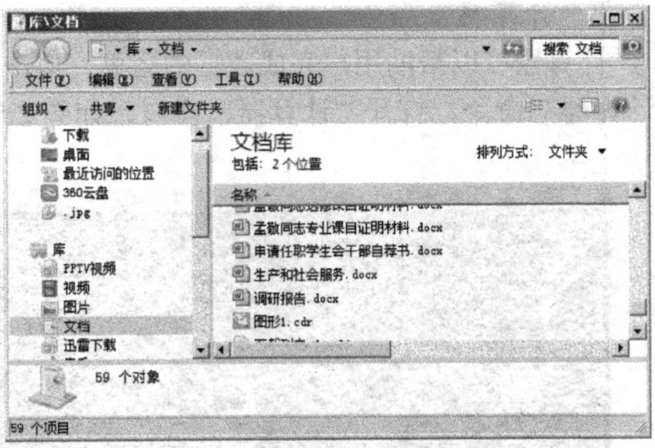

图 2.57 “库文档”窗口

5. 通过“计算机”运行应用程序

用户在“计算机”窗口，找到运行应用程序的图标，双击图标直接启动该应用程序。

6. 应用程序的关闭

应用程序使用完毕后应及时将其关闭，退出应用程序。退出应用程序主要有以下几种方法。

（1）单击应用程序标题栏右侧的“关闭”按钮。

（2）选择应用程序的“文件”|“退出”菜单命令。

（3）选择应用程序控制菜单的“关闭”菜单命令。

（4）鼠标双击应用程序的控制菜单图标。

（5）按快捷键<Alt+F4>。

（6）鼠标右击任务栏的该应用程序图标，在弹出快捷菜单中，选择“关闭”命令。

在退出应用程序前，如果用户没有将已作修改的文档保存，在退出时将会显示一个提示对话框，询问是否保存对文档所作的修改。

2.4.3 在“开始”菜单中添加应用程序

1. 在“开始”菜单中添加应用程序

向“开始”菜单中添加新的应用程序有多种不同的方法，常用的方法如下。

使用鼠标的拖放功能。首先找到要添加到“开始”菜单的应用程序对象图标，然后用鼠标左键“拖动”这个图标到“开始”按钮中释放鼠标，即可将拖入的对象添加到“开始”菜单中。

使用“计算机”窗口的快捷菜单命令，操作方法如下。

在“计算机”窗口，找到应用程序的文件夹，右击应用程序图标，在弹出快捷菜单中，选择

“附到「开始」菜单”命令，如图 2.58 所示。

2. 在“开始”菜单中删除应用程序

可以把不经常使用“开始”菜单中的某个应用程序删除。该删除操作只是将应用程序的快捷方式删除，而不是在磁盘上删除该应用程序文件。如果要真正删除应用程序的所有文件，需要通过卸载程序操作。

在“开始”菜单中删除应用程序项目方法如下。

（1）单击“开始”菜单，右击需要删除的应用程序项目，弹出快捷菜单，如图 2.59 所示。

（2）在快捷菜单中，选择“从「开始」菜单解锁”或者“从列表中删除”命令。

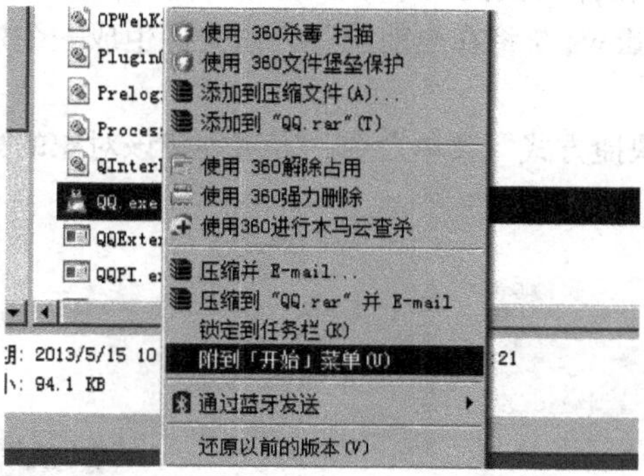

图 2.58 “任务栏和「开始」菜单属性”对话框

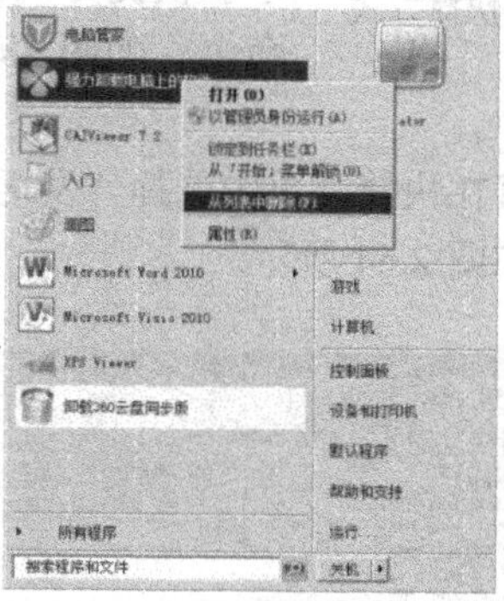

图 2.59 应用程序图标的快捷菜单

3. 设置“开始”菜单

设置“开始”菜单会使该菜单的内容更简洁，操作步骤如下。

（1）在任务栏空白处右击，在弹出快捷菜单中，选择“属性”命令，打开“任务栏和「开始」菜单属性”对话框，单击“「开始」菜单”选项卡。如图 2.60 所示。

或者右击“开始”按钮，在弹出快捷菜单中，选择“属性”命令，也可以打开“任务栏和「开始」菜单属性”对话框的单击“「开始」菜单”选项卡。

（2）单击该对话框的“自定义”按钮，打开“自定义「开始」菜单”对话框，如图 2.61 所示。

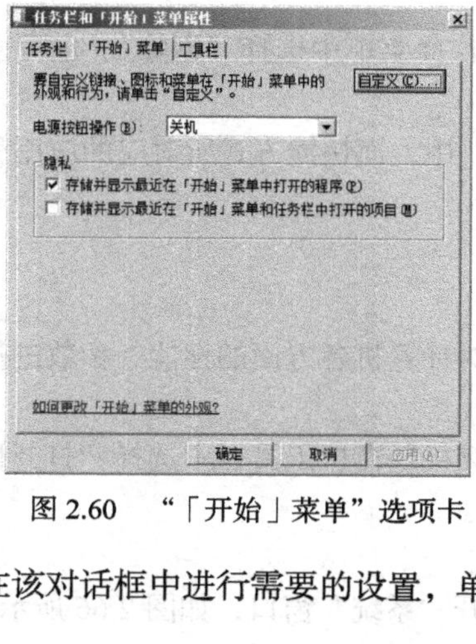

图 2.60 “「开始」菜单”选项卡

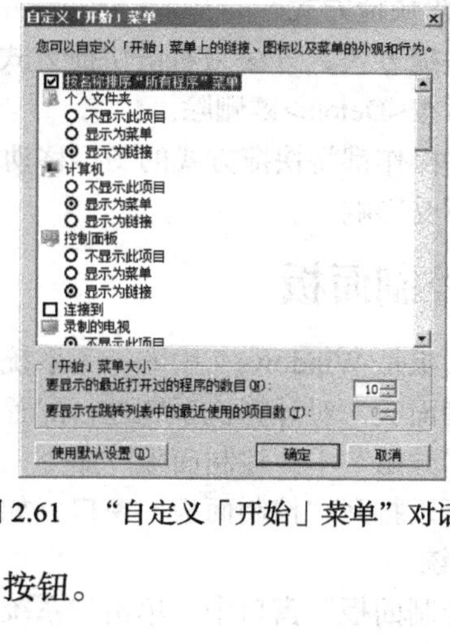

图 2.61 “自定义「开始」菜单”对话框

（3）在该对话框中进行需要的设置，单击“确定”按钮。

2.4.4 快捷方式

快捷方式是一种特殊的 Windows 文件（扩展名为.lnk），每个快捷方式都与一个具体的应用程序、文档或文件夹相关联。每个快捷方式图标的左下角都有一个小箭头。如图 2.62 所示。通过快捷方式可以快速地运行应用程序和打开文档。

图 2.62 快捷方式

1. 创建快捷方式

创建快捷方式的步骤的方法如下。

在“计算机”窗口，打开含有要建立快捷方式的对象的文件夹。右击要建立快捷方式的对象图标，在弹出快捷菜单中，选择“创建快捷方式”菜单命令，如图 2.63 所示。Windows 7 将在当前位置为该文件生成一个快捷方式图标文件。

也可在快捷菜单中选择“发送到”|“桌面快捷方式”菜单命令，直接创建该对象的桌面快捷方式，如图 2.64 所示。

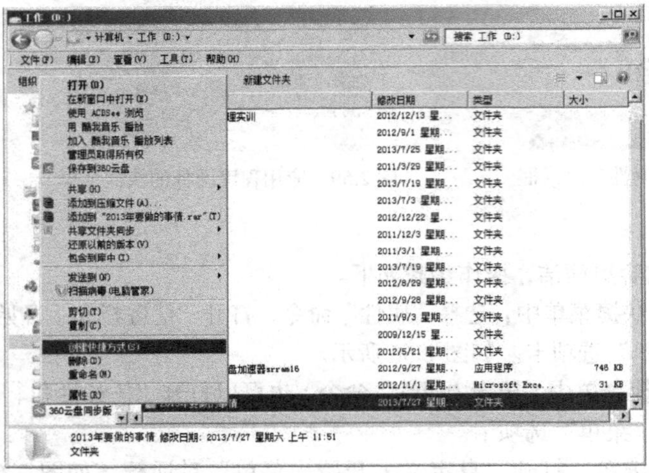

图 2.63 “创建快捷方式”菜单命令

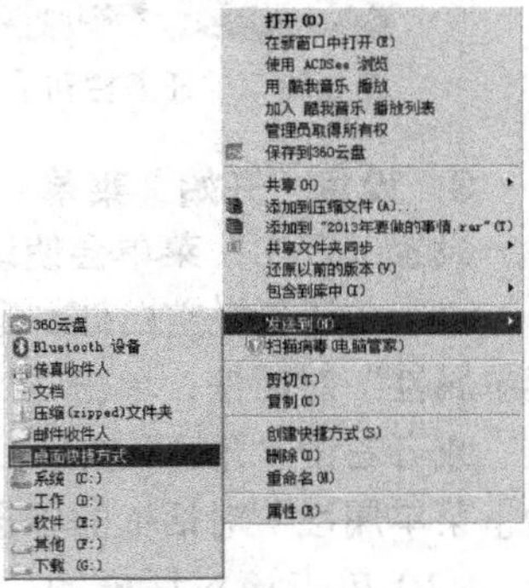

图 2.64 创建桌面快捷方式

2. 删除快捷方式

删除快捷方式，方法为右击快捷方式图标，弹出快捷菜单中选择“删除”。也可以选定快捷方式图标后按<Delete>键删除。

这两种操作都将快捷方式的图标移动到“回收站”中，而快捷方式所对应的应用程序、文档或文件夹不受影响。

2.4.5 控制面板

控制面板是 Windows 7 中的一个系统工具，可以对计算机各方面的性能、参数进行控制，用户通过控制面板，对计算机系统进行配置。

选择“开始” | “控制面板”命令，或者在“计算机”窗口工具栏中选择“打开控制面板”命令，都可以打开“控制面板”窗口，如图 2.65 所示。

1. 系统

在“控制面板”窗口中，单击“系统”图标，打开“系统”窗口，如图 2.66 所示。

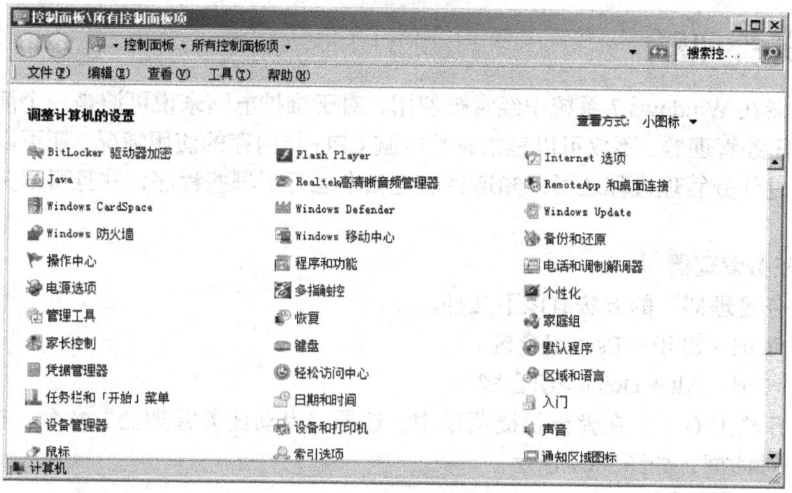

图 2.65 控制面板

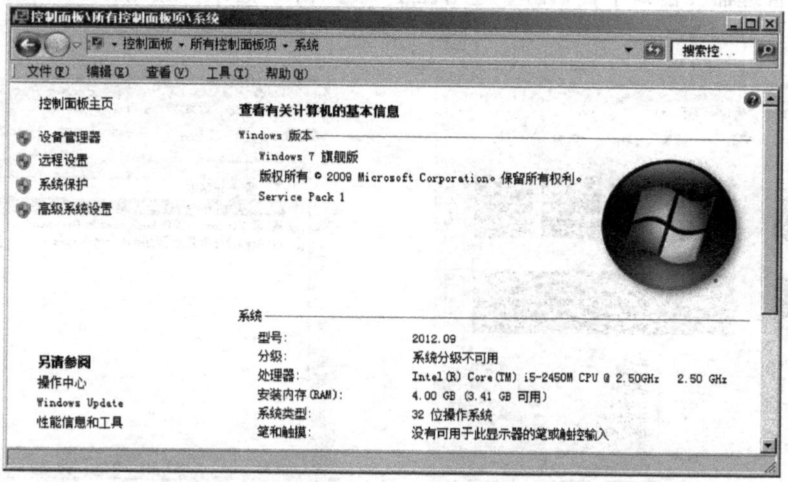

图 2.66 “系统”窗口

查看并更改基本的系统设置、显示用户计算机的常规信息、编辑位于工作组中的计算机名、管理并配置硬件设备、启用自动更新等。

2. 添加硬件

启动一个可使用户添加新硬件设备到系统的向导。这可通过从一个硬件列表选择，或者指定设备驱动程序的安装文件位置来完成。

3. 添加和删除程序

允许用户从系统中添加或删除程序。添加/删除程序对话框也会显示程序被使用的频率，以及程序占用的磁盘空间。

4. 管理工具

包含为系统管理员提供的多种工具，包括安全、性能和服务配置。

5. Internet 选项

允许用户更改 Internet 安全设置、Internet 隐私设置、HTML 显示选项和多种诸如主页、插件等网络浏览器选项。

2.4.6 任务管理器

任务管理器在 Windows 7 系统中经常被使用，对于维护电脑来说可谓是一个简单实用的小工具。通过使用任务管理器，不仅可以轻松查看电脑 CPU 与内存的使用情况，还可以查看电脑网络占用情况。通过任务管理进程还可以知道目前电脑中运行了哪些程序，并且可以关闭掉不需要的程序进程等。

1. 打开任务管理器

打开“任务管理器”的方法有以下几种。

（1）按住<Ctrl + Shift + Esc>组合键。

（2）按住<Ctrl + Alt + Delete>组合键。

（3）在任务栏上右击，在弹出快捷菜单中，选择“启动任务管理器”命令。打开“Windows 任务管理器”对话框，如图 2.67 所示。

2. 任务管理器的操作

在“任务管理器”窗口中，单击“应用程序”选项卡，进入“应用程序”选项卡，如图 2.68 所示。

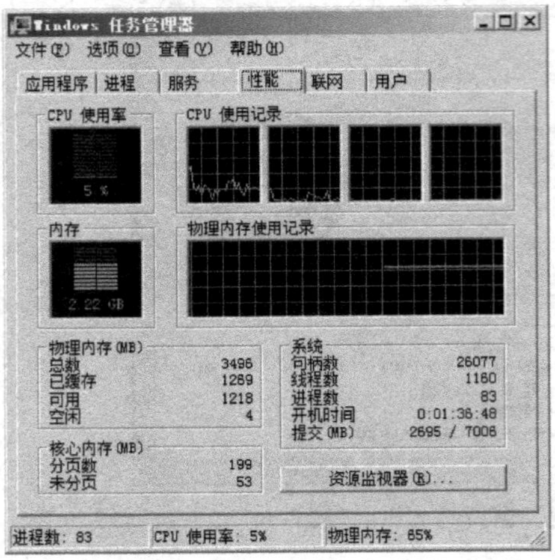

图 2.67 “Windows 任务管理器”对话框

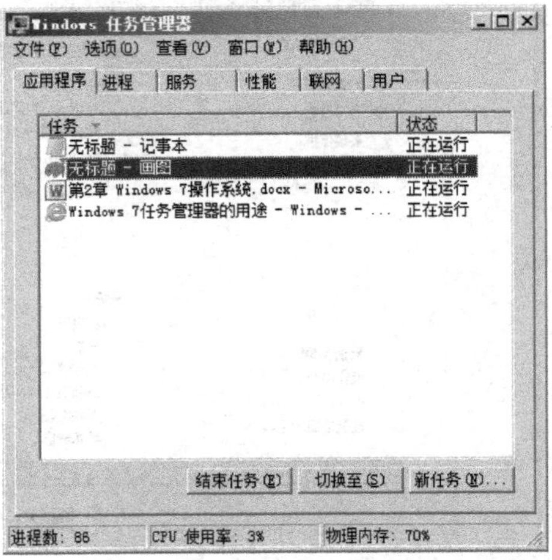

图 2.68 “应用程序”选项卡

在“应用程序”选项卡显示了当前活动的应用程序列表，但只是在任务栏上打开的应用程序，最小化到系统托盘上的程序并不会出现在该列表上。

当计算机出现死机时，有些应用程序会没有响应，此刻鼠标键盘什么都操作不了，经常使用计算机的用户一般会遇到这样的情况，可能是因为计算机开启的程序过多或开启大程序的时候，导致系统内部程序运行出错。

当计算机出现“死机”时，在“应用程序”选项卡显示了当前活动的应用程序列表中，选定无响应的应用程序，单击“结束任务”按钮，即可结束出错的应用程序，使计算机正常。

“进程”选项卡，显示了当前计算机运行的进程。它在默认情况下显示了 5 列信息：映像名称、用户名、CPU、内存和描述。

“服务”选项卡列出了服务名称、PID、以更通俗易懂的语言描述服务性质或功能、服务的当前状态以及工作组。

“性能”选项卡可以查看 CPU、内存、硬盘和网络的实时使用和读取情况。

补充知识

什么是注册表

注册表是 Windows 中的数据库，它包含有关计算机上的系统硬件、安装的程序和设置以及每个用户账户的配置文件的重要信息。Windows 会频繁地参考注册表中的信息。

一般不需要对注册表进行手动更改，因为通常情况下程序会自动进行所有必要的更改。对计算机的注册表更改不正确可能会使您的计算机无法操作。但是，如果损坏的文件出现在注册表中，则可能需要您进行更改。

我们强烈建议您在进行任何更改之前备份注册表，并且只更改注册表中您理解的值或在可信指导下进行更改。

2.5　汉字输入方法

2.5.1　汉字输入法的选择

根据汉字编码的不同，汉字输入法可分为3种：字音编码法、字形编码法和音形结合编码法。

Windows 7系统为用户提供了全拼、双拼、区位及智能ABC、郑码和表形码等多种汉字输入方法。在桌面显示有输入法图标，默认输入法是英语（美国）输入法，其图标为小键盘，如图2.69所示。

如果用户还需要添加某种语言，可在语言栏任意位置右击，在弹出快捷菜单中，选择“设置”命令，打开“文字服务和输入语言”对话框，如图2.70所示。

用户可以设置默认输入语言，对已安装的输入法进行添加、删除，添加世界各国的语言以及设置输入法切换的快捷键等。

用户可以使用鼠标法或键盘法选用、切换不同的汉字输入法。

1. 鼠标法

用鼠标单击输入法图标，显示输入法菜单，如图2.71所示。左侧有“√”的输入法是当前正在使用的输入法。在输入法菜单中用鼠标单击所要选用的输入法图标或其名称，即可改变输入法。

图2.69　输入法图标

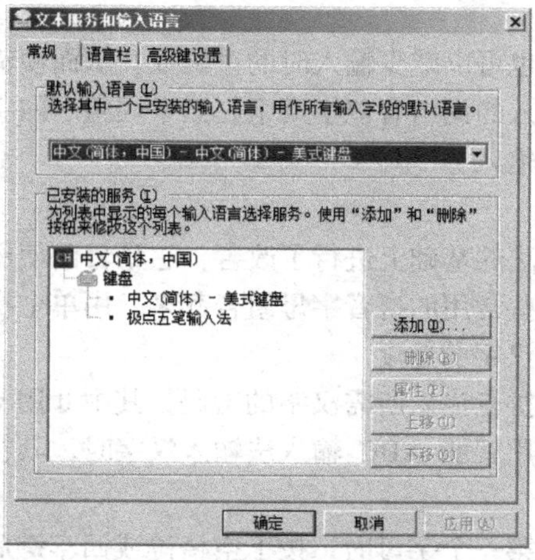

图2.70　“文字服务和输入语言”对话框

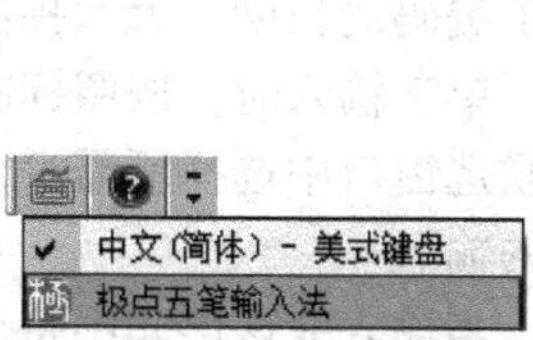

图2.71　输入法菜单

2. 键盘切换法

按<Ctrl + Shift>组合键切换输入法。每按一次<Ctrl + Shift>组合键，系统按照一定的顺序切换到下一种输入法，这时在屏幕上和任务栏上改换成相应输入法的状态窗口及其图标。

按<Ctrl + Space>组合键启动或关闭所选的中文输入法，即完成中英文输入法的切换。

2.5.2 汉字输入法状态的设置

1. 中文/英文切换

中文/英文切换按钮显示 A 时表示英文输入状态，显示输入法图标时表示中文输入状态。用鼠标单击可以切换这两种输入状态，也可用键盘快捷键<Ctrl + Space>实现切换。

2. 全角/半角切换

全角/半角切换按钮显示一个满月表示全角状态，半月表示半角状态。在全角状态下所输入的英文字母或标点符号占一个汉字的位置。用鼠标单击可以切换这两种输入状态，也可用键盘快捷键<Shift + Space>来实现切换。

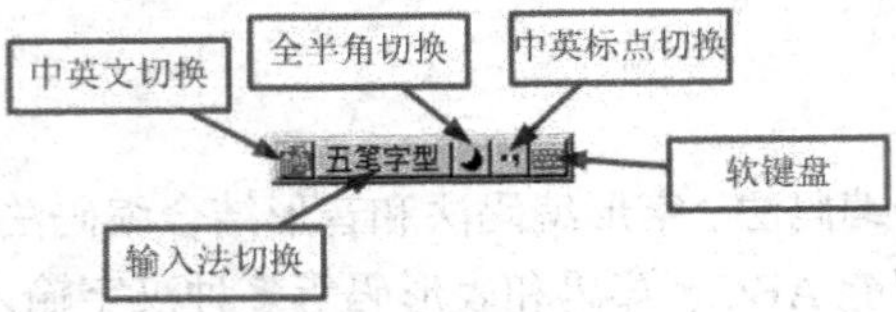

图 2.72 极点五笔输入法

3. 中文/英文标点符号切换

中文/英文标点符号切换按钮显示“。,”表示中文标点状态，显示“.,”表示英文标点状态。用鼠标单击可以切换这两种输入状态，也可通过键盘快捷键<Ctrl+.>来实现切换。

输入法状态，如图 2.72 所示。

2.5.3 智能 ABC 汉字输入法

目前，使用最多的字音编码有全拼输入法、双拼输入法和智能 ABC 输入法等。

1. 全拼输入法

全拼输入法是最简单的汉字输入法，它是使用汉字的拼音字母作为编码，只要知道汉字的拼音就可以输入汉字，但它的编码较长、击键较多，而且由于汉字同音字多，所以重码很多，输入汉字时要选字，不方便盲打。

（1）输入单个汉字

在全拼输入状态下，直接输入汉字的汉语拼音编码就可以输入单个汉字。

（2）输入词组

输入词组不仅可以减少编码，也可以减少输入时的重码数，从而使输入的准确性提高、输入速度加快。使用全拼输入法，可输入的词组有双字词组、三字词组、四字词组和多字词组，除了多字词组外，在输入时都要求全码输入。

2. 智能 ABC 输入法

智能 ABC 输入法在全拼输入法的基础上进行了改善，它是目前使用较普遍的一种拼音输入法。它将汉字拼音进行简化，把一些常用的拼音字母组合起来，用单个拼音字母来代替，从而减少了编码的长度，大大提高了输入汉字的速度。

单字输入时，按照标准的汉语拼音输入所需汉字的编码，其中 ü 用 v 代替。按空格键后即可在候选窗口中选择所需汉字。在使用智能 ABC 输入法输入汉字时，其特点主要体现在词组和语句的输入。

当输入完该语句中每个汉字的第一个字母时，按下空格键或回车键后，只有一个或几个汉字显示（如有重码，可键入需要汉字前的数字序号），再次按空格键或回车键，并在出现的提示板中进行选择，直到整个语句出现后，按空格键或回车键即可输入一个语句。

用智能 ABC 输入法录入过的句子，计算机系统会记住该句子，下次再录入时，输入该句子编码后，按回车键提示行中即可出现该句子。

智能 ABC 输入法是 Windows 7 中一种比较优秀的输入方法，它提供了标准（全拼）和双打两种输入方式，使用非常灵活方便。智能 ABC 输入法提供了六万多条的基本词库，输入时只要输入词组的各汉字声母即可。智能 ABC 输入法为用户提供了一个颇具“智能”特色的中文输入环境，可以对用户一次输入的内容自动进行分析，并保存到词库中，下次即可以按词组输入了。

3. 搜狗拼音输入法

搜狗拼音输入法是搜狗（www.sogou.com）推出的一款基于搜索引擎技术的、特别适合网民使用的、新一代的输入法产品。

搜狗输入法的输入窗口，如图 2.73 所示。

图 2.73 搜狗输入法

搜狗输入法的输入窗口很简洁，上面的一排是你所输入的拼音，下一排就是候选字，输入所需的候选字对应的数字，即可输入该词。第一个词默认是红色的，直接敲下空格即可输入。

搜狗输入法的词库是网络的、动态的、新鲜的。它的特点如下。

（1）词库：如何建立最新最全的词库，特别是互联网上特有的、刚刚出现的新词。

（2）词频：如何提高对于同音词的词频统计和排序准确性。

2.5.4 五笔字型汉字输入法

五笔字型汉字输入法是王永民在 1983 年 8 月发明的一种高效的汉字输入法，被广大计算机用户广泛采用。

1. 汉字的构成

中国人常说“木子——李”、“日月——明”、“立早——章”、“双木——林”，可见，一个方块汉字是由较小的块拼合而成的。这些“小方块”如日、月、金、木、人、口等，就是构成汉字的最基本的单位，我们把这些“小方块”称作“字根”。“五笔字型”确定的字根有 125 种。字根是由笔画构成的。

基本笔画（5 种）——字根（125 种）——汉字（成千上万种）。

2. 汉字的分解

（1）分解汉字，就是将一个汉字分解成几个字根。例如将“桂”分解成“木、土、土”，“照”分解为“日、刀、口、灬”等。

（2）分解过程，汉字的分解要遵守的规则：整字分解为字根，字根分解为笔画。

3. 字根

“五笔字型”的字根总数是 125 种。有时候，一种字根之中，还包含有几个辅助字根，主要包括以下几类。

（1）字源相同的字根：心、忄，水、氺等。

（2）形态相近的字根：艹、廾、廿，已、己、巳等。

（3）便于联想的字根：耳、卩、阝等。

辅助字根同在一个键位上，编码时使用同一个代码（即同一个字母或区位码）。

4. 汉字的五种笔画

笔画的定义：书写汉字时，一次写成的一个连续不断的线段。字根由笔画写成。汉字、字根、笔画是汉字结构的 3 个层次。

经科学归纳，汉字的基本笔画只有 5 种，如表 2.2 所示。这 5 种笔画分别以 1、2、3、4、5 作为代号。

（1）提笔属于横“一”。如“孑”字中的提笔。

（2）点笔属于捺。

（3）竖笔向左带钩“亅”属于竖。

（4）其余一切带转折、拐弯的笔画，都归折“乙”类。

表 2.2　汉字的基本笔画

代号	笔画名称	笔画走向	笔画及其变形
1	横	左→右	一
2	竖	上→下	丨亅
3	撇	右上→左下	丿
4	捺	左上→右下	丶
5	折	带转折	乙乚ㄣ𠃋乛

5. 五笔字型字根的键盘分布

“五笔字型”字根键盘：“五笔字型”的基本字根（含 5 种单笔画）共有 125 种。将这 125 种字根按其第一个笔画的类别，各对应于英文字母键盘的一个区，每个区又尽量考虑字根的第二个笔画，再分作 5 个位，便形成有 5 个区，每区 5 个位，即 5×5＝25 个键位的一个字根键盘，该键盘的位号从键盘中部起，向左右两端顺序排列，这就是分区划位的“五笔字型”字根键盘，如图 2.74 所示。

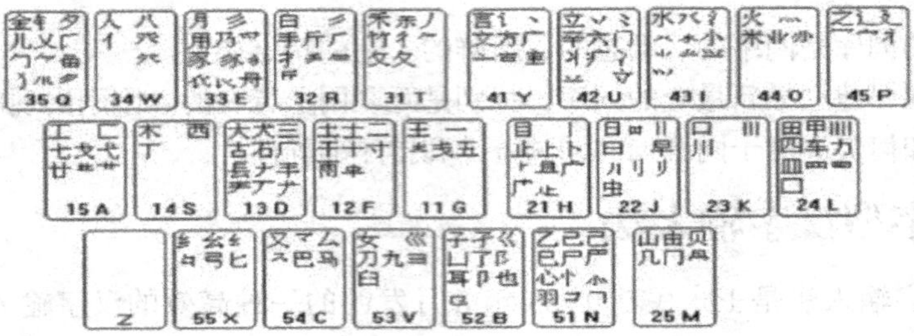

图 2.74　“五笔字型”字根键盘

“五笔字型”字根键盘的键位代码（即字根的编码），既可以用区位号（11～55）来表示，也可以用对应的英文字母来表示。

例如：G 在 1 区 1 位，所以 G 的区位号为 11，W 在 3 区 4 位，所以其区位号为 34。

6. 字根总表

字根总表包含 125 种“五笔字型”基本字根及其相似字根，如图 2.75 所示。

《五笔字型汉字编码方案》字根总表

区	位	代码	字母	笔画	键名	基本字根
1	1	11	G	一	王	五戋
	2	12	F	二	土士	十干　寸雨
横	3	13	D	三	大犬	石古厂
起	4	14	S		木	西丁
笔	5	15	A		工	匚七弋戈　廿
2	1	21	H	丨	目	上止　卜
	2	22	J		日曰	早虫
竖	3	23	K		口	
起	4	24	L		田	甲囗四　皿　车力
笔	5	25	M		山	由冂贝几
3	1	31	T	丿	禾	竹彳攵夂
	2	32	R		白	手扌　斤
撇	3	33	E		月	用乃　豕
起	4	34	W		人亻	八
笔	5	35	Q		金钅	勹　夕　儿
4	1	41	Y		言讠	文方广亠
	2	42	U		立	辛　丬六　疒门
捺	3	43	I	氵	水	小
起	4	44	O	灬	火	米
笔	5	45	P		之辶廴	冖宀
5	1	51	N	乙	已己巳	尸　心忄　羽
	2	52	B		子孑	凵了阝耳卩　也
折	3	53	V	巛	女	刀九彐臼
起	4	54	C		又	厶巴马
笔	5	55	X		纟　幺	弓匕

图 2.75　《五笔字型汉字编码方案》字根总表

7. 字根助记词

为了使字根方便记忆，为每一区的字根编写了一首“助记词”，如下：

1）（横）区字根键位排列

11G 王旁青头戋（兼）五一（借同音转义）（“兼”与“戋”同音）

12F 土士二干十寸雨

13D 大犬三羊古石厂（“羊”指羊字底）

14S 木丁西

15A 工戈草头右框七（“右框”即“匚”）

2）（竖）区字根键位排列

21H 目具上止卜虎皮（“具上”指具字的上部“且”）

22J 日早两竖与虫依

23K 口与川，字根稀

24L 田甲方框四车力（“方框”即“囗”）

25M 山由贝，下框几

3）（撇）区字根键位排列

31T 禾竹一撇双人立（“双人立”即“彳”）

反文条头共三一（“条头”即“夂”）

32R 白手看头三二斤（“三二”指键为“32”）

33E 月彡（衫）乃用家衣底（“家衣底”即“豕”）

34W 人和八，三四里（“人”和“八”在 34 里边）

35Q 金勺缺点无尾鱼（指“勹、鱼”）

犬旁留乂儿一点夕，氏无七（妻）

4）（捺）区字根键排列

41Y 言文方广在四一

高头一捺谁人去

42U 立辛两点六门疒

43I 水旁兴头小倒立

44O 火业头，四点米（“火”、“业”、“灬”）

45P 之字军盖建道底（即“之、宀、冖、廴、辶”）

摘礻（示）衤（衣）

5）（折）区字根键位排列

51N 已半巳满不出己

左框折尸心和羽

52B 子耳了也框向上（“框向上”指“凵”）

53V 女刀九臼山朝西（“山朝西”为“彐”）

54C 又巴马，丢矢矣（“矣”丢掉“矢”为“厶”）

55X 慈母无心弓和匕

幼无力（“幼”去掉“力”为“幺”）

8. 单字的编码规则

（1）键名输入。各个键上的第一个字根，称为“键名”。这个作为“键名”的汉字，其输入方法是：把所在的键连打 4 下（不再打空格键），举例如下。

王：王王王王（GGGG）

如此，把每一个键都连打 4 下，即可输入 25 个作为键名的汉字。

（2）成字字根输入。字根总表之中，键名以外自身也是汉字的字根称为“成字字根”，简称“成字根”。除键名外，成字根一共有 97 个（其中包括相当于汉字的“氵、亻、勹、刂”等）。成字根的输入方法：先打一下它所在的键（称之为“报户口”），再根据“字根拆成单笔画”的原则，打它的第一个单笔画、第二个单笔画以及最后一个单笔画，不足 4 键时，加打一次空格键。

5 种单笔画“一、丨、丿、丶、乙”，在国家标准中都是作为汉字来对待的。在“五笔字型”中，照理说它们应当按照“成字根”的方法输入，除“一”之外，其他几个都很不常用，按“成字根”的打法，它们的编码只有 2 码，然后在后边加两个“L”作为 5 个单笔画的编码如下。

一：GGLL　　丶：YYLL

丨：HHLL　　乙：NNLL

丿：TTLL

9. 字根的拆分原则

（1）书写顺序。拆分汉字时，一定要按照正确的书写顺序进行，例如：“新”只能拆成“立、木、斤”，不能拆成“立、斤、木”；“中”只能拆成“口、丨”，不能拆成“丨、口”；“夷”只能拆成“一、弓、人”，不能拆成“大、弓”。

（2）取大优先。按书写顺序拆分汉字时，应以“再添一个笔画便不能称其为字根”为限，每次都拆取一个“尽可能大”的，即尽可能笔画多的字根，例如：“世”的第一种拆法是一、凵、乙（误），第二种拆法是廿、乙（正）。显然，前者是错误的，因为其第二个字根“凵”，完全可以向前“凑”到“一”上，形成一个“更大”的已知字根“廿”。

（3）兼顾直观。在拆分汉字时，为了照顾汉字字根的完整性，有时不得不暂且牺牲一下“书写顺序”和“取大优先”的原则，形成个别例外的情况，例如：“国”按“书写顺序”应拆成“冂、王、丶、一”，但这样便破坏了汉字构造的直观性，故只好违背“书写顺序”，拆作“囗、王、丶”了。

（4）能连不交。拆分举例如下：于，一 十（二者是相连的），二 丨（二者是相交的）丑，乙 土（二者是相连的），刀 二（二者是相交的）。当一个字既可拆成相连的几个部分，也可拆成相交的几个部分时，我们认为“相连”的拆法是正确的。因为一般来说，“连”比“交”更为“直观”。

（5）能散不连。笔画和字根之间，字根与字根之间的关系，可以分为“散”、“连”和“交”的 3 种关系。例：“倡”，三个字根之间是“散”的关系。“自”，首笔“丿”与“目”之间是“连”的关系。“夷”，“一”、“弓”与“人”是“交”的关系。

10. 汉字的字型

汉字是一种平面文字，同样几个字根，摆放位置不同，也即字型不同，就是不同的字。如：“叭”与“只”，“吧”与“邑”等。可见，字根的位置关系，也是汉字的一种重要特征信息。这个“字型”信息，在以后的“五笔字型”编码中很有用处。

根据构成汉字的各字根之间的位置关系，可以把成千上万的方块汉字分为 3 种字型：左右型、上下型和杂合型，并命以代号：1、2、3，如表 2.3 所示。

表 2.3　汉字字型代号表

字型代号	字型	字例	特征
1	左右	汉湘结封	字根之间可有间距，总体左右排列
2	上下	字莫花华	字根之间可有间距，总体上下排列
3	杂合	困凶这司乘	字根之间虽有间距，但字根与字根之间没有明显左右上下关系

几个字根都“交”“连”在一起的，如“夷”、“丙”等，便肯定是“杂合型”，属于“3”型字，不会有争议。而散根结构必定是“1”型或“2”型字。

值得注意的是，有时候一个汉字被拆成的几个部分都是复笔字根（不是单笔画），它们之间的关系，在“散”和“连”之间模棱两可，例如，

占：“卜”“口”两者按“连”处理，便是杂合型（3 型）。两者按“散”处理，便是上下型（2 型 正确）。

严：“一”“业”“厂”后两者按“连”处理，便是杂合型（3 型）。

后两者按“散”处理，便是上下型（2 型 正确）。

当遇到这种既能“散”，又能“连”的情况时，规定：只要不是单笔画，一律按“能散不连”判别之。因此，以上两例中的“占”和“严”，都被认为是“上下型”字（2 型）。

作为以上这些规定，是为了保证编码体系的严整性。实际上，用得上后 3 条规定的汉字只是极少数。

11. “多根字”的取码规则

所谓“多根字”，是指按照规定拆分之后，总数多于 4 个字根的字。这种字，不管拆出了几个字根，只按顺序取其第一、二、三及最末一个字根，俗称“一二三末”，共取 4 个码。

如，戆：立 早 夂 心 42 22 31 51（UJTN）

12. “四根字”的取码规则

“四根字”是指刚好由四个字根构成的字，其取码方法是依照书写顺序把 4 个字根取完。

如，照：日 刀 口 灬 22 53 23 44（JVKO）

13. 不足四根字的取码规则

当一个字拆分不够 4 个字根时，它的输入编码是：先打完字根码，再追加一个“末笔字型识别码”，简称“识别码”。

“识别码”的组成：它是由“末笔”代号加“字型”代号而构成的一个附加码，如表 2.4 所示。

表 2.4 末笔字型识别码表

末笔字型/末笔代号	字型/字型代号		
	左右型/1	上下型/2	杂合型/3
横/1	G（11）	F（12）	D（13）
竖/2	H（21）	J（21）	K（31）
撇/3	T（31）	R（32）	E（33）
捺/4	Y（41）	U（42）	I（43）
折/5	N（51）	B（52）	V（53）

汀：末笔为竖（代号为 2），字型为左右型（代号为 1），识别码为 H（21）

洒：末笔为横（代号为 1），字型为左右型（代号为 1），识别码为 G（11）

华：末笔为竖（代号为 2），字型为上下型（代号为 2），识别码为 J（22）

字：末笔为横（代号为 1），字型为上下型（代号为 2），识别码为 F（12）

参：末笔为撇（代号为 3），字型为上下型（代号为 2），识别码为 R（32）

同：末笔为横（代号为 1），字型为杂合型（代号为 3），识别码为 D（13）

沐：末笔为捺（代号为 4），字型为左右型（代号为 1），识别码为 Y（41）

注：简码字不需识别码，关于简码字见后面的介绍。

关于“末笔”的几项说明。

关于“力、刀、九、匕”。鉴于这些字根的笔顺常常因人而异，“五笔字型”中特别规定，当它们参加“识别”时，一律以其“伸”得最长的“折”笔作为末笔，举例如下。

男：末笔为折（代号为 5），字型为上下型（代号为 2），识别码为 B（52）

花：末笔为折（代号为 5），字型为上下型（代号为 2），识别码为 B（52）

带“框框”的“国、团”与带走之的“进、远、延”等，因为是一个部分被另一个部分包围，因此规定：视被包围部分的“末笔”为“末笔”，举例如下。

远：末笔为折（代号为 5），字型为杂合型（代号为 3），识别码为 V（53）

团：末笔为撇（代号为 3），字型为杂合型（代号为 3），识别码为 E（33）

14. 词语的编码规则

不管多长的词语，一律取四码。而且单字和词语可以混合输入，不用换挡或其他附加操作，谓之“字词兼容”。其取码方法如下。

（1）两字词：每字取其全码的前两码组成，共四码，举例如下。

经济：纟 又 氵 文（XCIY）

（2）三字词：前两字各取一码，最后一字取两码，共四码，举例如下。

计算机：讠 竹 木 几（YTSM）

（3）四字词：每字各取全码的第一码，举例如下。

科学技术：禾 扌 木（TIRS）

（4）多字词：取第一、二、三及末一个汉字的第一码，共四码，举例如下。

电子计算机：曰 子 讠 木（JBYS）

另外，在 Windows 7 版五笔字型输入法中，系统为用户提供了 15 000 条常用词组，此外，用户还可以使用系统提供的造词软件另造新词，或直接在编辑文本的过程中从屏幕上“取字造词”，所有新造的词，系统都会自动给出正确的输入外码合并入原词库统一使用。

15. 简码

为了减少击键次数，提高输入速度，一些常用的字，除按其全码可以输入外，多数都可以只取其前边的一至三个字根，再加空格键输入，即只取其全码的最前边的一个、二个或三个字根（码）输入，形成所谓一、二、三级简码。

一级简码（即高频字码）：将各键打一下，再打一下空格键，即可打出 25 个最常用的汉字：一地在要工，上是中国同，和的有人我，主产不为这，民了发以经。

一级简码。

一：（G）　　　　要：（S）

二级简码。

李：木 子（SB）　　　　张：弓 丿（XT）

三级简码。

陈：阝 七 小（BAI）　　　　得：彳 曰 一（TJG）

16. 重码

几个“五笔字型”编码完全相同的字，称为“重码”，举例如下。

枯：木 古 一（SDG）

柘：木 石 一（SDG）

所有显示在后边的重码字，将其最后一个编码人为地修改为 L，使其有一个唯一的编码，按这个码输入，便不需要挑选了。

例如：“喜”和“嘉”的编码都是 FKUK。现将最后一个 K 改为 L，FKUL 就作为“嘉”的唯一编码了（喜虽重码，但不需要挑选，也相当于唯一码）。

17. 容错码

容错码有两个含义：其一是容易搞错的码，其二是容许搞错的码。“容易”弄错的码，容许按错的打，谓之“容错码”。“五笔字型”输入法中的“容错码”目前将近有 1000 个，使用者还可以自己再建立。“容错码”主要有以下两种类型。

拆分容错：个别汉字的书写顺序因人而异，因而容易弄错，举例如下。

长：丿 七 丶 氵（正确码）长：七 丿 丶 氵（容错码）

长：丿 一 丨 丶（容错码） 长：一 丨 丿 丶（容错码）

秉：丿 一 彐 小（正确码）秉：禾 彐 氵（容错码）

字型容错：个别汉字的字型分类不易确定，举例如下。

占：口 二（正确码）　　　　占：口 三（容错码）

右：口 二（正确码）　　　　右：口 三（容错码）

课后练习

一、单选题

1. 操作系统的功能是（　　）。
   A. 处理器管理、存储器管理、设备管理、文件管理
   B. 运算器管理、控制器管理、打印机管理、磁盘管理
   C. 硬盘管理、软盘管理、存储器管理、文件管理
   D. 程序管理、文件管理、编译管理、设备管理
2. 在 Windows 7 的“计算机”窗口中，左边显示的内容是（　　）。
   A. 所有未打开的文件夹　　B. 系统的树型文件夹结构
   C. 打开的文件夹下的子文件及文件　　D. 所有已打开的文件夹
3. 在 Windows 7 中，用鼠标左键单击某应用程序窗口的最小化按钮后，该应用程序处于（　　）的状态。
   A. 不确定　　B. 被强制关闭　　C. 被暂时挂起　　D. 在后台继续运行
4. 在 Windows 7 中桌面是（　　）。
   A. 电脑台　　B. 活动窗口
   C. 资源管理器窗口　　D. 窗口、图标、对话框所在的屏幕背景
5. Windows 7 是一个（　　）。
   A. 多用户多任务操作系统　　B. 单用户单任务操作系统
   C. 单用户多任务操作系统　　D. 多用户分时操作系统
6. 关于 Windows 7 的文件名描述正确的是（　　）。
   A. 文件主名只能为 8 个字符　　B. 可长达 255 个字符，无须扩展名
   C. 文件名中不能有空格出现　　D. 可长达 255 个字符，同时仍保留扩展名
7. 在 Windows 7 默认状态下，下列关于文件复制的描述不正确的是（　　）。
   A. 利用鼠标左键拖动可实现文件复制　B. 利用鼠标右键拖动不能实现文件复制
   C. 利用剪贴板可实现文件复制　　D. 利用组合键<Ctrl＋C>和<Ctrl＋V>可实现文件复制
8. 在 Windows 7 中，当程序因某种原因陷入死循环，下列哪一个方法能较好地结束该程序（　　）。
   A. 按<Ctrl＋Alt＋Delete>组合键，然后选择“结束任务”结束该程序的运行
   B. 按<Ctrl＋Delete>组合键，然后选择“结束任务”结束该程序的运行
   C. 按<Alt＋Delete>组合键，然后选择“结束任务”结束该程序的运行
   D. 直接 Reset 计算机结束该程序的运行
9. 若 Windows 7 的菜单命令后面有省略号（…），就表示系统在执行此菜单命令时需要通过（　　）询问用户，获取更多的信息。
   A. 窗口　　B. 文件　　C. 对话框　　D. 控制面板
10. 在 Windows 7 中，下列不能用“资源管理器”对选定的文件或文件夹进行更名操作的是（　　）。
   A. 单击“文件”菜单中的“重命名”菜单命令
   B. 右击要更名的文件或文件夹，选择快捷菜单中的“重命名”菜单命令

C. 快速双击要更名的文件或文件夹　　D. 间隔双击要更名的文件或文件夹，并键入新名字

11. 在 Windows 7 的“我的电脑”窗口中，若已选定了文件或文件夹，为了设置其属性，可以打开属性对话框的操作是（　　）。

A. 用鼠标右键单击“文件”菜单中的“属性”命令

B. 用鼠标右键单击该文件或文件夹名，然后从弹出的快捷菜单中选“属性”项

C. 用鼠标右键单击“任务栏”中的空白处，然后从弹出的快捷菜单中选“属性”项

D. 用鼠标右键单击“查看”菜单中“工具栏”下的“属性”图标

12. 把 Windows 7 的窗口和对话框作一比较，窗口可以移动和改变大小，而对话框（　　）。

A. 既不能移动，也不能改变大小　　B. 仅可以移动，不能改变大小

C. 仅可以改变大小，不能移动　　D. 既可移动，也能改变大小

13. 在资源管理器左窗口中，单击文件夹中的图标操作的作用是（　　）。

A. 在左窗格中扩展该文件夹　　B. 在右窗格中显示文件夹中的子文件夹和文件

C. 在左窗格中显示子文件夹　　D. 在右窗格中显示该文件夹中的文件

14. Windows 7 中，下列关于“关闭窗口”的叙述，错误的是（　　）。

A. 用控制菜单中的“关闭”命令可关闭窗口

B. 关闭应用程序窗口，将导致其对应的应用程序运行结束

C. 关闭应用程序窗口，则任务栏上其对应的任务按钮将从凹变凸

D. 按<Alt+F4>组合键，可关闭应用程序窗口

15. 下列程序中不属于附件的是（　　）。

A. 计算器　　B. 记事本　　C. 网上邻居　　D. 画笔

16. 关于“开始”菜单，说法正确的是（　　）。

A. “开始”菜单的内容是固定不变的

B. 可以在“开始”菜单的“程序”中添加应用程序，但不可以在“程序”菜单中添加应用程序

C. “开始”菜单和“程序”里面都可以添加应用程序

D. 以上说法都不正确

17. Windows 7 中将信息传送到剪贴板不正确的方法是（　　）。

A. 用“复制”命令把选定的对象送到剪贴板

B. 用“剪切”命令把选定的对象送到剪贴板

C. 用<Ctrl + V>把选定的对象送到剪贴板

D. <Alt + PrintScreen>组合键把当前窗口送到剪贴板

18. 在 Windows 7 的回收站中，可以恢复（　　）。

A. 从硬盘中删除的文件或文件夹　　B. 从软盘中删除的文件或文件夹

C. 剪切掉的文档　　D. 从光盘中删除的文件或文件夹

19. 在 Windows 7 中，按组合键（　　）可以实现中文输入和英文输入之间的切换。

A. <Ctrl + Space>　　B. <Shift + Space>　　C. <Ctrl + Shift>　　D. <Alt + Tab>

20. 在资源管理器右窗格中，如果需要选定多个非连续排列的文件，应按组合键（　　）。

A. Ctrl +单击要选定的文件对象　　B. Alt +单击要选定的文件对象

C. Shift +单击要选定的文件对象　　D. Ctrl +双击要选定的文件对象

二、操作题

1. 使用“记事本”录入课本的前言。

2. 使用“计算机”窗口，打开素材库，进入 Windows 文件夹，选中文件，双击打开，按要求操作。

第3章 Word 2010 的应用

本章学习要求

1. 了解 Word 2010 的基本功能，掌握 Word 2010 的基本操作。
2. 熟练掌握 Word 2010 文档编辑与排版操作。
3. 熟练掌握 Word 2010 表格制作与图形处理。
4. 掌握 Word 2010 文档编辑的综合应用技术。

文字处理是最基础的日常工作之一，文字处理软件是计算机上最常见的办公软件之一，用于文字的格式化和排版，文字处理软件的发展和文字处理的电子化是信息社会发展的标志之一。中文文字处理软件主要有微软公司的 Word、金山公司的 WPS、以开源为准则的 OpenOffice 和永中 Office 等。

相对而言微软的 Word 使用更为广泛，而 WPS 则与其兼容，易用性更强、更符合中文的使用习惯。本章以 Word 2010 为例介绍文字处理软件的使用。

3.1 Word 2010 概述

Word 2010 是 Microsoft Office 2010 办公套装软件的一个重要组成部分，是一个集编辑、制表、图文混排与打印等为一体的文字处理软件。它以“所见即所得”的显示方式以及功能齐全、操作简便、易学易用等特点而得到广泛的应用。

3.1.1 Office 2010 简介

Office 2010 包括 Word 2010、Excel 2010、PowerPoint 2010、Outlook 2010、Publisher 2010、OneNote 2010、Access 2010、InfoPath 2010 等 Office 组件，如图 3.1 所示。为了迎合不同用户的需求，Office 2010 开发了多个不同的版本，包括家庭和学生版、专业版、小型企业版等，不同的用户可以根据自己的需要选择使用适合自己的版本。

图 3.1 Office 2010 的组件

1. Word 2010

Word 是文字处理软件，它被认为是 Office 的主要程序。Word 2010 提供了完整的一套工具，可供用户在新的窗口中创建文档并设置格式，从而帮助用户制作具有专业水准的文档。丰富的审阅、批注和比较功能有助于快速收集和管理来自同事的反馈信息；高级的数据集成可确保文档与重要的业务信息源时刻相连。

2. Excel 2010

Excel 是 Office 办公套装软件的重要组成部分，它是一个通用的电子表格处理软件。利用该软件，用户不仅可以制作各类精美的电子表格，还可以用来组织、计算和分析各种类型的数据，方便地制作复杂的图表和财务统计表。Excel 是电子数据表程序。在新的面向结果的用户窗口中，Excel 2010 提供了强大的工具和功能，用户可以使用这些工具和功能轻松地分析、共享和管理数据。

3. PowerPoint 2010

PowerPoint 是一个功能非常强大的制作和演示幻灯片的软件，使用它可以方便、快捷地创建出包含文本、图表、图形、剪贴画和其他艺术效果的幻灯片。PowerPoint 2010 中包含了许多制作精美的设计模板、配色方案和动画方案，用户可以根据自身需要直接套用，创建的演示文稿既可以在个人电脑上单独播放，也可以通过网络在多台电脑上运行。

4. Outlook 2010

Outlook 是个人信息管理程序和电子邮件通信软件，用户可以在不登录到邮箱网站的情况下，实现邮件的收发和管理。在 Outlook 2010 版中，使用了最新的电子邮件和日历工具。

5. Access 2010

Access 2010 是由微软发布的关联式数据库管理系统。Access 能够存取 Access/Jet、Microsoft SQL Server、Oracle，或者任何 ODBC 兼容数据库内的资料。程序员能够使用它开发简单的应用程序。

6. Publisher 2010

Publisher 是微软公司发行的桌面出版应用软件，常被人们认为是一款入门级的桌面出版应用软件，能提供比 Word 更强大的页面元素控制功能，但比起专业的页面布局软件还是略逊一筹。

7. OneNote 2010

OneNote 是一种数字笔记本，它为用户提供了一个收集笔记和信息的空间，将文本、图片、数字手写墨迹、录音和录像等信息全部收集并组织到电脑的一个数字笔记本中，有效地减少了在电子邮件、书面笔记本、文件夹和打印结果中搜索信息的时间，并提供了强大的搜索功能，使用户可以迅速找到所需的内容。

8. InfoPath 2010

InfoPath 是企业级搜集信息和制作表单的工具，该工具集成了很多界面控件，为企业开发表单搜集系统提供了极大的方便。

3.1.2 Word 2010 的启动和退出

1. Word 2010 的启动

Word 2010 的启动方法有多种。

（1）常规启动。选择“开始”|“所有程序”|“Microsoft Office”|“Microsoft Office Word 2010”命令。

（2）快捷启动。双击桌面上 Microsoft Office Word 快捷图标。

（3）通过已有文档启动。直接双击需要打开 Word 文档，启动 Word 2010 并同时打开文档。

启动 Word 2010 后，进入程序窗口。

补充知识

Windows 7 系统中，一种类型的文件会有很多不同的相关软件可以打开（如图片和视频文件等），大家一般都会选择自己最习惯的软件作为某类文件的默认关联程序，这样双击文件就可以直接以自己喜欢的方式打开文件。

双击 Word 文档，能启动 Word 2010 并同时打开文档的前提是 Word 文档和 Word 软件已经关联。如果电脑 Word 文档和 WPS 关联，双击后则用 WPS 打开 Word 文档。

2. Word 2010 的退出

Word 2010 的退出方法也有多种。

（1）选择“文件”|“退出”菜单命令。

（2）单击 Word 2010 窗口右上角的“关闭”按钮。

（3）双击 Word 2010 窗口左上角控制菜单图标。

（4）用组合键<Alt+F4>。

如果在退出 Word 2010 之前，文档没有存盘，系统会提示用户是否将文档存盘。

3.1.3 Word 2010 的窗口组成

Word 2010 窗口，如图 3.2 所示。

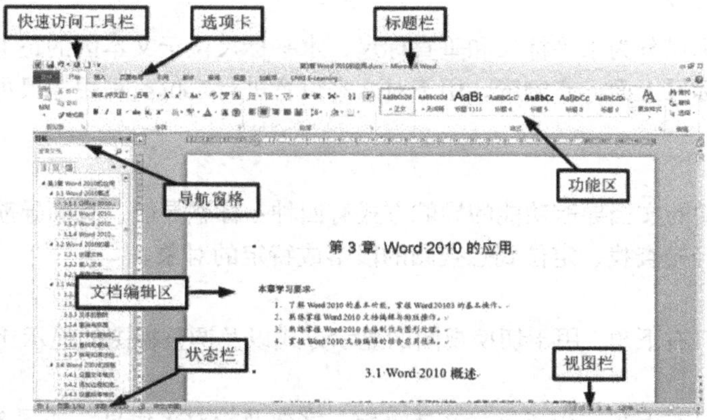

图 3.2　Word 2010 的工作窗口

1. 标题栏

标题栏位于 Word 2010 窗口的最上面，包括程序控制图标、快速访问工具栏、文档名称、程序名称、窗口控制按钮。

快速访问工具栏，是由几个最常用的命令按钮组成，如图 3.3 所示。

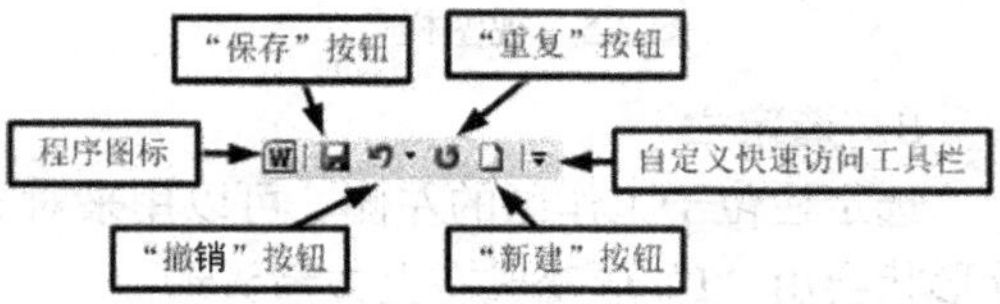

图 3.3　快速访问工具栏

2. 选项卡

选项卡区位于标题栏的下一行，由“文件”选项卡、“开始”选项卡等多个选项卡组成，单击不同的选项卡会出现不同的功能区。

3. 功能区

功能区包含了 Word 2010 最常用的命令按钮，用鼠标单击这些按钮，可快捷地执行所需的操作。把鼠标光标移到图标按钮处停留片刻，系统将给出该图标的功能提示。

单击“功能区最小化”按钮或按<Ctrl + F1>组合键，可隐藏窗口顶部的功能区，再次单击“展开功能区”按键或按<Ctrl + F1>组合键，可展开功能区。

在功能区，相关的命令组合在一起的叫做组，更加易于用户使用，如图 3.4 所示。

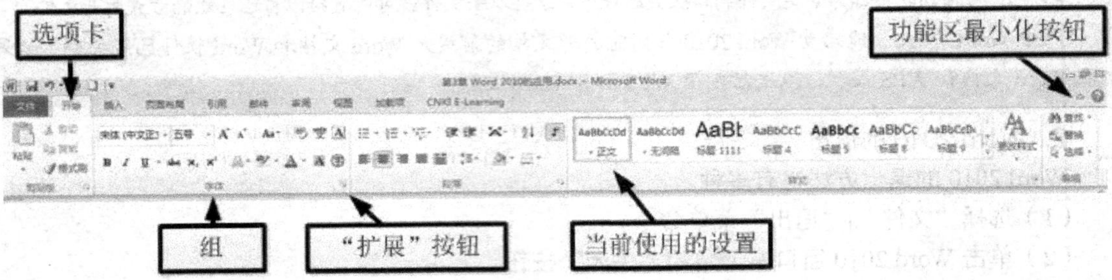

图 3.4　功能区

选项卡和功能区：选择某个选项卡，在下方功能区将显示对应的功能按钮、命令和参数设置等。在功能区中有不同的组，组将不同类型的功能集中在一起方便查找。功能区和选项卡还可以随用户选择的对象不同，而显示需要的功能。

4. 文档编辑区

文档编辑区是用来输入和编辑文字的区域。其中闪烁的“ | ”是光标，表示当前的插入位置（也称插入点）。

文档编辑区的标尺分为水平标尺和垂直标尺，水平标尺位于文本区的正上方，而垂直标尺位于文本区的左侧。标尺上面标有刻度，用于对文本位置进行定位。利用标尺可以设置页边距、字符缩进和制表位。

5. 导航窗格

Word 2010 新增的文档导航功能的导航方式有四种：标题导航、页面导航、关键字导航和特定对象导航，让你轻松查找、定位到想查阅的段落或特定的对象。

6. 视图栏

视图栏位于窗口右下角，用于切换视图的显示方式以及调整视图的显示比例，如图 3.5 所示。

7. 状态栏

状态栏位于窗口左下角，用于显示文档页数、字数及校对等信息，如图 3.6 所示。

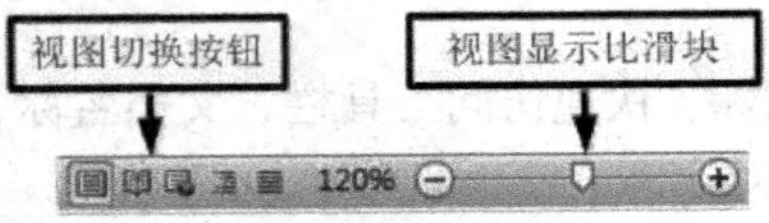

图 3.5　视图栏

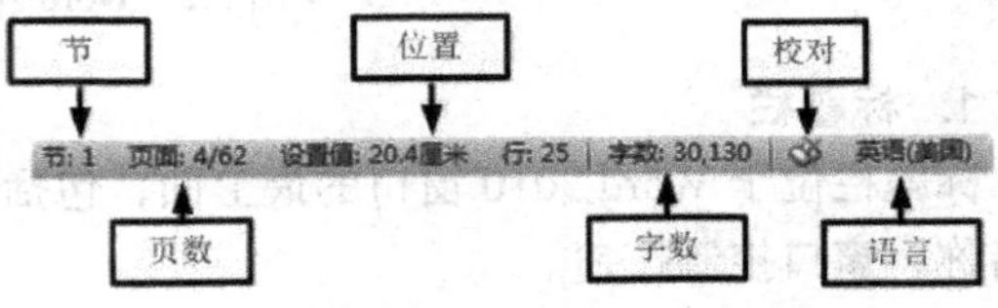

图 3.6　状态栏

8. 选定栏

选定栏位于工作区的左侧，可以用来对文本进行快速选定。当鼠标指针处于这个区域时，指针形状会由“I”形变成右上方箭头形。

3.1.4　Word 2010 的视图方式

屏幕上显示文档的方式称为视图，Word 2010 提供了页面视图、Web 版式视图、阅读版式视图、大纲视图等多种视图。如图 3.7 所示。不同的视图分别从不同的角度、按不同的方式显示文档，并适应不同的工作要求。因此，采用合理的视图方式将会极大地提高工作效率。

改变视图的方法有两种。

（1）利用“视图”选项卡。选择“视图”选项卡，在“文档视图”组中单击需要的视图模式按钮。

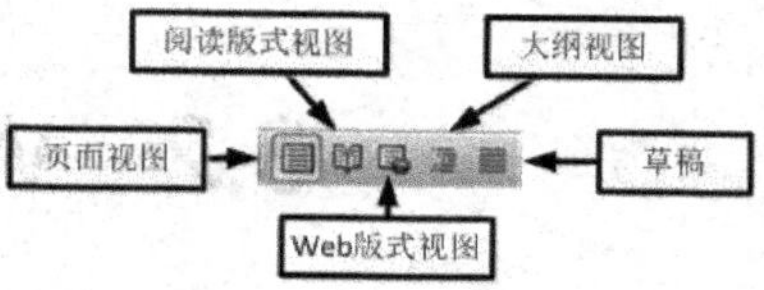

图 3.7　视图切换按钮

（2）利用视图切换按钮。在状态栏右侧单击视图快捷方式图标，即可选择相应的视图模式。

1. 页面视图

页面视图下文档按照打印效果显示每一页。可以看到文档的外观、图形、页眉页脚、脚注等在页面的精确位置以及分栏排版效果，并且在文档窗口的左侧显示垂直标尺。Word 2010 的“所见即所得”的特点是在“页面视图”方式下体现的。

2. 阅读版式视图

阅读版式视图是 Word 2010 新增的视图方式，特别适合用户查阅文档。它是模拟书本阅读的方式，让人感觉是在翻阅书籍。在图文混排或包含多种文档元素的文档中，这种版式可能不便于阅读，但在阅读内容紧凑的文档时，能将相连的两页显示在一个版面上，显得十分方便。

3. Web 版式视图

Web 版式视图以网页的形式来显示文档中的内容，文档内容不再是一个页面，而是一个整体的 Web 页面。Web 版式具有专门的 Web 页编辑功能，在 Web 版式下得到的效果就像在浏览器中显示的一样。如果使用 Word 编辑网页，就要在 Web 版式视图下进行，因为只有在该视图下才能完整地显示编辑网页效果。

4. 大纲视图

大纲视图用于显示、修改或创建文档的大纲。它将所有的标题分级显示出来，层次分明，特别适合于多层次文档，如报告文体和章节排版等。

大纲视图方式比较适合较多层次的文档，在大纲视图中用户不仅能查看文档的结构，还可以通过拖动标题来移动、复制和重新组织文本。

5. 阅读版式

阅读版式最大的优点是便于用户阅读文档，这是 Word 2010 新增的功能。在阅读内容连接紧凑的文档时，阅读版式能将相邻的两页显示在一个版面上，使得阅读非常方便，但在图文混排或包含多种文档元素的文档中不常用。

6. 草稿视图

草稿视图下可以完成输入和编辑工作，在这种视图方式下，Word 2010 的工作速度最快，但是，不显示分栏效果、页边距、页眉页脚、背景、图形对象以及没有设置为“嵌入型”环绕方式的图片。一般对格式要求不高的情况下使用草稿视图。

7. 按不同缩放比例查看文档

在 Word 2010 中，可以按不同的缩放比例，放大显示某部分文档，也可以缩小显示比例以便看到整页的外观。操作方法如下。

选择“视图”选项卡，在“显示比例”组中单击“显示比例”按钮，打开“显示比例”对话框，进行设置，如图 3.8 所示。

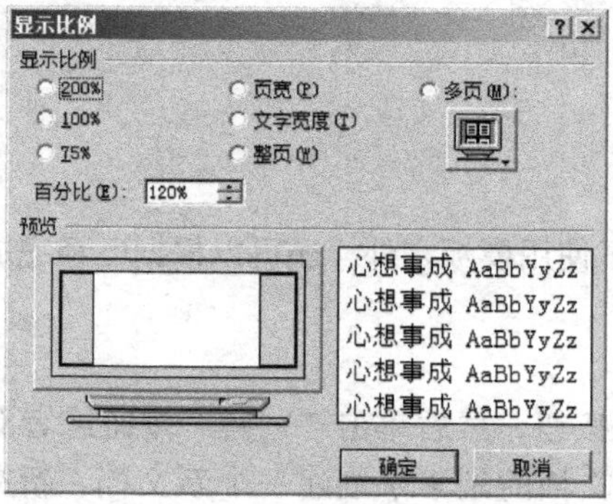

图 3.8　“显示比例”对话框

3.2　Word 2010 的基本操作

文件是文档的存储形式，所有文档都需要存储为文件，以便以后编辑或使用。文档操作是 Word 2010 使用中最基本的操作，用户必须熟悉创建新文档、输入文本与字符、保存文档、打开文档、关闭文档及打印文档等文档的基本操作。使用 Word 2010 的首要操作便是创建一个普通的空白文档，然后在其中输入文本内容，并对其进行各种编辑操作。如果需要创建一些特殊的新文档，可以使用 Word 2010 提供的模板和向导，它们能帮助用户创建信封、传真、法律诉讼文件、信函、信件标签、备忘录以及 Web 文档等。

3.2.1　创建文档

启动 Word 2010 时，系统会自动创建一个名为“文档 1”的空白文档，可以直接进行文档操作。

1. 新建空白文档

如果用户已经打开了一个或多个 Word 文档，需要再创建一个新的文档，操作步骤如下。

（1）在窗口中打开“文件”菜单，单击“新建”选项。

（2）在“新建”选项区中单击“空白文档”按钮，然后单击“创建”按钮或者双击“空白文档”按钮，Word 2010 将会新建一个空白文档，如图 3.9 所示。

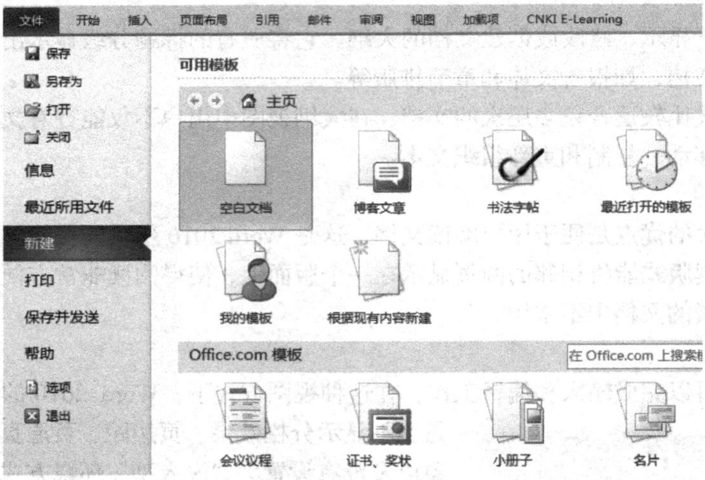

图 3.9　“新建”选项区

2. 根据现有内容新建文档

当用户想要基于一定的格式和样式来创建文档时，除了使用模板之外，还可以根据已经完成的文档创建一份同样样式的新文档，操作步骤如下。

（1）在窗口中打开“文件”菜单，单击“新建”选项。

（2）在“新建”选项区中单击“根据现有内容新建”按钮，然后单击“创建”按钮或者双击“根据现有内容新建”按钮，Word 2010 将以打开所选文档的副本来创建一个新文档，新文档默认命名为“文档 1”。

3. 使用模板创建新文档

如果用户要创建的文档不是普通文档，而是一些特殊文档，如报告、法律文书、传真等，就可以使用 Word 2010 提供的模板功能，将模板中的特定格式应用到新建文档中。创建完成后，用户只需从中进行适当的修改即可。

根据模板创建个人传真的操作步骤如下。

（1）在窗口中打开“文件”菜单，单击“新建”选项。

（2）在“新建”选项区中，在“可用模板”列表框中显示出 Word 2010 预设的模板，单击“样本模板”按钮，可以显示出电脑中已存在的样本模板，如图 3.10 所示。

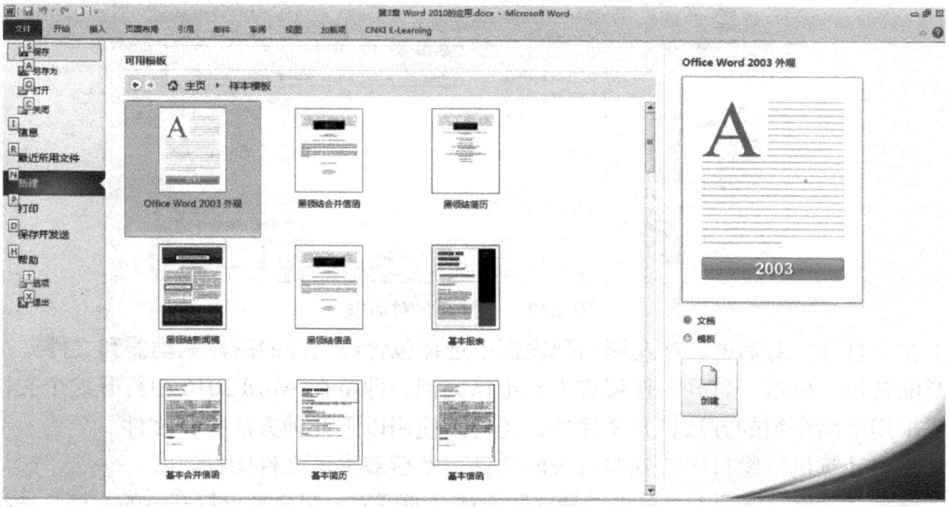

图 3.10　样本模板

（3）选择“平衡传真”选项，并在右侧选中“文档”单选按钮，单击“创建”按钮，新建一个传真文档，如图 3.11 所示。

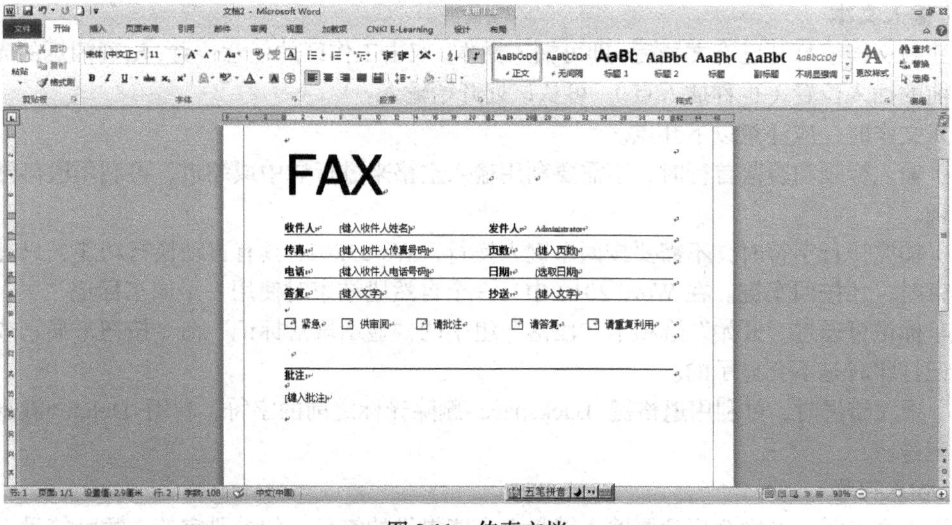

图 3.11　传真文档

（4）在利用模板创建的文档中，只需单击占位符，然后输入所需的文本即可，在文档中填写传真的具体内容，并进行适当调整，最终得到的文档。

4. 打开已存在文档

要对一个已存在的文档进行编辑修改，必须先把该文档打开，操作步骤如下。

（1）启动 Word 2010 应用程序，选择“文件”选项卡，单击“打开”选项，打开“打开”对话框，如图 3.12 所示。

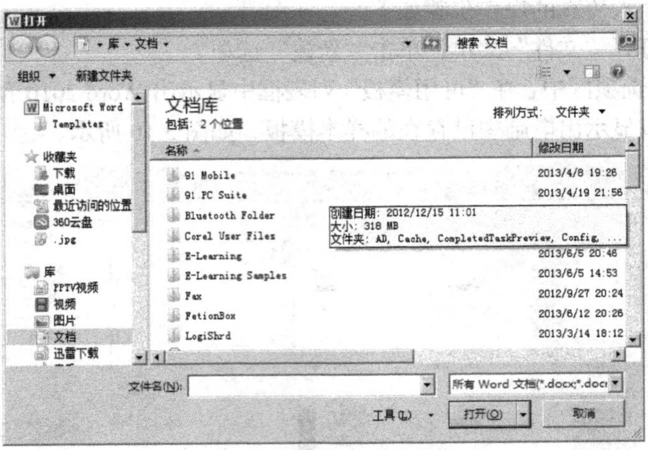

图 3.12　“打开”对话框

（2）在“打开”对话框，在左侧的列表框中选择包含该文件的磁盘驱动器和文件夹，然后选中要打开的文档，单击“打开”按钮或者双击该文档，即可在 Word 2010 中打开这个文档。

除了采用上面介绍的方法打开文件外，还可以使用以下几种方法打开文件。

（1）在“计算机”窗口中找到要打开的文件，然后双击该文件图标。

（2）选择“文件”选项卡，单击“最近”选项，即可显示用户最近打开过的文档，选择要打开的文档即可。

3.2.2 输入文本

1. 输入文本

创建新文档或打开已有文档后，即可输入文本。双击工作区的任意位置，出现闪烁的光标“|”，表示当前的插入位置（也称插入点）。可从该处开始输入。

输入文本时，应注意以下几点。

（1）输入标题和段落首行时，不需要利用输入空格来进行居中或缩进，可利用段落格式的功能来实现。

（2）输完一行字符时，不需要按回车键来换行，Word 2010 具有自动换行功能，只有当一个段落结束时，才按回车键。在 Word 2010 中，一个自然段结束时使用一个回车标记“↵”。

回车标记可通过“开始”选项卡“段落”组中的“显示段落标记”命令按钮来显示或隐藏。回车标记打印时是不会显示的。

（3）录入错误时，可利用退格键<Backspace>删除光标之前的字符，利用<Delete>键删除光标之后的字符。

2. 输入符号

在输入文本时，经常会遇到要输入键盘上未能提供的符号（如希腊字符、数学符号、图形符号等），这时就需要使用 Word 2010 提供的插入符号功能，操作步骤如下。

（1）将插入点定位到要插入符号的位置。

（2）单击“开始”选项卡“符号”组中的“符号”命令按钮，在弹出的下拉面板中单击“其他符号”按钮命令，打开“符号”对话框，如图 3.13 所示。

（3）在“符号”对话框中的“字体”下拉列表中选择包含所需符号的字体。

（4）选择所需符号，然后单击“插入”按钮或直接双击所需符号，即可将该符号插入到文档中。

3. 利用软键盘插入符号

用鼠标左键单击输入法状态提示条中的软键盘按钮，可以打开或关闭软键盘。

鼠标右击软键盘按钮，打开快捷菜单，可选择不同的 13 种软键盘。如图 3.14 所示，软键盘的默认状态为标准 PC 键盘，根据具体情况进行选择，键盘即转换成所选项目的键盘，可以输入各类符号。

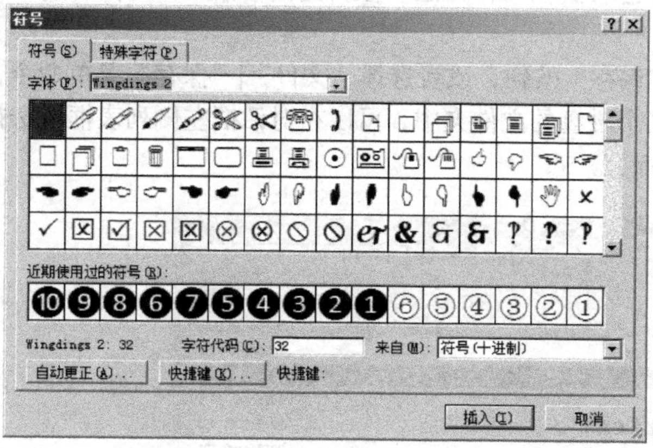

图 3.13 “符号”对话框

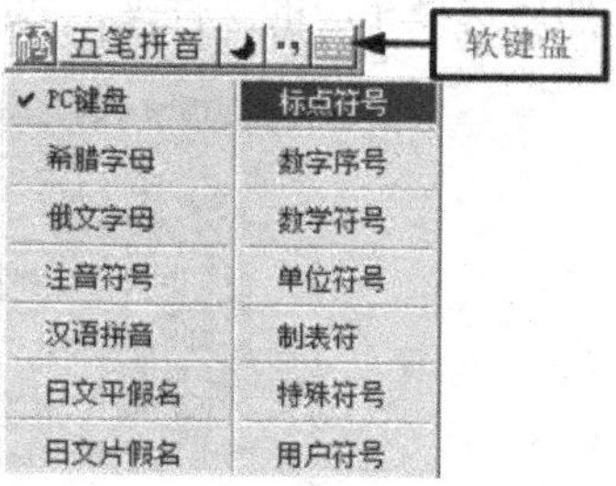

图 3.14 “软键盘”列表

4. 插入日期和时间

在文档中插入当前日期和时间的步骤如下。

定位插入点，单击“开始”选项卡功能区方“文本”组中的“日期和时间”按钮。打开“日期和时间”对话框，如图 3.15 所示。选择所需要的语言和格式，单击“确定”按钮。

若需要插入的日期和时间能随时更新，则选中对话框中的“自动更新”复选框。

5. 文档合并

在文档输入和编辑的过程中，需要引入其他文档的内容，即所谓的文档合并。操作步骤是把光标定位在需要插入合并文档的位置，单击“开始”选项卡功能区“文本”组的“对象”按钮，打开“插入文件”对话框，选择“由文件创建”选项卡，如图 3.16 所示。

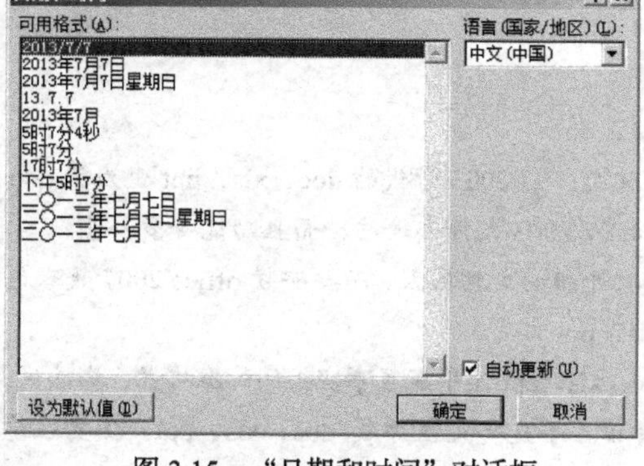

图 3.15 “日期和时间”对话框

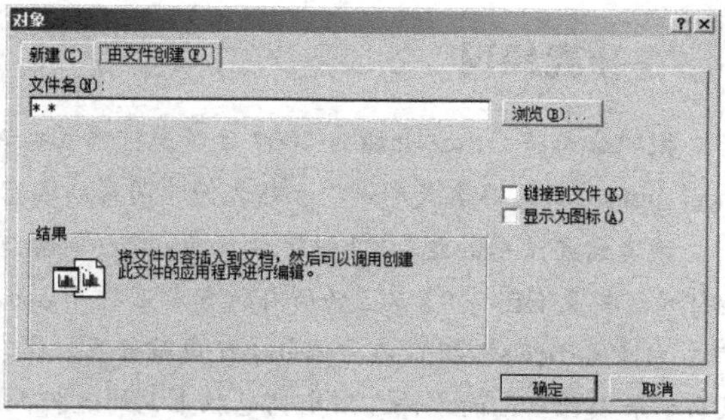

图 3.16 “插入文档”对话框

在“文件名”文本框中输入要插入的文件名，或者单击“浏览”按钮选择要插入的文件名，单击“确定”按钮或直接双击所需文件名。

3.2.3 保存文档

在 Word 2010 中，新建一个文档或对文档进行修改之后，都需要对文档进行保存。因为用户所做的编辑工作都是在内存中进行的，一旦意外断电或死机，这些内存中的信息将自动丢失。因此，要长期保存创建的文档，必须将它保存到磁盘上。

1. 保存文件

保存文档可分为保存新建文档和保存已有文档两种方法。在新文档中输入一些内容后，可以按以下方法命名并保存新文档。

（1）单击“快速启动工具栏”中的“保存”按钮，或者选择“文件”|“保存”菜单命令，弹出“另存为”对话框。要将文档保存在某个磁盘的文件夹中，可以在对话框左侧列表框中选择磁盘，然后选择相应的文件夹，如图 3.17 所示。

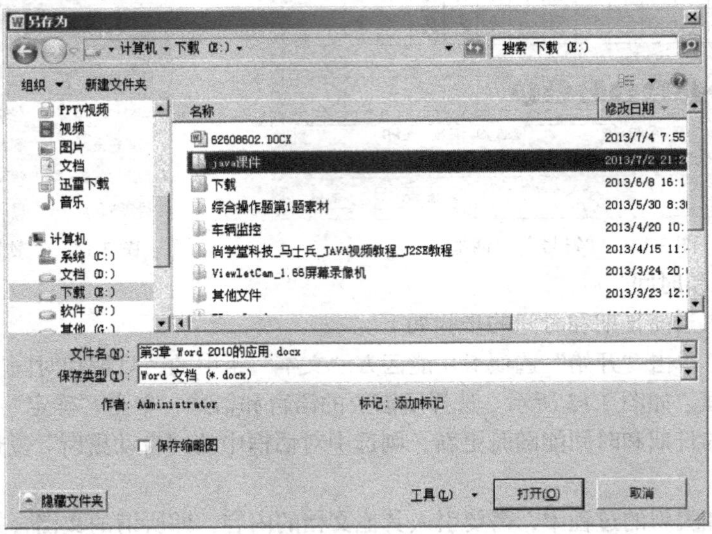

图 3.17 “另存为”对话框

（2）单击“打开”按钮，进入该文件夹。用户可以重新设置文件名，单击“保存”按钮，即可将文档保存到该文件夹中，存盘时以.docx 为文件扩展名。

补充知识

微软公司将 Office 升级为 2007 后对文档格式也做了改变，97/2003 时代的 doc、xls、ppt 变为了 docx、xlsx、pptx，新文档格式是一种压缩文件，同样的内容会比 97/2003 文件小一些，而且功能会多一些。

读者需要注意的是 2007 以下版本的 Office 不能直接打开新的文档格式，而要安装 office 2007 兼容包才能打开；相反 Office 97 以上的所有版本都可打开 doc、xls、ppt 文件。

由于 Office 97/2003 在中国赶上了电脑普及时代，doc、xls、ppt 几乎成了事实上的标准格式，影响巨大，故而如果想让自己的文件在陌生的电脑上也能运行，笔者推荐事先将文档存成 doc、xls、ppt，但要注意个别的新功能会失效。

如果要新建一个文件夹来保存文档，可以单击“计算机”窗口中的“新建文件夹”按钮，创建新的文件夹，然后双击新建的文件夹，即可把文档保存在该文件夹中。

如果是对已经保存过的文档做了修改，可以按以下方法把修改后的文档保存起来。

（1）单击“快速启动工具栏”中的“保存”按钮。

（2）单击“文件”选项卡中的“保存”命令。

（3）按<Ctrl + S>组合键。

2. 另存为

如果需要把当前文档保存在别的位置或要另起名存盘，或检查当前文件的保存位置是否正确，操作步骤如下。

（1）选择“文件” | “另存为”菜单命令，打开“另存为”对话框。

（2）从该对话框中选择新文档所在的文件夹，然后为该文档输入一个新的文件名，还可以打开“保存类型”下拉列表框，从中选择将文档另存为其他格式。

（3）设置完毕后，单击“保存”按钮或按回车键，即可完成“另存为”操作。

3. 自动保存

Word 2010 提供了自动保存的功能，可以定时为用户做临时备份，以便在遇到意外情况时可恢复文档，设置自动保存的操作步骤如下。

（1）选择“文件”选项卡，单击“选项”选项，如图 3.18 所示。

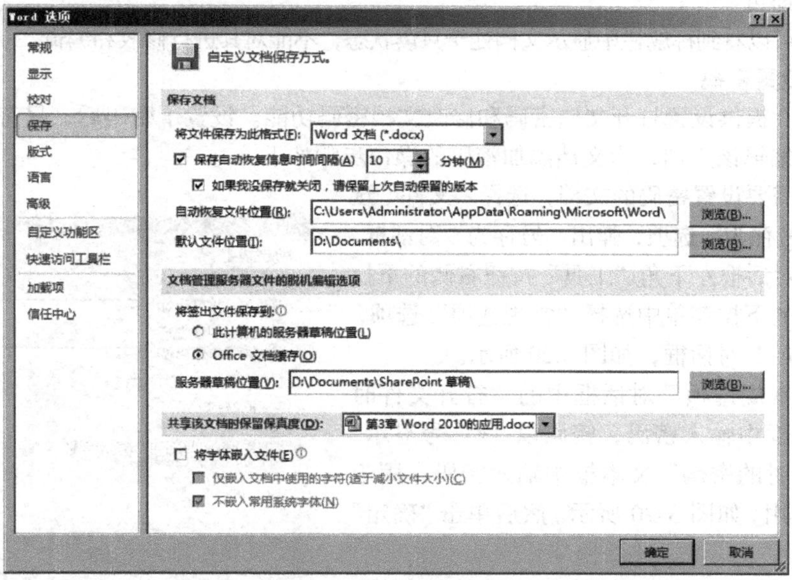

图 3.18　“选项”对话框

（2）在左侧窗格中选择“保存”选项，在“保存文档”选项区中选中“保存自动恢复信息时间间隔”复选框，并在其右侧窗格的文本框中输入一个时间间隔。例如，在该数值框中输入 10，即表示设置系统每隔 10min 自动保存一次文档。

（3）选中“如果我没保存就关闭，请保留上次自动保留的版本”复选框，可在没有保存就关闭文档的情况下让电脑自动保留对文档的编辑。

（4）设置完毕后单击“确定”按钮，保存设置并关闭对话框。

如果由于断电或死机等意外使文档异常关闭，Word 2010 会将关闭的文件暂时保存，当再次打开 Word 2010 时，窗口中将会出现一个“文档恢复”任务窗格，显示暂时保存的文档，打开需要保存的文档并保存，意外损失就可以减到最小。单击窗格中文档下拉按钮，在弹出的下拉菜单中选择“另存为”选项，可将文档另存一份。

4. 以只读方式或副本方式打开文档

默认情况下，Word 2010 是以读写的方式打开文档的，为了保护文档不被修改，用户还可以用只读方式或副本方式打开文档。以只读方式打开文档时，可以保护原文档不被修改，即使用户修改了文档，Word 2010 也不允许以原来的名称保存。以副本方式打开文档，是指在原文档所在的文件夹中创建并打开一个副本文档，因此用户必须对该文档所在的文件夹具有读写权。对副本的任何修改都不会影响到原文档，所以以副本方式打开，同样可以起到保护原文档的作用。以只读或副本方式打开文档的操作方法如下。

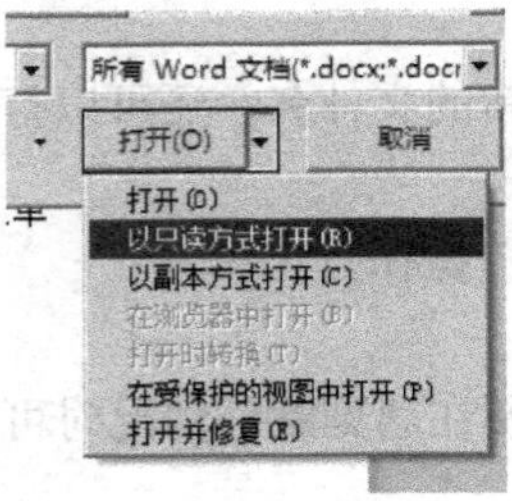

图 3.19　下拉列表

（1）选择“文件”选项卡，选择“打开”选项。

（2）这时将弹出“打开”对话框，找到要以只读方式打开的文档并将其选定。

（3）单击“打开”按钮右侧的下拉按钮，弹出下拉列表，如图 3.19 所示。

（4）在下拉列表中选择“以只读方式打开”选项，此时文档会以只读的方式打开；若想以副本方式打开，则在下拉菜单中选择“以副本方式打开”选项即可。

（5）此时可以看到标题栏中显示文档处于只读状态，不能对其进行修改和编辑。

5. 文档设置密码

Word 2010 提供设置打开文档密码和修改文档密码功能。设置了密码后，只有输入正确的密码才能打开或编辑该文档，为文档添加密码的操作步骤如下。

（1）打开需要设置密码的文档，选择“文件”选项卡，单击“另存为”选项，弹出“另存为”对话框。

（2）单击对话框左下角“工具”按钮右侧的下拉按钮，在弹出的下拉菜单中选择“常规选项”选项，打开“常规选项”对话框，如图 3.20 所示。

（3）在“常规选项”对话框中的“打开文件时的密码”文本框中输入密码，密码以“*”号显示，在“修改文件时的密码”文本框中输入密码，用于修改文档时使用，如图 3-20 所示。然后单击“确定”按钮。

（4）弹出“确认密码”对话框，再次输入密码。

（5）返回“另存为”对话框，不对文件名和文件类型做任何修改，直接单击“保存”按钮即可。

图 3.20　“常规选项”对话框

再次打开该文档或保存对该文档的修改时，就必须输入正确的密码。

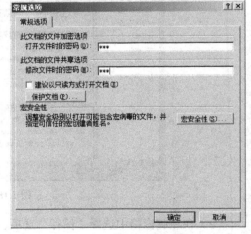

取消密码的方法是打开“常规选项”对话框，将原来设置的密码清除，再次保存文档即可。

6. 限定 Word 文档部分内容的修改权限

在 Word 2010 中，用户可以限定文档中特定部分的修改权限，只允许修改其余文档，操作步骤如下。

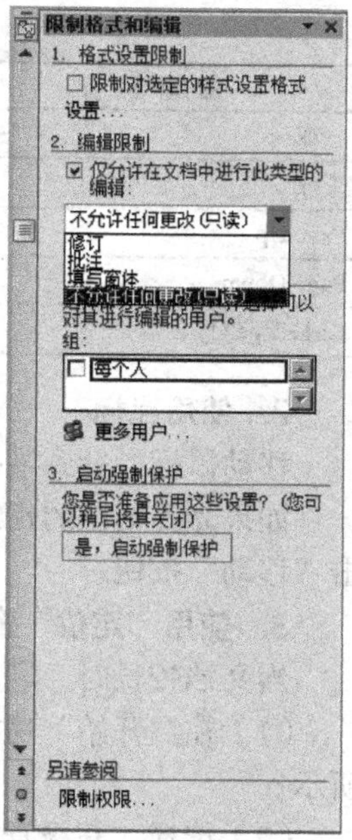

图 3.21 “限制格式和编辑”窗格

（1）打开需要设置的文档，选中不需要保护的内容。

（2）单击“审阅”选项卡，单击“保护”组中的“限制编辑”按钮，打开“限制格式和编辑”窗格，如图 3.21 所示。

（3）在“限制格式和编辑”窗格中，选中“仅允许在文档中进行此类型的编辑”复选框，在下拉列表中选择合适的权限选项。

（4）在“例外”选项区的列表框中选择可以编辑选中区域的用户，单击“是，启动强制保护”按钮。

（5）在“启动强制保护”对话框中的“新密码”（可选）和“确认新密码”文本框中输入相同的密码，单击“确定”按钮。

（6）此时该文档其他部分即被保护，右击受保护的内容，可以看到快捷菜单中的很多选项已经不可用。

如果用户需要停止对文档中部分内容的保护，可以单击右侧窗格中的“停止保护”按钮，将弹出“取消保护文档”对话框，输入密码后即可停止保护。

7. 以多种方式另存文档

在 Word 2010 中创建的文档可以以多种方式另存，除了可以另存为网页和模板文档之外，还可以另存为其他格式，具体操作方法如下。

（1）打开文档，选择“文件”选项卡，单击“另存为”选项，打开“另存为”对话框。

（2）在“另存为”对话框，打开“保存类型”下拉列表，如图 3.22 所示。

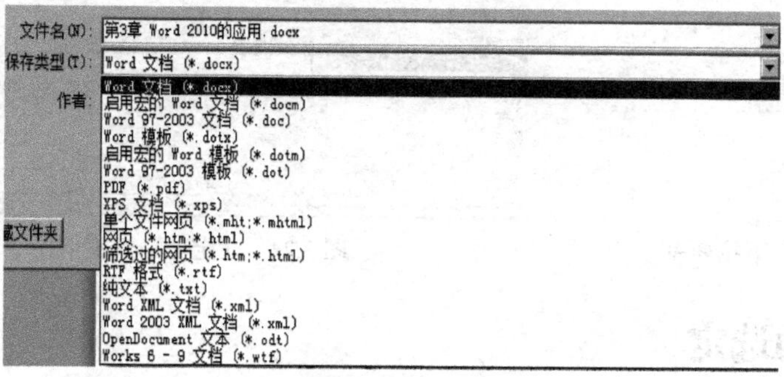

图 3.22 “保存类型”下拉列表

（3）选择需要的保存类型后，单击“保存”按钮。

3.3 Word 2010 文本编辑

3.3.1 光标的移动和定位

熟练地控制、移动光标，是编辑文档的基本操作。Word 2010 有多种移动光标的方法。

1. 使用键盘

使用键盘来移动光标的操作方法，如表 3.1 所示。

表 3.1　常用光标移动键

键盘操作	移动效果	键盘操作	移动效果
←或→	向左或向右移动一字符	Ctrl+Page Down	移到下一页页首
↑或↓	向上或向下移动一行	Home	移到当前行的开头
Page Up	上移一屏幕	End	移到当前行的末尾
Page Down	下移一屏幕	Ctrl+Home	移到文档的开头
Ctrl+Page Up	移到上一页页首	Ctrl+End	移到文档的结尾

2. 使用鼠标

移动鼠标指针到某指定位置，单击鼠标，可把光标定位到指定位置。

如果光标定位的指定位置不在当前屏幕上，可以用鼠标在窗口的滚动条上拖动滚动滑块或单击“移动”按钮。

3. 使用“定位”命令

当文档较长时，利用“定位”命令，可以快速地把光标定位在指定位置，操作步骤如下。

（1）在“开始”功能区的编辑组里，单击查找右边“下拉”按钮，弹出下拉列表，如图 3.23 所示。

（2）选择“高级查找位”菜单命令，打开“查找和替换”对话框，如图 3.24 所示。

（3）在“查找和替换”对话框选择“定位”选项卡，在“输入页号”文本框中输入要定位的页码。

（4）单击“定位”按钮后，再单击“关闭”按钮。

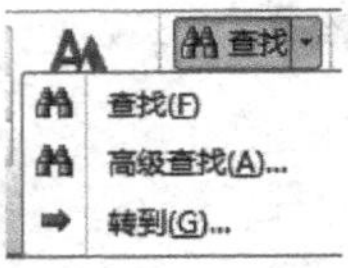

图 3.23　“查找”下拉列表

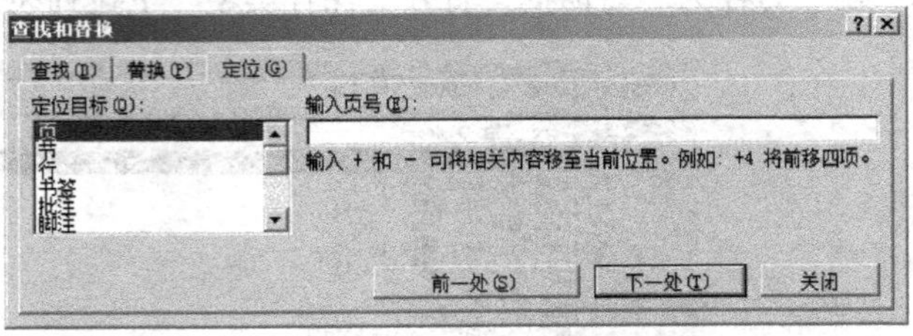

图 3.24　“定位”标签

3.3.2　文本的选定

在对文本进行编辑或排版时，如删除、替换、复制、移动、设置字体格式等，首先应选定要操作的文本，被选定的文本将呈反白显示，如图 3.25 所示。文本的选定可以用鼠标或键盘来完成。

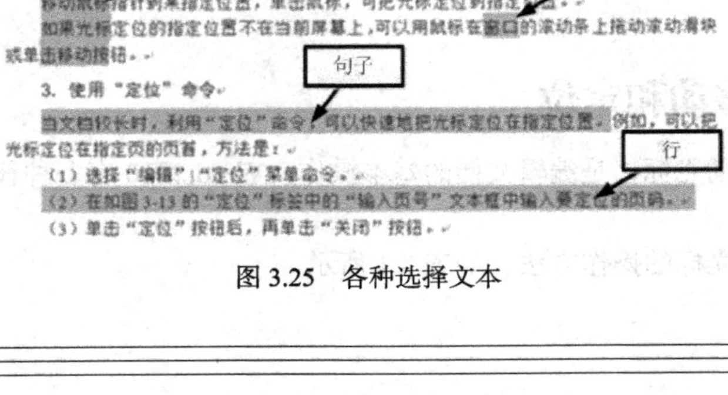

图 3.25　各种选择文本

1. 用鼠标选定

常用选定操作如下。

（1）拖动选定。在待选文本的起始位置单击并拖动鼠标到待选文本的结尾位置松开。

（2）选定字词。把光标置于汉字（或英文单词）上，双击。

（3）选定句子。按住<Ctrl>键并单击句子中的任意位置。

（4）选定一行。将鼠标指针移到待选定行的左侧（选定栏），当指针变成向右上方箭头时单击。

（5）选定多行。在选定栏向上或向下拖动鼠标。

（6）选定一段。在选定栏对应的该段位置双击。或者在段落的任意位置三次单击也可以选定一个段落。

（7）选定矩形区域。按住<Alt>键不放，再拖动鼠标。

（8）选择大范围连续区域。单击待选文本的开头，按住<Shift>键不放，单击待选文本的结尾，再放开<Shift>键。

（9）选定不连续区域。先选定第一个文本区域，按住<Ctrl>键，再选定其他的文本区域。

（10）选定整个文档（全选）。在选定栏三次单击，或者按住<Ctrl>键，在选定栏单击。

2. 用键盘选定

将光标移到待选文本的开头，按住<Shift>键不放，使用光标移动键<↑>、<↓>、<←>、<→>、<Page Up>、<Page Down>将光标移到待选字块的结尾即可。

按组合键<Ctrl + A>可选定整篇文档（全选）。

3. 扩展选定文本

按<F8>键可切换到扩展选取模式，按<Esc>键可关闭扩展选取模式。

在扩展选取模式时，插入点起始位置为选择的起始端，操作后插入点的位置是选择的终止端，两端之间的文本都是被选定的文本。

在扩展选取模式时，按向右方向键，插入点将右移一格，并把它经过的那个字符选定，按<End>键，插入点将移到当前行的末尾，同时把从插入点原来所在位置到行尾的文本选定。

另外，按下<F8>键，进入扩展状态，再按<F8>键，则选择了光标所在处的一个词；再按一下<F8>键，选区扩展到了整句；再按一下<F8>键，选区扩展成了一段；再按一下，选区扩展成全文；再按就不再有反应了。

4. 取消选定

取消已选定文本的标记，可在文本区选定栏外的任何位置单击鼠标或按任意光标移动键，反白显示的文本将恢复原样。

3.3.3　文本的删除

用退格键<Backspace>和<Delete>键可分别删除光标之前或光标之后的文本。

如果要删除较多的文本，应先选定要删除的文本，再删除，操作方法如下。

（1）按<Delete>键。

（2）选择“编辑”|“清除”菜单命令。选择清除格式或清除内容。

（3）选择“编辑”|“剪切”菜单命令。

利用“剪切”方法所删除的内容被放到“剪贴板”中，如果需要的话，可用“粘贴”命令。

另外，如果要用新的内容覆盖选定内容时，只要在选定删除内容后直接输入新的内容即可，而不必先删除后输入。

3.3.4 撤销与恢复

文档编辑操作的过程中，Word 2010 会自动记录用户的一系列操作，如果不小心进行了误操作，可以通过“撤销”和“恢复”功能进行纠正。

1. 撤销操作

单击快速访问工具栏上的“撤销”按钮，可撤销上一次的操作。也可以通过组合键<Ctrl + Z>来执行。

如果要撤销多步操作，可连续单击“撤销”按钮或从“撤销”按钮右侧的下拉列表框中选择撤销前面的多少项操作。

2. 恢复操作

恢复是撤销的逆过程，是恢复被撤销的操作。当执行了撤销操作后，快速访问工具栏上的“恢复”按钮由灰色变为可用状态。单击该按钮恢复最近的撤销操作。

Word 2010 中还有一种“重复”操作，按功能键<F4>或<Ctrl + Y>，它的作用是重复上一次所做的操作。

3.3.5 文本的复制和移动

在文档编辑过程中，文本的复制和移动是最常用的操作之一。复制文本与移动文本不同之处是复制文本原有内容不被删除，移动文本原有内容删除。

1. 复制文本

复制文本的操作步骤如下。

（1）选定需要复制的文本。

（2）单击“开始”选项卡中“剪贴板”组中的“复制”按钮或按<Ctrl + C>组合键。

（3）将插入点定位到目标位置。

（4）在“开始”选项卡中“剪贴板”组中，单击“粘贴”按钮或按<Ctrl + V>组合键，即可把所选内容复制到目标位置。

在单击“粘贴”按钮前，可以单击按钮下面的“下拉”按钮，弹出下拉菜单，可以选择其他粘贴操作。

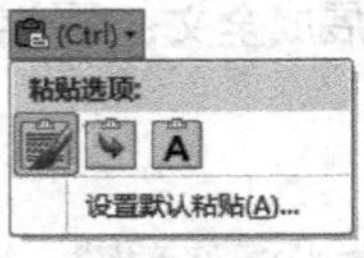

图 3.26 粘贴选项

复制操作可以归纳为 4 步骤：“选定”→“复制”→“定位”→“粘贴”。

当用户在执行了粘贴操作后，粘贴的文本块下方将会出现“粘贴选项”按钮，单击该按钮，弹出“粘贴选项”列表，如图 3.26 所示。可以在列表中指定 Word 2010 以何种方式将文本粘贴到文档中。

2. 移动文本

移动文本需要先剪切再粘贴，操作步骤如下。

（1）选定需要复制的文本。

（2）单击“开始”选项卡中“剪贴板”组中的“剪切”按钮或按<Ctrl + X>组合键。

（3）将插入点定位到目标位置。

（4）单击“开始”选项卡中“剪贴板”组中的“粘贴”按钮或按<Ctrl + V>组合键，即可把所选内容复制到目标位置。

在单击“粘贴”按钮前，可以单击按钮下面的“下拉”按钮，弹出下拉菜单，可以选择其他粘贴操作。

移动操作可以归纳为 4 步骤：“选定”→“剪切”→“定位”→“粘贴”。

文本的复制和移动操作也可以使用鼠标的拖动来实现，具体步骤是：先选定要移动的文本，然后用鼠标把它拖动到目标位置，完成移动操作。若是要进行复制操作，则在拖动的过程中按住<Ctrl>键即可。

在快捷菜单上也有“剪切”、“复制”和“粘贴”按钮，可以使用快捷菜单进行移动和复制操作。

3. 剪贴板工具

剪贴板是内存中的一个临时数据区，用于在应用程序间交换文本或图像信息，剪贴板中可以同时存放最近 24 次复制或剪切的内容。

调出“剪贴板”任务窗格的操作方法如下。

在“开始”选项卡中“剪贴板”组中，单击“扩展”按钮，打开“剪贴板”窗格，如图 3.27 所示。

若不利用“剪贴板”窗格进行粘贴操作，Word 2010 默认粘贴的是最近一次复制或剪切的内容。

图 3.27　“剪贴板”任务窗格

3.3.6　查找和替换

在编辑文本时，使用“查找和替换”功能可以快速精确地找到或替换所需的对象。

1. 查找

查找功能主要用于在文档中定位，查找文本的操作步骤如下。

（1）在“开始”选项卡功能区“编辑”组中，单击“查找”按钮，打开“导航”窗格。如图 3.28 所示。

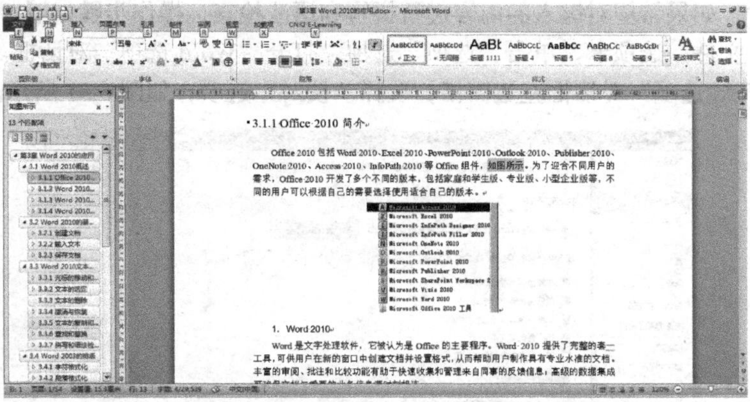

图 3.28　“导航”窗格

（2）在导航窗格的搜索框中输入要查找的关键字，此时系统将自动在选中的文本中进行查找，并将找到的文本以高亮显示，如图所示。同时，导航窗格包含搜索文本的标题也会高亮显示。

在导航窗格的搜索框中，单击“搜索”按钮旁边的下拉按钮，在弹出的下拉菜单中可以查看其他搜索命令，如图 3.29 所示。例如，选择查找图形，系统即可将导航窗格包含搜索文本的标题高亮显示。

图 3.29　“查找”下拉列表

2. 替换

通过“替换”命令，Word 2010 能按要求查找并替换指定的文本，操作步骤如下。

（1）在“开始”选项卡功能区“编辑”组中，单击“替换”按钮，打开“查找和替换”对话框，如图 3.30 所示。

（2）在“查找内容”文本框中输入要查找的文本，在“替换为”文本框中输入新的文本。

（3）单击“替换”按钮，Word 2010 即开始查找，并将找到的第一处相应内容进行替换。单击“全部替换”按钮可将整个文档中的相应内容全部替换掉。

在查找和替换对话框中，有“更多”按钮，其中各选项的功能如下。

“搜索”下拉列表框：设置文档的搜索范围。

“区分大小写”复选框：搜索时区分大小写。

“全字匹配”复制框：搜索符合条件的完整单词。

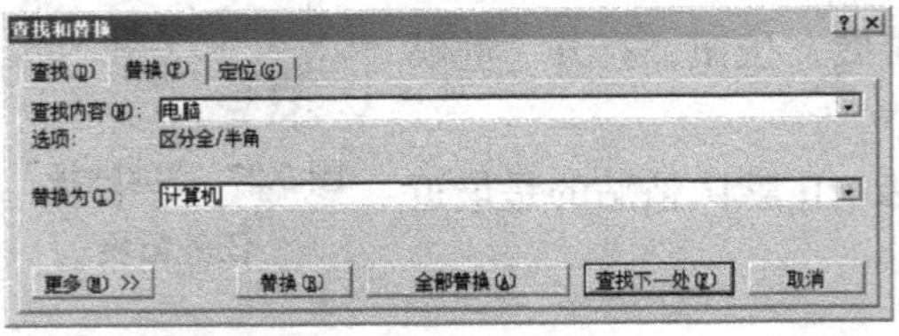

图 3.30　“查找和替换”对话框

“使用通配符”复选框：搜索时可以使用通配符。

“格式”下拉按钮：可以设置替换文本的格式。

“特殊字符”下拉按钮：可以选择要替换的特殊字符。

“不限定格式”按钮：可以取消替换文本的格式设置。

3.3.7　拼写和语法检查

Word 2010 可以在输入时对中文和英文进行拼写检查和语法检查。当系统检查到有错误时，一般用红色波浪线标记输入有误的或系统无法识别的中文和英文单词，用绿色波浪线标记可能的语法错误。

1. 设置检查选项

编辑文档时，如果希望对键入的内容进行拼写和语法检查，操作步骤如下。

（1）选择“文件”选项卡，单击“选项”选项，打开“Word 选项”对话框。

（2）在“Word 选项”对话框左边窗格，选择“校对”选项，如图 3.31 所示。

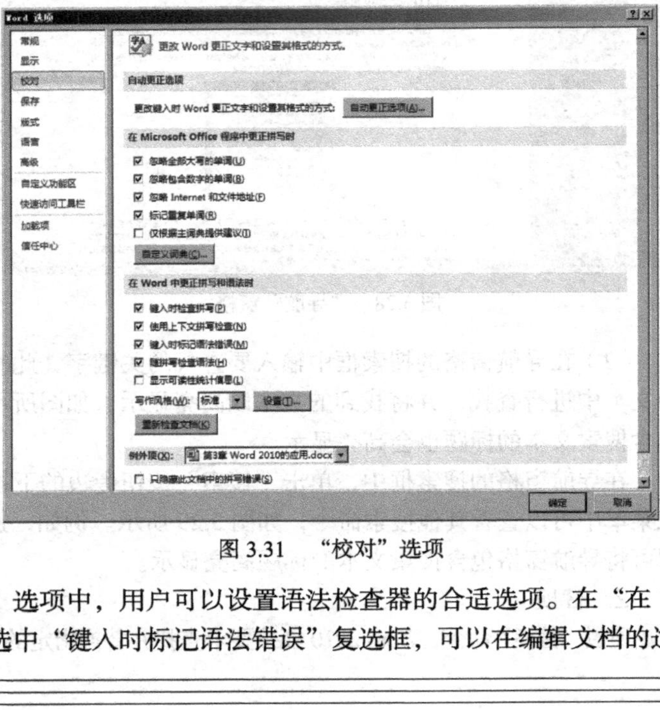

图 3.31　“校对”选项

（3）在“校对”选项中，用户可以设置语法检查器的合适选项。在“在 Word 中更正拼写和语法时”选项区中选中“键入时标记语法错误”复选框，可以在编辑文档的过程中随时提示语法错误。设置完毕后，单击“确定”按钮。

2. 检查拼写和语法错误

用户在输入操作时可以设置自动检查文档中所有的拼写和语法问题，操作方法如下。

在文档窗口的“审阅”选项卡 “校对”组中，单击“拼写和语法”按钮，打开“拼写和语法”对话框，如图 3.32 所示。

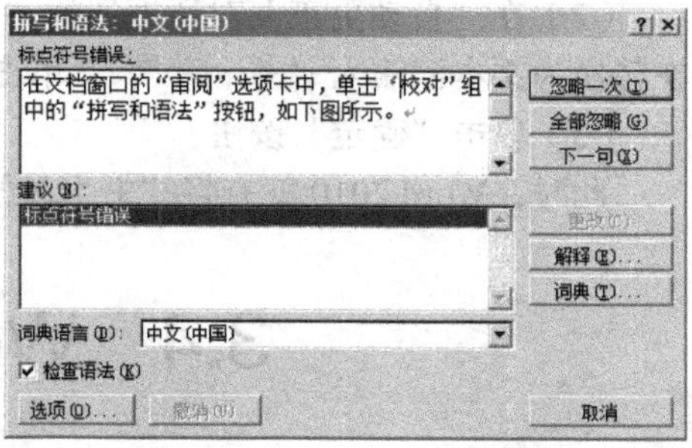

图 3.32 “拼写和语法”对话框

在“拼写和语法”对话框中显示当前光标位置后查找到的第一个可能性错误，每个可能错误的单词或短语问题都被用带颜色的下画线标志出来（红色代表拼写错误，绿色代表语法错误）。

当“拼写和语法”对话框中显示了可能的拼写问题时，可以在上边文本区中的突出显示文本上直接键入修改内容，也可以使用下列任意一种方法处理标志文本。

忽略一次：单击该按钮，忽略特殊拼写单词的当前实例。

全部忽略：单击该按钮，略过当前特殊拼写单词的全部实例。单击该按钮后，Word 将不标志或询问该错误拼写单词的任何实例。

添加到词典：单击该按钮，将特殊拼写单词的当前实例添加到词典中。无需再亲手设置，该单词被自动添加到自定义的词典中。

更改：双击“建议”列表框中的正确单词，或者选择“建议”列表框中的单词后单击“更改”按钮将替换此处文本。

全部更改：选择“建议”列表框中的单词后，单击“全部更改”按钮，被选中的文本及其全部相关实例将被选择的建议单词代替。

自动更正：选择“建议”列表框中的单词后，单击“自动更正”按钮，错误拼写单词以及更正单词被添加到“自动更正”列表中。

解决完当前拼写问题后，Word 2010 自动跳到下一处可能的拼写错误。当解决完所有的拼写问题后，Word 2010 显示一个提示信息框告知拼写检查已经完成，在“拼写和语法”对话框中单击“关闭”按钮即可。

3. 自动更正

使用自动更正功能可以让 Word 2010 自动完成一些常见错误的纠正和替换。自动更正是将文档中的内容定义为一个唯一的词条，在以后使用时只需输入定义的词条，Word 2010 便会自动使用预先定义的内容对词条进行更换。这样在输入一些重复而又复杂的内容时，可以极大地提高输入效率。例如输入“书生义气”这个错误的成语，Word 2010 会自动地将它改正为“书生意气”。

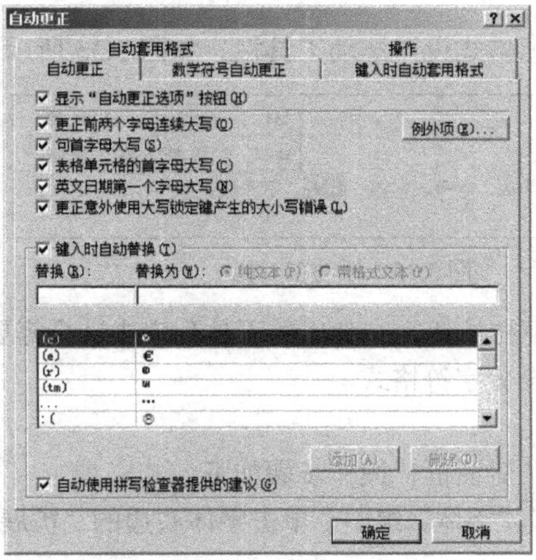

图 3.33 “自动更正”对话框

要使用自动更正功能，首先要知道如何打开（或关闭）这项功能，打开自动更正功能的操作方法如下。

（1）选择“文件”选项卡，选择“选项”选项，弹出“Word 选项”对话框。单击“校对”选项卡中的“自动更正选项”按钮，打开“自动更正”对话框，如图 3.33 所示。

（2）在“自动更正”对话框选择“自动更正”选项卡，在替换记事本框输入“书生义气”，在替换为文本框输入“书生意气”，单击“添加”按钮。

（3）单击“确定”按钮。

此时，Word 2010 就有将“书生义气”自动改正为“书生意气”的功能。

3.4 Word 2010 的排版

3.4.1 设置文本格式

当用户在 Word 2010 文档中完成了输入文本的基本操作后，往往还需要对文本执行格式设置，包括设置文本的字体、字号、字形、字符间距，以及各种字符的显示形式等各类修饰效果。对一个文档的不同的内容使用不同的字体和字形，可以使文档层次分明、结构清晰，使阅读者一目了然，从而便于抓住重点。

启动 Word 2010 后，如果不设置文本格式，输入文本的格式将为 Word 2010 默认的格式。用户也可根据自己的需要对字体、字号和颜色进行设置，字符格式包括文字的字体、字号、颜色、加粗、倾斜等。

1. 使用“开始”选项卡“字体”组中的按钮设置字符格式

设置格式可以通过“开始”选项卡功能区中的“字体”组中的各种按钮，如图 3.34 所示。这样可以快速设置字体、字号、加粗、倾斜、下划线、字符边框、字符底纹、字符缩放、字体颜色等。也可以通过“字体”对话框进行设置。

通过“字体”组中按钮设置字体，操作步骤如下。

（1）选定需要设置格式的文本。

（2）在“字体”下拉列表框选择所需字体。

（3）在“字号”下拉列表框选择所需字号。字体大小有字号和磅值两种选择，组合框中没有的磅值，可以直接填入，如 13、15 等，甚至是超过 72 的值，填完后按回车键确认。

（4）单击“加粗”、“倾斜”、“下划线”按钮可分别进行设置，要恢复正常显示，则再次单击该按钮；单击“字体颜色”右侧的下拉按钮打开颜色下拉列表，从中选择不同的颜色。

2. 浮动工具栏设置字符格式

选定需要设置格式的文本，此时选中文本上方将显示格式设置浮动工具栏，如图 3.35 所示。

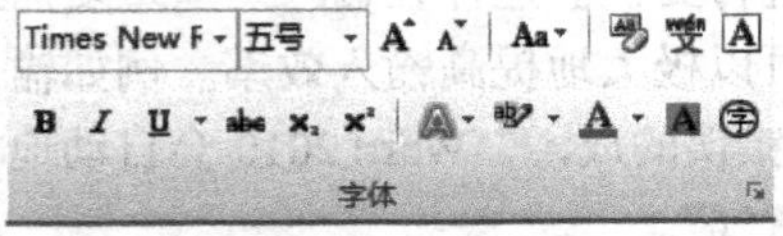

图 3.34 “字体”组

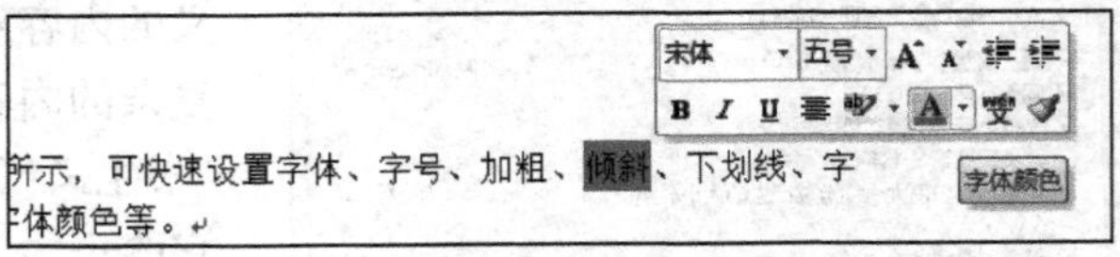

图 3.35 浮动工具栏

在浮动工具框中，单击“字体”下拉列表框右侧的下拉按钮，在弹出的下拉列表中选择需要的字体格式，即可应用该字体，进行相关的操作就可以设置字符格式。

3. 利用“字体”对话框设置字符格式

如果要对字符进行更复杂的设置，就得使用“字体”对话框，操作步骤如下。

选定要进行格式化的文本，在“开始”选项卡功能区“字体”组中，单击字体右边的“扩展”按钮，打开“字体”对话框，如图 3.36 所示。

（1）“字体”选项卡。选定“字体”选项卡，在这里同样可以设置字体、字号、字形、字体颜色、下划线等。“效果”选项组可以用来设置字符的多种效果。

（2）“高级”选项卡。选定“高级”选项卡，可对字符进行缩放、调整字符间距或调整字符的位置等的设置，如图 3.37 所示。

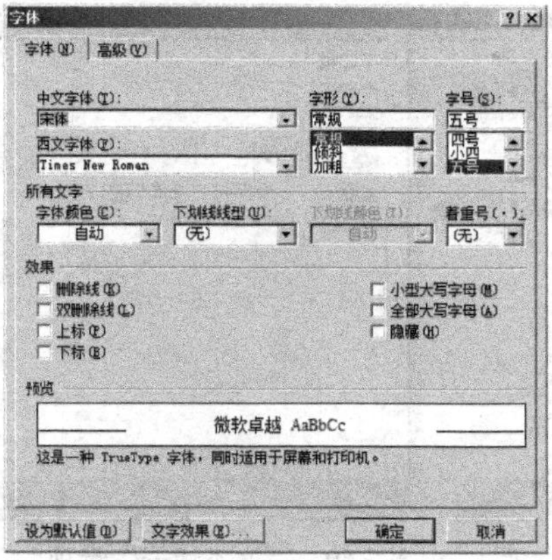

图 3.36 “字体”对话框

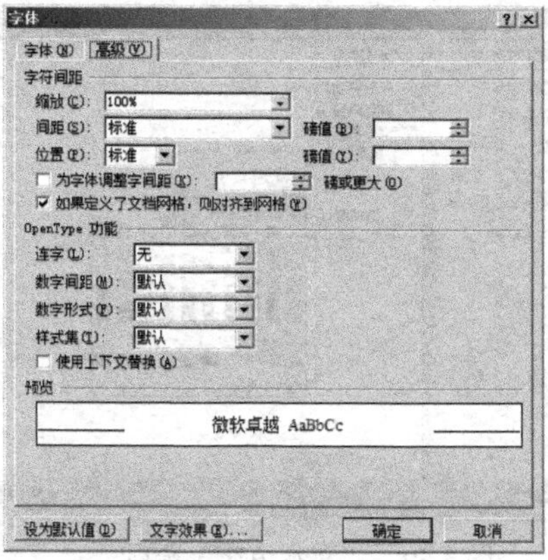

图 3.37 “高级”选项卡

“缩放”下拉列表框可以用来调整字符的缩放大小。

“间距”选项区可调整字符间的水平距离。方法是：在“间距”下拉列表框中选择“加宽”或“紧缩”，然后在“间距”右侧的“磅值”微调框中输入数值。

“位置”选项区可用来控制所选字符相对于基准线的位置。

单击“文字效果”按钮，打开“设置文本效果格式”对话框，如图 3.38 所示。

可以设置文本填充效果、文本边框、轮廓样式、阴影、映像、发光和柔化边缘和三维格式等操作。

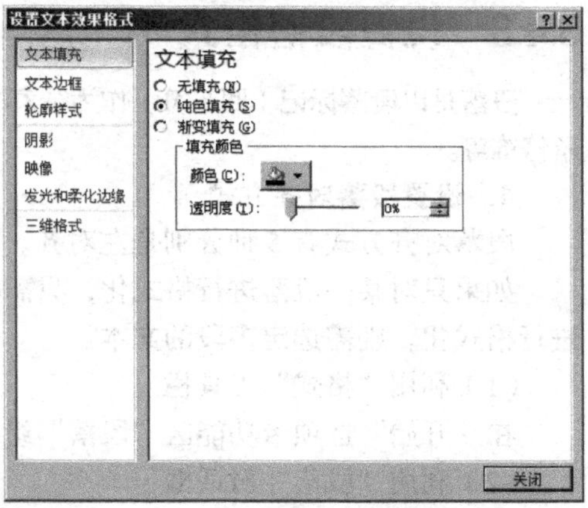

图 3.38 “文字效果”选项卡

补充知识

在 Word 2010 中设置上、下标，首先选中需要做上标文字，然后按下组合键<Ctrl + Shift + “+” >就可将文字设为上标，再按一次又恢复到原始状态；按<Ctrl+ “+” >可以将文字设为下标，再按一次也恢复到原始状态。

3.4.2 添加边框和底纹

添加边框和底纹可以美化文档。需要打开“设置文本效果格式”对话框。操作步骤如下。

（1）选定要添加边框和底纹的文本。

（2）单击“开始”选项卡功能区“字体”组，字体右边的“扩展”按钮，打开“字体”对话框。

（3）单击“文字效果”按钮，打开“设置文本效果格式”对话框。

1. 文本填充

在“设置文本效果格式”对话框，单击左边窗格“文本填充”超链接，可以进行文本填充设置，如图 3.39 所示。通过文本填充，可以设置文本的底纹。

2. **文本边框**

在“设置文本效果格式”对话框，单击左边窗格“文本边框”超链接，可以进行文本边框设置，如图 3.40 所示。

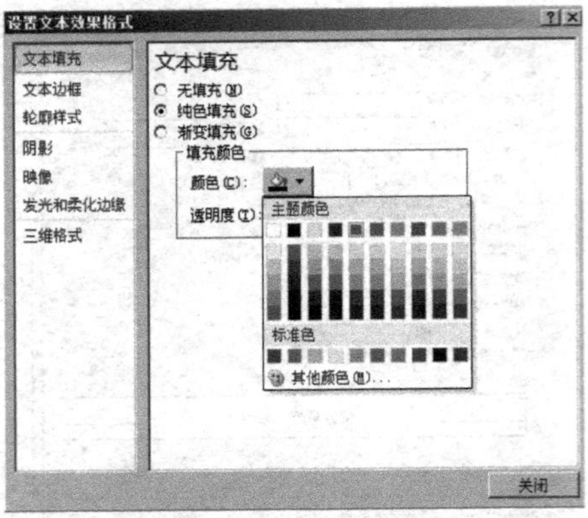

图 3.39　“文本填充”选项

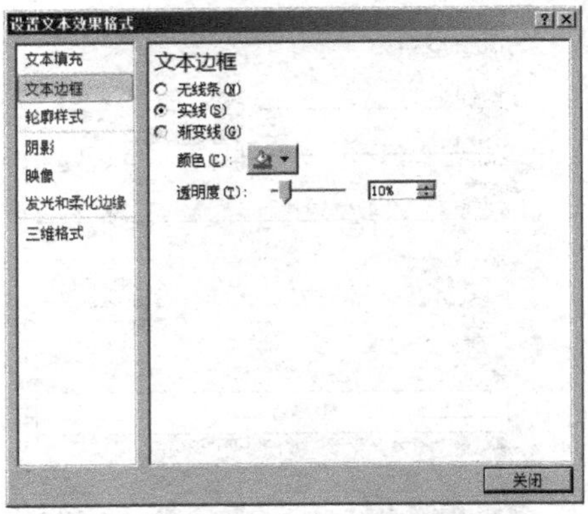

图 3.40　“文本边框”选项

3.4.3　设置段落格式

段落是以段落标记（回车符）作为结束的一段文字。段落格式主要包括对齐方式、缩进、间距及段落修饰等。

1. **设置段落对齐方式**

段落对齐方式有 5 种分别是左对齐、居中、右对齐、两端对齐、分散对齐。

如果只对某一段落进行格式化，只需将光标放在该段落中的任意位置，如果需要对若干段落进行格式化，则需选定多段的文本。

（1）利用“格式”工具栏

在“开始”选项卡功能区“段落”组中，单击相应按钮，如图 3.41 所示。

（2）利用“段落”对话框

在“开始”选项卡功能区“段落”组中，单击段落右边的“扩展”按钮，打开“段落”对话框，如图 3.42 所示。

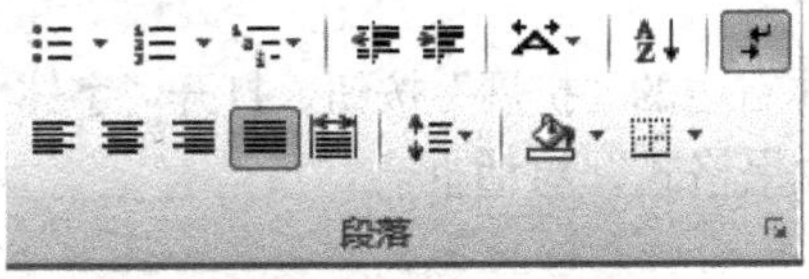

图 3.41　格式工具栏

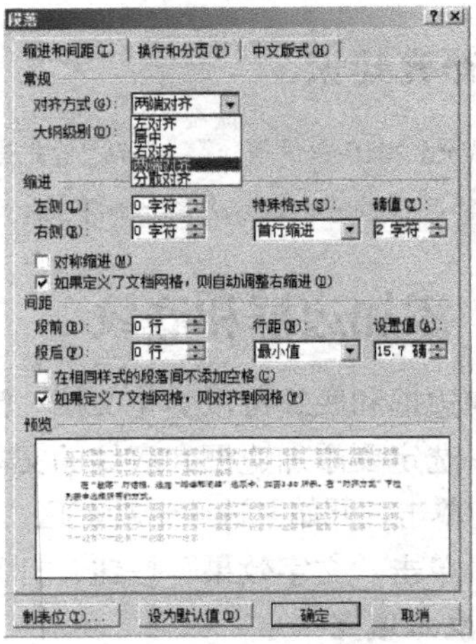

图 3.42　“段落”对话框

在“段落”对话框，选定“缩进和间距”选项卡。在“对齐方式”下拉列表中选择所需的方式。

2. 设置段落缩进

段落缩进包括“左缩进”、“右缩进”、“首行缩进”和“悬挂缩进”4 种。实现段落缩进可以通过拖动标尺上的滑块和利用“段落”对话框两种方式完成。

如果只对某一段落进行格式化，只需将光标放在该段落中的任意位置，如果需要对若干段落进行格式化，则需选定多段的文本。

（1）通过标尺设置

通过 “视图”选项卡功能区的“显示”组中的“标尺”复选框，可以显示或隐藏标尺。水平标尺上有 4 个缩进标记，如图 3.43 所示。

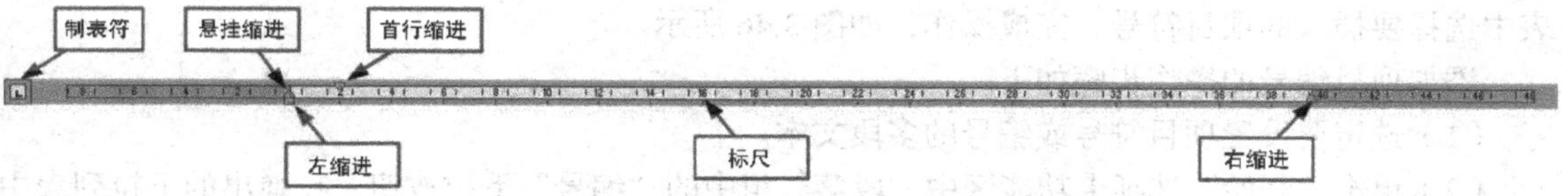

图 3.43　水平标尺上的各种缩进标记

（2）使用“段落”对话框设置

在“段落”对话框中，在“缩进”框的“左”或“右”中选择或输入缩进的值，可精确设置段落的左缩进和右缩进；在“特殊格式”框中选择，在“度量值”中输入数据，可设置首行缩进和悬挂缩进。“悬挂缩进”是指除首行以外其他行的缩进。

3. 设置行间距和段间距

行间距是指段落中行与行之间的距离，段间距是两个段落之间的距离。

利用“段落”组命令，设置行间距和段间距的方法如下。

（1）选择需要设置的文本和段落，单击“开始”选项卡功能区“段落”组中的“行和段间距”命令按钮，打开下拉列表，如图 3.44 所示。

（2）在下拉列表中选择需要的设定，还可以单击“增加段前间距”和“增加段后间距”命令按钮，设置段间距。

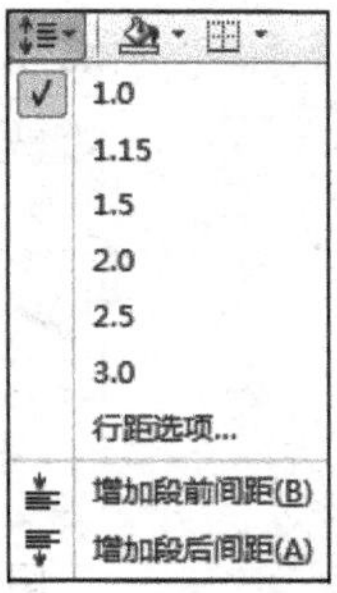

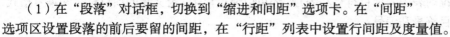

图 3.44　“行和段间距”下拉列表

利用“段落”对话框，设置行间距和段间距的方法如下。

（1）在“段落”对话框，切换到“缩进和间距”选项卡。在“间距”选项区设置段落的前后要留的间距，在“行距”列表中设置行间距及度量值。

（2）单击“确定”按钮。

3.4.4　设置制表位

制表位是指水平标尺上的位置，即按<Tab>键后插入点所在的文字向右移动到的位置。

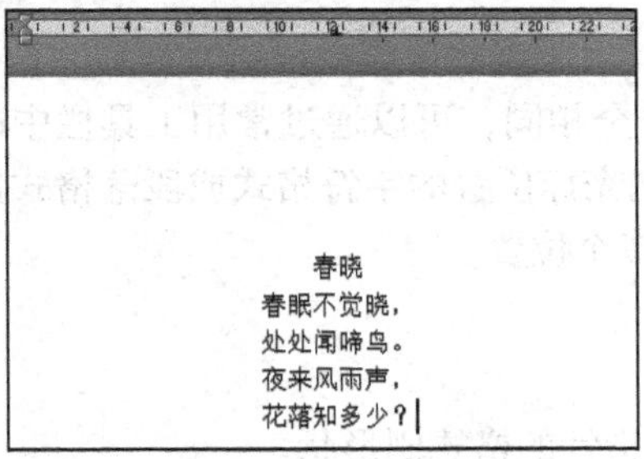

图 3.45　制表位示例

在不同行的文字按<Tab>键，可向右移动相同的距离，从而快速实现对齐。通常可以直接拖动制表符到水平标尺上要插入制表位的位置，如图 3.45 所示，具体操作步骤如下。

（1）新建一个文档，单击垂直滚动条上方的“标尺”按钮，将标尺显示出来。

（2）单击水平标尺最左端的制表符，开始切换制表符，开始切换制表符种类，分别为左、居中、右、小数点、竖线对齐式制表符，选择需要的对齐制表符。

（3）在水平标尺上单击要插入制表符的位置，插入制表符。

（4）输入文本、光标移动到文字最前面，按<Tab>键，文字会与已设置制表符对齐，如图 3.45 所示。

3.4.5 项目符号和编号

段落前添加项目符号或编号可以使文档层次分明、重点突出。

添加项目符号的操作步骤如下。

（1）选定要设置项目符号或编号的多段文本。

（2）单击“开始”选项卡功能区中“段落”组中的“项目符号”下拉按钮。在弹出的下拉列表中选择要插入的项目符号，完成操作，如图 3.46 所示。

添加项目编号的操作步骤如下。

（1）选定要设置项目符号或编号的多段文本。

（2）单击“开始”选项卡功能区中“段落”组中的“编号”下拉按钮。在弹出的下拉列表中选择要插入的编号，完成操作。如图 3.47 所示。

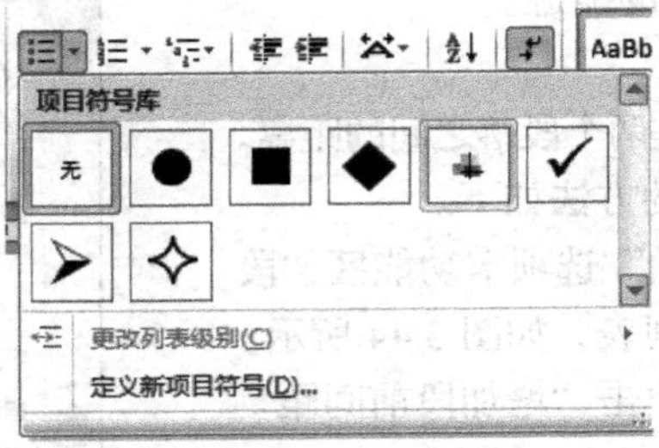

图 3.46 “项目符号”列表

图 3.47 “项目编号”列表

如果不满足下拉列表中的项目符号和编号，还可以通过单击“定义新的项目符号和编号格式”按钮，定义新的项目符号和编号。

补充知识

项目符号功能在英文状态下比较常用，但在正式出版的中文图书、党政文件中一般不推荐使用。

3.4.6 复制格式

如果在文档的格式化过程中发现有两部分内容的格式完全相同，可以通过常用工具栏中的“格式刷”按钮实现格式的复制。单击“格式刷”按钮，可把光标位置的字符格式或段落格式复制一次；双击“格式刷”按钮，可把光标位置的格式复制到多个位置。

复制格式的操作步骤如下。

（1）将插入点置于已设置好格式的文本中。

（2）单击或双击“格式刷”按钮，鼠标指针变成“I”形指针的格式刷形状。

（3）把刷子“I”形指针移到要进行格式编辑的字符的开始位置，按下鼠标左键，拖动指针到结束位置，放开鼠标左键即可。如果拖动整段，则同时复制字符格式和段落格式。

（4）若要把格式复制到多个位置，则重复第（3）步操作。完成格式复制后，单击“格式刷”按钮或按<Esc>键，退出复制操作。

3.4.7　首字下沉

首字下沉是增强文档艺术效果的一种格式设置，首字下沉的位置设置分为下沉和悬挂两种。

设置首字下沉的操作步骤如下。

（1）把光标放在将要设置首字下沉的段落中。

（2）单击“插入”选项卡功能区“文本”组中的“首字下沉”按钮，在弹出的下拉菜单中选择“下沉”选项，如图 3.48 所示。

如果不满意“下沉”按钮的设置，可以单击“首字下沉选项”选项，打开“首字下沉”对话框，进行详细设置，如图 3.49 所示。

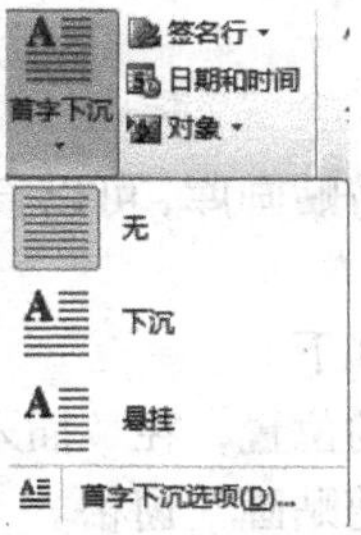

图 3.48　“首字下沉”列表

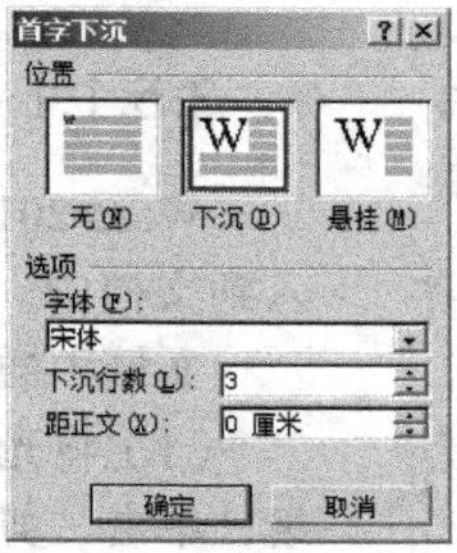

图 3.49　“首字下沉”对话框

3.4.8　分栏

分栏是将文档设置成多栏格式，从而使版面变得生动美观。

分栏排版的操作步骤如下。

（1）选定将要分栏的文本。

（2）单击“页面布局”选项卡功能区“页面设置”组中“分栏”按钮，在弹出下拉列表中选择需要的分栏选项，如图 3.50 所示。

（3）如果不满意分栏结果，单击“更多分栏”选项，弹出“分栏”对话框，可进行详细设置，如图 3.51 所示。

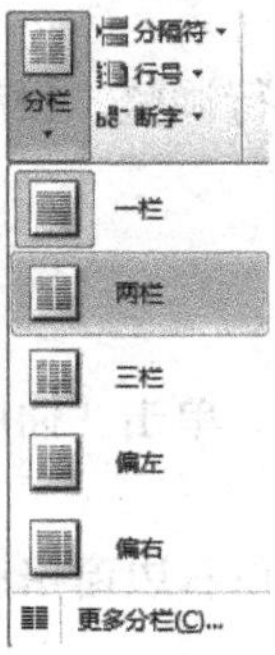

图 3.50　“分栏”列表

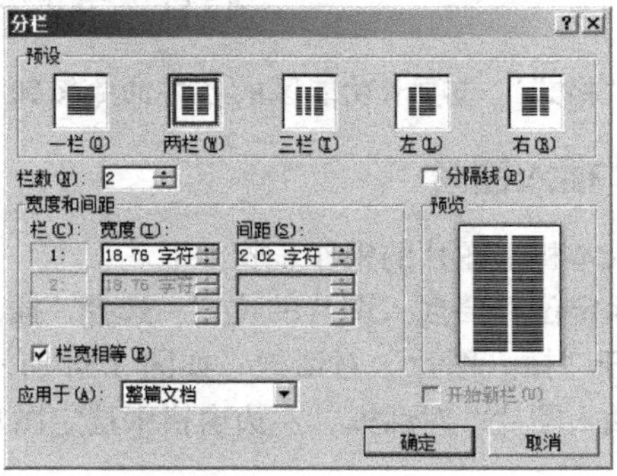

图 3.51　“分栏”对话框

补充知识

需要分栏的文本如果在文档的最后，会出现分栏长度不相同的情况，这时，只需在文档的最后加一空行，而不选取该空行参加分栏即可。

3.5 Word 2010 的图形功能

Word 2010 提供在文档中插入图片的功能，以加强文档的直观性与艺术性，插入的图片可以随意放在文档中的任何位置，实现图文混排。

3.5.1 插入图片

图 3.52 “剪贴画”窗格

3.5.1.1 插入剪贴画

Word 2010 自带了内容丰富的剪贴画库，可以直接将这些剪贴画插入到文档中。

文档中插入剪贴画的操作步骤如下。

（1）将光标定位到插入剪贴画的位置，在“插入”选项卡“插图”组，单击“剪贴画”按钮，打开“剪贴画”窗格。

（2）在“剪贴画”窗格的“搜索文字”文本框内输入搜索图片的关键字，单击“搜索”按钮，如图 3.52 所示。

（3）在搜索结果中选定合适的剪贴画，单击需要插入的剪贴画。此时，剪贴画已经插入到文档中，关闭搜索窗格。

（4）选定剪贴画，Word 2010 窗口会出现“格式”选项卡，如图 3.53 所示。

图 3.53 “格式”选项卡

（5）通过“格式”选项卡功能区的各种命令按钮，可对剪贴画进行调整、设置格式等。

3.5.1.2 插入图片

文档中插入本机上图片的操作步骤如下。

（1）将光标定位到要插入图片的位置。选择“插入”选项卡功能，单击“插图”组中的“图片”按钮，打开“插入图片”对话框，如图 3.54 所示。

（2）在“插入图片”对话框，左边窗格中选定图片所在文件夹，在右边窗格中选择要插入的图片文件。

（3）单击“插入”按钮（或双击该图片）。

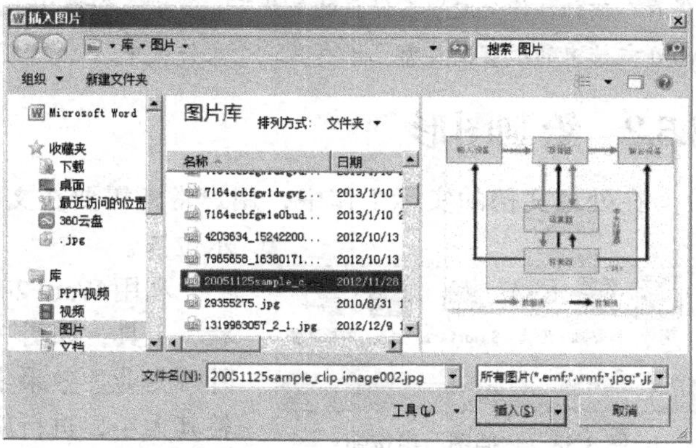

图 3.54 “插入图片”对话框

3.5.1.3 设置图片格式

1. 调整图片的大小

调整图片大小的方法有以下两种。

（1）使用鼠标的拖放来调整图片的大小。单击图片，图片周围出现 8 个控制点，将鼠标指针放置在控制点上拖放，即可改变图片的大小，如图 3.55 所示。通过圆形控制点，可以旋转图片。

（2）使用“格式”选项卡功能区“大小”组，调整图片的大小。选定图片，在“格式”选项卡“大小”组中，单击“扩展”按钮，打开“布局”对话框，如图 3.56 所示。

图 3.55 图片控制点

选择对话框的“大小”选项卡，可输入图片的高度和宽度的值，或在“缩放”框中输入图片的高度和宽度的缩放比例，单击“确定”按钮。

2. 调整图片的位置

调整图片在文档中的位置的方法是通过鼠标将图片拖到适当的位置上，松开鼠标左键，图片的位置就发生了改变。

3. 设置图片的环绕方式

在“布局”对话框，选择“文字环绕”选项卡，如图 3.57 所示。选择需要的环绕方式，单击“确定”按钮。

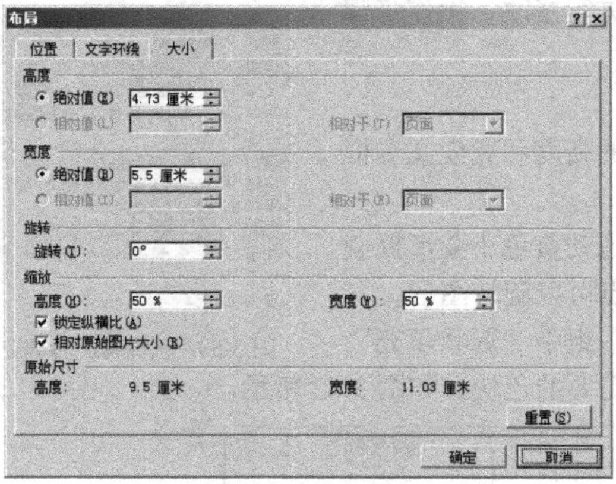

图 3.56 “布局”对话框

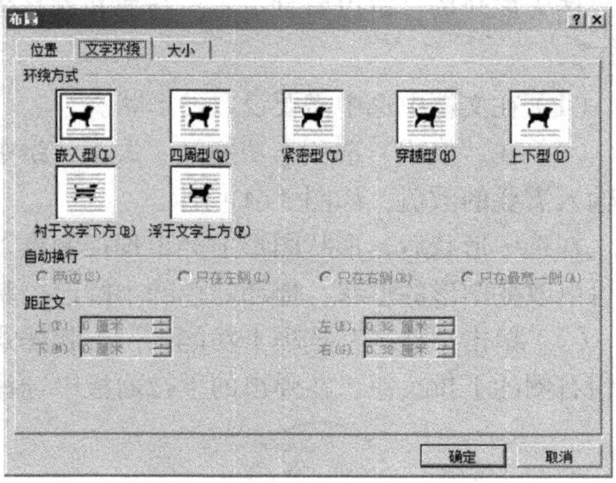

图 3.57 “文字环绕”选项卡

补充知识

有时候收到朋友寄来的一篇图文并茂的 Word 文档，想把文档里的所有图片全部保存到自己的电脑里，可以按照下面的方法来做：当图片较少时，可直接在图片上单击右键，而后选择“另存为”；如果图片较多逐一操作比较麻烦，可打开该文档，选择“文件”菜单下的“另存为 Web 页”，指定一个新的文件名，按下

“保存”按钮，你会发现在保存的目录下，多了一个和 Web 文件名一样的文件夹。打开该文件夹，你会发现 Word 文档中的所有图片都已保存在这个文件夹中。

3.5.2 绘制图形

在处理文档的实际工作中，用户常常需要在文档中绘制一些直线或箭头来分隔区域、指示位置。

图 3.58 “插图”组按钮

利用 Word 2010 窗口，“插入”选项卡“插图”组中的“形状”工具，如图 3.58 所示。用户可轻松、快速地绘制出各种外观专业、效果生动的图形。对绘制出来的图形可以重新调整其大小，进行旋转、翻转、添加颜色等修改，还可以将绘制的图形与其他图形组合，制作出更复杂的图形。

1. 绘制形状

Word 2010 提供了 300 多种能够任意变形的形状工具，用户可以使用这些工具在文档中绘制所需的形状，绘制形状的操作方法步骤如下。

（1）打开需要插入形状的文档，选定插入形状的位置。

（2）在“插入”选项卡功能区“插图”组中，单击“形状”按钮，打开下拉列表，选中需要的形状，如图 3.59 所示。

（3）此时鼠标指针变成“+”形状，在需要的位置拖动鼠标，绘制形状，如图 3.60 所示。绘制的形状将应用系统预设的形状样式，包括填充色、边框线条粗细和颜色等。绘图时按住<Shift>键。可以绘制长宽一样的图形。

（4）按照相同的方法，绘制其他形状。

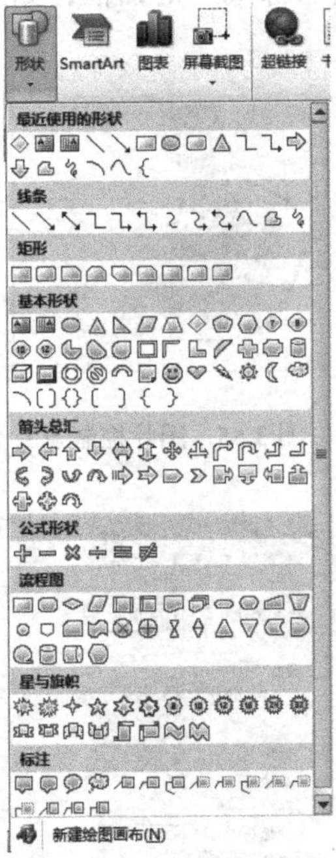

图 3.59 “形状”列表

2. 编辑形状

插入形状后，可以对其大小、位置和颜色等进行修改，操作步骤如下。

（1）在文档中选中需要设置的形状。

（2）在“格式”选项卡功能区“大小”组中的高度和宽度文本框中输入需要的数值，如图 3.61 所示。

在选中形状后，形状图形上会出现控制点，拖动黄色小菱形控制点可以改变图形的形状，拖动绿色的小圆形控制点可以旋转图形。

（3）单击“格式”选项卡功能区“形状样式”组中“形状填充”按钮右侧的下拉按钮，在弹出的下拉面板中选择需要的色块，如图 3.62 所示。

图 3.60 形状示例

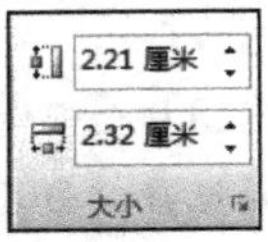

图 3.61 “大小”组

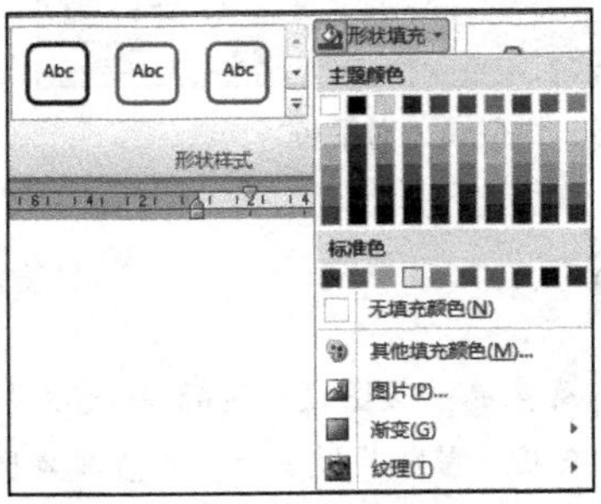

图 3.62 “形状填充”列表

（4）单击“形状效果”组中形状列表右侧的下拉按钮，弹出下拉列表，选择其中的一种形状效果，如图 3.63 所示。

3. 添加文字

在任何一个形状中，可以添加说明文字，操作步骤如下。

（1）在要添加文字的形状上单击鼠标右键，在快捷菜单中选择“添加文字”命令。

（2）在插入点处输入要添加的文字。

4. 图形的叠放次序

有时需要将多个图形重叠在一起，可以设置它们的叠放次序，操作步骤如下。

（1）选定要改变叠放次序的图形。

（2）在“格式”选项卡功能区“排列”组中，单击上移一层或下移一层等按钮，即可实现图形的叠放次序，如图 3.64 所示。

5. 组合图形对象

组合图形对象就是指将绘制的多个图形对象组合在一起，以便把它们作为一个新的整体对象来移动或更改，操作步骤如下。

（1）在文档中选中所有要组合的图形。

（2）在“格式”选项卡功能区“排列”组中单击“组合”下拉按钮，在弹出的下拉菜单中选择“组合”选项，即可将多个图形组合为一个整体，如图 3.65 所示。

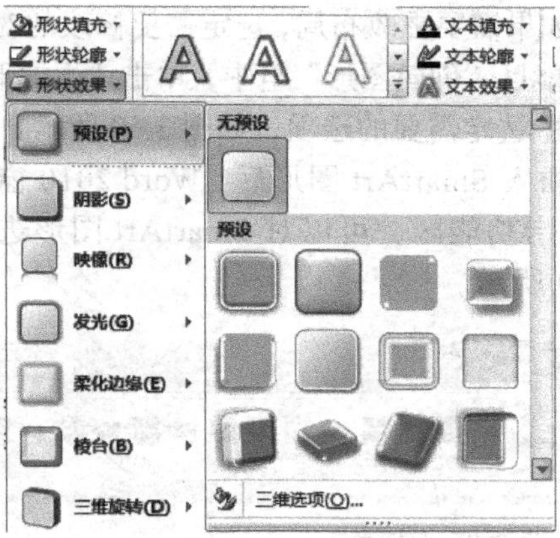

图 3.63 “形状效果”列表

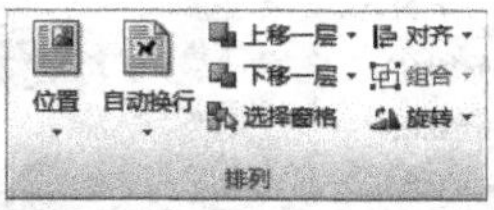

图 3.64 “排列”组

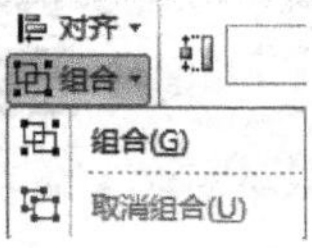

图 3.65 “组合”列表

6. 插入 SmartArt 图形

SmartArt 图形共分为 7 类，分别是列表、流程、循环、层次结构、关系、矩阵和棱锥图，用户可以根据自己的需要创建不同的图形，操作步骤如下。

（1）打开需要插入 SmartArt 图形的文档，在“插入”选项卡功能区“插图”组中，单击“SmartArt”按钮，打开“选择 SmartArt 图形”对话框，如图 3.66 所示。

（2）“选择 SmartArt 图形”对话框中在左侧窗格选择需要的类型，在右侧窗格选择需要的图形，单击“确定”按钮。文档中就出现需要的 SmartArt 图形，如图 3.67 所示。

（3）在 SmartArt 图形的左侧，是“输入文本”的窗口，如图 3.68 所示。此时只需在文本框或左侧的提示窗口中输入层级项的文本内容即可。

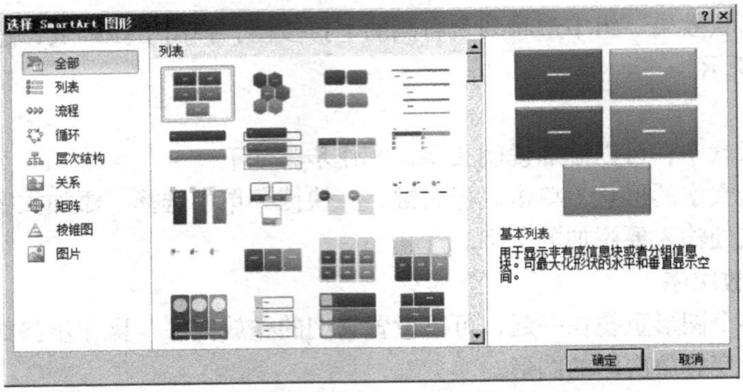

图 3.66 “选择 SmartArt 图形”对话框

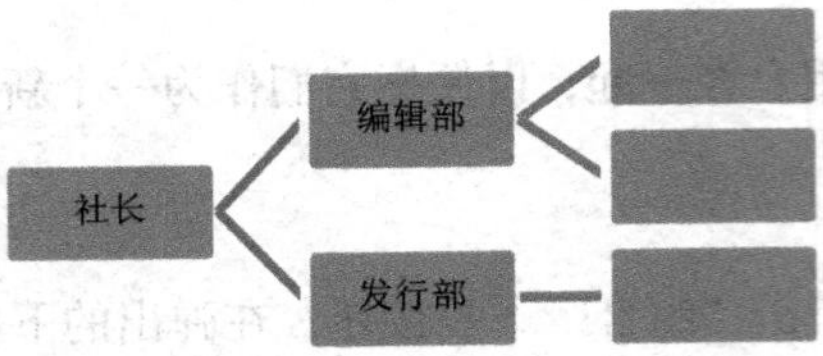

图 3.67 SmartArt 图形

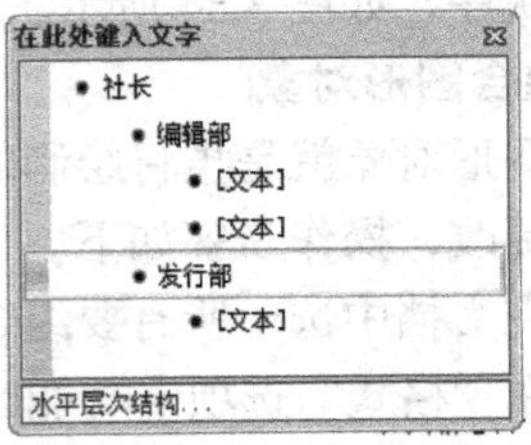

图 3.68 “输入文本”窗口

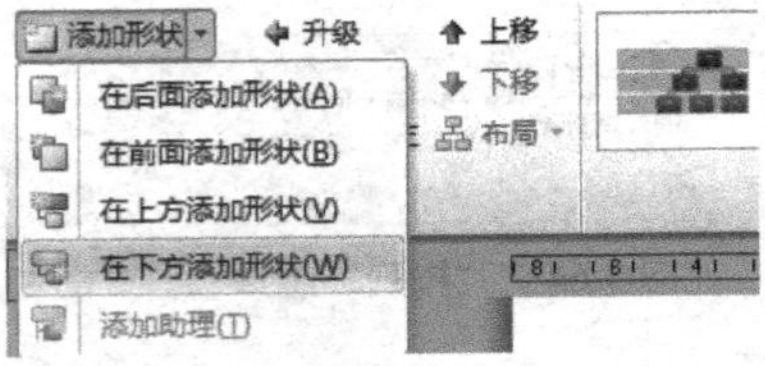

图 3.69 “添加形状”列表

（4）如果需要更改布局，选定需要修改的对象，在“设计”选项卡功能区“创建图形”组中，单击“添加形状”按钮，在下拉列表中选定需要的选项，如图 3.69 所示。

（5）插入 SmartArt 图形后，Word 2010 窗口会出现“设计”选项卡功能区，可以对 SmartArt 图形进行设计修改，如图 3.70 所示。

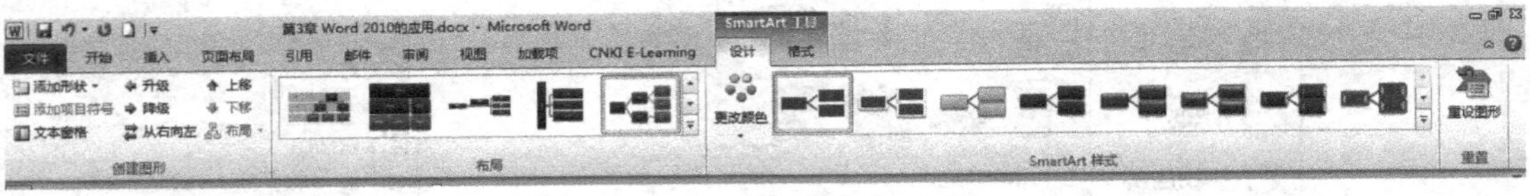

图 3.70 “设计”选项卡

3.5.3 文本框

文本框是一种图形对象，它作为一个盛放文本或图形的“容器”，可以放置在页面上的任何位置，并可以任意调整其大小。将文本或图形放入文本框后，可以进行一些特殊的处理。例如，更改文字方向、设置文字环绕、不同的版面移动文本或者向图形中添加文字等。

建立文本框的方法有两种，一种是将文档中已有的内容“框”入文本框中，另一种是在新建的文本框中输入新内容。

1. 在文档中插入文本框

在文档中插入文本框的操作步骤如下。

（1）在“插入”选项卡功能区“文本组”中，单击“文本框”按钮，打开下拉列表，如图 3.71 所示。

（2）在展开的下拉列表中，选择需要的文本框样式，此时，在文档中已经插入了该样式的文本框，然后在文本框中输入文本内容并编辑格式，如图 3.72 所示。

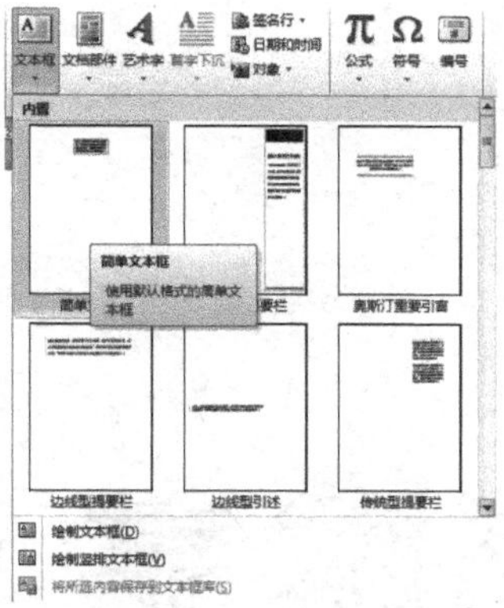

图 3.71　“文本框”列表

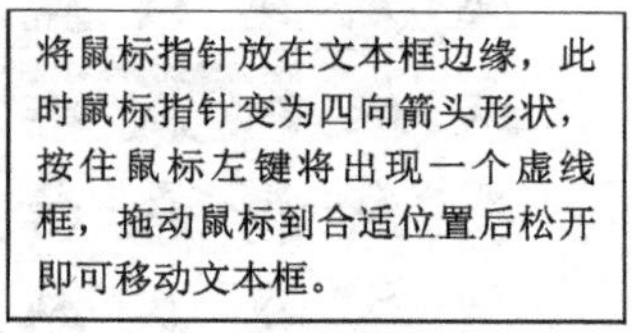
将鼠标指针放在文本框边缘，此
时鼠标指针变为四向箭头形状，
按住鼠标左键将出现一个虚线
框，拖动鼠标到合适位置后松开
即可移动文本框。

图 3.72　文本框示例

2. 设置文本框格式

对文本框的处理与对图片的处理方法类似，单击文本框边框，会多出一个“格式”选项卡，通过该功能区的命令，可以根据需要设置大小、版式、颜色与线条、内部边距等，如图 3.73 所示。

图 3.73　“格式”选项卡功能区

3. 文本框的链接

文本框的链接就是把两个以上的文本框链接在一起，如果文字在上一个文本框中排满，则在链接的下一个文本框中接着排下去，但横排文本框与竖排文本框之间不能创建链接。

创建文本框的链接的操作步骤如下。

（1）创建一个以上的文本框，并选中第一个文本框，其中内容可以空，也可以非空，但其他文本框必须为空。

（2）在“格式”选项卡“文本组”中，单击“创建链接”按钮，如图 3.74 所示。

图 3.74　“文本”组

（3）此时鼠标变成形状，把鼠标指针移到空文本框上面单击即可创建链接。

3.5.4　插入艺术字

艺术字是一种具有特殊效果的文字，与普通文字不同，艺术字其实是一种图形对象。使用 Word 2010 中的“插入艺术字”功能，可以在 Word 文档中插入一些具有艺术效果的装饰性文字，如带阴影的、扭曲的、旋转的和拉伸的文字，使文档内容更丰富多彩，吸引读者。

1. 插入艺术字

插入艺术字的操作步骤如下。

（1）将光标定位至文档中要插入艺术字的位置。

（2）在选择“插入”选项卡功能区“文本”组中，单击“艺术字”按钮，在展开的下拉面板中选择需要的艺术字样式，如图 3.75 所示。

（3）单击选择的艺术字样式，此时艺术字是作为文本框插入文档中，用户单击输入需要修改文字，如图 3.76 所示。

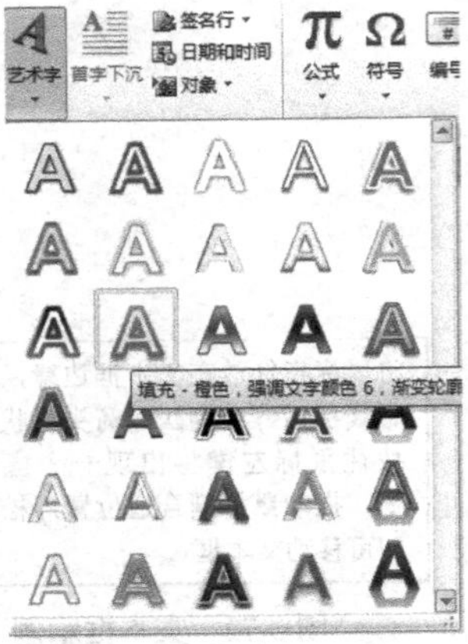

图 3.75 “艺术字”列表

图 3.76 “艺术字”示例

2. 编辑艺术字

若要对插入的艺术字进行编辑，单击艺术字，出现“格式”选项卡，如图 3.77 所示，对艺术字进行调整。

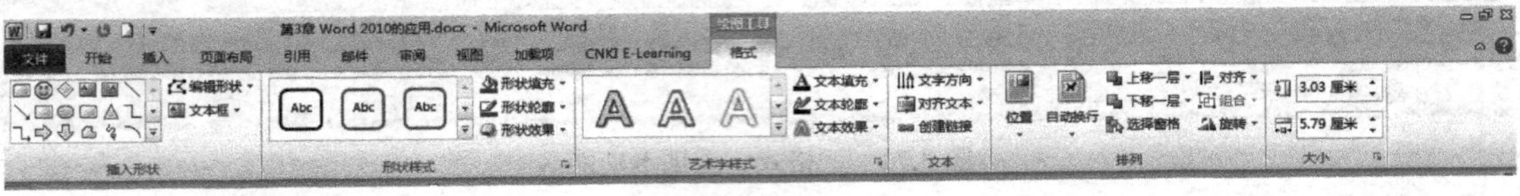

图 3.77 “格式”选项卡

3.6 页面设置及打印输出

3.6.1 页面设置

Word 2010 在建立新文档时，对纸张的大小、方向、页码和其他选项使用默认的设置，用户可以随时改变这些设置。

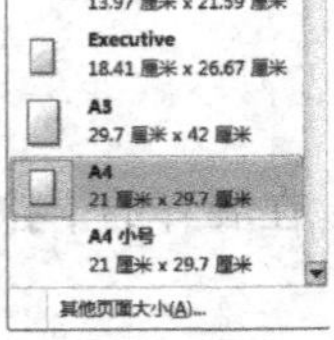

图 3.78 “纸张大小”列表

1. 设置纸张大小、页边距和方向

设置纸张大小、页边距和方向的操作步骤如下。

（1）打开需要进行页面设置的文档，在“页面布局”选项卡“页面设置”组中，单击“纸张大小”按钮，在弹出的下拉列表中选择需要的纸张大小，如图 3.78 所示。

（2）在“页面布局”选项卡“页面设置”组中单击“页边距”按钮，在弹出的下拉列表中选择需要的面边距，如图 3.79 所示。

（3）在“页面布局”选项卡“页面设置”组中单击“纸张方向”按钮，在弹出的下拉列表中选择需要的纸张方向，如图 3.80 所示。

如果在下拉列表中没有满意的选项，在“页面布局”选项卡“页面设置”组中可以单击“扩展”按钮，打开“页面设置”对话框，进行详细设置，如图 3.81 所示。

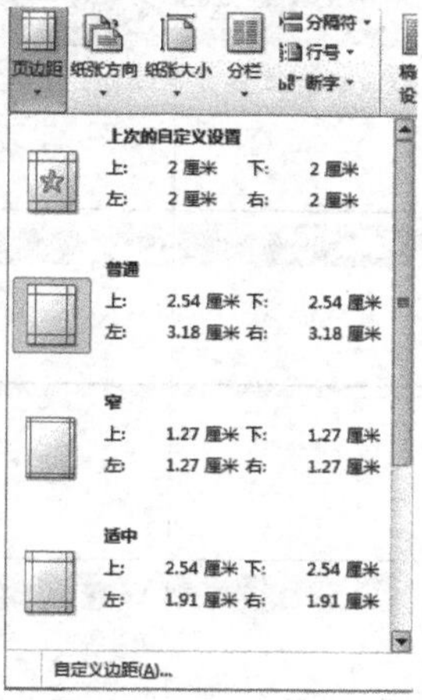

图 3.79　“页面布局”列表

图 3.80　“纸张方向”列表

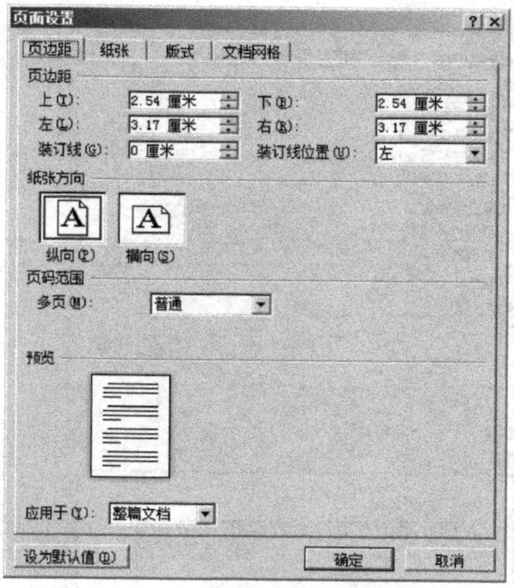

图 3.81　“页面设置”对话框

2. 分页

Word 2010 能自动对输入的文本进行分页，但在进行文本排版时，有时要使某部分单独占用一页，就必须进行人工分页，操作步骤如下。

（1）将光标置于要插入分页符的位置。

（2）在“插入”选项卡“页”组中，单击“分页”按钮。

插入人工分页符也可采用快捷键<Ctrl + Enter>来实现。

分页符在普通视图方式下是一条横虚线，人工分页符的横虚线中间出现“分页符”字样，可以作为一般字符进行删除处理，但自动分页符不能人工删除。

3. 按段落要求分页

在“开始”选项卡“段落”组中，单击“扩展”按钮，打开“段落”对话框，选择“换行和分页”选项卡，如图 3.82 所示。

分页复选框的规则如下。

孤行控制：不允许将段落的第一句放在页面末尾位置，也不能将段落的最后一句放在页面的开始位置。

段中不分页：一个段落不能在两个页面上。

与下段同页：两段必须在同一页面。

段前分页：总在某个段落之前插入分页符。

4. 设置页码

Word 2010 在进行分页时会自动记录页的号码，但页码的显示位置和页码的格式类型由用户设置。

插入页码，操作步骤如下。

（1）打开需要插入页码的文档，在“插入”选项卡“页眉和页脚”组中，单击“页码”按钮。弹出下拉列表，选择页码位置，如图 3.83 所示。

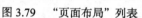

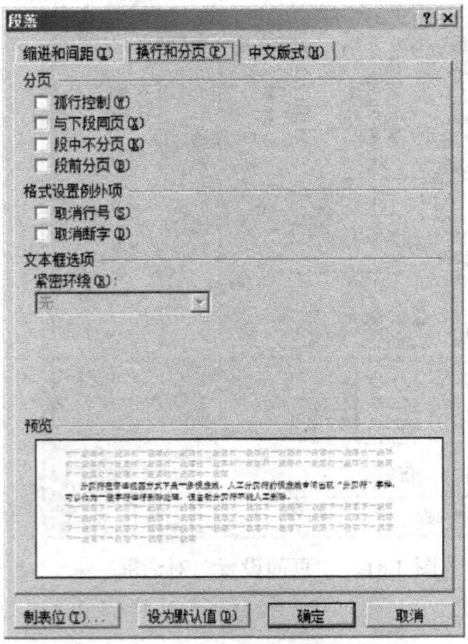

图 3.82 “换行和分页”选项卡

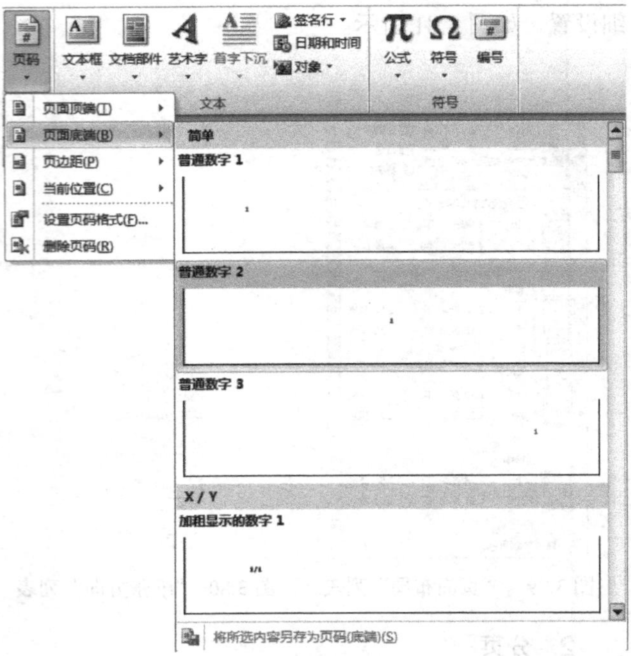

图 3.83 “页码”列表

（2）在需要的选项上单击，完成页码的插入，页面进入页码编辑状态，在此状态下进行页码编辑，完成后单击“关闭页眉和页脚”按钮，如图 3.84 所示。

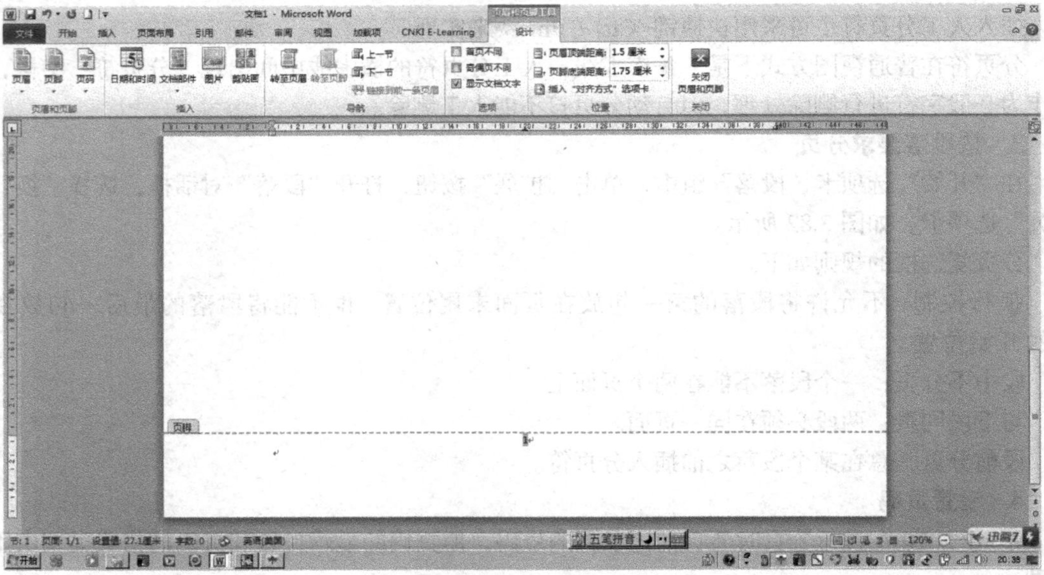

图 3.84 插入页码效果

3.6.2 打印输出

用户录入、整理文档的过程通常是在常规视图模式下进行的，它们很可能与打印在纸上的文档存在某些差异。如果能够预先看到打印后的效果，确认正确无误后，再将文档完整地打印出来，则可以有效地避免许多可能出现的错误，节约纸张等耗材。

在“打印预览”方式下，可以以打印的实际效果显示文档中所有的编辑信息，包括图表、图形等；同时还可以对文档进行编辑修改，使文档在打印之前的编排中达到更加完美的效果。

1. 打印预览

打印预览是在屏幕上显示文档的打印效果，操作步骤如下。

（1）打开文档，在“文件”选项卡中单击“打印”菜单，进入“打印设置”窗口，如图 3.85 所示。

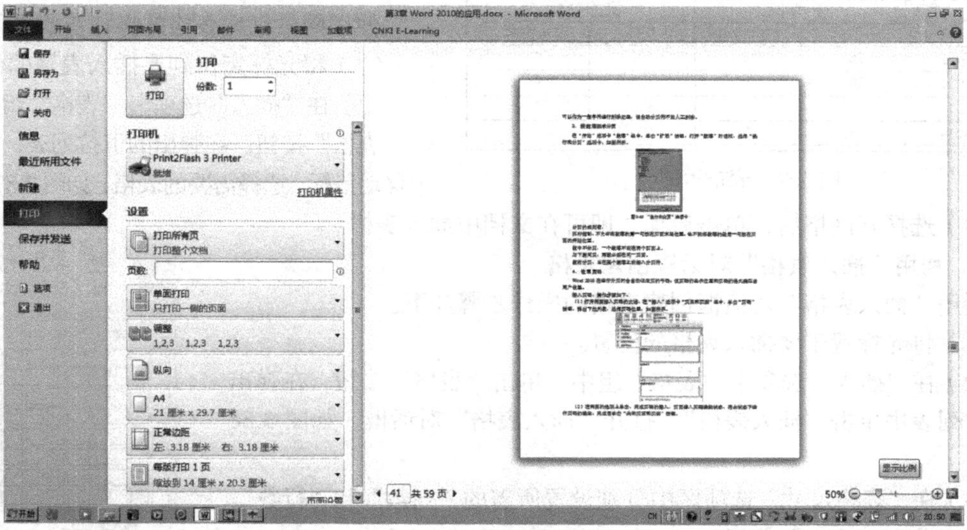

图 3.85　“打印设置”窗口

（2）拖动滚动条改变页面的显示大小，单击“下一页”切换显示其他页面。

2. 打印文档

如果预览没有问题，可以打印文档，操作步骤如下。

（1）打开文档，在“文件”选项卡中单击“打印”按钮，进入“打印设置”窗口。

（2）在“打印机”选项区中单击“打印机”下拉按钮，在弹出的下拉列表中选择已安装的打印机。

（3）设置打印范围，在打印范围下拉列表框中选择“打印自定义范围”选项，可以在下面的文本框中设置要打印页码。例如，输入 3-5，表示要打印 3、4、5 这 3 页。

（4）设置单、双面打印，打开下拉列表，系统默认选择的是单面打印。用户还可以设置手动双面打印。

（5）设置逐份打印。

（6）选择打印方向。

（7）设置按纸张大小缩放。

（8）设置每版打印份数。

（9）最后单击“打印”按钮，即可打印文档。

3.7　Word 2010 的表格制作

在文档中，经常用到表格。Word 2010 提供了丰富的表格制作功能，用户可以十分方便地制作多种形式的表格。

3.7.1 建立表格

表格由若干行与列组成，行与列交叉形成的方框称为单元格。例如，某班学生成绩表，如图 3.86 所示。

某班学生成绩表

成绩 / 学号	第一学期		第二学期	
	总分	综合排名	总分	综合排名
99111	580	1	577	1
99112	500	3	460	4
99113	470	4	519	2
99114	543	2	500	3

图 3.86　表格示例

1. 利用网格创建表格

使用网格创建表格的操作步骤如下。

（1）将光标定位到要插入表格的位置。

（2）在“插入”选项卡“表格”组中，单击“表格”按钮，在弹出的下拉列表，在网格中移动鼠标，选择需要的表格，如图 3.87 所示。

（3）选择好网格后，单击鼠标，即可在文档中插入表格。

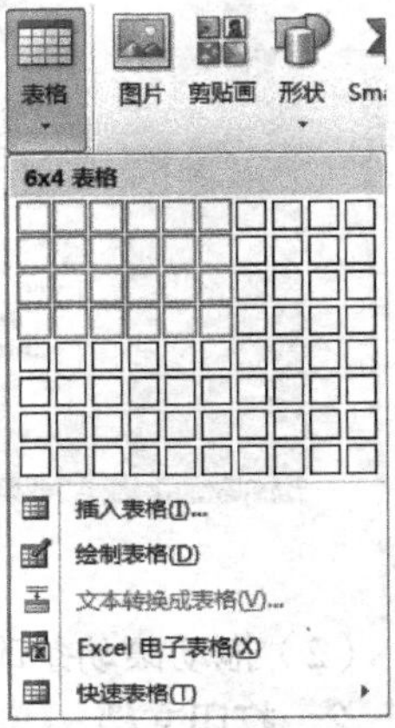

图 3.87　“表格”列表

2. 利用“插入表格”对话框创建表格

利用“插入表格”对话框创建表格的操作步骤如下。

（1）将光标置于要插入表格的位置。

（2）在“插入”选项卡“表格”组中，单击“表格”按钮，在弹出的下拉列表中单击“插入表格”，打开“插入表格”对话框，如图 3.88 所示。

（3）在“表格尺寸”选项区中分别设置所需的“列数”和“行数”。

（4）单击“确定”按钮。

3. 绘制表格

绘制表格的操作步骤如下。

（1）在“插入”选项卡“表格”组中，单击“表格”按钮，在弹出的下拉面板中单击“绘制表格”选项。

（2）此时鼠标指针变成笔形，在文档空白处按住鼠标左键，向右下方拖动鼠标绘制表格的外边框。松开鼠标，虚线即可变成实线。

（3）移动鼠标指针到表格的左边框，按住鼠标左键，向右拖动鼠标，当屏幕上出现水平虚线时松开鼠标，即可绘制表格的内部框线。

（4）与步骤（3）一样的操作，画出表格内部的横线和竖线。

（5）如果发现内部框线画错，这时可以在“设计”选项卡“绘制边框”组中，单击“擦除”按钮，进行擦除，如图 3.89 所示。

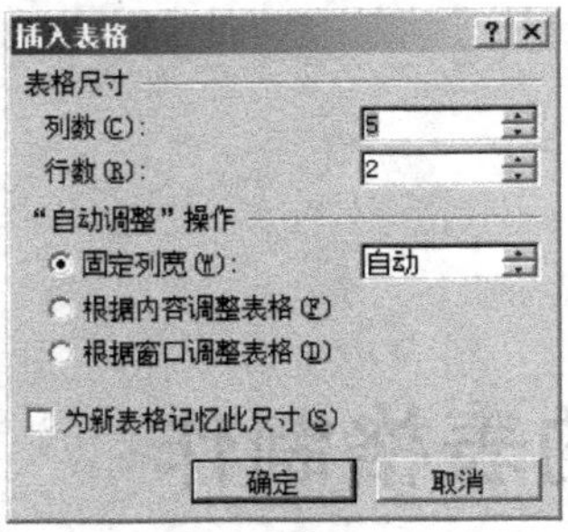

图 3.88　“插入表格”对话框

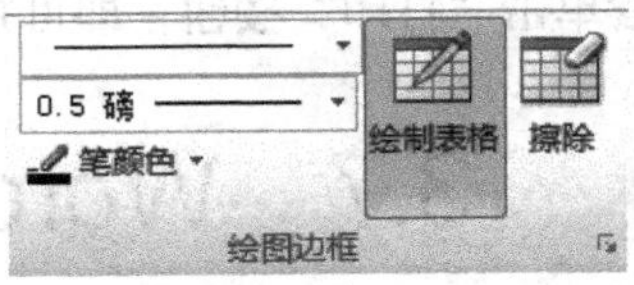

图 3.89　“绘制边框”组

（6）绘制完成后，按<Esc>键退出绘制状态。

4. 绘制斜线表头

在实际工作中，有时为了更清楚地显示出表格中的内容，经常需要在表格的第一个单元格中，用斜线将表中的内容按类别分多个项目标题，分别对应表格的行和列，即为斜线表头。

在表格中加斜线表头的操作步骤如下。

（1）将光标定位到要绘制斜线表头的单元格中，在“开始”选项卡下“段落”组中，单击“下框线”下拉按钮，如图 3.90 所示

（2）这时将弹出“下拉菜单”，其中显示了多种框线样式，选择“斜下框线”样式，即可在光标所在的单元格插入斜线表。

图 3.90 “边框”列表

5. 输入表格内容

表格建好后，可以输入相应的内容。Word 2010 的表格具有自动适应能力，当输入的内容超过单元格的列宽或遇到回车键时，单元格会自动扩大行的高度。

一个单元格内容输入完成后，移动光标到下一个单元格继续输入。在表格中将鼠标指针移到某一单元格，单击即可，也可用键盘的方向键在表格中移动光标；也可以按<Tab>键使光标从当前单元格移到下一单元格，如果光标已在最后一个单元格，按<Tab>键将使表格增加新的一行；按<Shift + Tab>组合键可使光标移到上一单元格。

3.7.2 编辑表格

建立表格之后，还需要对表格进行编辑。如插入或删除单元格、行或列；合并或拆分单元格；调整表格的列宽和行高等。

1. 选定单元格、行或列

在表格中选取文本的方法，与在文档的其他位置的选取方法是一样的。另外，Word 2010 还提供了多种选定表格的方法，操作方法如下。

（1）选定一个单元格。鼠标连续三次单击该单元格，或者将鼠标指针移到该单元格的左边使其变成黑色向右上方的箭头，然后单击鼠标。

（2）选定一行。将鼠标指针移到该行的左侧使其变成向右上方的箭头，然后单击鼠标。

（3）选定一列。将鼠标光标移到该列顶端的虚框或边框上使其变成黑色向下的箭头，然后单击鼠标。

（4）选定连续的多个单元格。将光标定位到要选择单元格区域的起始单元格中，然后按住鼠标左键向右下方拖动鼠标，即可选择鼠标经过的单元格区域。

（5）选定多个不连续的单元格。选中要选择的第一个单元格，在按住<Ctrl>键的同时选择其他单元格。

（6）选定整个表格。将鼠标光标移到表格中，表格的左上角将出现“表格移动手柄”，单击“表格移动手柄”即可。

2. 插入

Word 2010 的表格单元格中可以包含另外的表格，也可以插入新的单元格、行或列。在表格中插入表格、单元格、行或列的操作方法如下。

（1）插入行或列

将光标置于表格中，在“布局”选项卡“行和列”组中，单击“在上方插入”、“在下方插入”、

“在左侧插入”或“在右侧播放”按钮，即可以实现插入行或列，如图 3.91 所示。当然也可以使用快捷菜单，实现插入操作。

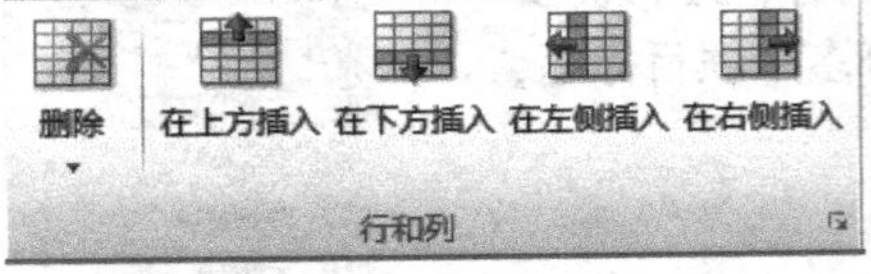

图 3.91 “行和列”组

（2）插入表格

将光标置于表格中，在“插入”选项卡“表格”组中，单击“表格”按钮，在下拉列表区域中，选择需要插入的表格。

3. 删除

在表格中执行删除的操作方法如下。

（1）选定要删除的相邻单元格、行或列，如果要删除整个表格，把光标放在表格中的任意位置。

（2）在“布局”选项卡“行和列”组中，单击“删除”按钮，在弹出的下拉菜单中选择需要的选项，即可完成删除操作，如图 3.92 所示。

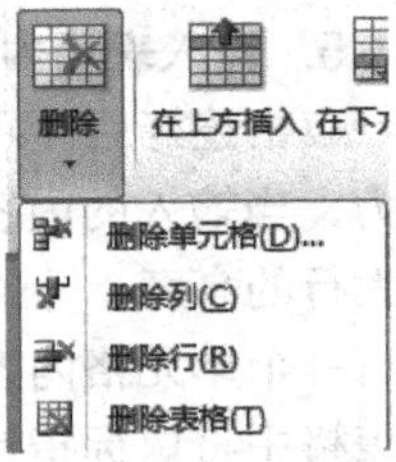

图 3.92 “删除”列表

4. 清除

清除是指删除表格、行、列或单元格的内容，不影响表格线。

清除的方法是选定需要进行清除操作的单元格，再按<Delete>键。

5. 设置行高与列宽

把光标置于表格内，通过拖动行线、列线来调整表格的行高与列宽，也可以通过拖动标尺上的滑块来调整。

要准确地设置行高与列宽，选定要设置的行高或列宽的单元格、行或列，在“布局”选项卡“单元格大小”组中，高度或宽度的文本框输入需要的数据，如图 3.93 所示。

6. 合并与拆分单元格

（1）合并单元格。对表格进行编辑时，有时需要将相邻的多个单元格合并起来，操作方法是：选定要合并的多个单元格，在“布局”选项卡“合并”组中，单击“合并单元格”按钮，如图 3.94 所示。当然，在快捷菜单中也有“合并”菜单项。

（2）拆分单元格。拆分单元格是合并单元格的反过程，即把某些单元格拆分成多个单元格，操作方法是：选定要拆分的单元格，在“布局”选项卡“合并”组中，单击“拆分单元格”按钮，打开“拆分单元格”对话框，如图 3.95 所示。

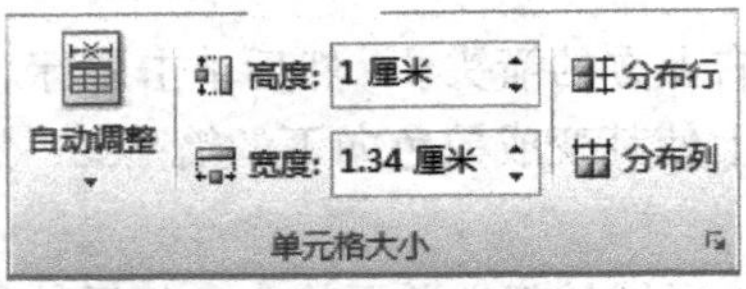

图 3.93 “单元格大小”组

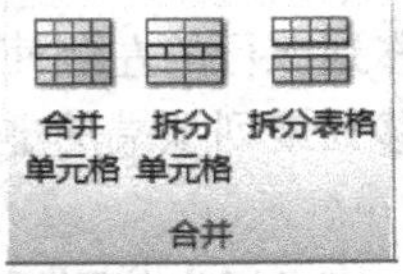

图 3.94 “合并”组

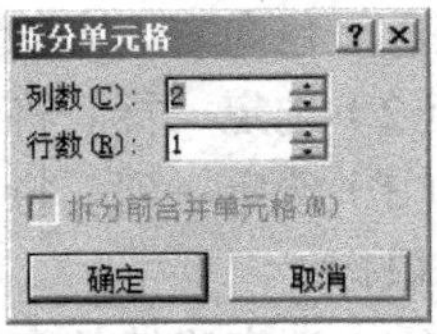

图 3.95 “拆分单元格”对话框

最后后输入所需的列数和行数即可。

7. 拆分表格

拆分表格就是把一个表格拆成两个，其方法是：把光标置于将要拆分为第二个表格的那一行，在“布局”选项卡“合并”组中，单击“拆分表格”按钮。

3.7.3 表格格式编排

表格建立之后，用户可以根据需要对表格进行格式编排。

1. 表格内容的格式化

对表格中的文本，可以像对文档中的文本一样进行编辑和格式化。

2. 表格内容的对齐

选定表格中要设置对齐的单元格，在“布局”选项卡的“对方方式”组中，单击需要的对齐方式按钮，如图 3.96 所示。

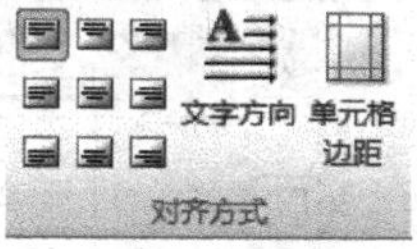

图 3.96 “对齐方式”组

3. 表格的对齐

表格的对齐是指表格在文档中的摆放位置、表格与文字之间的位置。

把光标置于表格中，在“布局”选项卡的“表”组中，单击“属性”按钮，打开“表格属性”对话框，选择“表格”选项卡，如图 3.97 所示。

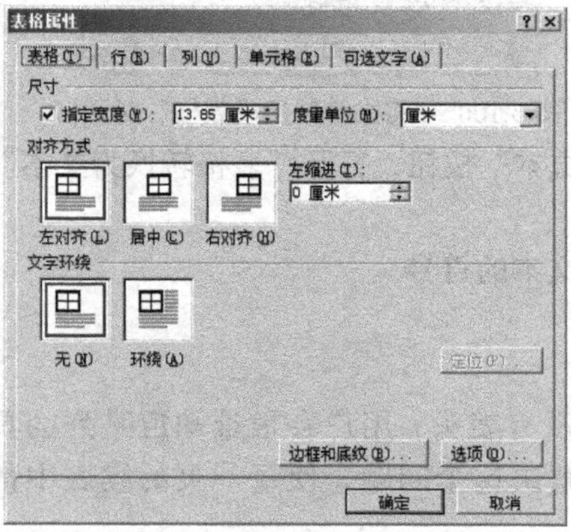

图 3.97 “表格属性”对话框

在对齐方式中选择需要的对齐方式，单击“确定”按钮即可。

4. 设置边框和底纹

给表格和单元格设置边框与底纹，可以使表格更加美观，表格中的内容更加突出。创建一个表格时，Word 2010 会以默认的 0.5 磅的单实线绘制表格的边框，用户可以对表格的边框进行任意粗细、线型的设置，以及给表格添加不同的底纹，使表格显示出特殊的效果。

（1）在表格中选定需要设置边框和底纹的单元格区域。

（2）在“设计”选项卡“表格样式”组中，单击“底纹”，在打开的下拉列表中选择需要的格式。

（3）在“设计”选项卡“表格样式”组中，单击“笔颜色”、“笔样式”、和“笔粗细”，分别选择需要的设置，然后单击“边框”按钮，选择合适的边框。如图 3.98 所示。

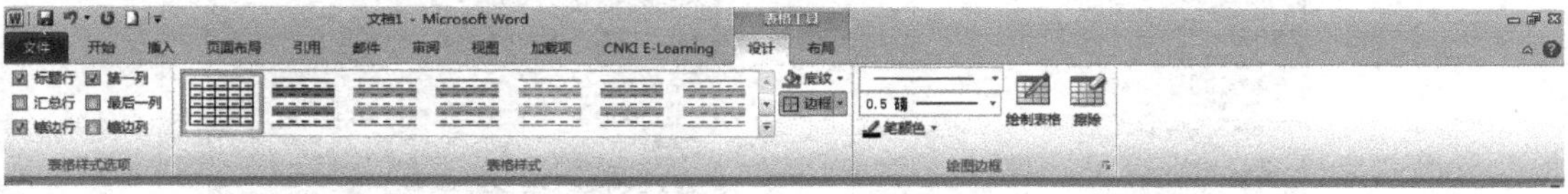

图 3.98 “设计”选项卡

也可以使用“边框和底纹”对话框进行设置，在表格属性中有一个“边框和底纹”按钮或者在“边框”下拉列表中也有一个“边框和底纹”选项，单击打开“边框和底纹”选项，如图 3.99 所示。

5. 将文本转换成表格

Word 2010 可以将文档中若干行、列的数据或文字加上表格线，建立包含这些数据的同样行、列的表格，操作步骤如下。

（1）选定要转换成表格的文字，各个数据间的分隔符必须相同。

（2）在“插入”选项卡“表格”组中，单击“表格”按钮弹出下拉列表选择“文本转换成表格”选项，打开“将文本转换为表格”对话框，如图 3.100 所示。

（3）在“将文本转换为表格”对话框中的“文字分隔位置”选项区中，选择原数据间使用的分隔符。该对话框中指出了即将生成的表格的列数及行数，如接受这些设置则不需修改。

（4）单击“确定”按钮，文本即转换成表格。

6. 将表格转换成文本

将表格内容转换成普通文本的操作步骤如下。

（1）将光标置于要转换的表格中。

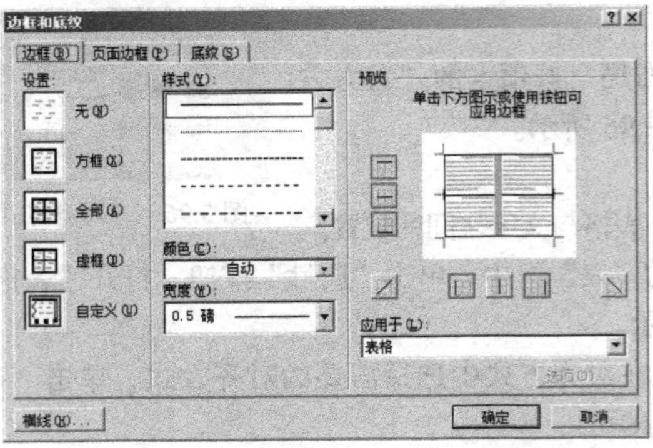

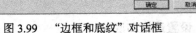

图 3.99　“边框和底纹”对话框

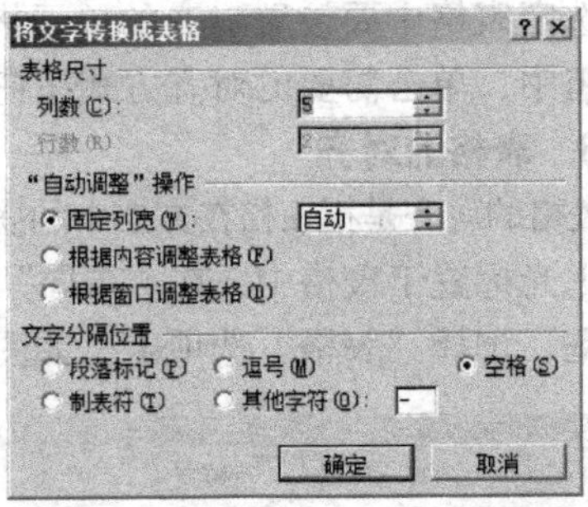

图 3.100　“将文字转换成表格”对话框

（2）在“布局”选项卡“数据”组中，单击“转换为文本”按钮，打开“表格转换为文本”对话框，如图 3.101 所示。

（3）在“文字分隔符”选项区中，选择一种用来分隔文本的符号。

（4）单击“确定”按钮，完成转换。

7. 重复标题行

当一张表格比较大，长度超过一页范围时，第二页没有表头，用户会很难知道某列的具体含义。Word 2010 中可以使用“标题行重复”命令来解决这个问题，使每一页的续表中都能显示表格的标题行，操作步骤如下。

（1）选定表格中的第一行或包括第一行的几行作为标题行。

（2）在“布局”选项组“数据”组中，单击“重复标题行”按钮，如图 3.102 所示。

在“表格属性”对话框也能实现该操作，选定“行”选项卡，选中“在各页顶端以标题行形式重复出现”复选框，如图 3.103 所示。

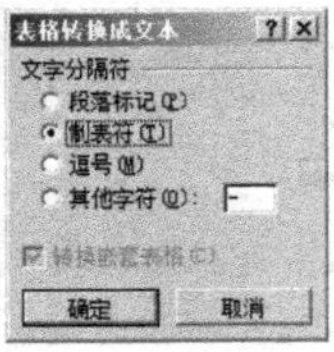

图 3.101　“表格转换成文本”对话框

图 3.102　“数据”组

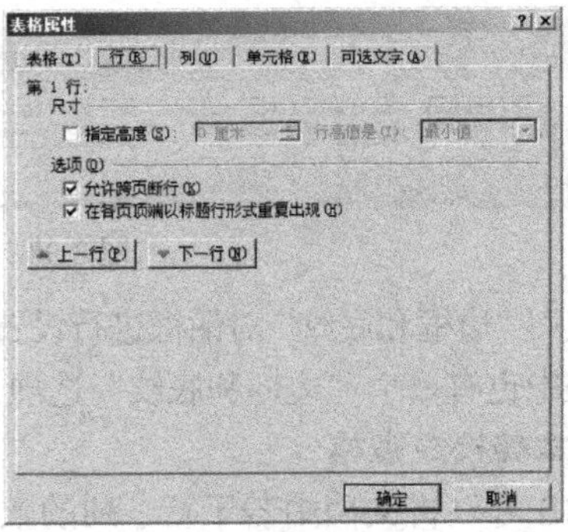

图 3.103　“表格属性”对话框

这样，Word 2010 会在因自动分页而拆开的续表中重复标题行。

3.8　文档编排的综合技术

本节主要介绍公式、样式、页眉和页脚、脚注和尾注以及邮件合并的使用。

3.8.1　制作公式

在 Word 2010 中，利用“公式”按钮可以很方便地制作数学公式，例如，一元二次方程的解用公式表达，如图 3.104 所示。

$$x_{12} = \frac{-b \pm \sqrt{b^2 - 4ac}}{2a}$$

图 3.104　数学公式

文档中插入公式的操作步骤如下。

（1）将光标定位在要插入公式的位置。

（2）在“插入”选项卡符号组中，单击“公式”按钮，打开下拉列表，在内置公式中选择需要的公式，单击即可插入公式，如图 3.105 所示。

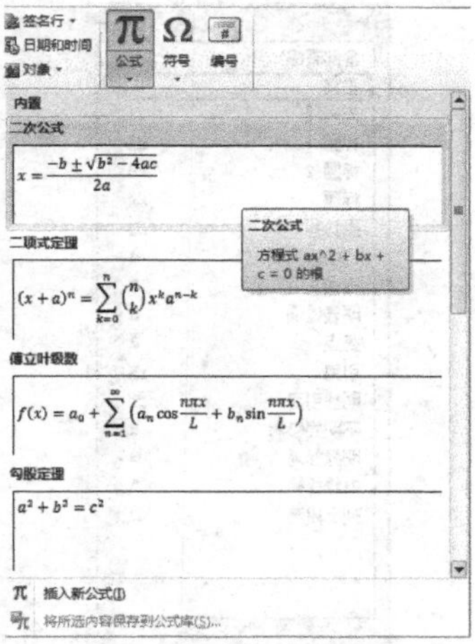

图 3.105　“公式”列表

（3）如果没有需要的公式，在下拉列表中单击“插入新公式”按钮，出现“设计”选项卡，该功能区全部是插入公式需要的组件，在“单击此处键入公式”处单击，输入公式即可，如图 3.106 所示。

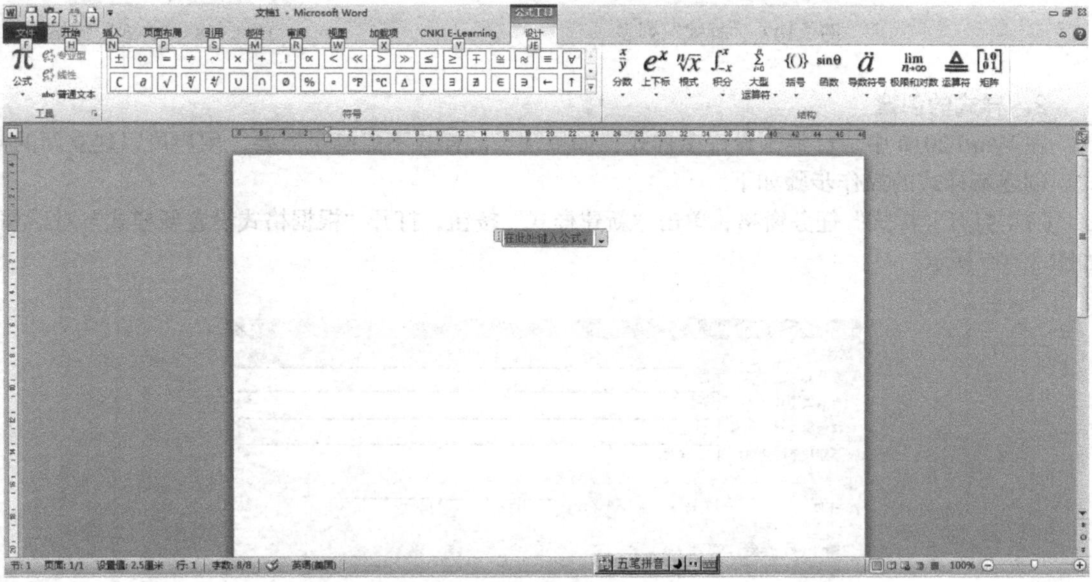

图 3.106　输入公式

3.8.2　样式

样式规定了文档中标题、题注以及正文等各个文本元素的形式，使用样式可以使文本格式统一。通过简单的操作即可将样式应用于整个文档或段落，从而极大地提高工作效率。

1. 样式的应用

用户可应用样式对文本进行格式化，操作步骤如下。

（1）选定需要应用样式的文本。

（2）在“开始”选项卡“样式”组中，单击“快速样式”按钮，弹出下拉列表，选择合适的样式，如图 3.107 所示。

在“开始”选项卡“样式”组中，单击“扩展”按钮，也可以弹出“样式”窗格，选择合适的样式，如图 3.108 所示。这样，所选择的样式就应用到选定的文本了。

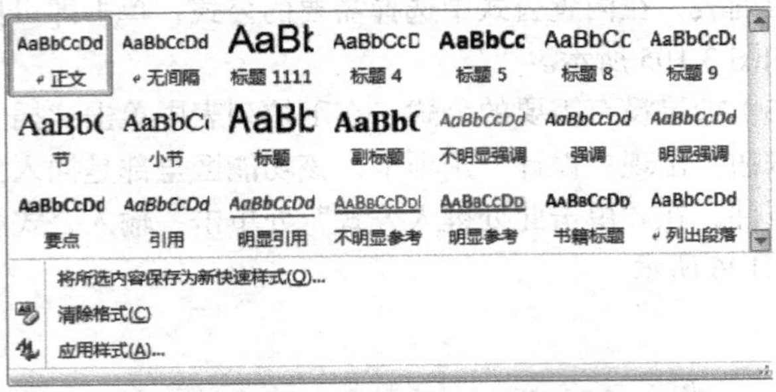

图 3.107 “样式”列表

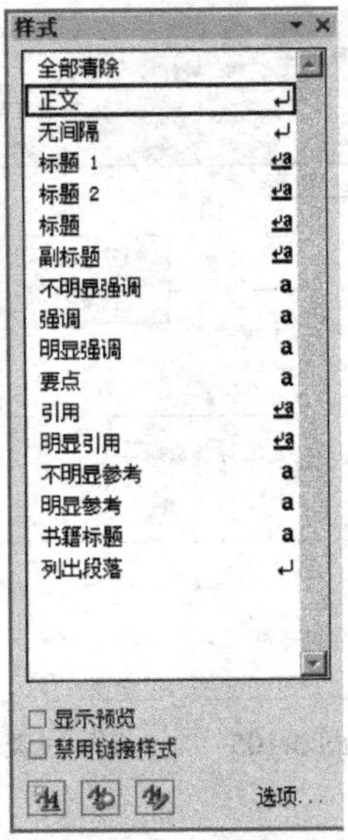

图 3.108 “样式”窗格

2. **样式的创建**

在 Word 2010 中，已经预设许多样式，如果预设的样式不能满足需要，用户可以建立新的样式。创建新样式的操作步骤如下。

（1）打开“样式”任务窗格，单击“新建样式”按钮，打开“根据格式设置新样式”对话框，如图 3.109 所示。

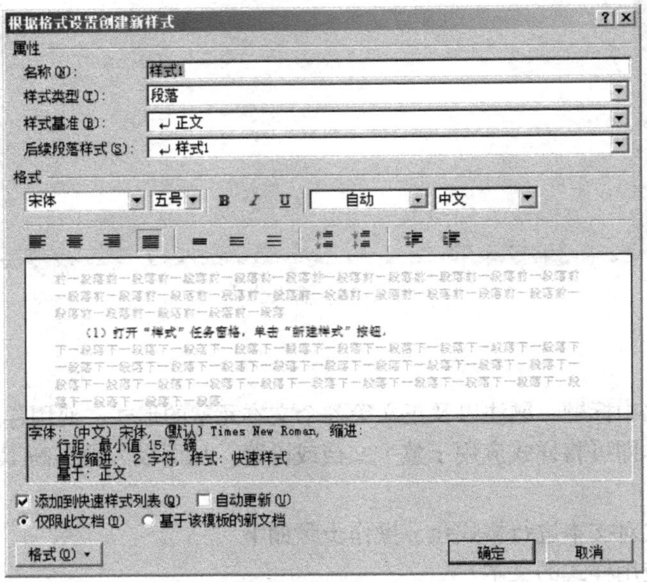

图 3.109 “根据格式设置新样式”对话框

（2）在“名称”文本框中输入新建样式的名称；在“样式类型”下拉列表框中，选择样式的类型。一般选择的是“段落”选项，如果需要新建的是字符样式，则选择“字符”选项；在“样式基准”下拉列表框中选择一种样式作为修改的基准；在“后续段落样式”下拉列表框中，指定一个样式供下一段落使用。

（3）单击“格式”按钮，在弹出的菜单中进行选择，根据需要设定在新样式中用到的各种格式。

（4）单击“确定”按钮，关闭“新建样式”对话框。

3. 样式的修改

当用户对多段文本应用某一样式后，如果需要修改格式，可以修改样式而不必逐一修改每个段落。

修改样式操作步骤如下。

（1）在“样式”窗格中，右击需要修改的样式，在弹出的下拉菜单中选择“修改”选项，如图 3.110 所示。

（2）在弹出的“修改样式”对话框，进行样式修改，然后单击“确定”按钮，如图 3.111 所示。

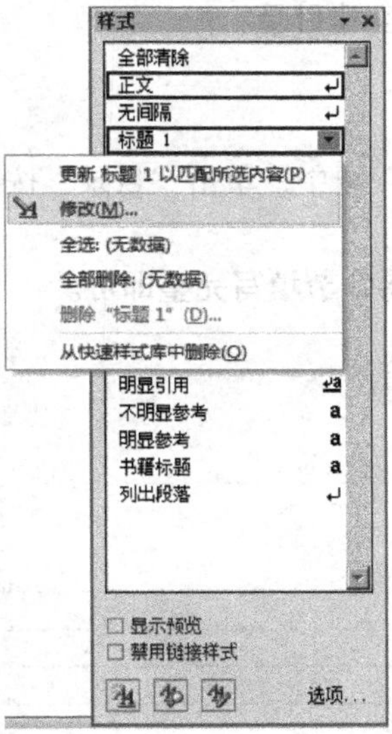

图 3.110　“样式”下拉列表

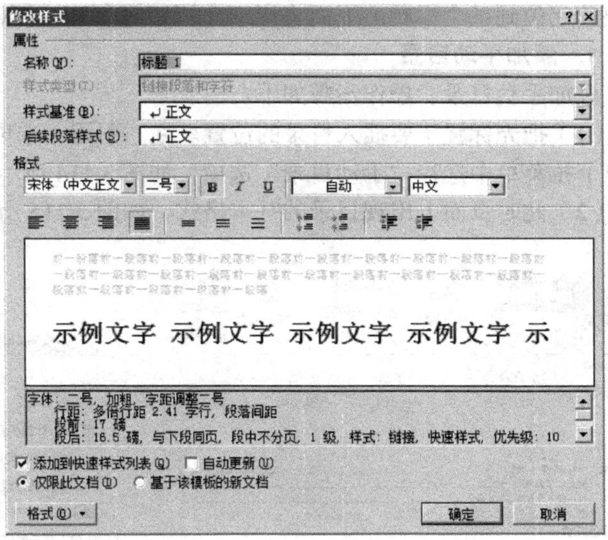

图 3.111　“修改样式”对话框

修改样式后，Word 2010 立即自动更新文档中所有使用该样式的段落的格式。

4. 清除样式

用户在使用样式中，如果觉得样式不当，可以清除样式，具体操作方法如下。

（1）选中需要清除格式的文本。

（2）在“开始”选项卡“样式”组中，单击“快速样式”按钮弹出下拉菜单，选择“清除格式”选项，如图 3.112 所示。清除格式后文本使用“正文”样式。

5. 删除样式

用户定义的样式可以进行删除，但 Word 2010 中提供的内置样式不允许删除。

删除用户定义样式的方法的如下。

（1）打开“样式”窗格。

（2）右击需要删除的样式，弹出下拉列表，选择“删除样式”选项，如图 3.113 所示。

（3）会弹出提示信息框，单击“是”按钮，确定删除操作。

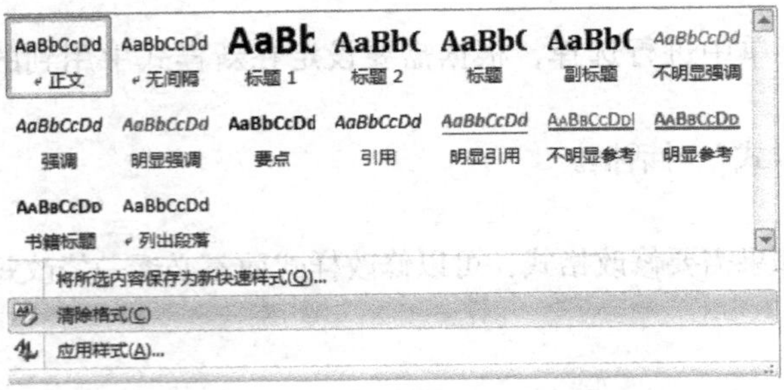

图 3.112 “清除样式”下拉列表

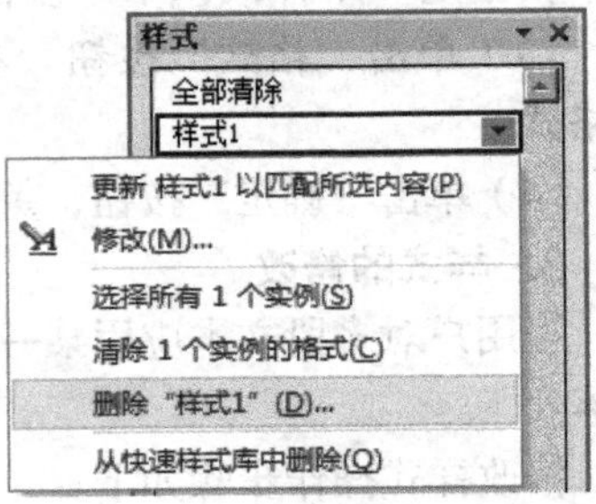

图 3.113 “删除样式”下拉列表

3.8.3 创建目录

长文档在正文开始之前都有目录，读者可以通过目录来了解正文的主题和主要内容，并且可以快速定位到某个标题。下面将详细介绍如何在 Word 2010 中快速创建目录。

1. 添加手动目录

添加手动目录，操作步骤如下。

（1）把光标置于要插入目录的位置。在“引用”选项卡“目录”组中，单击“目录”按钮，弹出下拉菜单中选择“手动目录”选项，如图 3.114 所示。

（2）此时页面上出现目录的基本格式，如图 3.115 所示。用户将章节填写完整即可。

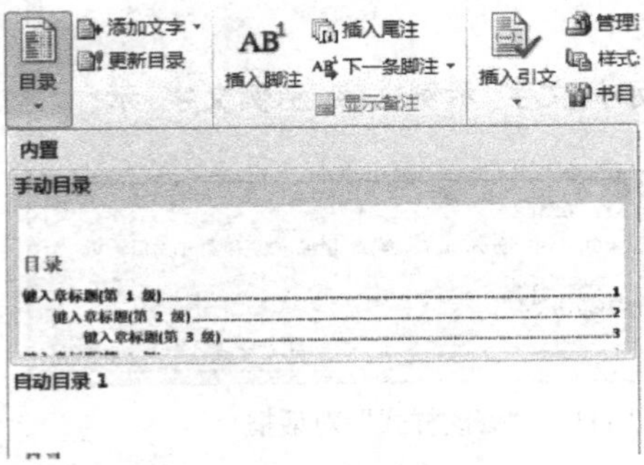

图 3.114 “目录”列表

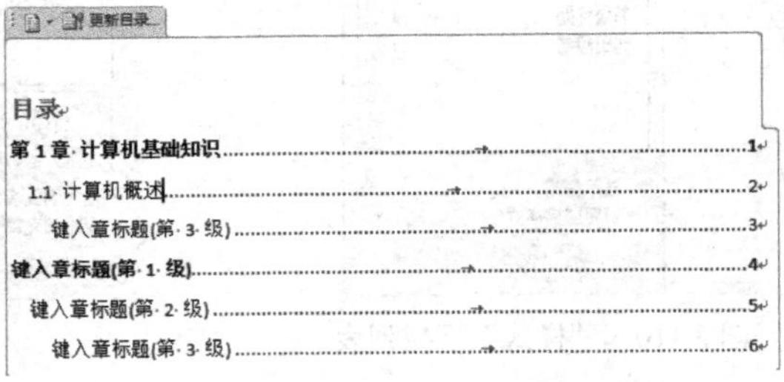

图 3.115 手动生成的目录

2. 自动生成目录

用户可以通过操作使 Word 2010 文档自动生成目录，如果文档内容发生改变，用户只需更新目录即可，具体操作方法如下。

（1）将各级标题设置为标题样式。

（2）将光标置于要插入目录的位置，在“引用”选项卡“目录”组中，单击同“目录”按钮，弹出下拉菜单，选择“插入目录”选项，打开“目录”对话框，如图 3.116 所示。

（3）在“目录对话框”中，在常规选项区设置显示级别，然后单击“确定”按钮。

3. 更新目录

如果文档的内容经过修改，目录的内容也需要更新，操作步骤如下。

（1）选择“目录区域”。

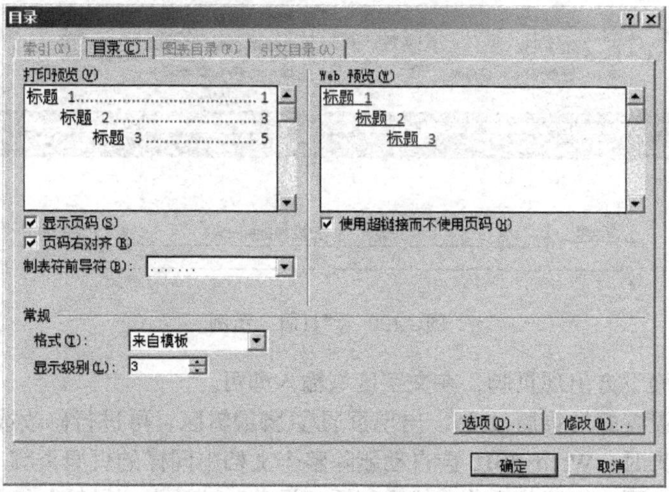

图 3.116 “目录”对话框

（2）在“引用”选项卡“目录”组中，单击“更新目录”按钮，如图 3.117 所示。

（3）在弹出的“更新目录”对话框中，选择“只更新页码”或“更新整个目录”，然后单击“确定”按钮，如图 3.118 所示。

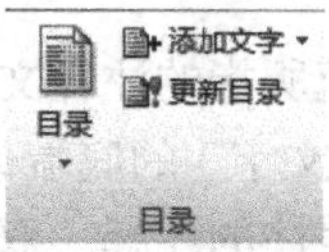

图 3.117 “目录”组

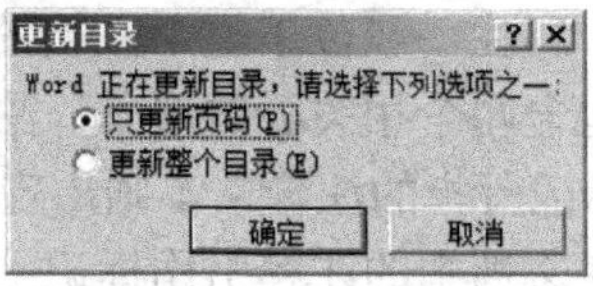

图 3.118 “更新目录”对话框

3.8.4 设置页眉和页脚

页眉和页脚是加在文档每一页的说明性文字、页码或图形。Word 2010 允许用户设置首页不同以及奇偶页不同的页眉或页脚。

1. 创建页眉

创建页眉的操作步骤如下。

（1）打开文档，在“插入”选项卡“页眉和面脚”组中，单击“页眉”按钮，打开下拉列表，选择合适的页眉样式，如图 3.119 所示。

（2）此时页面上方出现页眉，在文字区域输入即可，如图 3.120 所示。

（3）在“设计”选项卡“选项”组中，选定“奇偶页不同”复选框，此时编辑页眉即可设置奇偶页不同的页眉。编辑完成，单击“关闭页眉和页脚”。

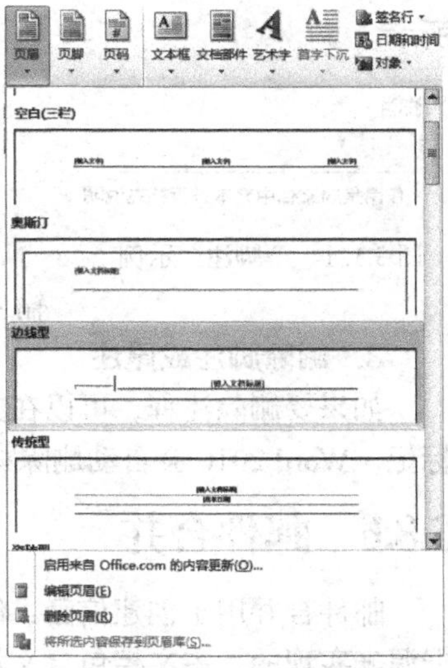

图 3.119 “页眉”列表

2. 创建页脚

创建页脚的操作步骤如下。

（1）打开文档，在“插入”选项卡“页眉和面脚”组中，单击“页脚”按钮，打开下拉列表，选择合适的页脚样式。

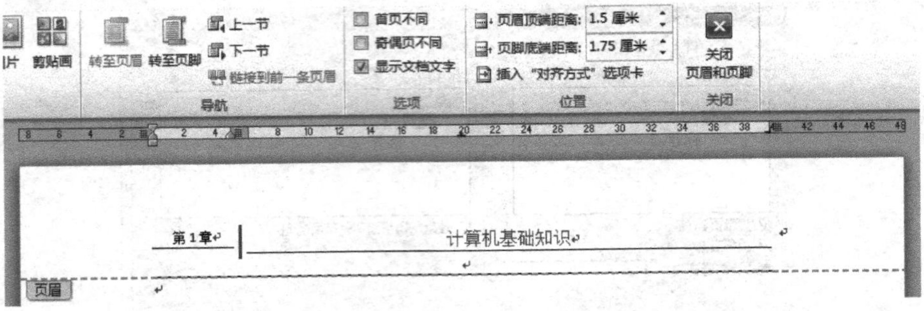

图 3.120　“页眉”示例

（2）此时左页面下方出现页脚，在文字区域输入即可。

用鼠标双击已设置好的页眉/页脚，出现页眉/页脚编辑区，可进行修改或删除操作。

在删除页眉页脚时，Word 2010 会自动删除整个文档中同样的页眉页脚。若要删除文档中某个部分的页眉页脚，可将文档分成节。然后利用“设计”选项卡“导航”组中，单击“链接到前一条页眉”按钮，断开各节的连接，再对页眉或页脚进行删除。

3.8.5　脚注和尾注

用户可以在 Word 文档中添加脚注和尾注，以起到说明、提醒、注释等作用。脚注出现在文档中该页的底端，尾注一般位于整个文档的结尾。

脚注或尾注包含两个相关联的部分，注释引用标记以及标记所指的注释文本。注释引用标记显示在文档中，标记所指的注释文本则出现在注释窗口、页（或文字）的底端或整个文档的结尾。

将指针停留在文档中的注释引用标记上，会显示该脚注或尾注的注释。双击注释引用标记，光标自动移到注释窗口中，可对注释文本进行修改。

1. 添加脚注

添加脚注的操作步骤如下。

（1）将光标定位于需要插入脚注的位置。

（2）在“引用”选项卡“脚注”组中，单击“插入脚注”按钮，输入尾注内容即可，如图 3.121 所示。

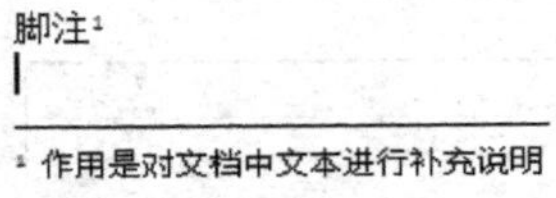

脚注[1]
[1] 作用是对文档中文本进行补充说明

图 3.121　“脚注”示例

2. 添加尾注

添加尾注的操作步骤如下。

（1）将光标定位于需要插入尾注的位置。

（2）在“引用”选项卡“脚注”组中，单击“插入尾注”按钮，输入尾注内容即可。

3. 删除脚注或尾注

如果要删除注释，可以在文档中删除相应的注释引用标记。如果删除了自动编号的注释引用标记，Word 2010 会自动删除相应的注释文本并对其余注释重新编号。

3.8.6　邮件合并

邮件合并用于创建信函、信封、标签等各种套用的文档。它是通过合并一个主文档和一个数据源来实现的。主文档包含文档中固定不变的正文，数据源包含文档中要变化的内容。

邮件合并需要两个文档分别是主文档和数据源文档。邮件合并的操作有 3 个步骤，分别是创建主文档、建立数据源和合并文档。

1. 创建主文档

主文档是指信函中相同的部分，如图 3.122 所示。

2. 建立数据源

数据源是一个含有表格的 Word 2010 文档，如图 3.123 所示，以文件进行保存待用。另外，Excel 表格、数据库表都可以作为数据源使用。

通　知　书

××同学，你好！
请你于时间，到地点，参加会议。特此通知。

信息学院学生会
2013 年 3 月 1 日

图 3.122　“主文档”示例

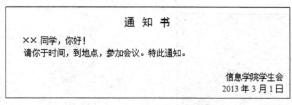

姓名	时间	地点
张三	3 月 2 日 15：00	综合楼 301
李四	3 月 3 日 17：00	综合楼 405
王五	3 月 4 日 12：00	综合楼 201

图 3.123　“数据源”示例

3. 合并文档

邮件合并的操作步骤如下。

（1）打开主文档，在“邮件”选项卡“开始邮件合并”组中，单击“开始邮件合并”按钮，在弹出下拉菜单中，选择一种文档类型，如图 3.124 所示。

（2）在“邮件”选项卡“开始邮件合并”组中，单击“选择收件人”按钮，在下拉列表中选择“使用现有列表”选项，打开“选择数据源”对话框，在对话框中选择已准备好的数据源文件，单击“打开”按钮。如图 3.125 所示。

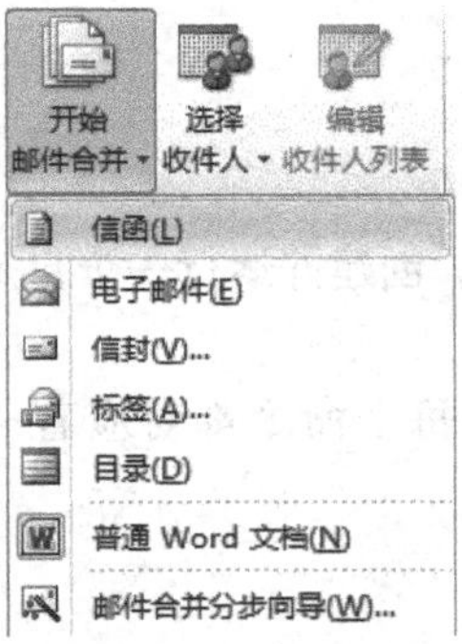

图 3.124　“开始邮件合并”列表

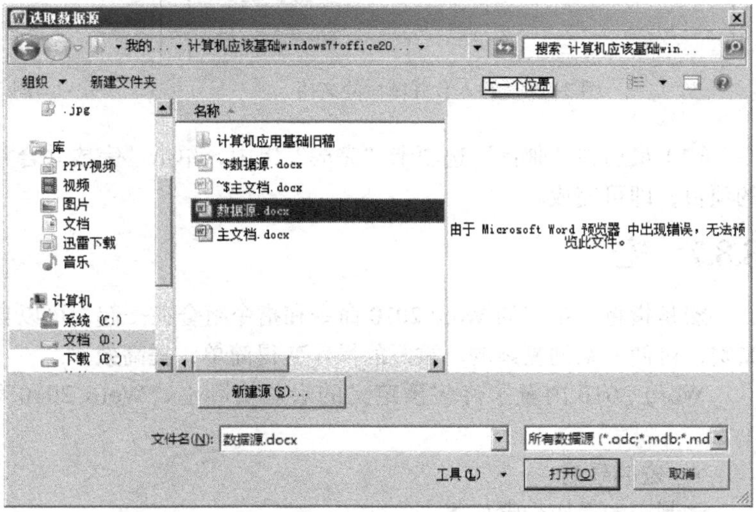

图 3.125　“选择数据源”对话框

（3）在“邮件”选项卡“开始邮件合并”组中，单击“编辑收件人列表”按钮，打开“邮件合并收件人”对话框，在此可以对数据源数据进行排序、筛选等操作，如图 3.126 所示。

（4）光标定位在主文档中要插入域的位置，在“邮件”选项卡“编写和插入域”组中，单击“插入合并域”按钮，弹出下拉菜单选择合适的选项，如图 3.127 所示。重复操作，插入所有的合并域。

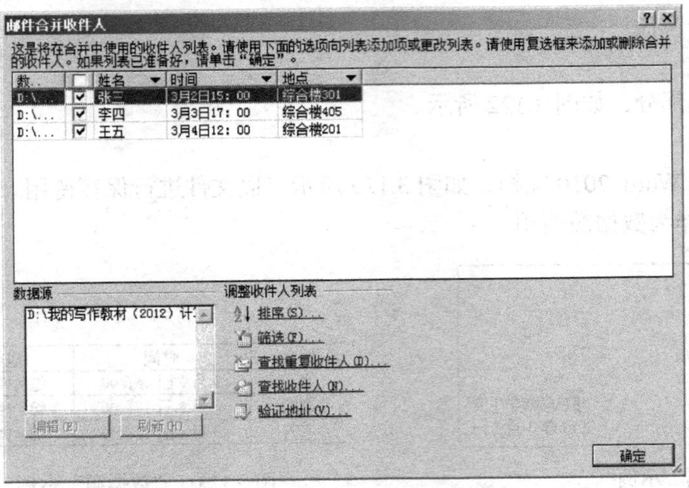

图 3.126 “邮件合并收件人”对话框

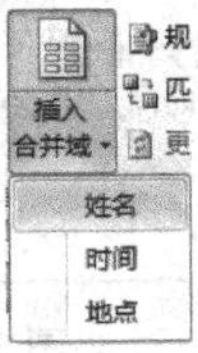

图 3.127 “插入合并域”列表

（5）插入所有的合并域后，文档如图 3.128 所示。

（6）在“邮件”选项卡“预览结果”组中，单击“预览结果”按钮，如图 3.129 所示。

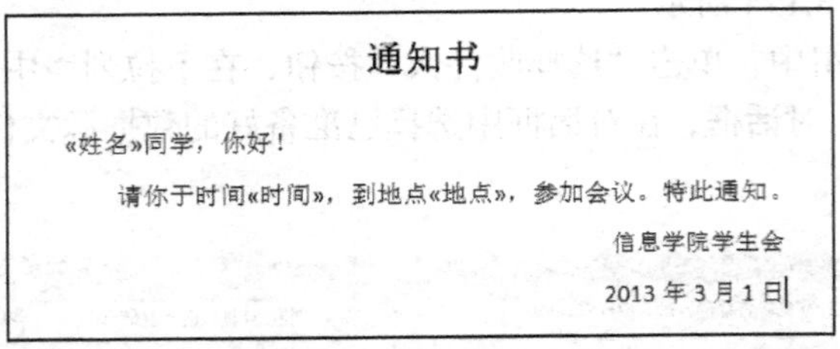

通知书

«姓名»同学，你好！

请你于时间«时间»，到地点«地点»，参加会议。特此通知。

信息学院学生会

2013 年 3 月 1 日

图 3.128 插入合并域后的文档

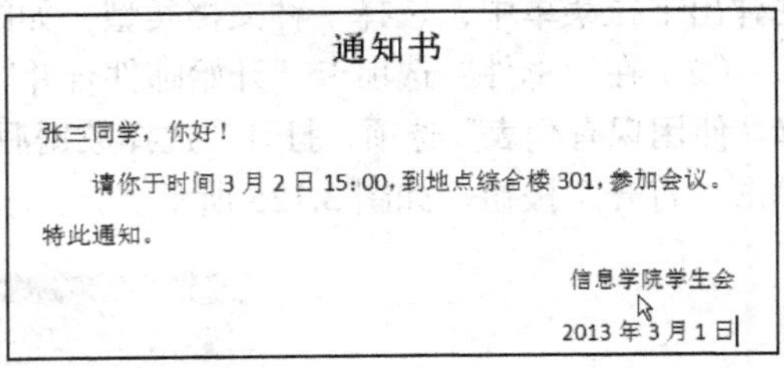

通知书

张三同学，你好！

请你于时间 3 月 2 日 15:00，到地点综合楼 301，参加会议。

特此通知。

信息学院学生会

2013 年 3 月 1 日

图 3.129 合并文档示例

（7）最后在“邮件”选项卡“完成”组中，单击“完成并合并”按钮，在下拉菜单选择合适的项目，即可完成。

3.8.7 宏

宏是指将一系列的 Word 2010 命令和指令组合在一起，可以自动执行。创建并运行一个自定义宏，可使一系列复杂的、重复的操作变得简单，提高效率。

Word 2010 内置了许多预定义的宏。实际上，Word 2010 菜单中的每个命令都对应着一个宏。

1. 宏的录制

录制宏的操作步骤如下。

（1）在“视图”选项卡“宏”组，单击“宏”按钮，在弹出的下拉菜单中选择“录制宏”选项。打开“录制宏”对话框，如图 3.130 所示。

（2）在“宏名”文本框中输入宏名。在“说明”文本框中输入必要的文字说明。

（3）在“将宏保存在”中选“所有文档（Normal. dot）”或当前编辑的文档。选择前者，该宏将对所有基于 Normal. dot 模板的文档均起作用，后者则只对当前文档起作用。

（4）为宏指定菜单命令或快捷键。

（5）依次执行要录制到宏中的各项操作。

（6）在“停止录制”工具栏上，单击“停止录制”按钮，结束宏的录制。

2. 查看宏

查看宏的操作步骤如下。

（1）在“视图”选项卡“宏”组，单击“宏”按钮，在弹出的下拉菜单中选择“查看宏”选项。打开“宏”对话框，如图 3.131 所示。

（2）选中要查看的宏，单击“运行”按钮。选中要删除的宏，单击“删除”按钮即可。

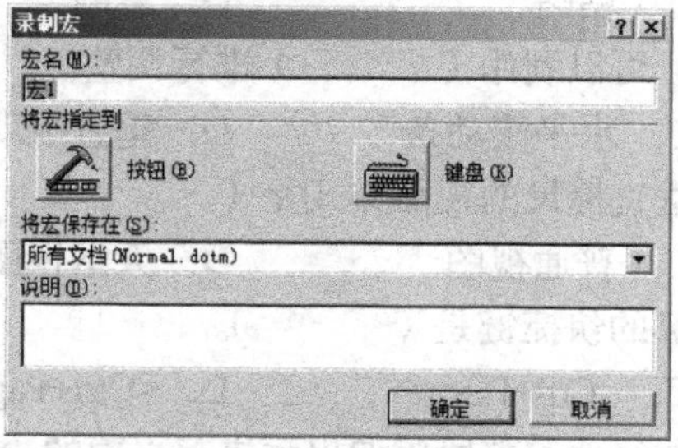

图 3.130　“录制宏”对话框

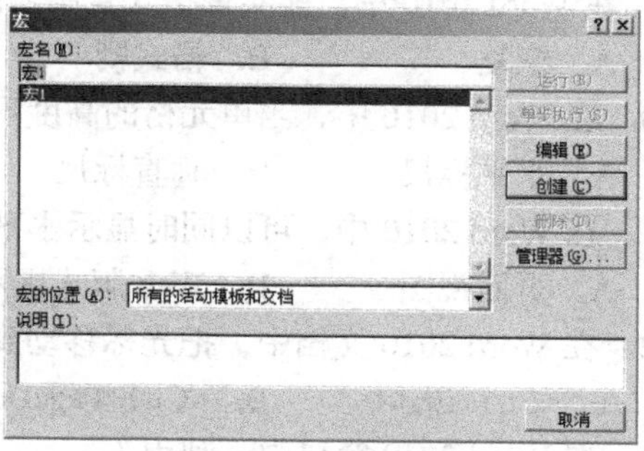

图 3.131　“宏”对话框

课 后 练 习

一、单选题

1. 在下列关于 Word 2010 的叙述中，正确的是（　　）。
   A. 在文档输入中，凡是已经显示在屏幕上的内容，都已经被保存在硬盘上
   B. 表格中的数据可以按行进行排序
   C. 用“粘贴”操作把剪贴板的内容粘贴到文档中光标处以后，剪贴板的内容将不再存在。
   D. 必须选定文档编辑对象，才能进行“剪切”或“复制”操作
2. 关于 Word 2010 所编辑的文档个数，下面正确的说法是（　　）。
   A. 用户只能打开一个文档进行编辑　　B. 用户只能打开两个文档进行编辑
   C. 用户可以打开多个文档进行编辑　　D. 用户可以设定每次打开文档的个数
3. Word 2010 文档的扩展名是（　　）。
   A. DOCX　　B. TXT　　C. WPS　　D. XLS
4. 在 Word 2010 中保存文档文件时，下列方法中不能实现的是（　　）。
   A.“文件”菜单　　B. 工具栏“保存”按钮
   C. “编辑”菜单　　D. <Ctrl+S>组合键
5. 在 Word 2010 中“文件”菜单底部列出的文件名表示（　　）。
   A. 该文件正在打印　　B. 当前被打开的文件
   C. 扩展名为. Docx 的文件　　D. Word 最近处理过的文件
6. Word 2010 中的段落标记符是通过（　　）产生的。
   A. 插入分栏符　　B. 插入分页符　　C. 按回车键　　D. 按插入键
7. 在 Word 2010 的编辑状态，执行编辑命令“粘贴”后（　　）。
   A. 将文档中被选择的内容复制到当前插入点处

B. 将文档中被选择的内容移到剪贴板

C. 将剪贴板中的内容移到当前插入点处

D. 将剪贴板中的内容拷贝到当前插入点处

8. 在 Word 2010 的编辑状态，进行字体设置操作后，按新设置的字体显示的文字是（　　）。

A. 插入点所在段落中的文字　　B. 文档中被选择的文字

C. 插入点所在行中的文字　　D. 文档的全部文字

9. 在 Word 2010 中，能实现格式复制功能的常用工具是（　　）。

A. 恢复　　B. 格式刷　　C. 粘贴　　D. 复制

10. 在 Word 2010 中，当单元格的高度不合适时，可以利用（　　）进行调整。

A. 水平标尺　　B. 垂直标尺　　C. 水平滚动条　　D. 垂直滚动条

11. 在 Word 2010 中，可以同时显示水平标尺和垂直标尺的视图方式是（　　）。

A. 页面视图　　B. Web 版式视图　　C. 普通视图　　D. 大纲视图

12. 在 Word 2010 文档中，把光标移动到文件尾部的快捷键是（　　）。

A. <Ctr1+End>　　B. <Ctr1+PageDown>　　C. <Ctrl+Home>　　D. <Ctrl+PageUp>

13. 在 Word 2010 窗口中，利用（　　）可以方便地调整段落伸出缩进、页面的边距以及表格的列宽和行高。

A. 常用工具栏　　B. 表格工具栏　　C. 标尺　　D. 格式工具栏

14. 在 Word 2010 的文档中对选中的文字无法实现的操作是（　　）。

A. 排序　　B. 加下划线　　C. 设置动态效果　　D. 加粗

15. 在 Word 2010 中，选择一段文字的方法是将光标定位于待选择段的左边的选定栏，然后（　　）。

A. 双击鼠标右键　　B. 单击鼠标右键　　C. 双击鼠标左键　　D. 单击鼠标左键

16. 插入分节符或分页符，可以通过（　　）菜单进行操作。

A. “格式”|“段落”　B. “格式”|“制表位”　C. “插入”|“分隔符”　D. “工具”|“选项”

17. 精确设置页边距可以在按住（　　）键的同时拖动标尺，或进入页面设置对话框来设置。

A. <Alt>　　B. <Shift>　　C. <Ctrl>　　D. <Tab>

18. 在 Word 2010 的文档中，每个段落都有自己的段落标记，段落标记的位置在（　　）。

A. 段落的首部　　B. 段落的中间　　C. 段落的结尾处　　D. 段落的每一行

19. 在下列操作中，（　　）不能在 Word 2010 中生成 Word 2010 表格。

A. 使用绘图工具栏

B. 执行“表格”|“插入表格”命令

C. 单击常用工具栏中的“插入表格”按钮

D. 选择某部分按规则生成的文本，执行“表格”|“将文本转换成表格”命令

20. 在文档中每一页都需要出现的内容应当放到（　　）中。

A. 对象　　B. 页眉与页脚　　C. 文本　　D. 文本框

二、操作题

打开素材库，进入 Word 文件夹，选中文件，用 Word 2010 程序中打开，按要求操作，完成后另存为文件“学号+姓名+原文件名．Docx”。

第4章 Excel 2010的应用

本章学习要求

1. 了解Excel 2010的基本功能，掌握Excel 2010基本操作。
2. 熟练掌握工作表的建立、编辑操作，运用公式与函数对数据进行计算和统计。
3. 掌握图表的作用及建立的过程。
4. 了解数据库管理的意义和功能，掌握数据管理的方法。
5. 了解数据透视表的制作过程。

常用的电子表格软件有微软Excel和金山WPS表格等，WPS表格除了在数据分析方面较Excel功能弱外，其他功能基本相似。

Excel 2010是一个功能强大的电子表格软件，可以输入/输出、显示数据，可以帮助用户制作各种复杂的表格文档，进行烦琐的数据计算，并能对输入的数据进行各种复杂统计运算后显示为可视性极佳的表格；同时它还能形象地将大量枯燥无味的数据变为多种漂亮的彩色商业图表显示出来，极大地增强了数据的可视性。另外，电子表格还能将各种统计报告和统计图打印出来。

4.1 Excel 2010概述

Excel 2010是Microsoft Office 2010办公套装软件的一个重要组成部分，是电子表格软件，用于数据计算、数据图表化、统计分析，被广泛应用于财务、金融、经济、审计、统计等众多领域。

4.1.1 Excel 2010的启动和退出

1. Excel 2010的启动

Excel 2010的启动方法同Word 2010相似，也有多种方法。

（1）常规启动。选择“开始”|“所有程序”|“Microsoft Office”|“Microsoft Office Excel 2010”命令。

（2）快捷启动。双击桌面上Microsoft Office Excel快捷图标。

（3）通过已有文档启动。直接双击需要打开Excel文档，启动Excel 2010并同时打开文档。

启动Excel 2010后，进入程序窗口。

2. Excel 2010的退出

Excel 2010的退出方法同Excel 2010相似，也有多种方法。

（1）选择“文件”|“退出”菜单命令。

（2）单击 Excel 2010 窗口右上角的“关闭”按钮。

（3）双击 Excel 2010 窗口左上角控制菜单图标。

（4）用组合键<Alt+F4>。

如果在退出 Excel 2010 之前，文档没有存盘，系统会提示用户是否将文档存盘。

4.1.2 Excel 2010 的窗口组成

Excel 2010 的窗口，如图 4.1 所示。

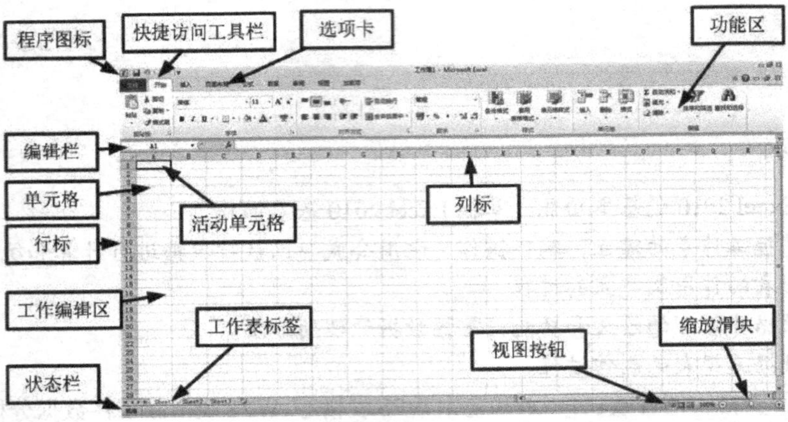

图 4.1 Excel 窗口的组成

1. 标题栏

标题栏位于 Excel 2010 窗口的最上面，包括程序控制图标、快速访问工具栏、文档名称、程序名称、窗口控制按钮。

快速访问工具栏，是由几个最常用的命令按钮组成，如图 4.2 所示。

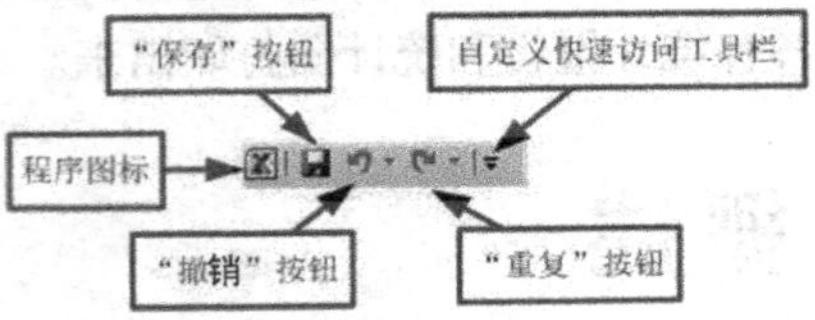

图 4.2 快速访问工具栏

2. 选项卡

功能选项卡区位于标题栏的下一行，由“文件”选项卡、“开始”选项卡等多个选项卡组成，单击不同的选项卡会出现不同的功能区。

3. 功能区

功能区包含了 Excel 2010 最常用的命令按钮，用鼠标单击这些按钮，可快捷地执行所需的操作。把鼠标光标移到图标按钮处停留片刻，系统将给出该图标的功能提示。

单击“功能区最小化”按钮或按<Ctrl + F1>组合键，可隐藏窗口顶部的功能区，再次单击“展开功能区”按键或按<Ctrl + F1>组合键，可展开功能区。

在功能区，相关的命令是组合在一起的叫做组，更加易于用户使用，如图 4.3 所示。

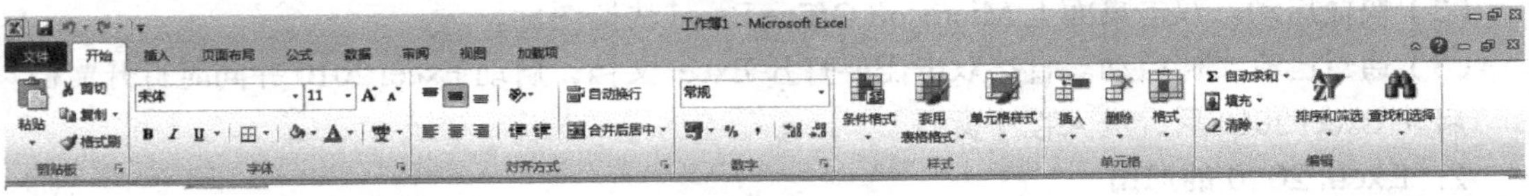

图 4.3 “开始”选项卡

选项卡和功能区：选择某个选项卡，在下方功能区将显示对应的功能按钮、命令和参数设置等。在功能区中有不同的组，组将不同类型的功能集中在一起方便查找。功能区和选项卡还可以随用户选择的对象不同，而显示需要的功能。

4. 编辑栏

编辑栏位于功能区的下面，编辑栏的左侧是名称框，用于定义单元格或区域的名称，或者根据名称寻找单元格或区域。如果没有定义名称，在名称框中显示活动单元格的地址。右边的编辑栏作为当前活动单元格的编辑工作区，可在其中输入、删除或修改单元的内容。

单元格编辑工作区的内容可以与单元格的内容相同，但显示方式可以不同，如图 4.4 所示。

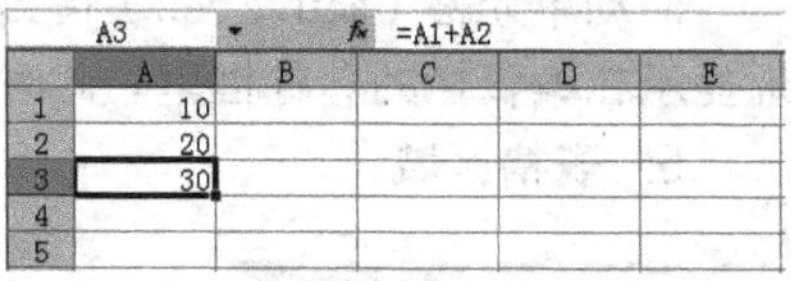

图 4.4 单元格编辑工作区示例

5. 工作表区

编辑栏下面区域是工作表区，当光标位于其中的单元区域时形状变为“✞”符号。

6. 行标和列标

用于标记工作表单元格的行地址和列地址。

7. 滚动条

滚动条位于工作表窗口的右边缘（垂直滚动条）和底部（水平滚动条）。利用鼠标拖动滚动条来移动工作表。

8. 标签栏

标签栏位于工作表窗口的左下方，显示工作簿中所有工作表的名称，标识当前工作表。

9. 状态栏

状态栏位于屏幕最底部，显示与当前工作状态相关的各种状态信息。

状态信息包含：就绪——可以接受数据输入；输入——正在对单元格输入数据；编辑——修改编辑已输入数据。当选取菜单命令或工具按钮时，显示与命令相关的用途说明。

状态栏右边是视图按钮和缩放滑块。

4.1.3 Excel 2010 的基本概念

1. 工作簿

工作簿（workbook）是指在 Excel 环境中用来存储并处理工作数据的文件。工作簿也称为 Excel 文档，其扩展名为.xlsx。一个工作簿可拥有多张工作表，最多可以有 255 个工作表。

2. 工作表

工作表（worksheet）是指由 1048576 行 16384 列所构成的一个表格。行号从上到下由 1 至 1048576 编号；列号从左到右用字母由 A 至 XFD 编号。每个工作表下面都会有一个标签，指出每一张工作表的名字。一个工作簿在默认情况下有 3 张工作表，分别用标签“Sheet1”、“Sheet1”和“Sheet3”命名，用户可根据需要增加或删除工作表。

3. 单元格

单元格（Cell）是工作表最基本的单位，工作表中的一个格子称为单元格。每一个单元格都有一个为单元格地址。单元格地址用于指明单元格在工作表中的位置。同样，一个地址也唯一地表示一个单元格。数据的录入和编辑是针对当前单元格或指定的区域。单元格地址的一般格式：工作表！列号行号。

例如，A5 表示第 A 列第 5 行的单元格，Sheet2!B3 表示工作表 Sheet2 的第 B 列第 3 行的单元格。

通常单元格地址有 3 种表示方法。

（1）相对地址。以列号和行号组成，如：A1、B3、F8 等。

（2）绝对地址。以列号和行号前加上符号“$”构成，如：$A$1、$B$3、$F$8 等。

（3）混合地址。以列号或行号前加上符号“$”构成，如：A$1，$B3 等。

4. **活动单元格**

活动单元格（active cell）指当前正在操作的单元格，它的边框线变为粗线，同时该单元的地址显示在编辑栏的名称框里。此时用户可对该单元格进行数据的输入、修改或删除等操作。

5. **表格区域**

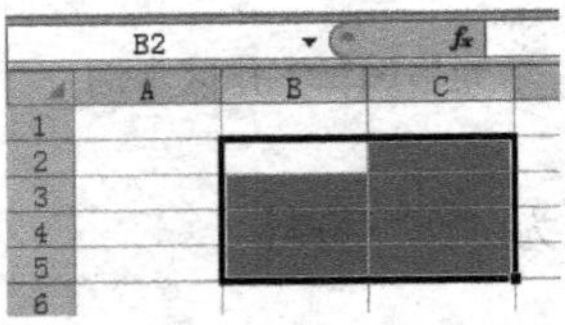

图 4.5　区域示例

表格区域（range）是由工作表中一个和多个连续单元格组成的矩形块。可以对定义的区域进行各种各样的编辑和操作，如复制、移动、删除等。引用一个区域可以用矩形对角的两个单元地址表示，中间用冒号“：”相连，如 B2：C5 表示的单元格区域，如图 4.5 所示。如果需要指明多个区域，则区域间用逗号“，”分开。也可以给区域命名，然后通过名字来引用。

4.2　Excel 2010 操作

4.2.1　工作簿的操作

启动 Excel 2010 时，系统会自动打开一个名为“工作簿 1”的空白 Excel 文档，就可以直接操作。

1. **新建空白工作簿**

如果用户已经打开了一个或多个 Excel 文档，需要再创建一个新的工作簿，新建 Excel 文档操作步骤如下。

（1）在窗口中打开“文件”菜单，单击“新建”选项。

（2）在“新建”选项区中单击“空白文档”按钮，然后单击“创建”按钮或者双击“空白文档”按钮，Excel 2010 将会新建一个空白 Excel 文档，如图 4.6 所示。

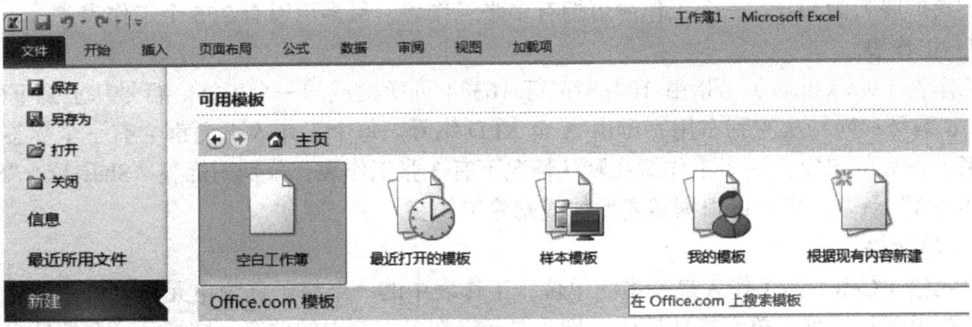

图 4.6　“新建”选项

同 Word 2010 一样，Excel 2010 还可以使用模板方式建立新的 Excel 文档，模板是预先定义好格式的 Excel 工作簿。

2. **打开工作簿**

单击“文件”选项卡，在弹出的菜单中选择“打开”命令，打开“打开”对话框。在对话框中选取指定工作簿所在的驱动器、文件夹、文件类型及其文件名即可打开保存在磁盘中的工作簿文件。

3. 保存工作簿

当需要保存工作簿时，单击“文件”选项卡，在弹出的菜单中选择“保存”命令，打开“另存为”对话框。

在对话框中的“保存位置”框中，选取文件所存放的磁盘与文件夹；在“文件名”框中，输入保存文件的文件名，然后单击“确定”按钮即可。

对 Excel 2010 文档设置自动保存、设置密码保存同 Word 2010 中对文档的操作方法一样，可以参考 3.2.3 节。

4.2.2　工作表的操作

1. 选定工作表

新建的工作簿中含有默认的 3 张空白工作表，分别以 Sheet1、Sheet2 和 Sheet3 命名。对表进行操作要选定工作表，操作方法如下。

（1）选定单个工作表。用鼠标在工作表标签上单击工作表名，就可将其选定为当前活动工作表。选取的工作表标签为白底显示，未被选取的工作表标签显示为灰底。

（2）选定相邻的多张工作表。单击要选定的第一张工作表的标签。然后按住<Shift>键，单击最后一张工作表标签。此时可见在活动工作表的标题栏上出现“工作表组”的字样。

（3）选定不相邻的工作表。先单击要选定的第一张工作表的标签，按住<Ctrl>键，然后单击其他不连续的工作表的标签。

（4）选定全部工作表。在工作表标签上右击，打开快捷菜单。选择“选定全部工作表”命令即可。

2. 工作表的切换

由于一个工作簿具有多张工作表，可以利用鼠标单击工作表标签来快速地在不同的工作表间切换，也可利用滚动按钮来进行切换。

3. 插入或删除工作表

新建的工作簿只有 3 张工作表。用户可以插入或删除工作表。

（1）插入工作表

单击状态栏中的“插入工作表”标签，插入新的工作表后，将自动命名为 Sheet4。

右击 Sheet3 工作表标签，在弹出的快捷菜单中选择“插入”选项，如图 4.7 所示。

此时，打开“插入”对话框，如图 4.8 所示。选择工作表，单击“确定”按钮。

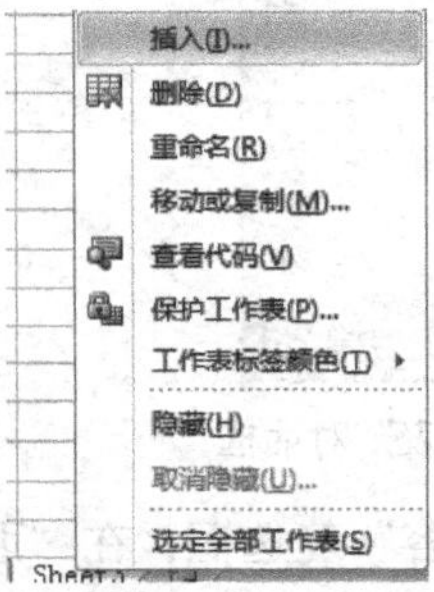

图 4.7　快捷菜单

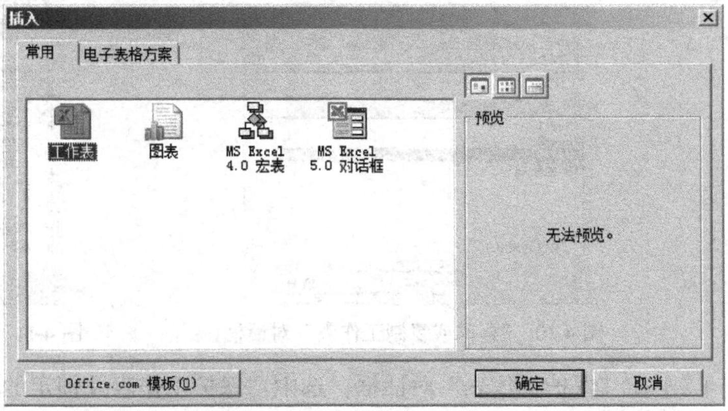

图 4.8　“插入”对话框

（2）删除工作表

右击需要删除的工作表标签，在弹出的快捷菜单中选择“删除”选项，弹出确认删除对话框，如图 4.9 所示，单击“确定”按钮即可。

4. 移动和复制工作表

图 4.9　确认删除对话框

（1）通过鼠标的拖曳来完成

移动时选定工作表标签并沿标签栏拖曳到新位置，拖动时出现一个黑色三角形来指示工作表要插入的位置，放开鼠标左键，工作表被移动到新的位置。

复制时选定工作表标签，按住<Ctrl>键并沿标签栏拖曳到新位置，放开鼠标左健，工作表被复制到新位置。复制的工作表副本将自动改名为“原工作表名+（2）”。

（2）通过“快捷菜单”来完成

右击需要移动或复制的工作表标签，在弹出的快捷菜单中选择“移动和复制工作表”选项，弹出“移动或复制工作表”对话框，如图 4.10 所示。选择合适的设置，单击“确定”按钮即可。

若“建立副本”项被选中，则工作表将被复制。

若“建立副本”项未被选中，则工作表将被移动。

在对话框“工作簿”框中可输入另一本工作簿的名称。表示工作表移动或复制到别一个工作簿中。

5. 工作表重命名

工作表重命名的操作方法如下。

（1）双击要改变名称的工作表标签，工作表标签变成可编辑状态，然后输入新的名称即可。

（2）右击工作表标签，打开快捷菜单，选择“重命名”选项，输入新的工作表名。

6. 保护工作表

在 Excel 2010 中可以管理各种各样的数据，这些数据中可能有共享的内容，也可能会有涉及一些重要的不能外泄的资料。为了避免工作表和单元格的数据被随意改动，此时就要将工作表保护起来，具体操作方法如下。

（1）在 Excel 文档中，选定需要保护的工作表，在“审阅”选项卡“更改”组中，单击“保护工作表”按钮，打开“保护工作表”对话框，如图 4.11 所示。

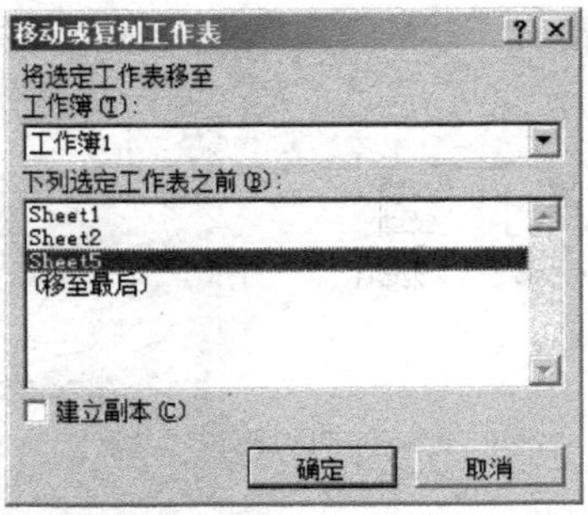

图 4.10　“移动或复制工作表”对话框

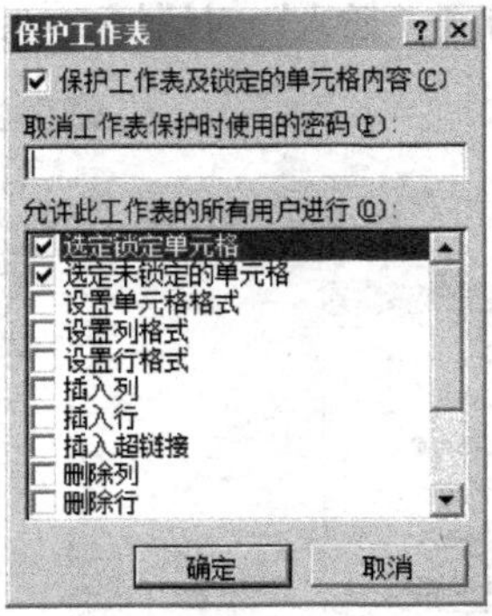

图 4.11　“保护工作表”对话框

（2）在“保护工作表”对话框，选中“保护工作表及锁定的单元格内容”复选框，在“取消工作表保护时使用的密码”文本框中输入密码，根据需要设置其他内容，然后单击“确定”按钮。

7. 拆分工作表

对于一些较大的表格，可以将其按“横向”或者“纵向”分割成两个窗口，同时观察或编辑同一张表格的不同部分，分割方法如下。

打开 Excel 文档，将光标定位在需要拆分工作表的位置，在“视图”选项卡“窗口”组中，单击“拆分”按钮，即可拆分工作表，拆分结果，如图 4.12 所示。再次单击“拆分”按钮，就会取消上次的拆分。

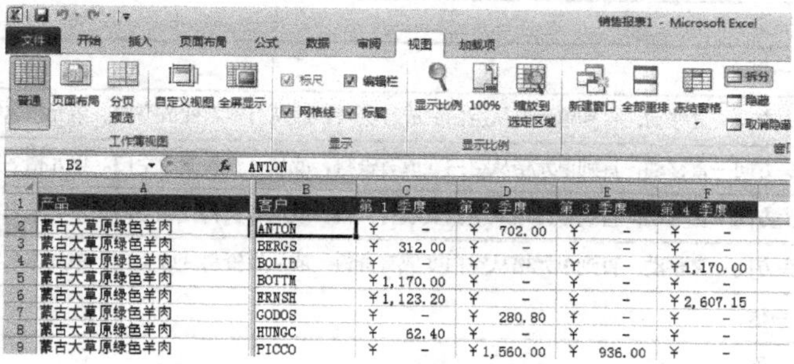

图 4.12　“拆分工作表”示例

8. 工作表隐藏/恢复

可以将含有重要数据的工作表或者将暂时不使用的工作表隐藏起来。

（1）隐藏。右击需要隐藏的工作表标签，在弹出的快捷菜单中，选择“隐藏”菜单命令。

（2）恢复。右击任意工作表标签，在弹出的快捷菜单中，选择“取消隐藏”菜单命令。

4.2.3　数据的输入

新建或打开一个工作簿文件，就可以在工作表中进行数据的输入。只有当单元格成为活动单元格时才能操作。

4.2.3.1　单元格指针的移动

向工作表的单元格输入数据时，首先需要激活这些单元格。单元格指针的移动有如下 4 种方式。

（1）直接移动鼠标指针。将鼠标指向目的单元格，然后在其上单击。

（2）利用名字框移动。可以直接在“名字框”中填上目的单元格的地址，然后按回车键。

（3）使用定位命令。在“开始”选项卡“编辑”组中，单击“查找和选择”按钮，弹出下拉菜单选择“转到”选项，如图 4.13 所示。

此时打开“定位”对话框，如图 4.14 所示。在引用位置文本框输入合适的地址，单击“确定”按钮即可。

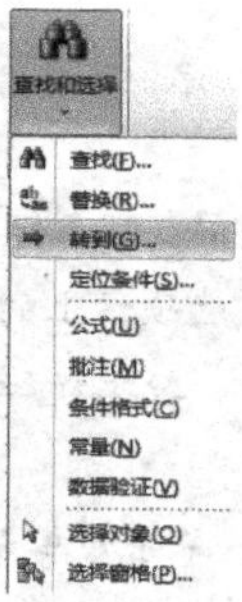

图 4.13　“查找和选择”列表

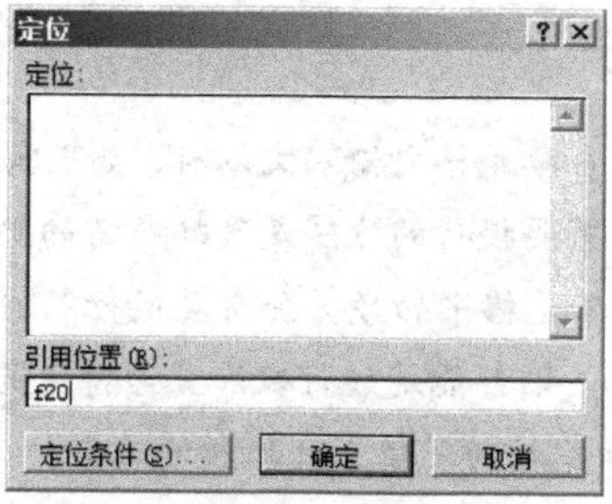

图 4.14　“定位”对话框

（4）使用键盘移动。使用键盘移动单元格指针的操作，如表 4.1 所示。

表 4.1　使用键盘移动单元格

按键	功能
→、←、↑、↓	左移一格、右移一格、上移一格、下移一格
Home	移到工作表上同一列的最左边
End + Home	移到工作表有资料区域的右下角
PgUp	上移一页
PgDn	下移一页
End，→	按箭头方向一直移动，直到单元格从空白变成有资料，或从有资料变成空白。单元格名字框停在有资料的单元格上
End，↑	按箭头方向一直移动，直到单元格从空白变成有资料，或从有资料变成空白。单元格名字框停在有资料的单元格上
End，↓	按箭头方向一直移动，直到单元格从空白变成有资料，或从有资料变成空白。单元格名字框停在有资料的单元格上
End，←	按箭头方向一直移动，直到单元格从空白变成有资料，或从有资料变成空白。单元格名字框停在有资料的单元格上
Tab	右移一格
Shift + Tab	左移一格
Enter	输入资料，并下移一格
Shift + Enter	输入资料，并上移一格
Ctrl + Home	移到 A1 单元
Ctrl + End	移到工作表有资料区域的右下角

4.2.3.2　工作表数据的输入

在工作表中输入数据是一种基本操作，Excel 2010 的数据不仅可以从键盘直接输入还可以自动输入，输入时还可以检查其正确性。

Excel 2010 能够接受的数据类型分为文本、数字、日期与时间、逻辑值或者公式。系统会自动判断所键入的数据是哪一种类型，并进行适当的处理。

1．文本输入

Excel 2010 文本包括汉字、英文字母、数字、空格及其他键盘能键入的符号，只要不被系统解释为数字、公式、日期、时间和逻辑值，则一律视为文本。默认情况下，文本在单元格默认为左对齐。

有些数字如电话号码、邮政编码若要作字符处理，只需在输入数字前加上单引号“’”，系统会将其后的内容当作字符数据处理。

一个单元格的文本输入结束后，按回车键，跳到下方单元格继续输入，按<Tab>键则可跳到右侧单元格继续输入。

补充知识

Excel 2010 中，在单元格内输入文本时，如果需要换行是不能按回车键的，回车键的功能是跳到下方单元格继续输入。如果需要换行的方法是选择所需的单元格区域，在“开始”选项卡上的“对齐”组中，单击“自动换行”。此时，单元格中的数据会自动换行以适应列宽。当更改列宽时，数据换行会自动调整。如果所有换行文本均不可见，则可能是该行被设置为特定高度，请调整行高。

另外，在单元格中的特定位置开始新的文本行，方法是双击该单元格，单击该单元格中要断行的位置，然后按<Alt + Enter>组合键。

2. 数值输入

在 Excel 2010 中，数字是仅包含下列字符的常数值：0、1、2、3、4、5、6、、7、8、9、+、–、( )、/、$、￥、%、E、e。

数值型数据在单元格中默认靠右对齐。

Excel 2010 数值输入与数值显示未必相同，如输入数据长度超出单元格宽度，系统自动以科学计数法表示。单元格数字格式设置为带两位小数，此时输入三位小数，则末位将进行四舍五入。Excel 2010 计算时将以输入数值而不是以显示数值为准。

3. 日期时间数据输入

Excel 2010 内置了一些日期时间的格式，当输入数据与这些格式相匹配时，系统将识别它们。常见日期时间格式，如图 4.15 所示。

图 4.15　日期格式示例

当天日期的输入按组合键<Ctrl+;>，当天时间的输入则按组合键<Ctrl + Shift +;>。

4.2.3.3　数据快速填充

当输入 Excel 表格的数据具有一定的规律时，用户不用手动输入，使用快速填充功能可以快速实现数据输入，操作步骤如下。

（1）在单元格中输入起始数据，将鼠标指针移至该单元格右下角，指针呈“十”字形状。

（2）按住鼠标左键并向下拖动至合适的位置后松开鼠标。此时选中的单元格中即可填充起始数据，效果如图 4.16 所示。

（3）单击“自动填充选项”按钮，在弹出的菜单中选定“填充序列”单选按钮，单元格内就会按照升序填充数据，如图 4.17 所示。

4.2.3.4　填充系列

如果需要填充比较复杂的数据，就需要使用系列填充，操作步骤如下。

（1）在单元格内输入起始数据，选中需要填充的单元格，在“开始”选项卡“编辑”组中，单击“填充”按钮，在弹出的下拉菜单中选择“系列”选项，打开“序列”对话框，如图 4.18 所示。

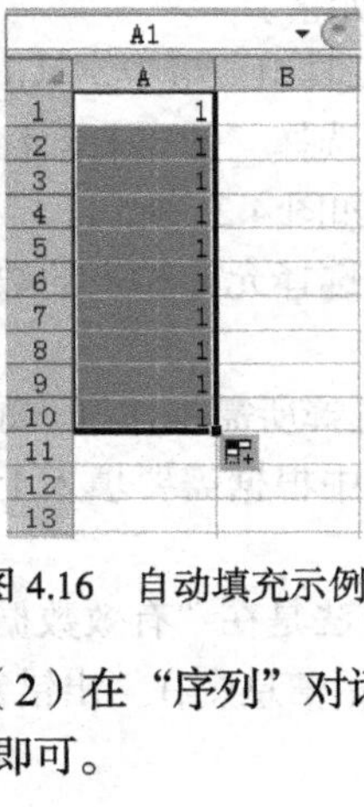

图 4.16　自动填充示例

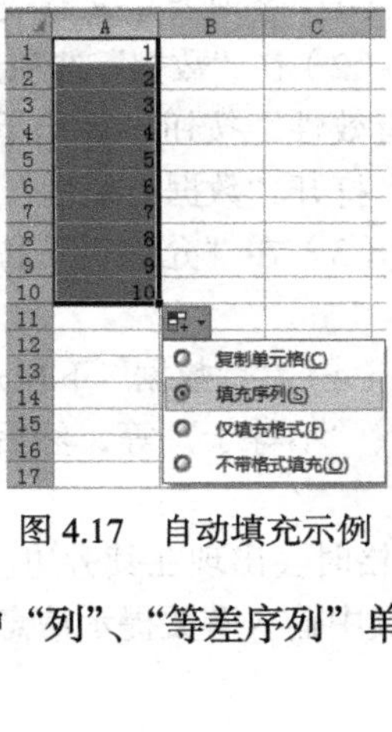

图 4.17　自动填充示例

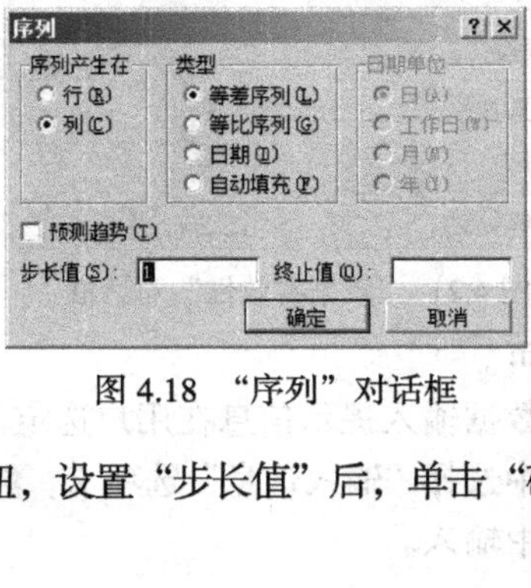

图 4.18　“序列”对话框

（2）在“序列”对话框，选中“列”、“等差序列”单选按钮，设置“步长值”后，单击“确定”按钮即可。

4.2.3.5 自定义固定填充

用户可以设置填充数据的固定内容部分，变化部分由系统自动填充，操作步骤如下。

（1）在“开始”选项卡“数字”组中，单击“扩展”按钮，打开“设置单元格格式”对话框。

（2）在“设置单元格格式”对话框，选择“数字”选项卡，在“分类”列表框中选择“自定义”选项，在右侧“类型”文本框中输入“3 班#号”，单击“确定”按钮。如图 4.19 所示。

（3）在任意单元格中输入“3 班 1 号”，然后拖动鼠标填充其他单元格，可以看到添加的文本中“#”自动替换，如图 4.20 所示。

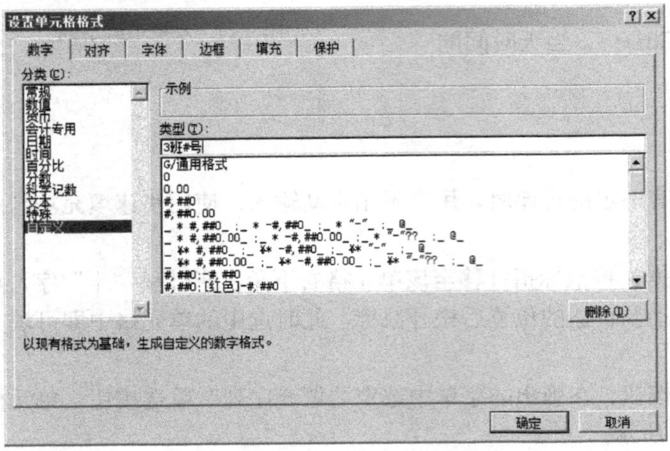

图 4.19 “设置单元格格式”对话框

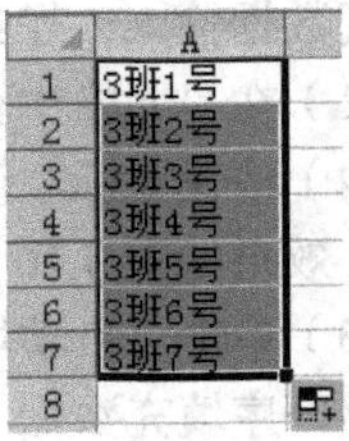

图 4.20 自定义固定填充示例

4.2.3.6 输入有效数据

输入有效数据是指用户预先设置某一单元格或区域允许输入的数据类型、范围，并可设置数据输入提示信息和输入错误提示信息。

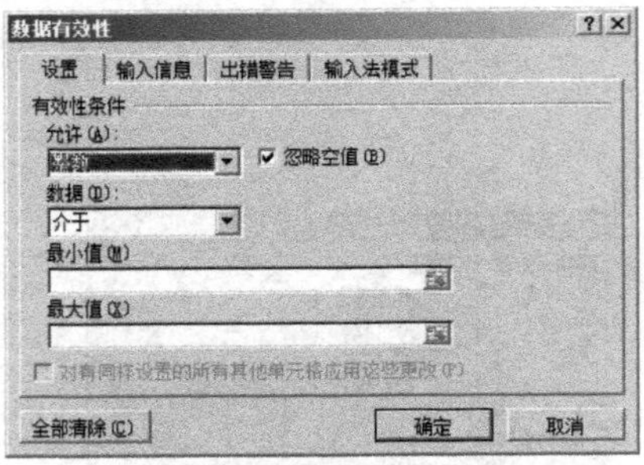

图 4.21 “数据有效性”对话框

有效数据定义的操作步骤如下。

（1）选取要定义有效数据的单元格。

（2）在“数据”选项卡“数据工具组”组中，单击“数据有效性”按钮，弹出下拉列表，选择“数据有效性”选项，打开“数据有效性”对话框，如图 4.21 所示。

（3）在“允许”下拉列表框中选择允许输入的数据类型。

（4）在“数据”下拉列表框中选择所需操作符，如“介于”、“不等于”等，然后在数值栏中根据需要填入上、下限即可。

数据输入提示信息在用户选定该单元格时会出现在其旁边。其设置方法是在“有效数据”对话框中选择“输入信息”选项卡，然后在其中输入有关提示信息。错误提示信息则在“出错警告”标签中输入。

补充知识

如果某些单元格区域中要输入的数据很有规律，如学历(小学、初中、高中、中专、大专、本科、硕士、博士)、职称(技术员、助理工程师、工程师、高级工程师)等，你希望减少手工录入的工作量，这时我们就可以设置下拉列表实现选择输入。具体方法为：选取需要设置下拉列表的单元格区域，“数据”选项卡“数据工具组”组中，单击“数据有效性”按钮，在弹出的下拉列表中，选择“数据有效性”选项，打开“数据有效性”对话框，在“数据有效性”对话框中选择“设置”选项卡，在“允许”下拉列表中选择“序列”，在“来源”框中输入我们设置下拉列表所需的数据序列，如“技术员，助理工程师，工程师，高级工程师”，并确保复选框“提供下拉箭头”被选中，单击“确定”按钮即可。

需要注意的是，输入序列中各项以半角逗号“,”为间隔符，不能使用全角逗号。

4.2.3.7　工作表中数据的修改

对已经输入的内容进行修改有两种方法。

（1）重新输入。通过单击，使需要修改的单元格成为活动单元格，然后重新输入新内容。

（2）编辑修改。通过单击，使需要修改的单元格成为活动单元格，按<F2>功能键，用<←>、<→>和<Del>等编辑键对数据进行修改，按回车键结束。或者双击要修改的单元格，插入符光标出现在单元格内，直接修改单元内容。

4.2.3.8　清除单元格或区域数据

删除单元格后其他单元格会移动来补充删除单元格的位置，如果只是想清除单元格中内容，而不想其他单元格来填充删除单元格的位置，可以进行如下操作：

选定需要清除的单元格区域，在“开始”选项卡“编辑”组中，单击“清除”按钮，在弹出的下拉列表中选择需要的选项即可，如图 4.22 所示。

各选项表达的意思如下。

全部清除：表示清除单元格内的全部数据及格式。

清除格式：表示只清除单元格内的格式，数据仍保留。

清除内容：表示只清除单元格内的数据，保留格式。

清除批注：表示只清除单元格内的批注。

将要清除的单元格或区域选定为当前对象后，直接按<Backspace>键或<Del>键，此方法只是清除内容。

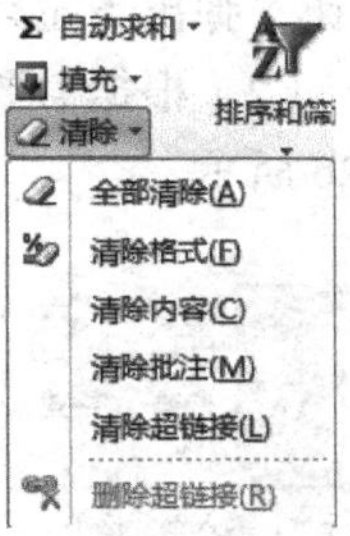

图 4.22　“清除”列表

4.2.4　工作表的编辑

工作表数据输入后，就可以对工作表的数据进行编辑。

4.2.4.1　选取操作

在编辑操作之前，需要对其操作的对象进行选定。

（1）选取一个单元格。单击目的单元格，成为活动单元格。

（2）选取整行或整列。选取整行：在工作表上单击该行的行号。选取整列：在工作表上单击该列的列号。

（3）选取整个工作表。单击“选定整个工作表”按钮，该按钮在 A 列左边和第一行上面交叉处。

（4）选取一个区域。鼠标移至要选区域的左上角，按住鼠标左键，把鼠标拖至要选区域的右下角。就能选定一个矩形区域。

若采用键盘来选定，则用箭头键将光标移动至要选区域的左上角，然后按住<Shift>键，用箭头键选择要选定的区域。

（5）选取不连续的区域。选定不相邻的矩形区域，首先按住<Ctrl>键，然后可以单击选定需要的单元格或者拖动选定相邻的单元格区域。

4.2.4.2 单元格及行、列的插入和删除

插入单元格及行、列的操作步骤如下。

（1）在工作表中，选定需要插入的单元格，在“开始”选项卡“单元格”组中，单击“插入”按钮，弹出下拉列表，如图 4.23 所示。

（2）选择“插入工作表行”或“插入工作表列”选项即可。新的空白行（列）就会出现在当前行（列）的位置，原当前行（列）向下移（右移）。

（3）选择“插入单元格”选项，会打开“插入”对话框，如图 4.24 所示。

其中各单选按钮意义如下。

活动单元格右移：表示新的单元格插入到当前单元格的左边。

活动单元格下移：表示新的单元格插入到当前单元格的上方。

整行：在当前单元格的上方插入新行。

整列：在当前单元格的左边插入新列。

设置对话框中的选项后，单击“确定”按钮，完成需要的操作。

删除单元格、行和列的操作方法如下。

（1）在工作表中，选定需要删除的单元格，在“开始”选项卡“单元格”组中，单击“删除”按钮，弹出下拉列表，如图 4.25 所示。

（2）根据需要选择各选项即可。如图选择“删除单元格”选项，弹出“删除”对话框，如图 4.26 所示。

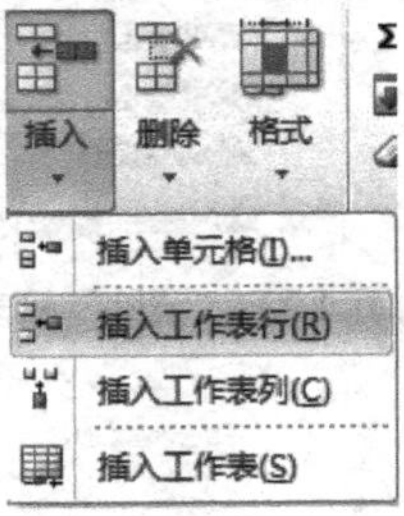

图 4.23 “插入”列表

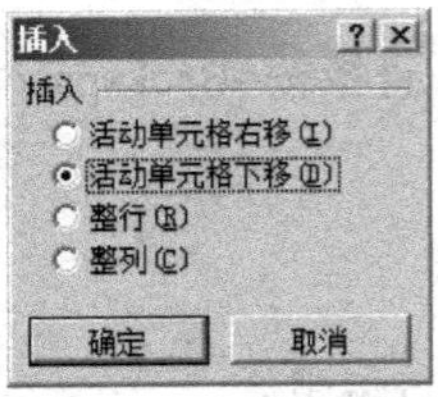

图 4.24 “插入”对话框

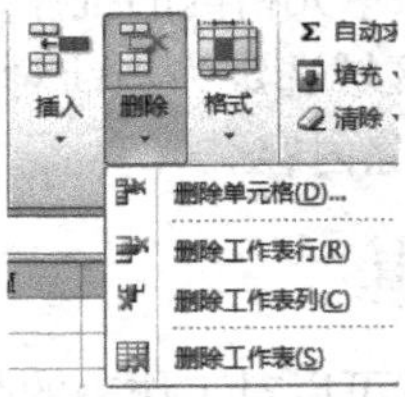

图 4.25 “删除”列表

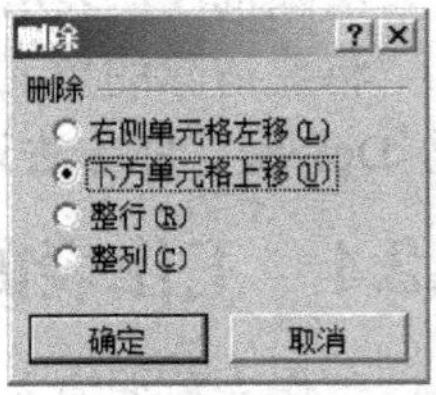

图 4.26 “删除”对话框

其中各单选按钮意义如下。

右侧单元格左移：表示被删除单元格右边的单元格向左移动，并填到空单元格中。

下方单元格上移：表示被删除单元格下方的单元格向上移动，并填到空单元格中。

整行：删除当前单元格所在的行。

整列：删除当前单元格所在的列。

4.2.4.3 移动

移动单元格数据操作步骤如下。

（1）选定需要移动的源单元格或区域。

（2）在“开始”选项卡“剪贴板”组中，单击“剪切”按钮或按<Ctrl + X>组合键，如图 4.27 所示。

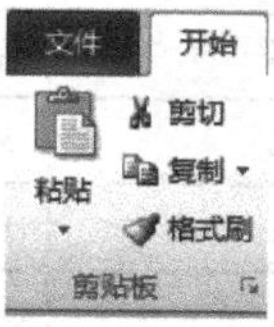

图 4.27 “剪贴板”组

（3）选定目的单元格，或目的区域的左上角单元格。

（4）在“开始”选项卡“剪贴板”组中，单击“粘贴”按钮或按<Ctrl + V>组合键，即可把所选内容移动到目标位置。

移动操作可以归纳为 4 步骤：“选定”→“剪切”→“定位”→“粘贴”。

4.2.4.4 复制

复制单元格数据操作步骤如下。

（1）选定需要复制的源单元格或区域。

（2）在“开始”选项卡“剪贴板”组中，单击“复制”按钮或按<Ctrl + C>组合键。

（3）选定目的单元格，或目的区域的左上角单元格。

（4）在“开始”选项卡“剪贴板”组中，单击“粘贴”按钮或按<Ctrl + V>组合键，即可把所选内容复制到目标位置。

复制操作可以归纳为 4 步骤：“选定”→“复制”→“定位”→“粘贴”。

在移动或复制时，如果源单元格或区域中包含有计算公式，移动或复制到新位置的公式会因相对引用或者绝对引用，生成新的计算结果。

单元格数据的复制和移动操作也可以使用鼠标的拖动来实现，具体步骤：先选定要移动的源单元格或区域，然后用鼠标把它拖动到目标位置，完成移动操作。若是要进行复制操作，则在拖动的过程中按住<Ctrl>键即可。

4.2.4.5 选择性粘贴

单元格含有多种特性，如内容、格式、批注、公式和有效性规则等。单元格数据粘贴时往往只需要复制它的部分特性，这就可以使用选择性粘贴来实现。操作方法如下。

在进行移动和复制操作，当进行到第 4 步骤时，在“开始”选项卡“剪贴板”组中，单击下拉“粘贴”按钮，弹出下拉菜单，如图 4.28 所示。

在弹出的下拉菜单中，选择“选择性粘贴”选项，打开“选择性粘贴”对话框，如图 4.29 所示。通过快捷菜单也可以打开“选择性粘贴”对话框。

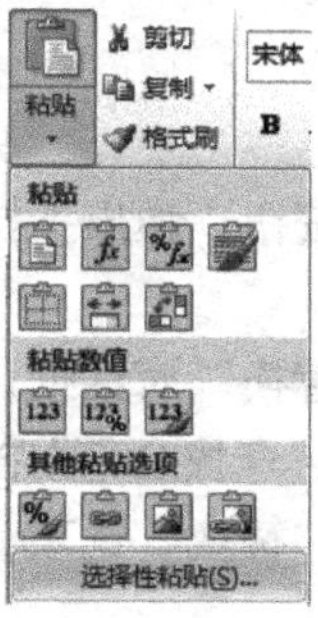

图 4.28 “粘贴”列表

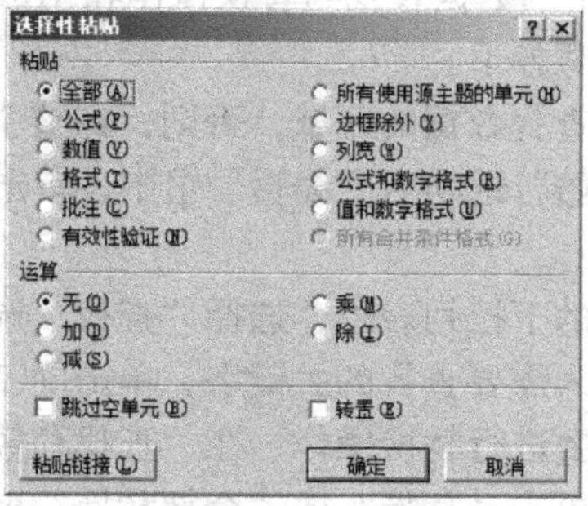

图 4.29 “选择性粘贴”对话框

选择性粘贴对话框中的各选项功能说明，如表 4.2 所示。

表 4.2 “选择性粘贴”对话框中各选项的功能说明

选项	说明
全部	粘贴单元格的所有内容和格式
公式	只粘贴单元格的公式，而不必粘贴单元格的格式以及任何相关注释
数值	只粘贴单元格计算后显示的数字结果，而不是实际的公式
格式	只粘贴单元格的格式，而不粘贴单元格的实际内容
批注	只粘贴单元格的批注
有效性验证	将复制区域的有效数据规则粘贴到粘贴区域中
边框除外	除了边框，粘贴单元格的所有内容和格式
列宽	只粘贴单元格的列宽
无	复制单元格的数据不经计算，完全取代粘贴区域的数据
加	将复制单元格的数据加上粘贴单元格的数据，再放入粘贴单元格
减	将复制单元格的数据减去粘贴单元格的数据，再放入粘贴单元格
乘	将复制单元格的数据乘以粘贴单元格的数据，再放入粘贴单元格
除	将复制单元格的数据除以粘贴单元格的数据，再放入粘贴单元格
跳过空单元	选中该复选框，如果复制单元格有数据，则按照正常的粘贴方式粘贴；如果复制单元格区域中某些单元格为空，则这些空白单元格不会被复制。这样，可以避免粘贴区域的数值被复制区域的空白单元格所取代
转置	选中该复选框，可以将复制区域的数据行列互换，再粘贴到粘贴区域中

4.2.4.6 重复与撤销操作

（1）重复操作。重复操作是常用的命令之一，在编辑数据或者对工作表进行操作的过程中，可以使用“重复”命令来重复刚进行的操作。方法是在“快速访问工具栏”单击“重做”按钮或使用<Ctrl + Y>组合键。

（2）撤销操作。利用撤销操作能够“撤销”最近一次的操作，恢复到在执行该项操作前的系统状态，对错误操作及时进行补救。方法是在“快速访问工具栏”单击“撤销”按钮或使用<Ctrl + Z>组合键。

4.2.4.7 查找与替换操作

Excel 2010 中的数据查找与替换操作和 Word 2010 的基本一致。

查找操作步骤如下。

（1）选定要查找数据的区域，否则，在整个工作表中搜索。

（2）在“开始”选项卡“编辑”组中，单击“查找和选择”按钮，弹出下拉列表，如图 4.30 所示。

（3）在弹出的下拉列表中，选择“查找”选项打开“查找和替换”对话框，如图 4.31 所示。在查找内容中输入需要查找的关键字，单击同“查找下一个”或“查找全部”按钮即可。

（4）如果需要进行替换操作，在“查找和替换”对话框选择“替换”选项，如图 4.32 所示。输入相关内容，单击“替换”或“全部替换”即可。

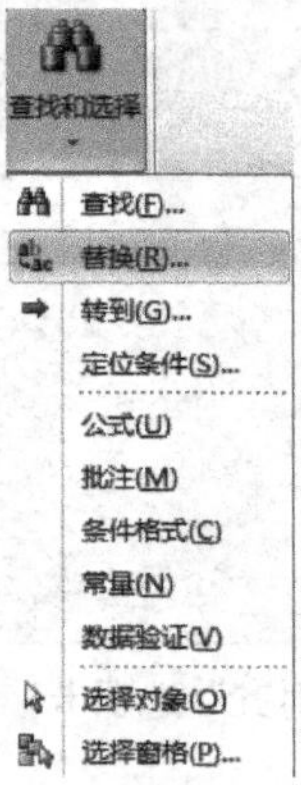

图 4.30　“查找和选择”列表

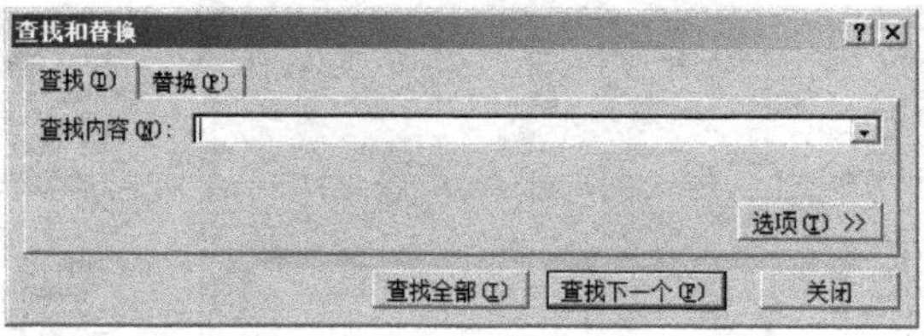

图 4.31　“查找”选项卡

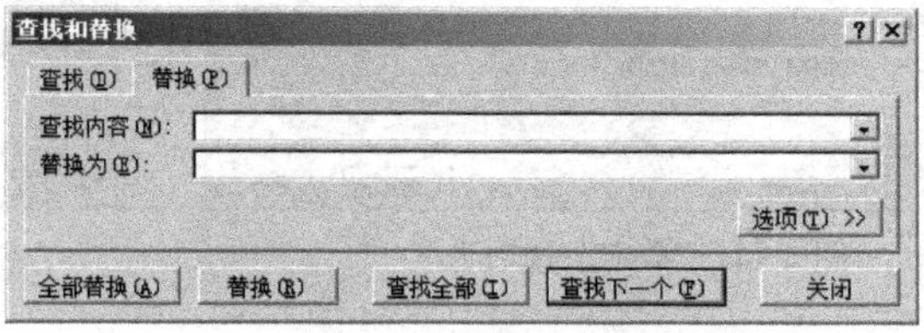

图 4.32　“查找和替换”对话框

4.2.5　工作表的格式化

工作表数据录入和编辑后，为了使工作表的外观更漂亮，排列更整齐，重点更突出，需要对它进行格式化。

1. 利用“开始”选项卡格式单元格

在 Excel 2010 中，选定需要设置的单元格或区域，“开始”选项卡，在功能区“字体”组、“对齐方式”组和“数字”组等相关命令按钮中，对工作表中的单元格数据进行格式设置。“开始”选项卡功能区，如图 4.33 所示。

图 4.33　“开始”选项卡

2. 设置数字格式

Excel 2010 中提供大量的数据格式，可以快速地进行数字格式化，改变数字格式并不影响计算中使用的实际单元格的数值。

选定需要格式化数字的单元格或区域，在“开始”选项卡“数字”组中，单击“扩展”按钮，打开“设置单元格格式”对话框“数字”选项卡，用于对单元格中的数字进行格式化，如图 4.34 所示。

在默认情况下，Excel 2010 使用的是“通用格式”，即数值右对齐、文字左对齐、公式以数值方式显示，当数值长度超出单元格长度时用科学记数法显示。数值格式包括用整数、定点小数和逗号等显示格式。

3. 设置对齐方式

选定需要格式化的单元格或区域，在“开始”选项卡“对齐方式”组中，单击“扩展”按钮，打开“设置单元格格式”对话框“对齐”选项卡，设置单元格的对齐格式，如图 4.35 所示。

对话框中文本控制选项组的复选框，用来解决单元格中文字较长被“截断”的情况。各复选框的意义如下。

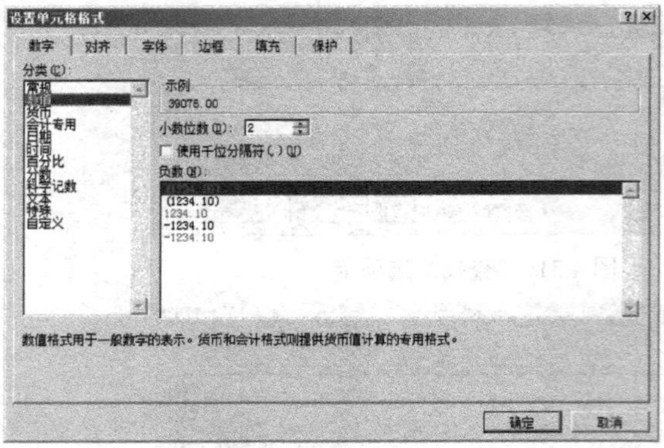

图 4.34 “数字”选项卡

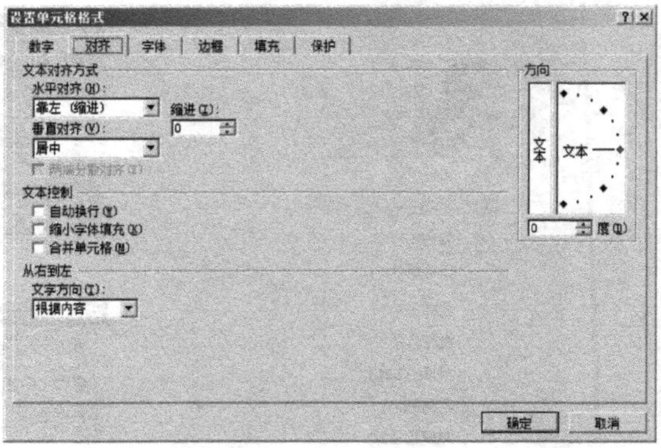

图 4.35 “对齐”选项卡

自动换行：对输入的文本根据单元格列宽自动换行。

缩小字体填充：减小单元格中的字符大小，使数据的宽度与列宽相同。

合并单元格：将多个单元格合并为一个单元格，和“水平对齐”列表框的“居中”按钮结合，一般用于标题的对齐显示。在“格式”工具栏的“合并及居中”按钮直接提供了该功能。

4．设置字体

选定需要格式化的单元格或区域，在“开始”选项卡“字体”组中，单击“扩展”按钮，打开“设置单元格格式”对话框“字体”选项卡，设置单元格的字体格式，如图 4.36 所示。

5．设置边框线

在“单元格格式”对话框中，选定“边框”选项卡，如图 4.37 所示，设置单元格的边框格式。默认情况下，Excel 2010 的表格线是淡虚线，这样的边框线是不能打印出来。

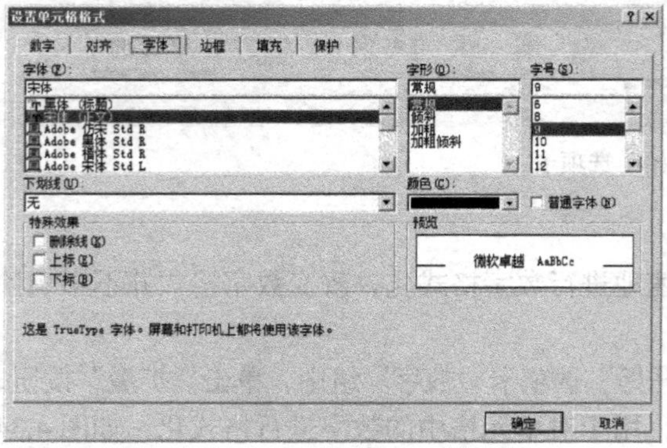

图 4.36 “字体”选项卡

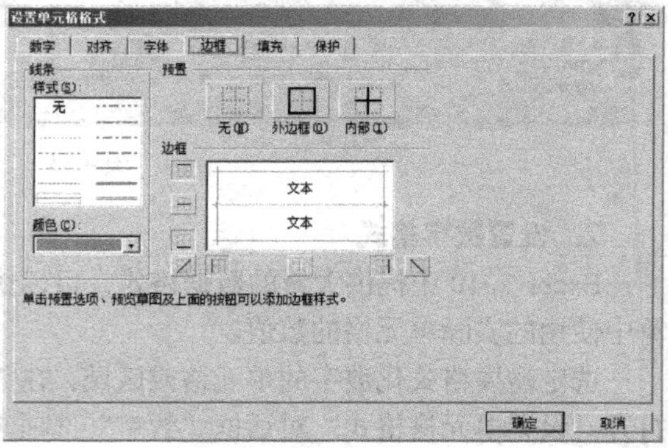

图 4.37 “边框”选项卡

6．设置图案

在“单元格格式”对话框中，选定“填充”选项卡，如图 4.38 所示。图案是指单元格区域的底纹颜色和图案。

7．设置列宽、行高

列宽、行高的调整用鼠标来完成比较方便。鼠标指向要调整列宽（或行高）的列号（或行号）的分隔线上，这时鼠标指针会变成一个双向箭头的形状，拖动分隔线调整即可。

列宽、行高的精确调整，操作步骤如下。

（1）选定需要设置列宽或行高的单元格或区域，在“开始”选项卡“单元格”组中，单击“格式”按钮弹出下拉列表，选择需要的选项，如图 4.39 所示。

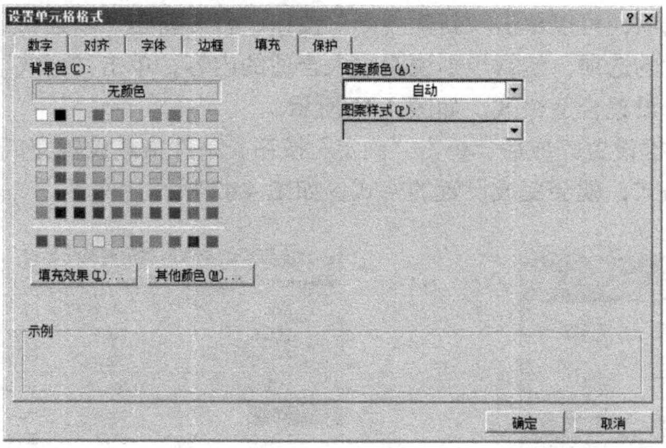

图 4.38　“填充”选项卡

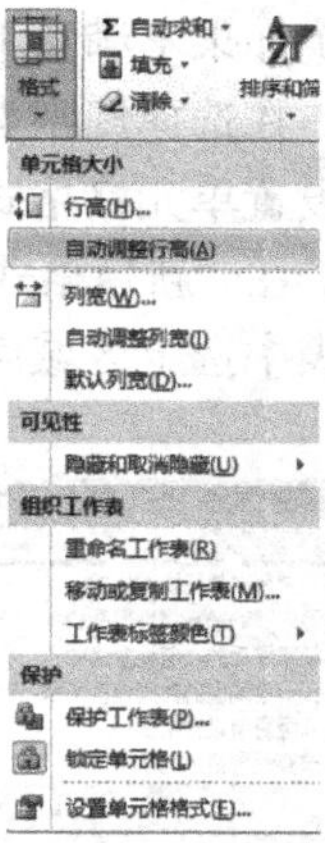

图 4.39　“格式”列表

（2）在下拉列表中选择“列宽”或“行高”，打开“列宽”或“行高”对话框，在“列宽”或“行高”的对话框中，输入所需的宽度或高度。

“最合适的列宽”命令取选定列中最宽的数据为宽度自动进行调整，“最合适的行高”命令取选定行中最高的数据为高度自动进行调整。

“隐藏”命令将选定的列或行隐藏起来，“取消隐藏”命令将隐藏的列或行重新显示。

8. 单元格的合并和拆分

选中需要合并的单元格，在“开始”选项卡“对齐方式”组中，单击“合并后居中”按钮。如果不满意单元格的合并，可以使用“取消单元格合并”选项即可。

9. 条件格式

条件格式是对选定区域各单元格中的数值是否在指定的范围内动态地为单元格自动设置格式，操作步骤如下。

（1）选定要设置条件格式的单元格区域。

（2）在“开始”选项卡“样式”组中，单击“条件格式”按钮，在弹出的下拉列表中选择合适的选项即可，如图 4.40 所示。

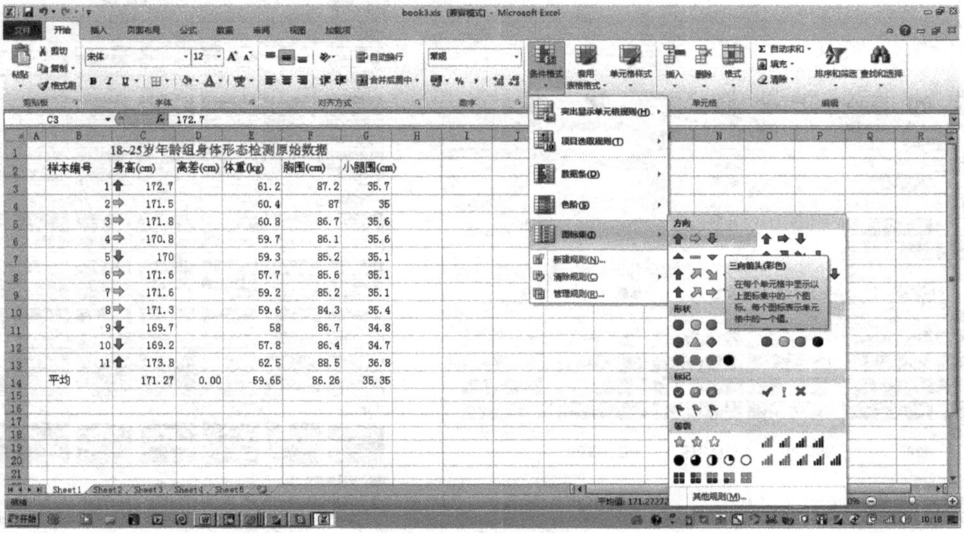

图 4.40　“条件格式”列表

（3）如果不满意下拉列表的选项，可以单击“新建规则”按钮，打开新建“新建格式规则”对话框，在选择规则类型选择合适的选项，编辑规则说明输入合适的内容，单击“格式”按钮，打开“设置单元格格式”对话框，设置合适格式。如图 4.41 所示。

（4）在“新建格式规则”对话框设置完成后，单击“确定”按钮，条件格式设置完成。此时，在工作表中选定区域满足条件的格式，就会变成设置的格式，如图 4.42 所示。

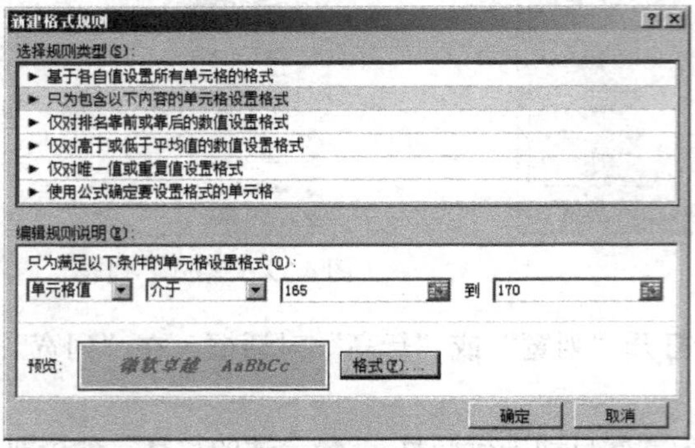

图 4.41 “新建格式规则”对话框

18~25岁年龄组身体形态检测原始数据

样本编号	身高(cm)	高差(cm)	体重(kg)	胸围(cm)	小腿围(cm)
1	172.7		61.2	87.2	35.7
2	171.5		60.4	87	35
3	171.8		60.8	86.7	35.6
4	170.8		59.7	86.1	35.6
5	170		59.3	85.2	35.1
6	171.6		57.7	85.6	35.1
7	171.6		59.2	85.2	35.1
8	171.3		59.6	84.3	35.4
9	169.7		58	86.7	34.8
10	169.2		57.8	86.4	34.7
11	173.8		62.5	88.5	36.8
平均	171.27	0.00	59.65	86.26	35.35

图 4.42 “条件格式”示例

10. 自动套用格式

Excel 2010 预设了多种单元格的格式供用户使用，操作步骤如下。

（1）单元格样式

选定需要设置格式的单元格区域。在“开始”选项卡“样式”组中，单击“单元格样式”按钮，在弹出的下拉列表中选择合适的选项即可，如图 4.43 所示。

（2）套用表格格式

选定需要设置格式的单元格区域。在“开始”选项卡“样式”组中，单击“套用表格样式”按钮，在弹出的下拉列表中选择合适的选项即可，如图 4.44 所示。

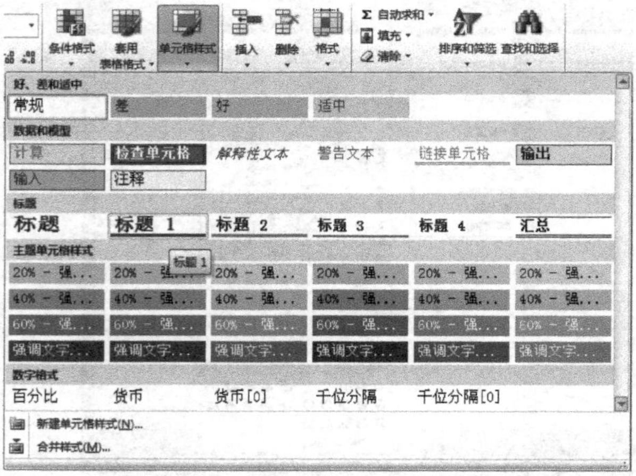

图 4.43 “单元格样式”列表

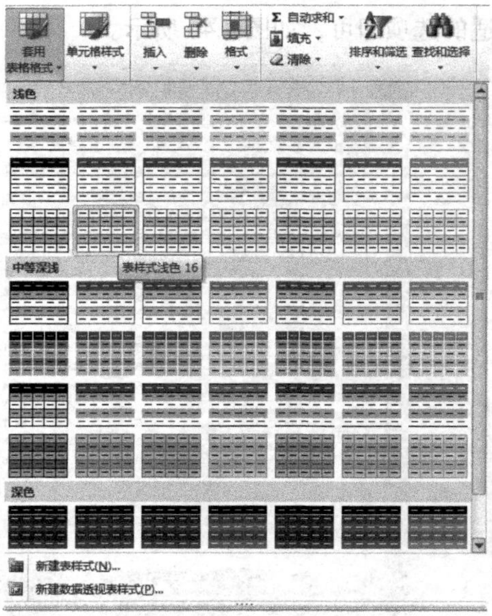

图 4.44 “套用表格格式”列表

11. 格式的复制和删除

对已格式化的数据区域，如果其他区域也要使用该格式，可以通过格式复制。

（1）格式的复制。格式复制一般使用“开始”选项卡“剪贴板”组中的“格式刷”按钮。操作方法与 Word 2010 中的格式刷一样。格式复制也可以通过“选择性粘贴”的办法来实现。在“选择性粘贴”对话框中选择“格式”单选框，然后单击“确定”按钮即可，如图 4.45 所示。

（2）格式删除。当对已设置的格式不满意时，选定需要设置格式的单元格区域，在“开始”选项卡“编辑”组中，单击“清除”按钮弹出下拉列表，选择“清除格式”选项即可，如图 4.46 所示。

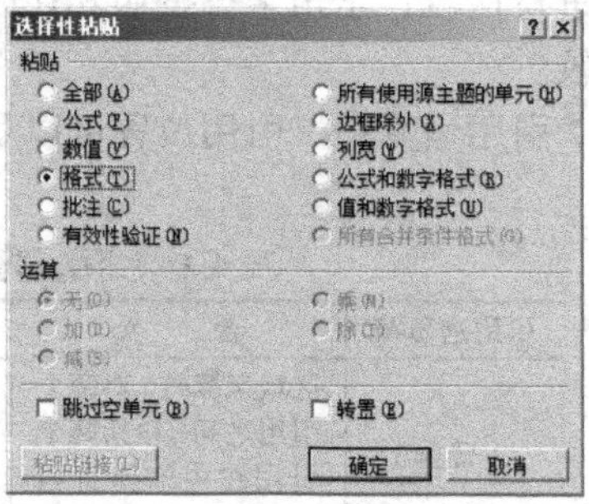

图 4.45 “选择性粘贴”对话框

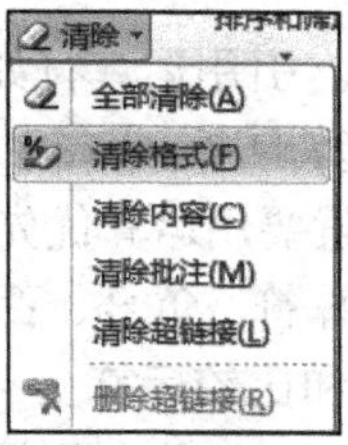

图 4.46 “清除”列表

4.3 公式与函数

Excel 2010 最重要的功能是对数据的计算和分析，利用公式与函数可以进行数据计算和分析。

4.3.1 公式

公式是在工作表中对数据进行计算的式子。公式可以引用单元格。

1. 公式的输入

输入公式应该以一个等号“=”开头。公式中可以包含有运算符、常量、变量、函数以及单元格引用等。

在单元格中输入公式的步骤如下。

（1）选定要输入公式的单元格。

（2）在单元格中输入一个等号“=”。

（3）输入公式的内容，该内容同时显示在选定单元和编辑栏中。

（4）输入完毕后，按回车键或者单击编辑栏中的“√”按钮。

公式输入完成后，公式所在的单元格显示公式计算的结果，而在编辑栏中仍然显示当前单元格的公式，以便于用户编辑与修改。如图 4.47 所示。

2. 运算符

运算符用于对公式中的元素进行特定类型的运算。在 Excel 2010 中有 4 类运算符分别是算术运算符、文本运算符、比较运算符和引用运算符。

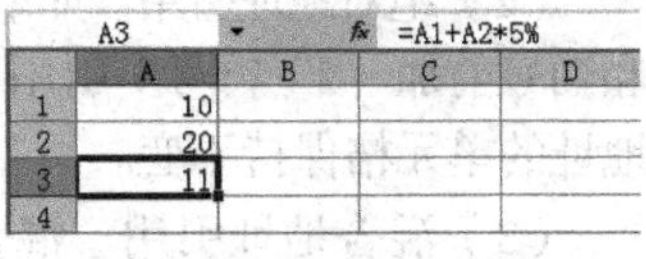

图 4.47 公式示例

（1）算术运算符。算术运算符进行基本的数学运算，如加、减、乘、除等。

（2）文本运算符。文本运算符（&）可以将文本连接起来。

（3）比较运算符。比较运算符可以对两个数据进行比较并产生逻辑值结果：True 或 False。比较运算符，如表 4.3 所示。

表 4.3　比较运算符

比较运算符	含　义	示　例
=	等于	A1＝A2
<	小于	A1＜A2
>	大于	A1＞A2
<>	不等于	A1＜＞A2
<=	小于等于	A1＜＝A2
>=	大于等于	A1＞＝A2

例如 A1 单元的值为 28，则 A1 ＜ 50 结果为 True，A1＞50 结果为 False。

字符串也可以进行比较，半角字符按照其 ASCII 码的顺序进行比较；全角字符按照其在区位码表中的顺序进行比较。

（4）引用运算符。引用位置可以是工作表上的一个或者一组单元格。引用运算符如表 4.4 所示。

表 4.4　引用运算符

引用运算符	含　义	示　例
：（冒号）	区域运算符，对两个引用之间，包括两个引用在内的所有单元格进行引用	(A1:C2)
，（逗号）	联合运算符，将多个引用合并为一个引用	(A2:A5,C2:C5)
（空格）	交叉运算符，表示几个单元格区域所共有（重叠）的那些单元格	(B2:D3 C1:C4)（这两个单元格区域的共有单元格为 C2 和 C3）

公式中的运算顺序。公式中同时使用了多种运算符，计算时就要用运算优先级。优先级从高到低为：引用运算符、负号、百分号、乘幂、乘除、加减、连接和比较运算。

如果公式中包含多个相同优先级的运算符，则按从左到右进行计算。如果要修改计算的顺序，可把公式中要先计算的部分括在圆括号内。

3. 单元格的引用

单元格的引用代表工作表中的一个单元格或者一组单元格，用以指出公式中所用数据的位置。

单元格的引用有如下几种。

（1）相对地址引用。在输入公式的过程中，相对地址是指在一个公式中直接用单元格的列标号与行标号来取用某个单元格的内容。

如果将含有单元地址的公式复制到另一个单元格时，公式中的单元格引用将会根据公式移动的相对位置做相应的改变，如图 4.48 所示。

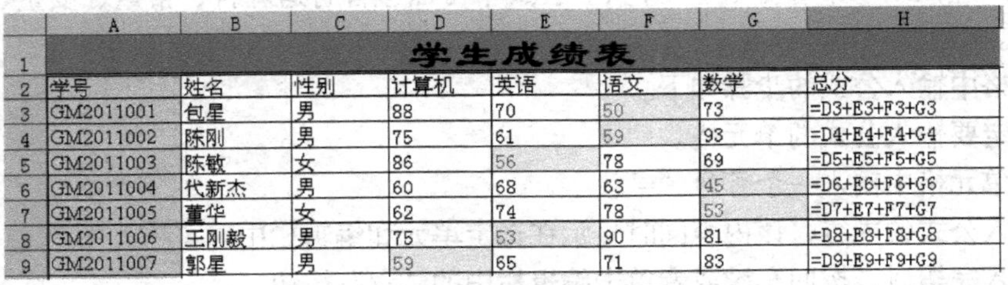

	A	B	C	D	E	F	G	H
1	学生成绩表							
2	学号	姓名	性别	计算机	英语	语文	数学	总分
3	GM2011001	包星	男	88	70	50	73	=D3+E3+F3+G3
4	GM2011002	陈刚	男	75	61	59	93	=D4+E4+F4+G4
5	GM2011003	陈敏	女	86	56	78	69	=D5+E5+F5+G5
6	GM2011004	代新杰	男	60	68	63	45	=D6+E6+F6+G6
7	GM2011005	董华	女	62	74	78	53	=D7+E7+F7+G7
8	GM2011006	王刚毅	男	75	53	90	81	=D8+E8+F8+G8
9	GM2011007	郭星	男	59	65	71	83	=D9+E9+F9+G9

图 4.48　相对地址引用

（2）绝对地址引用。如果公式需要引用某个指定单元格的数据时，就必须使用绝对地址（在行号和列号前加“$”符号）引用。对于包含绝对引用的公式，无论将公式复制到什么位置，所引用绝对地址的单元格保持不变。

（3）混合地址引用。混合地址引用是在列号或行号前加“$”符号构成，如：$A1、A$1，当移动或复制含有混合地址的公式时，混合地址中的相对行（相对列）发生变化，而绝对行（绝对列）保持不变。

（4）三维地址引用。三维地址引用包含一系列工作表名称和单元格或单元格区域引用。三维地址引用的一般格式为：工作表标签！单元格引用。例如，如果引用 Sheet2 工作表中单元格 B2，则输入“Sheet2！B2”。

4. 公式的复制

公式的复制与数据的复制方法相同。但当公式中包含引用地址的参数时，根据引用地址的不同，公式的计算结果将不一样。若公式中采用相对引用，复制公式时，Excel 2010 自动调整相对引用的相关部分。如果要使复制后的公式的引用位置保持不变，应该使用绝对引用。

5. 公式中的错误信息

输入计算公式后，当公式输入有误时，系统会在单元格中显示错误信息。如在需要数字的公式中使用了文本，删除了被公式引用的单元格等，常见的错误信息及含义如表 4.5 所示。

表 4.5 常见的错误信息及含义

错误信息	含 义	错误信息	含 义
#DIV/0!	公式被零除	#NUM!	数值有问题
#N/A	引用了当前不能使用的数值	#REF!	引用了无效的单元格
#NAME?	引用了不能识别的名字	#VALUE!	错误的参数或运算对象
#NULL!	无效的两个区域交集		

4.3.2 函数

函数是预定义的内置公式，它使用被称为参数的特定数值，按语法的特定顺序进行计算。

函数的语法以函数名称开始，指明将要进行的操作；后面是左圆括号、以逗号隔开的参数和右圆括号。如果函数以公式的形式出现，要在函数名称前面键入等号“=”。

函数的语法格式：函数名称（参数 1，参数 2…）

参数可以是数字、文本、逻辑值、数组或者单元格引用。参数也可以是常量、公式或其他函数，不需任何参数的函数必须用一空括号以使 Excel 2010 能识别该函数。

Excel 2010 提供了许多内置函数，为用户对数据进行运算和分析带来极大方便。这些函数涵盖范围包括：数学与三角函数、时间与日期、统计、财务、查找与引用、数据库、文本、逻辑、信息等。

1. 函数的分类

（1）数学与三角函数，如表 4.6 所示。

表 4.6 数学与三角函数

函数名称	功 能	应用举例	运行结果
ABS(*X*)	求绝对值	=ABS(-1)	1
INT(*X*)	对 *X* 取整	=INT(16.67)	16
SQRT(*X*)	对 *X* 开平方	=SQRT(9)	3
ROUND(*X*, n)	对 *X* 四舍五入保留 n 位小数	=ROUND(35.75,1)	35.8
MOD(*X*1, *X*2)	取模，即 *X*/*Y* 的余数	=MOD(5,3)	2
EXP(*X*)	求自然对数的底 e 的 *X* 次方	=EXP(1)	2.718 28
LN(*X*)	求 *X* 的自然对数值	=LN(2.71)	0.996 95
PI( )	圆周率 π 值 3.14159	=PI( )	3.141 59
RAND( )	产生一个 0～1 之间的随机数	=RAND ( )	0.904 31
LOG10(*X*)	求 *X* 的常用对数值	=LOG10(100)	2

续表

函数名称	功能	应用举例	运行结果
SUM(区域)	参数相加	=SUM(1,2,3,4)	10
COS(*X*)	求 *X* 的余弦值	=COS(PI( )/3)	0.5
ACOS(*X*)	求 *X* 的反余弦值	=ACOS(0.866)	0.647 878
SIN(*X*)	求 *X* 的正弦值	=SIN(PI( )/6)	0.5
ASIN(*X*)	求 *X* 的反正弦值	=ASIN(0.866)	1.047 15
TAN(*X*)	求 *X* 的正切值	=TAN(PI( )/4)	1
ATAN(*X*)	求 *X* 的反正切值	=ATAN(1)	0.785 4

（2）统计函数，如表 4.7 所示。

表 4.7　统计函数

函数名称	功能	应用举例	结果
SUM(区域)	统计区域内数值总和	=SUM(A1:A4)	
AVERAGE(区域)	统计区域内数值的平均值	=AVERAGE(A1:B4)	
COUNT(区域)	统计区域内的单元格个数	=COUNT(A3,B1:B4)	
COUNTA(区域)	统计区域内非空单元格个数	=COUNTA(B1:B4)	
MAX(区域)	统计区域内所有数中的最大者	=MAX(A1:B4)	
MIN(区域)	统计区域内所有数中的最小者	=MIN(A1:B4)	
VAR(区域)	统计区域内数值的方差	=VAR(A1:B4)	
STDEV(区域)	统计区域内数值的标准差	=STDEV(A1:B4)	

（3）文本函数，如表 4.8 所示。

表 4.8　文本函数

函数名称（可引用区域作参数）	功能	实例	结果
FIND(子字串，主字串, n)	若在主字串左起第 n 位后找到子字串，则值为子串在主串的位置，否则为#VALUE	=FIND("AC","BC",4) =FIND("efg","abcdefg",2)	#VALUE 5
LEFT(字串, n)	取字串左边 n 个字符	=LEFT("ABCD",2)	AB
RIGHT(字串, n)	取字串右边 n 个字符	=RIGHT("Email",4)	mail
MID(字串, m, n)	从字串第 m 位起取 n 个字符	=MID("ABCDEFG",3,2)	CD
LEN(字串)	字串字符数	=LEN("English")	7
LOWER(字串)	把字串全部内容转换为小写	=LOWER("THE")	the
UPPER(字串)	把字串全部内容转换为大写	=UPPER("the")	THE
REPLACE(主串, m, n，子串)	从主串第 m 位删去 n 个字符用子串插入	=REPLACE("ENGLISH",2,6,"mail")	Email
VALUE(数字字串)	把数字字串转换成数值	=VALUE("123.46")	123.46
TRIM(字串)	去掉字符前部及尾部空格，中间空格只保留一个	=TRIM("姓名")	姓名
REPT(字串, n)	字符重复 n 次	=REPT("_",5)	_____
EXACT(字串 1，字串 2)	两字符串完全相等为 TRUE，否则为 FALSE	=EXACT("ABC","ABC")	TRUE

（4）日期和时间函数，如表 4.9 所示。

表 4.9　日期和时间函数

函数名称	功　能	应用举例	运行结果
DATE(年,月,日)	得到从 1900 年 1 月 1 日到指定年、月、日的总天数	=DATE(2007,4,20)	39192
DATEVALUE(日期字串)	得到从 1900 年 1 月 1 日至日期字串所代表的日期的总天数	=DATEVALUE("2007/04/15")	39187
DAY(日期字串)	得到日期字串的天数	=DAY("2007/4/18")	18
MONTH(日期字串)	得到日期字串的月份	=MONTH("2007/4/21")	4
YEAR(日期字串)	得到日期字串的年份	=YEAR("2007/4/21")	2007
NOW( )	得到系统日期和时间的序列数	=NOW( )	2007/4/22 11:05
TIME(时,分,秒)	得到特定时间的序列数	=TIME(21,5,50)	9:05PM
HOUR（时间数）	转换时间数为小时	=HOUR(31404.5)	12

如通过工作表的出生年月，计算出年龄。

在年龄单元格，输入包括函数的公式：=YEAR (NOW())- YEAR(D3)，即用当前日期的年份减去该单元格出生年月的年份，得到年龄。如图 4.49 所示。

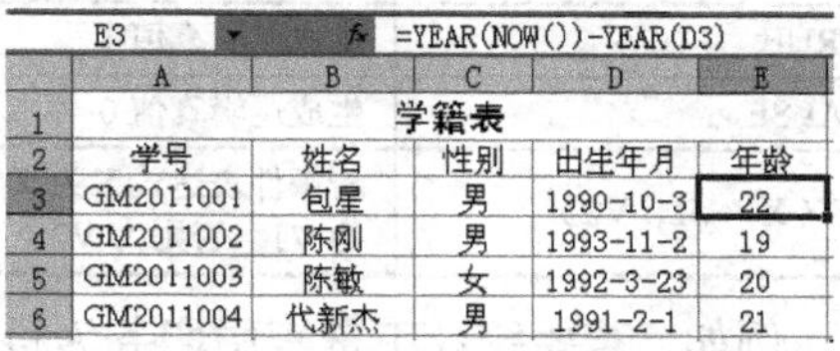
E3　=YEAR(NOW())-YEAR(D3)

	A	B	C	D	E
1		学籍表			
2	学号	姓名	性别	出生年月	年龄
3	GM2011001	包星	男	1990-10-3	22
4	GM2011002	陈刚	男	1993-11-2	19
5	GM2011003	陈敏	女	1992-3-23	20
6	GM2011004	代新杰	男	1991-2-1	21

图 4.49　日期函数示例

（5）财务函数，如表 4.10 所示。

表 4.10　财务函数

函数名称	功　能
PMT（〈贷款利率〉,〈分期偿还期数〉,〈贷款总额〉）	得到按贷款总额，每期规定利率（复利）及还款期数，每期应还款数
PV（〈每期利率〉,〈偿还期数〉,〈偿还能力〉）	得到规定利率（复利）及偿还期数，及偿还能力下可贷款总额
FV（〈利率〉,〈存款期数〉,〈每期存款额〉）	得到按每期规定利率（复利）及每期存款额在期满后本息总和
NPV（〈存放利率的表格单元〉,〈逐期还款量所在的区域〉）	贷款者收回的本金及净利之和
IRR（〈利率估计值所在的表格单元〉,〈借款数及每期还款数区域〉）	根据借、还款数量及每期利息的估计值算利率，以保证收支平衡

例如，某企业计划向银行贷款￥100 000，分 12 期偿还，已知银行年利率为 8%，计算分期付款每月所应偿还的金额，如图 4.50 所示。

PMT（8%/12，12，100 000）=8 698.84（元）。

例如，参加零存整取储蓄，每月存入 1 000 元，年利率 2.75%（每月按复利率计算月利率为 2.75%/12），计算一年后可得金额，如图 4.51 所示。

FV（2.75%/12，12，−1000）=12 152.41（元）。

在以上函数中，付出的金额用负号“−”表示，收到的金额为正号。当利率为年利率时，需要除 12 以转换月利率。

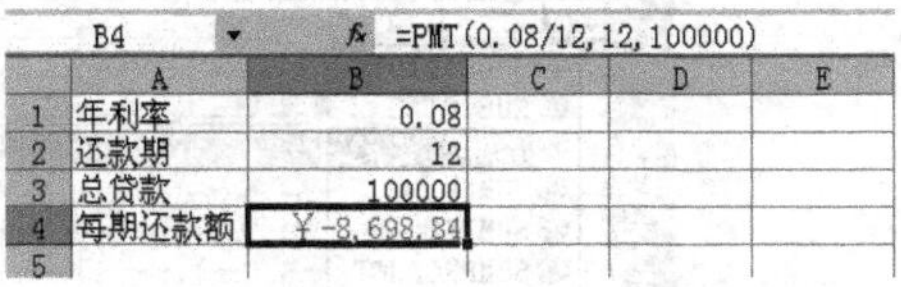
B4　=PMT(0.08/12,12,100000)

	A	B	C	D	E
1	年利率	0.08			
2	还款期	12			
3	总贷款	100000			
4	每期还款额	￥-8,698.84			
5					

图 4.50　PMT 函数示例

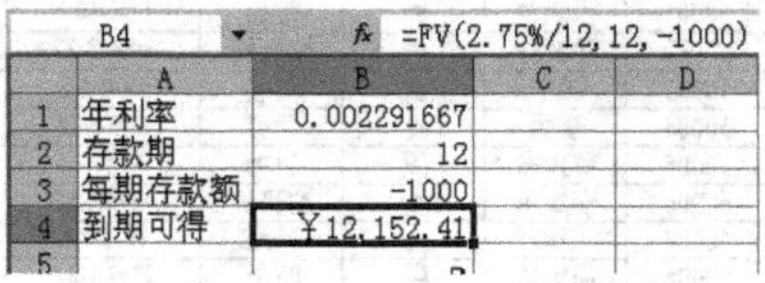
B4　=FV(2.75%/12,12,-1000)

	A	B	C	D
1	年利率	0.002291667		
2	存款期	12		
3	每期存款额	-1000		
4	到期可得	￥12,152.41		
5				

图 4.51　FV 函数示例

（6）逻辑函数，如表 4.11 所示。

条件函数（IF）是一个非常有用的函数，其功能是对比较条件（X）进行测试，如果条件成立，函数值取第一个值（V1），否则取第二个值（V2）。

例如，对于学生成绩表中的平均分（单元格为 J3）一列进行判断，成绩在 60 分或以上者，在旁边单元格显示“及格”，其余情况显示“不及格”，可采用如下函数实现。

IF(J3>60,“及格”,“不及格”)

特别注意在输入公式时，所有的标点符号一定是英文标点。

（7）数据库函数，如表 4.12 所示。

表 4.11　逻辑函数

函数名称	功能
NOT（逻辑表达式）	对一个逻辑表达式求反
AND（逻辑表达式 1，逻辑表达式 2，…）	所有逻辑表达式都为 True 时，函数值返回 True
OR（逻辑表达式 1，逻辑表达式 2，…）	只要有一个逻辑表达式为 True，函数值返回 True
TRUE	生成逻辑真值 1
FALSE	生成逻辑真值 0
IF（X，V1，V2）	若条件表达式 X 为真函数取值为 V1，否则为 V2

表 4.12　数据库函数

函数名称	功能
DAVERAGE	返回选定数据库项的平均值
DCOUNT	计算数据中包含数字的单元格个数
DCOUNTA	计算数据库中非空单元格的个数
DMAX	返回选定数据库项中的最大值
DMIN	返回选定数据库项中的最小值
DSUM	对数据库中满足条件的记录的字段列中的数字求和

例如，若要统计工资表中职务为科员的人数，可采用 DCOUNTA 函数，其功能是计算数据库中非空单元格的个数。首先，在数据库以外的空白区域建立条件区，条件由列标签和条件组成，本例为 D12:D13，设统计结果存放在 E13 单元，把 E13 单元选定为活动单元格，输入函数：=DCOUNTA(A2:F10,D2,D12:D13)，结果为 4。该函数的三个参数意义分别为：A2:F10 是数据库，即函数操作的范围；D2 是函数计算的列标签，即对“职务”列进行统计；D12:D13 是包含给定条件的单元格区域，即统计的条件，结果如图 4.52 所示。

2. 函数的输入

Excel 2010 的函数既可单独使用，又可被公式引用。由于在 Excel 表格中经常用到求和计算，因此系统特别将它设定成一个工具按钮。

函数的输入有两种方法，分别是手工输入和向导输入。

手工输入，操作步骤如下。

（1）选定要输入函数的单元格。

（2）键入“=”和函数名，在输入的过程中，Excel 2010 会提供提示信息，如图 4.53 所示，可以在下拉列表中选合适的选项，双击即可。

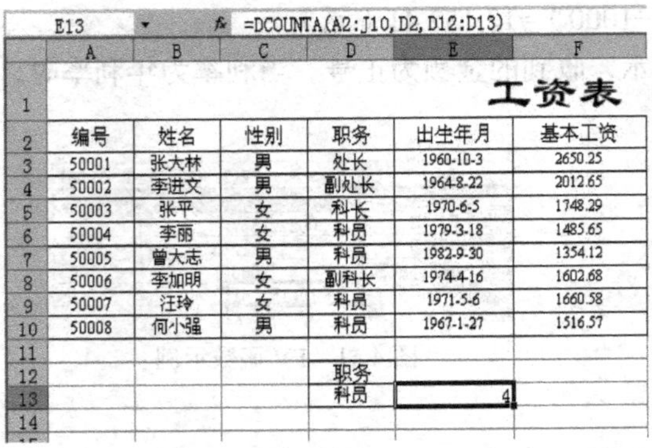

图 4.52　DCOUNTA 函数示例

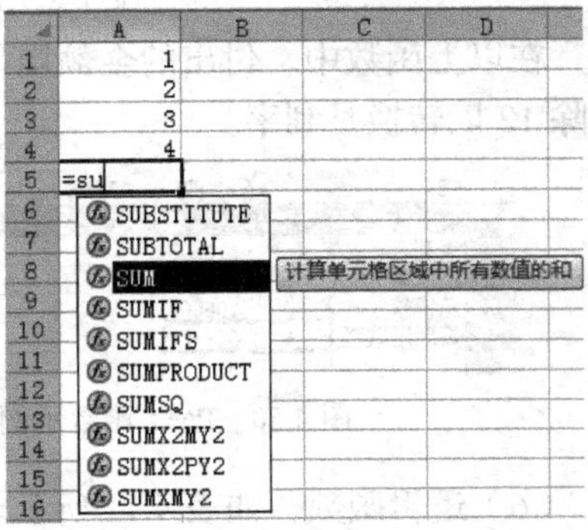

图 4.53　“函数”提示

（3）继续输入参数，单击编辑栏的“确定”按钮“√”或按回车键，函数所在的单元格中将显示结果。

通过向导输入，操作步骤如下。

（1）选定需要输入函数的单元格，在“公式”选项卡“函数库”组，单击需要的函数组按钮，弹出下拉列表，如图 4.54 所示。

（2）在下拉列表中选择合适的选项，否则选择“插入函数”选项，打开“插入函数”对话框，如图 4.55 所示。

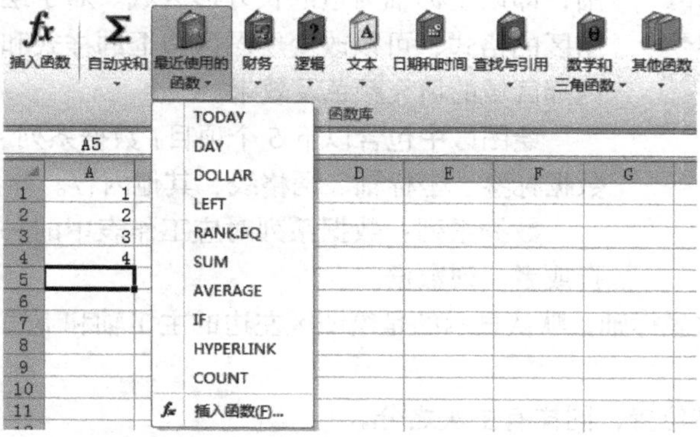

图 4.54 “最近使用的函数”列表

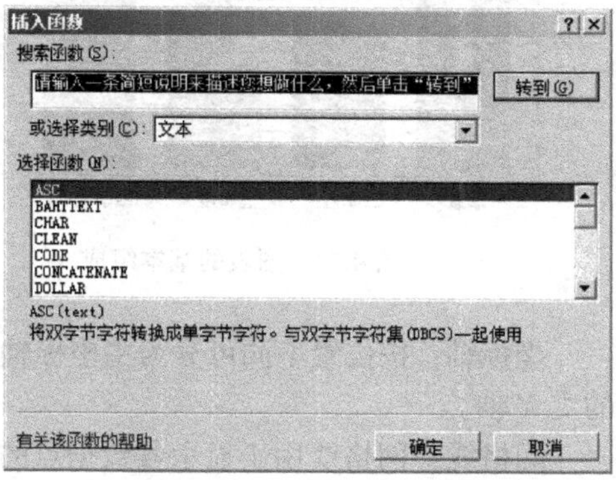

图 4.55 “插入函数”对话框

（3）从类别列表框中选择要输入的函数分类。例如，选择“统计”。再从“选择函数”列表框选择所需要的函数，单击“确定”按钮，打开“函数参数”对话框，如图 4.56 所示。

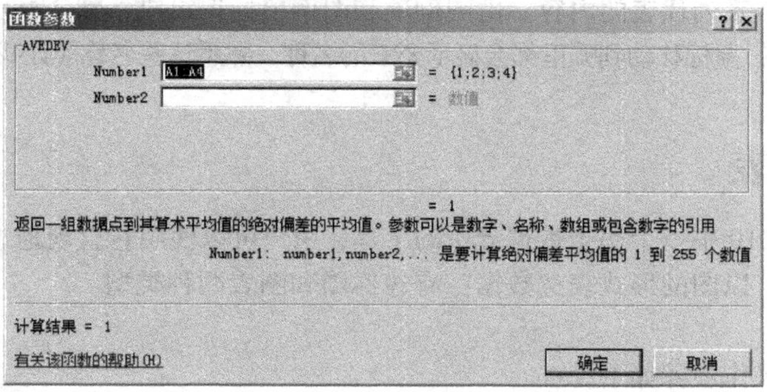

图 4.56 输入“函数参数”对话框

（4）在“函数参数”对话框中输入参数，可以直接输入数值、单元格引用或区域，也可以单击参数框右边的按钮，直接用鼠标在工作表中选择所引用的单元格或区域，再次按输入框右边的按钮，回到“函数参数框”，依次输入所有的参数。最后单击“确定”按钮。

4.4 图表与打印

工作表是一种以数字形式呈现的报表，它具有定量的特点，但不够直观。Excel 2010 提供强大的数据图表功能，可以将抽象的数据变成更直观的图表形式。

4.4.1 图表的组成

在创建图表之前，先了解图表的基本组成，如图 4.57 所示。

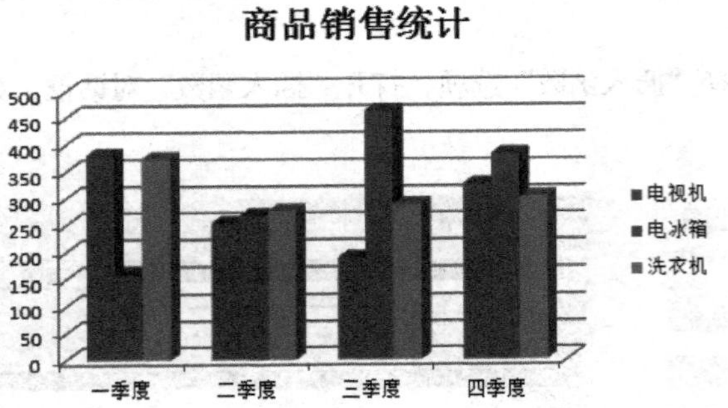

图 4.57 图表的基本组成

图表区中主要分为图表标题、图例、绘图区 3 个大的组成部分。

1. 绘图区

绘图区是指图表区内的图形表示的范围，即以坐标轴为边的长方形区域。对于绘图区的格式，可以改变绘图区边框的样式和内部区域的填充颜色及效果。

绘图区中包含以下 5 个项目：数据系列、数据标签、坐标轴、网格线、其他内容。

数据系列：数据系列对应工作表中的一行或者一列数据。

坐标轴：按位置不同可分为主坐标轴和次坐标轴，默认显示的是绘图区左边的主 *Y* 轴和下边的主 *X* 轴。

网格线：网格线用于显示各数据点的具体位置，同样有主次之分。

2. 图表标题

图表标题是显示在绘图区上方的文本框，有且只有一个。图表标题的作用就是简明扼要的概述图表的作用。

3. 图例

图例是显示各个系列代表的内容。由图例项和图例项标识组成，默认显示在绘图区的右侧。

在生成的图表上，鼠标移动到哪里都会显示要素的名称，熟悉这些名称能让我们更好、更快地对图表进行设置。

4.4.2 建立图表

图表是 Excel 2010 中一个用于数据分析的工具，用户可以使用它直观地了解数据的大小和数据波动变化的情况，以图的形式表达数据，有迷你图和图表两种类型。

1. 迷你图

迷你图的创建操作步骤如下。

（1）将光标定位于插入迷你图的位置，在“插入”选项卡“迷你图”组中，单击合适的按钮，如图 4.58 所示。

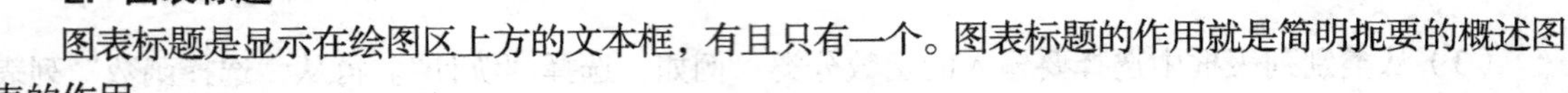

图 4.58 “插入”选项卡

（2）打开“创建迷你图”对话框，在对话框内输入数据范围和位置范围区域，单击“确定”按钮，如图 4.59 所示。

（3）此时，在单元格内就创建了迷你图，如图 4.60 所示。

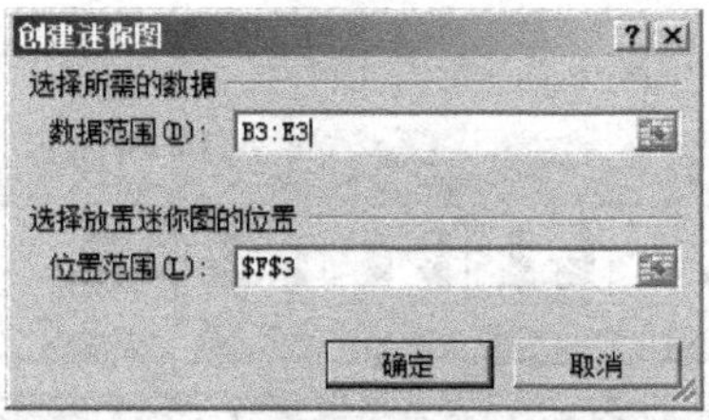

图 4.59　“创建迷你图”对话框

A	B	C	D	E	F
商品销售统计表					
	一季度	二季度	三季度	四季度	走趋图
电视机	380	254	189	326	
电冰箱	159	268	463	382	
洗衣机	374	276	289	302	

图 4.60　迷你图示例

（4）在“设计”选项卡“显示”组中，选择“高点”复选框，在“样式”组中单击“标记颜色”按钮，为高点选择一种颜色（红色），如图 4.61 所示。

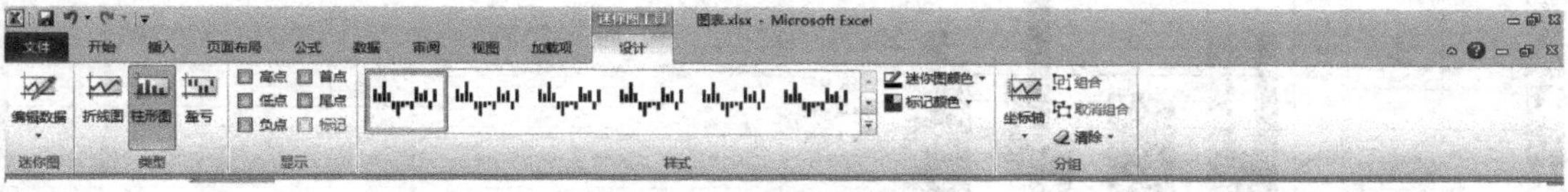

图 4.61　“设计”选项卡

（5）通过快速填充到其他位置，最后的结果，如图 4.62 所示。

A	B	C	D	E	F
商品销售统计表					
	一季度	二季度	三季度	四季度	走趋图
电视机	380	254	189	326	
电冰箱	159	268	463	382	
洗衣机	374	276	289	302	

图 4.62　迷你图示例

2. 图表

以商品销售统计表为例，创建图表的步骤如下。

（1）选定创建图表的数据区域。

（2）在“插入”选项卡“图表”组中，单击“柱状图”按钮，在弹出下拉列表中选择合适的选项，如图 4.63 所示。

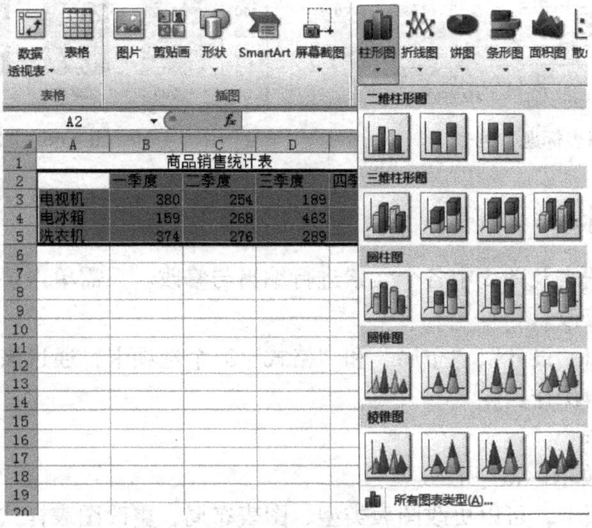

图 4.63　“柱状图”列表

（3）此时图表就插入工作表中，如图 4.64 所示。

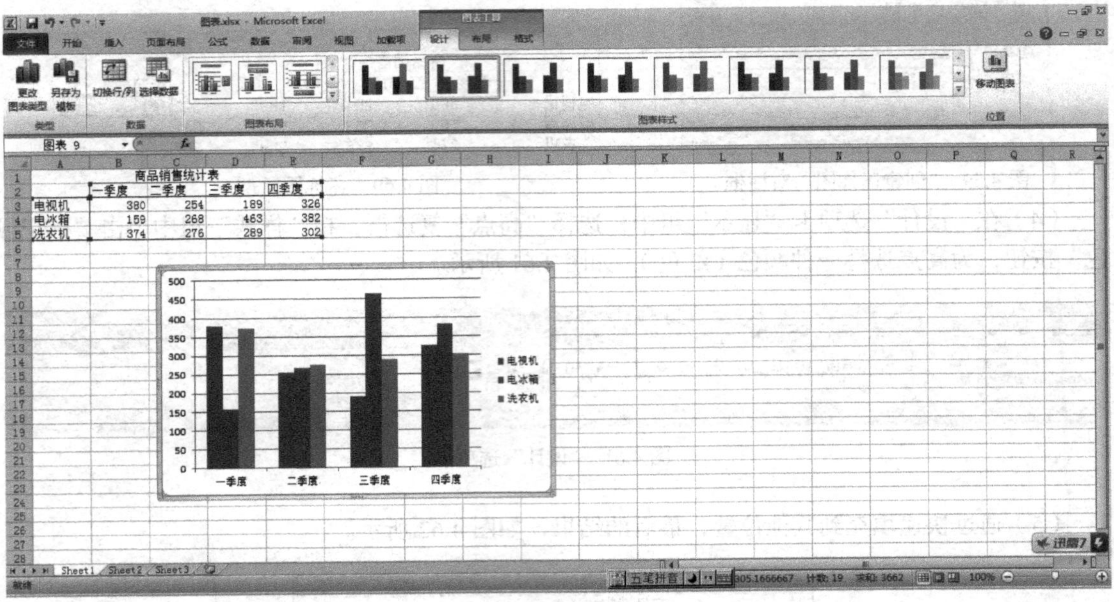

图 4.64　图表示例

（4）在“布局”选项卡“标签”组中，单击“图标标题”按钮，弹出下拉列表选择“图表上方”选项，如图 4.65 所示。

（5）图表中出现“图表标题”元素，输入内容，结果如图 4.66 所示。

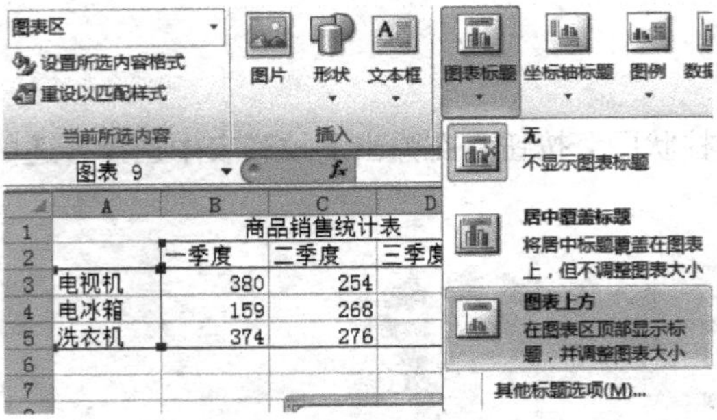

图 4.65　“图表标题”列表

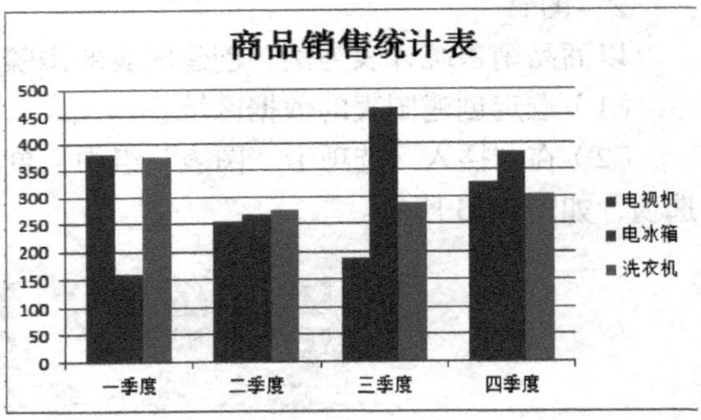

图 4.66　图表示例

4.4.3　图表的编辑

图表编辑是指对图表及图表中各个元素进行编辑与修改。只需单击要处理的图表项，就可选定该项，进行编辑与修改。

选定图表，会多出“设计”、“布局”和“格式”3 个选项卡，通过该功能区上的按钮命令，实现对图表元素的编辑操作。

1．“设计”选项卡

“设计”选项卡，如图 4.67 所示。

通过“设计”选项卡，可以更改图表类型、图表布局，更改图表样式和移动图表等。

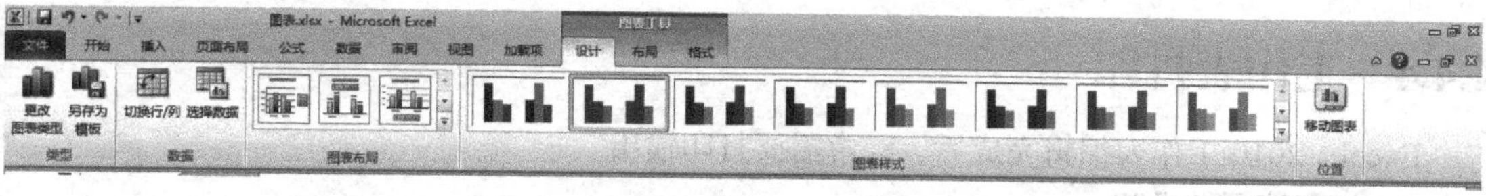

图 4.67　“设计”选项卡

2. “布局”选项卡

“布局”选项卡，如图 4.68 所示。

图 4.68　“布局”选项卡

通过“设计”选项卡，可以改变图表元素的布局、坐标轴、网络线，改变背景，插入分析结果线等。

3. “格式”选项卡

“格式”选项卡，如图 4.69 所示。

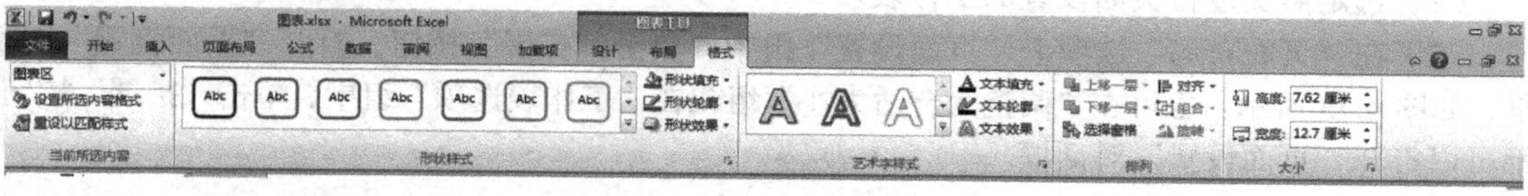

图 4.69　“格式”选项卡

通过“格式”选项卡，可以更改图表元素的格式设置，操作步骤如下。

（1）在进行格式操作前，先要选定图表元素，在“布局”选项卡或者“格式”选项卡中的“当前所选内容”组中，在所选内容下拉列表中选择图表元素，如图 4.70 所示。

（2）在“布局”选项卡或者“格式”选项卡中的“当前所选内容”组中，单击“设置所选内容格式”按钮，打开“设置所选内容格式”对话框，在此进行格式操作，如图 4.71 所示。

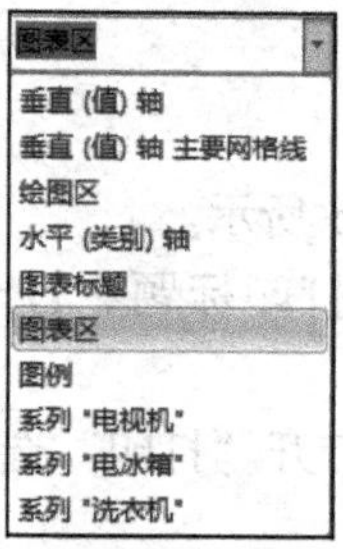

图 4.70　“所选内容”列表

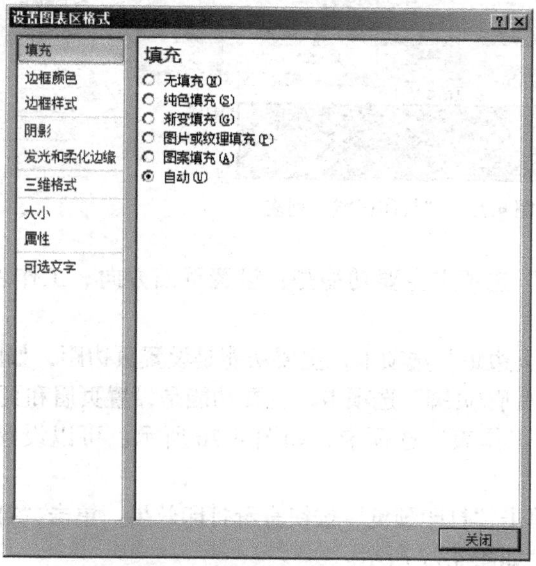

图 4.71　“设置所选内容格式”对话框

4.4.4　工作表打印

Excel　2010 工作表编辑完成后，经常需要打印输出。

1．打印范围的设定

默认情况下，如果用户在 Excel 2010 工作表中执行打印操作，会打印当前工作表中所有非空单元格中的内容。而很多情况下，用户可能仅仅需要打印当前 Excel 2010 工作表中的一部分内容，而非所有内容。此时，用户可以为当前 Excel 2010 工作表设置打印区域。

设定打印范围的操作步骤如下。

（1）在工作表中选定需要打印的区域。

（2）在“页面布局”选项卡“页面设置”组中，单击“打印区域”按钮，弹出下拉列表，如图 4.72 所示，选择“设置打印区域”选项即可。

如果在弹出的下拉列表中，选择“取消打印区域”选项，即可取消上次选定的打印区域。

通过“页面设置”对话框，也可以设置打印区域。

2．页面设置

用户可以根据打印要求进行页面设置，具体操作方法如下。

（1）选定需要进行页面设置的工作表。

（2）在“页面布局”选项卡“页面设置”组中，单击“扩展”按钮，打开“页面设置”对话框，如图 4.73 所示。也可在“调整为合适大小”组或在“工作表选项”组中，单击“扩展”按钮，都可以打开“页面设置”对话框。

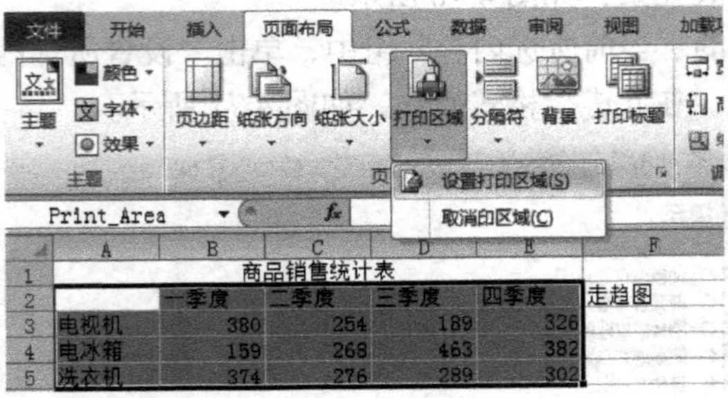

图 4.72　“打印区域”列表

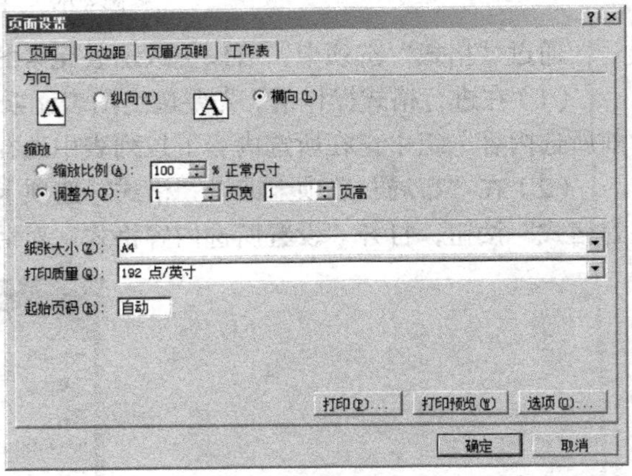

图 4.73　“页面设置”对话框

“页面”选项卡主要功能是：设置页面方向、工作表的缩放、纸张大小、打印质量和起始页等。

（3）“页边距”选项卡，主要功能是设置页边距，如图 4.74 所示。

（4）“页眉/页脚”选项卡，主要功能是设置页眉和页脚，如图 4.75 所示。

（5）“工作表”选项卡，如图 4.76 所示。可以设置打印区域、打印标题、打印的有关选项等。

（6）单击“打印预览”按钮查看打印效果。单击“打印”按钮，打开“打印”选项页，进行打印操作，如图 4.77 所示。

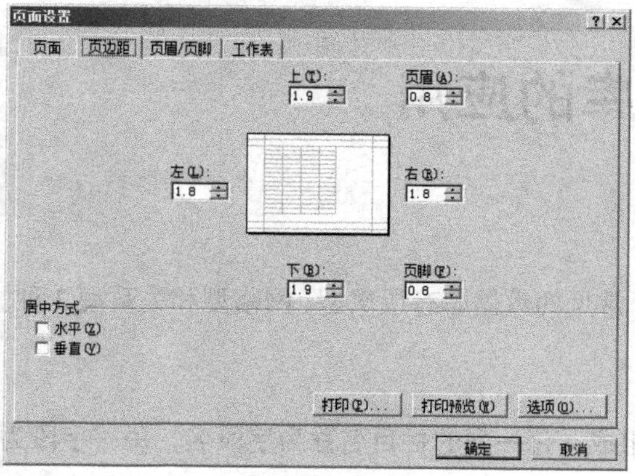

图 4.74　“页边距”选项卡

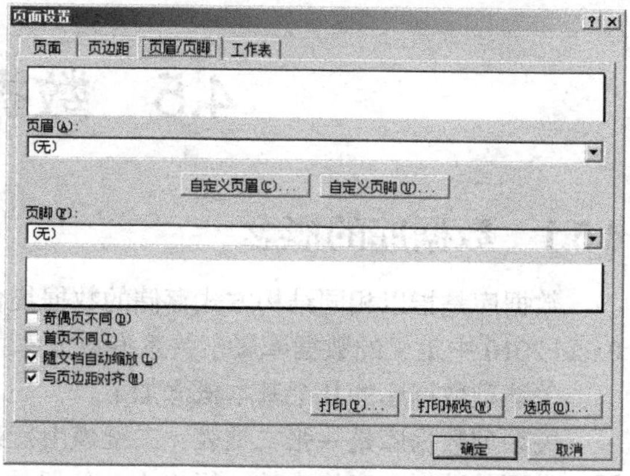

图 4.75　“页眉/页脚”选项卡

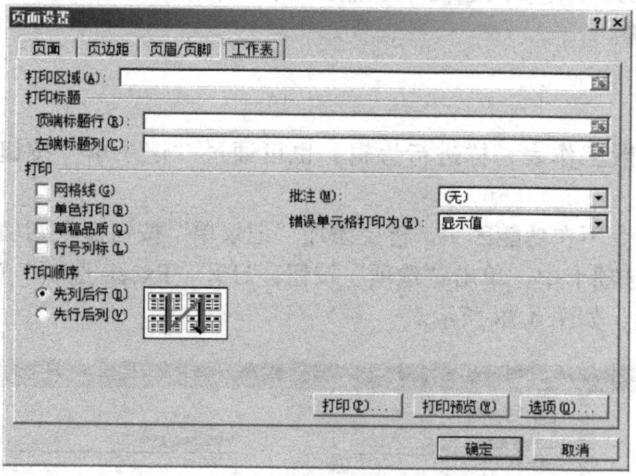

图 4.76　“工作表”选项卡

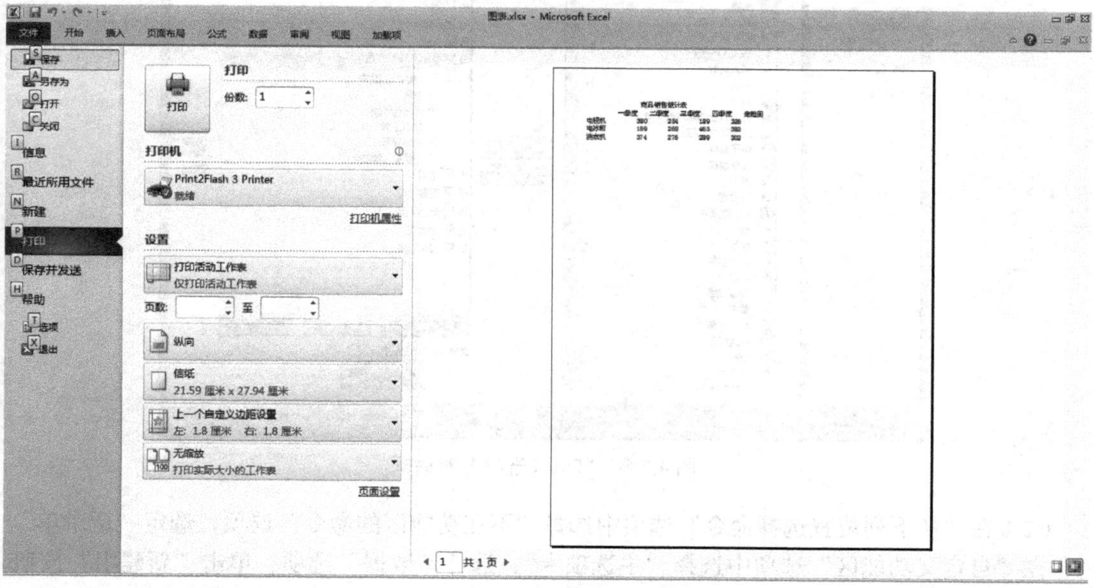

图 4.77　“打印”选项页

4.5 数据库的应用

4.5.1 数据库的概念

数据库是指以相同结构方式存储的数据集合。常见的数据库有层次型、网络型和关系型 3 种。Excel 2010 中定义的数据库属于关系型数据库。

关系型数据库的几个基本概念如下。

关系型数据库是一张二维表，二维表由行列组成，每一列的栏目名称为字段名，每一字段为同一类型的数据。表格中的一行称为一条记录。

建立一个 Excel 2010 工作表的过程即是建立一个数据库的过程，数据库是一种特殊的工作表，它符合关系型数据结构。

4.5.2 记录单

数据库既可像一般工作表一样进行编辑，也可通过“记录单”按钮命令来查看、更改、添加及删除记录。

“记录单”按钮命令不在功能区中，首要添加“记录单”按钮命令到功能区，操作步骤如下。

（1）在“文件”选项卡中，单击“选项”按钮，打开“Excel 选项”对话框，单击左边窗格“自定义功能区”选项，如图 4.78 所示。

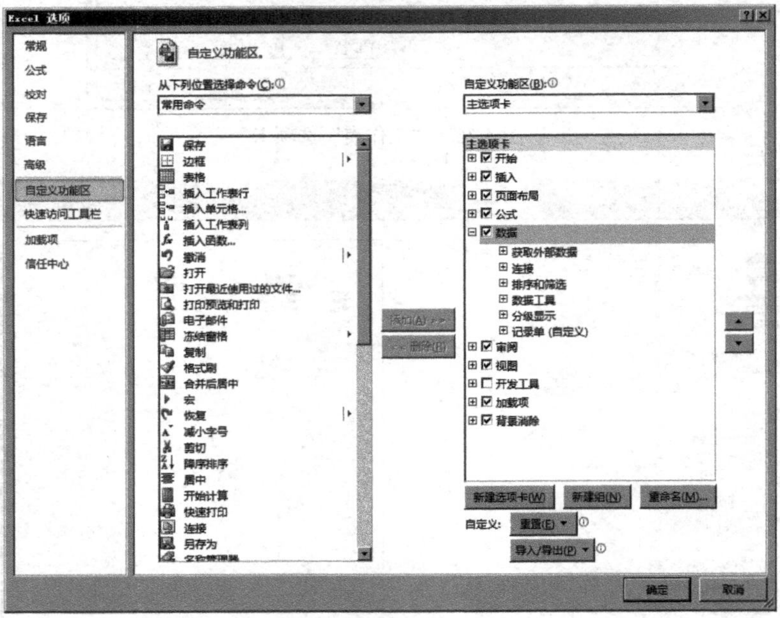

图 4.78 “Excel 选项”对话框

（2）在“从下列位置选择命令”选项中选择“不在功能区的命令”选项，选定“记录单”。

在“自定义功能区”选项中选择“主选项卡”，选择“数据”选项，单击“新建组”按钮，重命名为“记录单”，然后选择“记录单”。如图 4.79 所示。

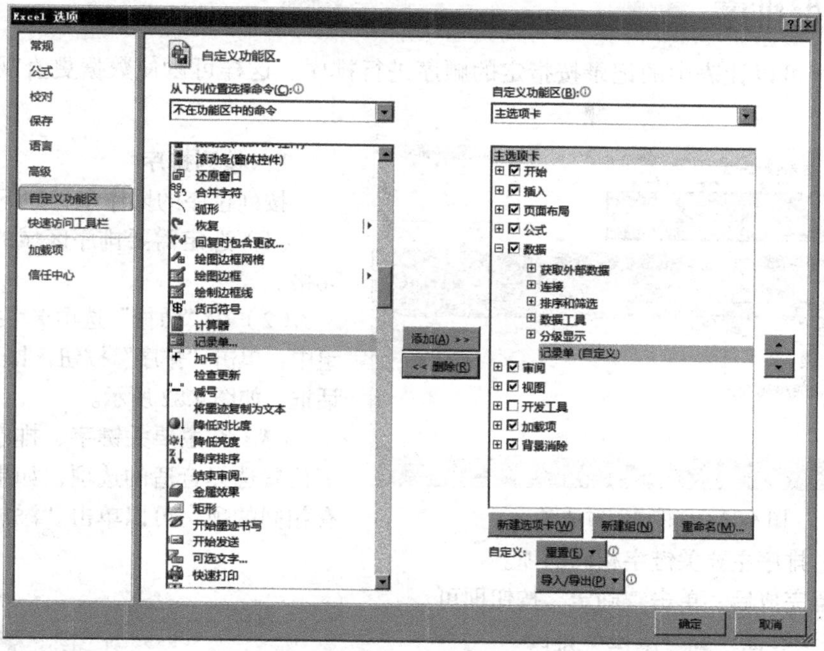

图 4.79　添加“记录单”按钮至功能区

单击“添加”按钮即可。

（3）单击“确定”按钮，即可把“记录单”命令按钮加入功能区，如图 4.80 所示。

图 4.80　“记录单”命令按钮

打开记录单的操作步骤如下。

（1）打开工作表，选定数据区域的任何单元格。

（2）在“数据”选项卡“记录单”组中，单击“记录单”按钮，打开记录单窗口，如图 4.81 所示。

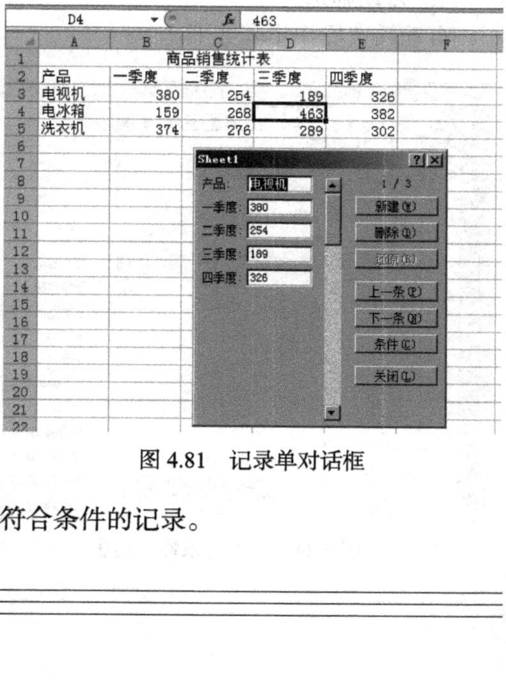

图 4.81　记录单对话框

输入数据：可单击“新建”按钮后，为数据库增加记录。

查看记录：单击“上一条”、“下一条”按钮，显示的记录内容除了公式外，其余可直接在文本框中修改。

删除记录：先找到要删除记录，再单击“删除”按钮。

查找记录：单击“条件”按钮，在对话框中输入查找条件，然后用“下一条”、“上一条”按钮查看符合条件的记录。

4.5.3 数据排序

通过排序可以让表中的记录按指定的顺序进行排序。这样可以使数据更直观，方便查找与处理。

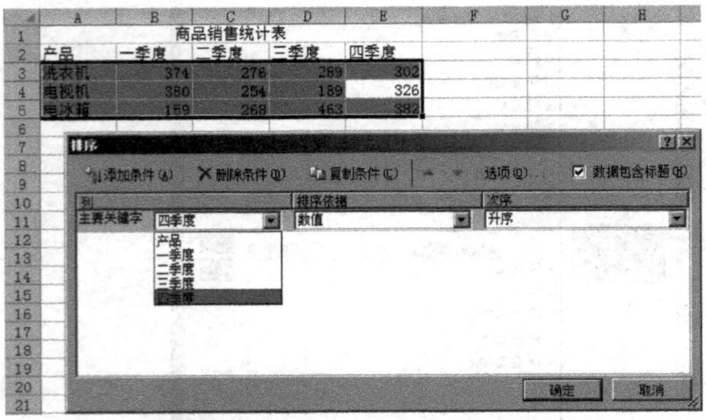

图 4.82 “排序”对话框

1. 按列排序

按列排序的操作步骤如下。

（1）选定需要排序区域的任何一个单元格。

（2）在“数据”选项卡“排序和筛选”组中，单击“排序”按钮，打开“排序”对话框，如图 4.82 所示。

（3）在主要关键字、排序依据和次序等位置选择合适的选项，如果主要关键字有相同的项，可以单击“添加条件”添加次要关键字，排序主要关键字相同的项。

（4）设置完成后，单击“确定”按钮即可。

2. 通过“升序”和“降序”排序

通过“升序”和“降序”排序，操作方法如下。

（1）选定需要排序的列中的任意的单元格。

（2）在“数据”选项卡“排序和筛选”组中，单击“升序”或“降序”按钮即可，如图 4.83 所示。

图 4.83 “排序和筛选”组

4.5.4 数据筛选

数据筛选可以快速寻找到符合条件的记录，暂时隐藏其他记录。Excel 2010 提供“自动筛选”和“高级筛选”两种方法筛选数据。

1. 自动筛选

自动筛选操作步骤如下。

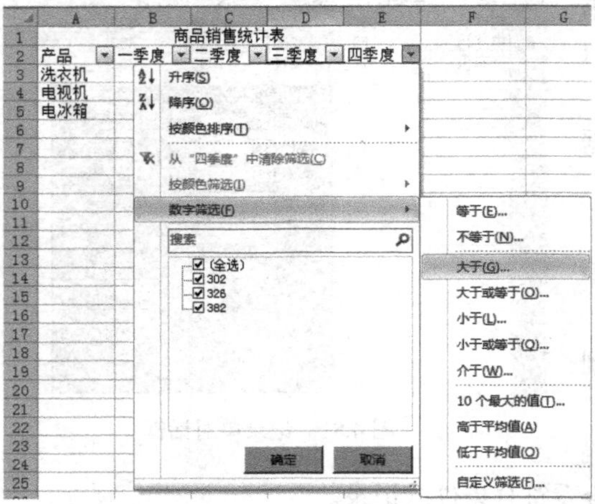

图 4.84 “筛选条件”列表

（1）选定需要筛选区域的任何一个单元格。

（2）在“数据”选项卡“排序和筛选”组中，单击“筛选”按钮，可见在数据库中每一个列标记的旁边插入下拉箭头。

（3）单击要筛选列的箭头，弹出下拉列表，选择合适的选项，如图 4.84 所示。

（4）设置筛选条件后，单击“确定”按钮，数据库只显示符合条件的记录，暂时隐藏其他记录。

如果再次单击要筛选列的箭头，选择“清除筛选”选项，取消筛选的结果。

2. 高级筛选

自动筛选只能对字段进行简单的筛选，如果要对多个字段执行复杂筛选，就要使用高级筛选。

高级筛选的操作步骤如下。

（1）建立条件区域

在筛选数据库的工作表之外的空白处建立条件区，条件区域至少有两行，第 1 行为字段名，第 2 行及以下为查找的条件。

在条件区域，同一行中的各条件是“与”关系，即查找同时满足同一行中的所有条件的记录。不同行的条件是“或”关系，只要满足其中一个条件即可。

字符型字段条件的首行为字段名行，第 2 行直接键入筛选的字符串，可以使用通配符“？”和“*”，其中“？”代表一个任意字符，“*”代表多个任意字符。字符串之前不能有“>”、“=”、“<”之类的比较运算符。

例如，筛选条件为：性别是“男”且基本工资大于 2000 元，条件区域的表示，如图 4.85 所示。

筛选条件为：姓“李”的或者职务是“处长”的人员，条件区域的表示，如图 4.86 所示。

筛选条件为：性别是“男”的 80 后的人员，条件区域的表示，如图 4.87 所示。

性别	基本工资
男	>2000

图 4.85　筛选条件示例

姓名	职务
李*	
	处长

图 4.86　筛选条件示例

性别	出生年月
男	>=1980-1-1

图 4.87　筛选条件示例

（2）打开“高级筛选”对话框

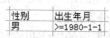

选定需要筛选区域的任何一个单元格。在“数据”选项卡“排序和筛选”组中，单击“高级”按钮，打开“高级筛选”对话框，如图 4.88 所示。在对话框的“列表区域”中设置查找的数据范围，一般默认为整个数据表。

（3）确定条件区域

在对话框的“条件区域”中指定第一步所建立的条件区域。

（4）确定结果区域

选中“方式”中的“将筛选结果复制到其他位置”单选按钮，并在对话框的“复制到”中选择筛选结果存放的区域中的起始单元，否则筛选结果在原数据表中显示。若要从结果中排除条件相同的行，可以选中“选择不重复的记录”复选框。

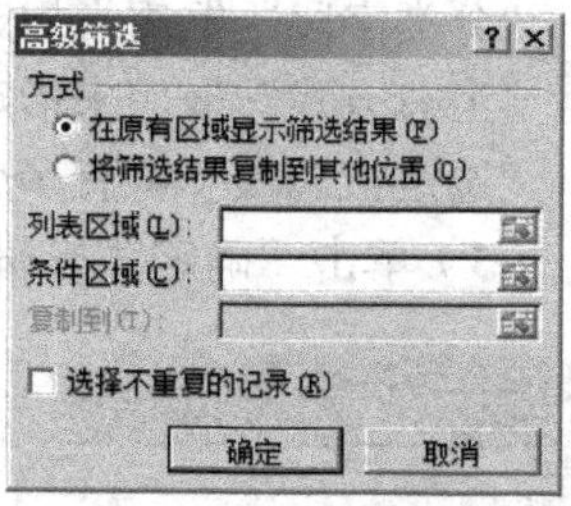

图 4.88　“高级筛选”对话框

（5）单击“确定”按钮，可得到筛选结果

例如，从工资数据库筛选性别是“男”的且基本工资大于 2000 元记录，操作结果，如图 4.89 所示。

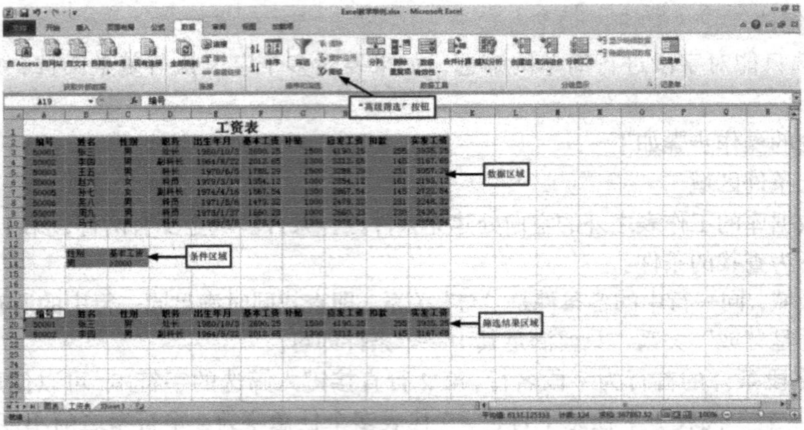

图 4.89　高级筛选

4.5.5　数据的汇总

分类汇总是对数据库的数据进行分析的一种方法，在数据库中插入分类汇总行，然后按照选择的方式对数据进行汇总。同时，在分类汇总时，Excel 2010 还会自动在数据库底部插入一个总计行。

在进行自动分类汇总之前，必须对数据库进行排序，使有同一个主题的数据记录集中在一起，并且数据库的第一行必须是字段名行。

1. 分类汇总

分类汇总的操作步骤如下。

（1）打开 Excel 文档，将数据库按要进行分类汇总的字段进行排序。

（2）在要进行分类汇总的数据表中，选取任意单元格。

（3）在“数据”选项卡“分级显示”组中，单击“分类汇总”按钮，打开“分类汇总”对话框，如图 4.90 所示。

（4）在“分类汇总”对话框进行必要的设置。

“分类字段”框用来指定按哪一字段对数据库中的记录进行分类。

“汇总方式”框用来指定统计时所用的函数计算方式，默认的汇总方式是“求和”。

“选定汇总项（可有多个）”框用来指定对哪个字段或哪些字段进行统计工作。

（5）单击“确定”按钮，可见分类汇总的结果，如图 4.91 所示。

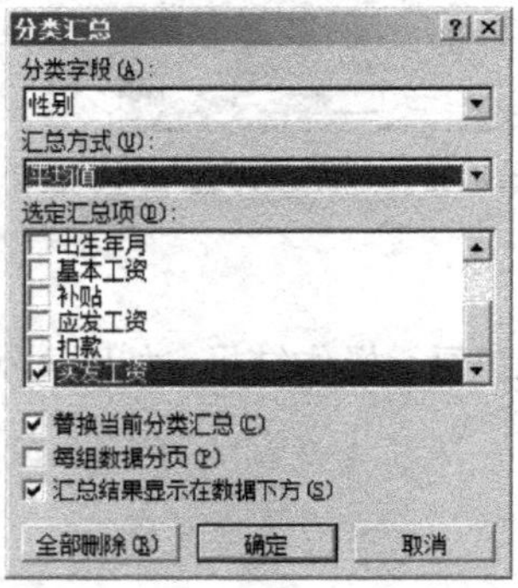

图 4.90　“分类汇总”对话框

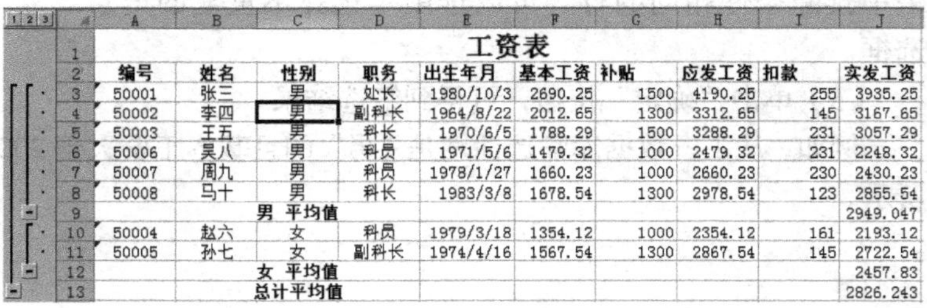

	A	B	C	D	E	F	G	H	I	J
1					工资表					
2	编号	姓名	性别	职务	出生年月	基本工资	补贴	应发工资	扣款	实发工资
3	50001	张三	男	处长	1980/10/3	2690.25	1500	4190.25	255	3935.25
4	50002	李四	男	副科长	1964/8/22	2012.65	1300	3312.65	145	3167.65
5	50003	王五	男	科长	1970/6/5	1788.29	1500	3288.29	231	3057.29
6	50006	吴八	男	科员	1971/5/6	1479.32	1000	2479.32	231	2248.32
7	50007	周九	男	科员	1978/1/27	1660.23	1000	2660.23	230	2430.23
8	50008	马十	男	科长	1983/3/8	1678.54	1300	2978.54	123	2855.54
9			男 平均值							2949.047
10	50004	赵六	女	科员	1979/3/18	1354.12	1000	2354.12	161	2193.12
11	50005	孙七	女	副科长	1974/4/16	1567.54	1300	2867.54	145	2722.54
12			女 平均值							2457.83
13			总计平均值							2826.243

图 4.91　自动分类汇总结果

如果选中“替换当前分类汇总”复选框，那么新分类汇总结果将替换数据库中原有的所有分类汇总。如果取消选中该复选框，将保留已有的分类汇总，并向其中插入新的分类汇总。

如果选中“每组数据分页”复选框，那么在进行分类汇总的各组数据之间自动插入分页线。

如果选中“汇总结果显示在数据下方”复选框，那么将把汇总结果行和“总计”行置于相关数据之下。如果取消选中该复选框，将把分类汇总和“总计”行插在相关数据之上。

2. 移去所有自动分类汇总

对于不再需要的或者错误的分类汇总，取消分类汇总的操作步骤如下。

（1）在分类汇总数据库中选择一个单元格。

（2）在“数据”选项卡“分级显示”组中，单击“分类汇总”按钮，打开“分类汇总”对话框。

（3）单击“全部删除”按钮即可。

4.6 数据透视表和数据透视图

在 Excel 2010 中，可以有多种方法从数据表中取得有用的信息，利用排序的方法可以重新整理数据，可从不同的角度观察数据；利用筛选的方法可以将一些特殊的数据提取出来；利用分类汇总的方法可以统计数据，并且能够显示或隐藏数据。

Excel 2010 还提供了一个数据透视表的功能，这可以将以上排序、筛选和分类汇总三个功能结合在一起，可以非常简单并且迅速地在一个数据表中重新组织和统计数据。

数据透视表是一种对大量数据快速汇总和建立交叉列表的交互式表格，可以转换行和列以查看源数据的不同汇总结果，可以显示不同页面以筛选数据，还可以根据需要显示区域中的明细数据。

4.6.1 创建数据透视表

1. 用“数据透视表向导”创建数据透视表

以销售报表为例，如图 4.92 所示，创建数据透视表的操作步骤如下。

（1）选定数据表，在要创建数据透视表的数据表中任意单元格单击。

（2）在“插入”选项卡“表格”组中，单击“数据透视表”按钮，打开“创建数据透视表”对话框，如图 4.93 所示。进行合适的设置，单击“确定”按钮。

	A	B	C	D	E	F	G
1	销售报表						
2	产品编号	产品名称	类别	销售地区	销售数量	单价	销售额
3	A001	沙发	家具	北京市	95	8480	805600.00
4	A002	电视	电器	北京市	176	2688	473088.00
5	A003	冰箱	电器	北京市	378	3480	1315440.00
6	A004	空调	电器	北京市	1040	4560	4742400.00
7	A001	沙发	家具	重庆市	76	8240	626240.00
8	A002	电视	电器	重庆市	215	2648	569320.00
9	A003	冰箱	电器	重庆市	243	3400	826200.00
10	A004	空调	电器	重庆市	782	4580	3581560.00
11	A001	沙发	家具	上海市	104	8530	887120.00
12	A002	电视	电器	上海市	246	2748	676008.00
13	A003	冰箱	电器	上海市	432	3460	1494720.00
14	A004	空调	电器	上海市	1034	4490	4642660.00
15	A001	沙发	家具	广州市	145	8450	1225250.00
16	A002	电视	电器	广州市	218	2690	586420.00
17	A003	冰箱	电器	广州市	286	3450	986700.00
18	A004	空调	电器	广州市	1032	4012	4140384.00

图 4.92 销售报表

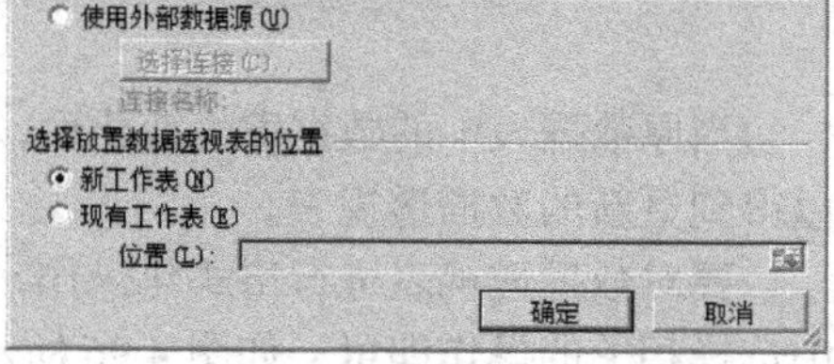

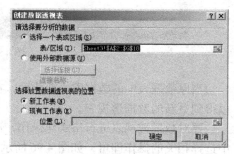

图 4.93 “创建数据透视表”对话框

（3）此时，在新工作表中创建了一个数据透视表视图环境，如图 4.94 所示。

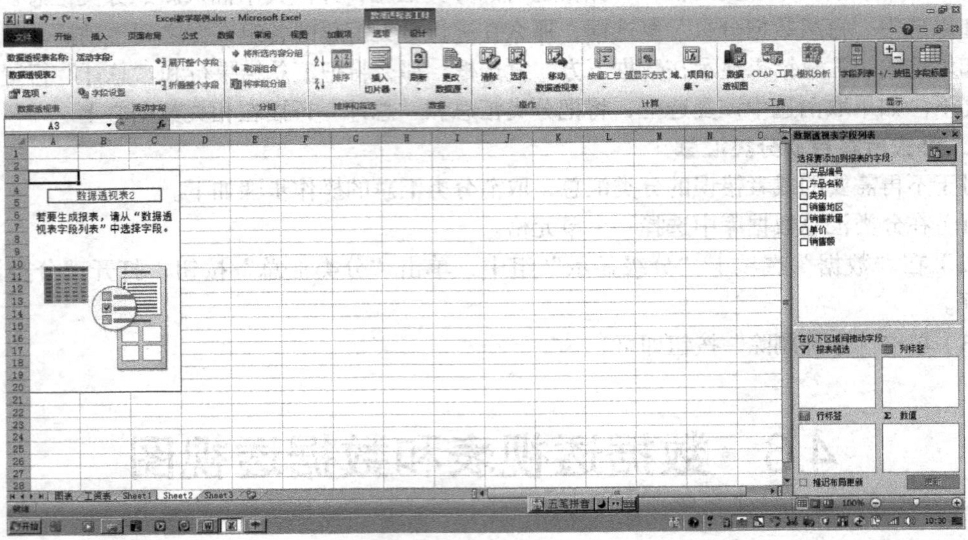

图 4.94 “数据透视表”视图环境

（4）在选择要添加到报表的字段窗格区域内，选择字段拖动到下面 4 个空格区域中，分别是报表筛选、列标签、行标签和数值等，完成设置后，即可创建数据透视表，如图 4.95 所示。

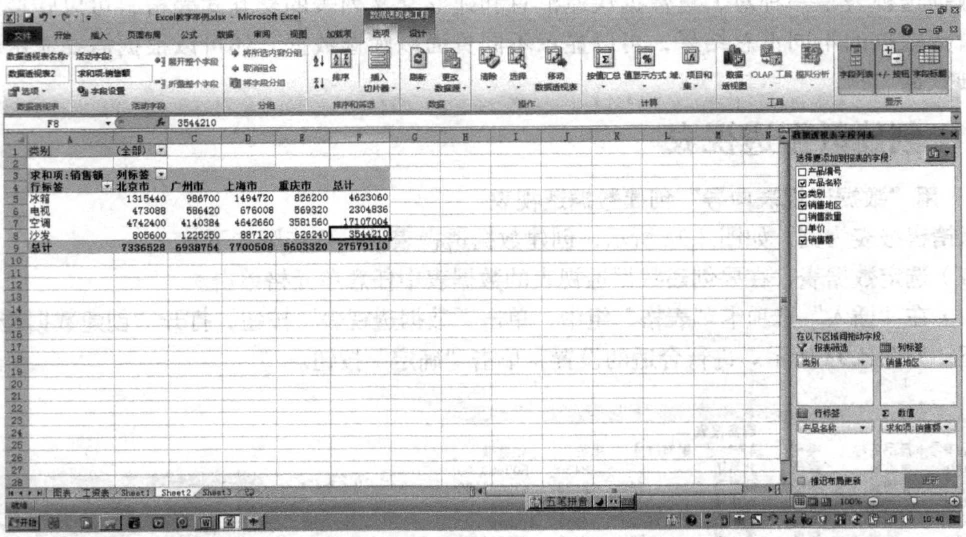

图 4.95 “数据透视表”示例

当原数据表中的数据发生变化后，在“选项”选项卡“数据”组中，单击“刷新”按钮，可以得到更新的数据透视表。

要对数据透视表进行格式化操作，选定数据透视表内任何单元格，在的出现“设计”选项卡中选择相关的操作即可，如图 4.96 所示。

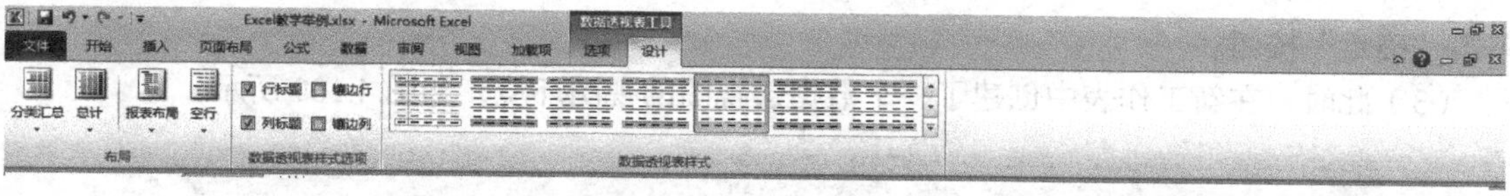

图 4.96　“设计”选项卡

2. 编辑数据透视表

创建一个数据透视表后，可以对数据透视表进行编辑操作，方法如下。

（1）添加或删除数据透视表字段

单击数据透视表中的任何一个单元格，在数据透视表字段列表窗格中，进行字段的相关操作即可。

（2）数据透视表的总计

单击数据透视表中的任何一个单元格，在“设计”选项卡“计算”组中，单击“按值汇总”按钮，在弹出的下拉列表中选择合适的选项，如图 4.97 所示。

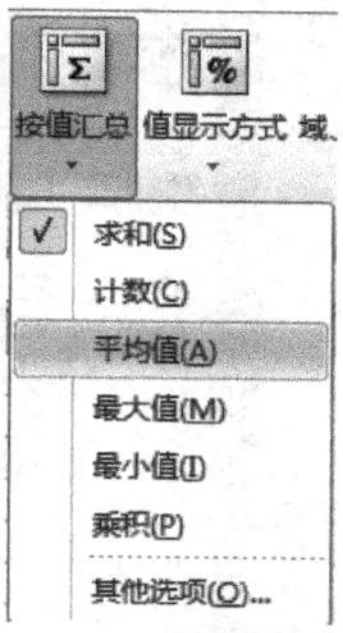

图 4.97　“按值汇总”列表

此时，数据透视表就以新方式的汇总，如图 4.98 所示。

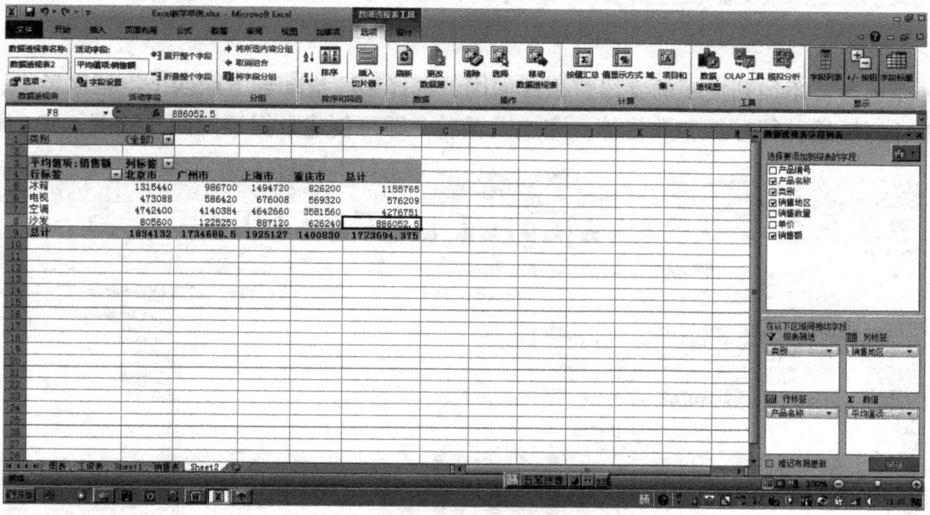

图 4.98　结果示例

4.6.2　创建数据透视图

在 Excel 2010 中，用户能够建立连接到数据透视表的图表，并向用户提供新的分析数据的可视工具。

创建数据透视图，操作步骤如下。

（1）选定数据表，在要创建数据透视表的数据表中任意单元格单击。

（2）在“插入”选项卡“表格”组中，单击“数据透视表”下半部分按钮，弹出下拉列表，选择“创建数据透视图”，打开“创建数据透视表及数据透视图”对话框，如图 4.99 所示。进行合适的设置，

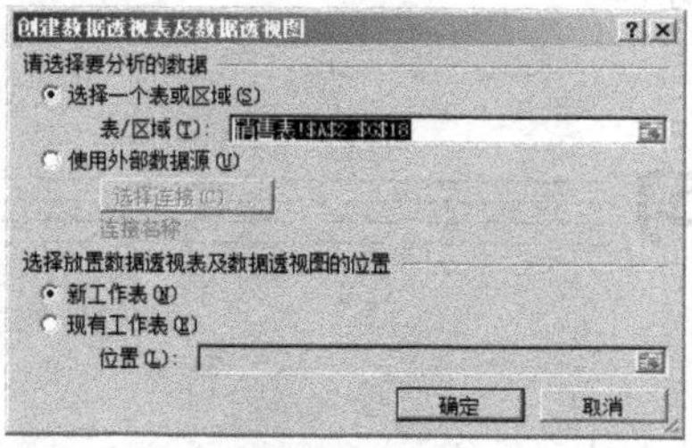

图 4.99　“创建数据透视表及数据透视图”对话框

单击“确定”按钮。

（3）此时，在新工作表中创建了一个数据透视图的视图环境，如图 4.100 所示。

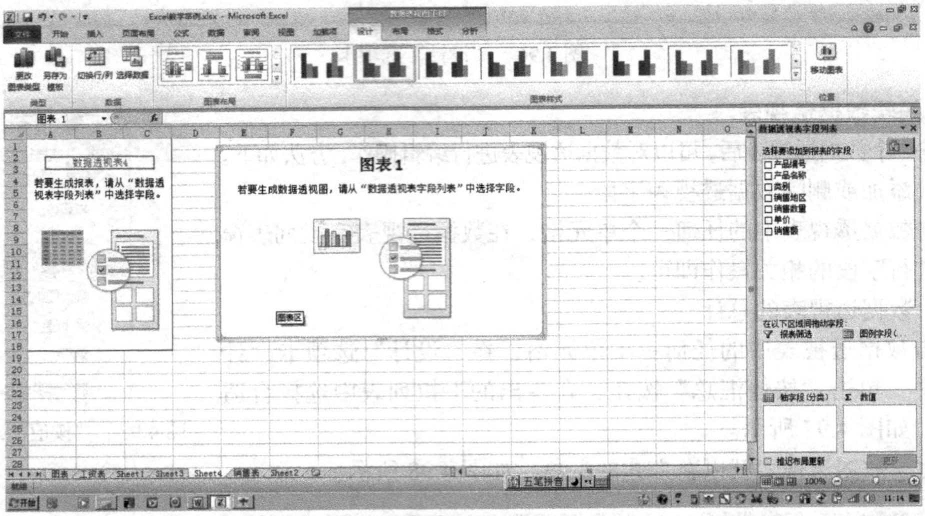

图 4.100　“数据透视图”环境

（4）在选择要添加到报表的字段窗格区域内，选择字段拖动到下面四个空格区域中，分别是报表筛选、列标签、行标签和数值等，完成设置后，即可创建数据透视图，如图 4.101 所示。

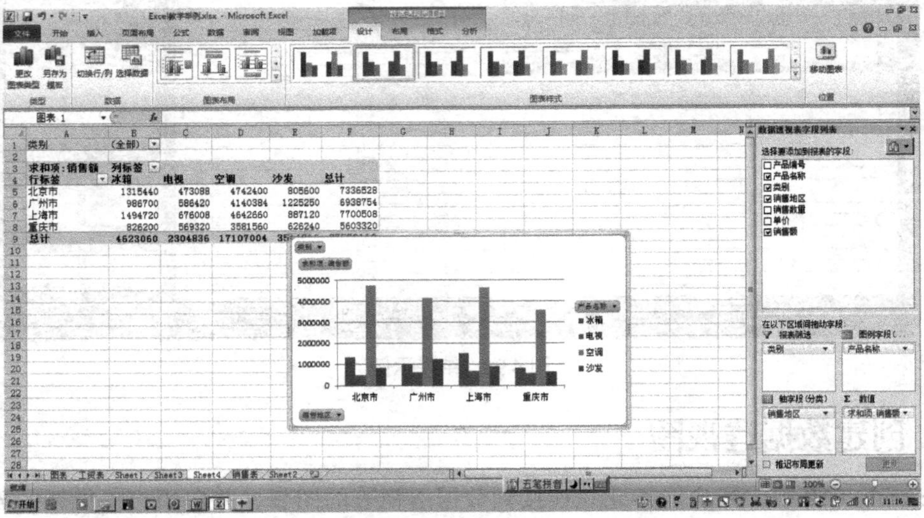

图 4.101　“数据透视图”示例

课 后 练 习

一、单选题

1. 在 Excel 2010 中，单元格的地址表示方法为（　　　　）。

A. 行号加列号 B. 列号加行号 C. A 加列号 D. 行号加 1

2. 在 Excel 2010 中，最大的单元地址为（ ）。

A. 1A B. A1 C. IV65536 D. 1048576XFD

3. 若某单元格中显示一排与单元格等宽的“#”时，说明（ ）。

A. 所输入的公式无法正确计算 B. 被引用单元格可能被删除

C. 单元格内数据长度大于单元格宽度 D. 所输入公式中含有未经定义的名字

4. Excel 2010 工作簿文件的扩展名约定为（ ）。

A. EXL B. XCL C. XLSX D. XEL

5. 在 Excel 2010 默认格式状态下，向 A1 单元格中输入“00001”后，该单元格中显示（ ）。

A. 00001 B. 0 C. 1 D. # NULL

6. 设置下列（ ）操作不包括数据字段名称。

A. 数据查找的输入区域 B. 数据抽取的输出区域

C. 数据删除的条件区域 D. 排序的数据区域

7. 在 A1 单元格键入'80，在 B1 单元格输入条件函数：

=IF(A1>=80,"Good",IF(A1>=60,"Pass","Fail"))

则在 B1 单元格中显示（ ）。

A. Fail B. Pass C. Good D. @IF(A1>=60,"Pass","Fail")

8. 新建的图表（ ）。

A. 只能插入新工作表里 B. 只能嵌入数据表里

C. 只能保存为图像文件 D. 可以插入新工作表或嵌入数据表里

9. 在 Excel 2010 中进行分类汇总之前，必须对数据进行（ ）操作。

A. 筛选 B. 排序 C. 建立数据库 D. 定位

10. 下列哪项不是单元格里文本的格式？（ ）

A. 字型 B. 对齐 C. 百分比 D. 颜色

11. 下列哪项的求和是不可行的？（ ）

A. 同一列里的多个单元格 B. 同一行里多个单元格

C. 不同工作表的多个单元格 D. 不同行、列的多个单元格

12. 若工作表 A1 单元的内容为“计算机应用”，则公式“=MID（A1,4,2）”的结果是（ ）。

A. #NAME? B. 应用 C. 机应 D. 机

13. 在 Excel 2010 中，以下函数的参数不正确的是（ ）。

A. =SUM(A1\A5) B. =SUM(A1/A5) C. =SUM(A1&A5) D. =SUM(A1:A5)

14. 下列运算符中，可以将两个文本值连接或串起来产生一个连续文本值的是（ ）。

A. + B. ^ C. & D. *

15. 在 Excel 2010 环境中用来存储和处理工作数据的文件称为（ ）。

A. 工作簿 B. 工作表 C. 图表 D. 数据库

16. Excel 2010 提供了创建复杂公式的功能以及大量的函数可实现对数据进行各种计算，以下不能构成复杂公式的运算符的是（ ）。

A. 函数运算符 B. 比较运算符 C. 引用运算符 D. 连接运算符

17. 在 Excel 2010 中，对于上下相邻两个含有数值的单元格用拖动法向下做自动填充，默认的填充规则是（ ）。

A. 等比序列 B. 等差序列 C. 自定义序列 D. 日期序列

18. 在 Excel 2010 中，选择性粘贴中不能选择的项目是（　　）。

A. 公式　　B. 引用　　C. 格式　　D. 批注

19. Excel 2010 中对单元格的引用有（　　）、绝对地址和混合地址。

A. 存储地址　　B. 活动地址　　C. 相对地址　　D. 循环地址

20. 在 Excel 2010 中，关于数据表排序，下列叙述中（　　）是不正确的。

A. 对于汉字数据可以按拼音升序排序　　B. 对于汉字数据可以按笔画降序排序

C. 对于日期数据可以按日期降序排序　　D. 对于整个数据表不可以按列排序

二、操作题

打开素材库，进入 Excel 文件夹，选中文件，在 Excel 2010 程序中打开，按要求操作，完成后另存为文件"学号+姓名+原文件名.xlsx"。

第 5 章 PowerPoint 2010 的应用

本章学习要求

1. 了解 PowerPoint 2010 的基本功能。
2. 熟练掌握 PowerPoint 2010 的基本操作方法。
3. 熟练掌握演示文稿的制作、外观美化及演示文稿的放映。

Window 平台下最常用的文稿演示软件是微软公司的 PowerPoint 和金山公司的 WPS 演示，两者功能基本相同，本章以 PowerPoint 2010 为例讲述文稿演示软件的使用方法。

PowerPoint 2010 与 Word 2010、Excel 2010 等应用程序一样，是微软公司推出的 Office 系列产品之一。它是集文字、图形、图像、声音和视频等多媒体对象为一体的演示文稿，将学术交流、辅助教学、广告宣传、产品演示等信息以轻松、高效的方式表达出来。

5.1 PowerPoint 2010 概述

PowerPoint 2010 是一种演示文稿的制作和播放工具，用它制作的演示文稿，集成图片、声音和动画等，使幻灯片更具表现力。

5.1.1 启动和退出

1. PowerPoint 2010 的启动

PowerPoint 2010 的启动方法同 Word 2010、Excel 2010 相似，也有多种方法。

（1）常规启动。选择“开始”|“所有程序”|“Microsoft Office”|“Microsoft Office PowerPoint 2010”命令。

（2）快捷启动。双击桌面上 Microsoft Office PowerPoint 快捷图标。

（3）通过已有文档启动。直接双击需要打开 PowerPoint 2010 文档，启动 PowerPoint 2010 并同时打开文档。

启动 PowerPoint 2010 后，进入程序窗口。

2. PowerPoint 2010 的退出

退出 PowerPoint 2010 的方法和退出 Word 2010、Excel 2010 相似，也有多种方法。

（1）选择“文件”|“退出”菜单命令。

（2）单击 PowerPoint 2010 窗口右上角的“关闭”按钮。

（3）双击 PowerPoint 2010 窗口左上角控制菜单图标。

（4）用组合键<Alt+F4>。

如果在退出 PowerPoint 2010 之前，文档没有存盘，系统会提示用户是否将文档存盘。

5.1.2 窗口介绍

PowerPoint 2010 窗口，如图 5.1 所示。

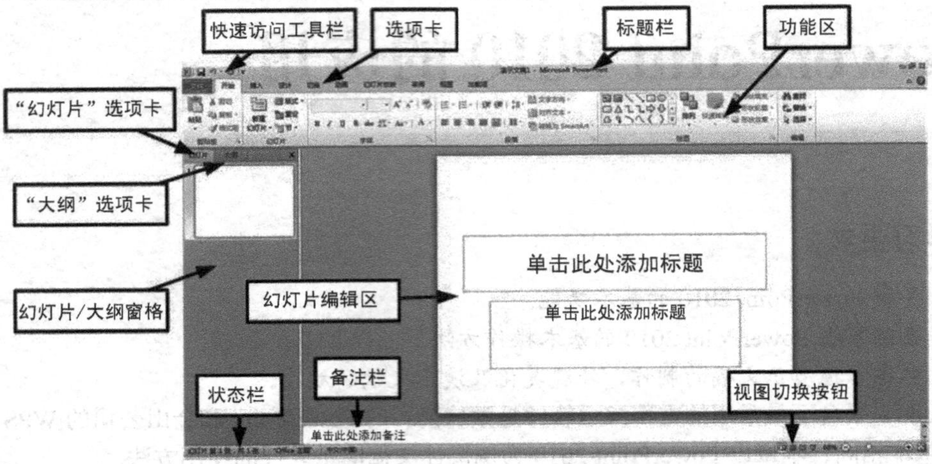

图 5.1 PowerPoint 工作窗口

1. 标题栏

标题栏位于 PowerPoint 2010 窗口的最上面，包括程序控制图标、快速访问工具栏、文档名称、程序名称、窗口控制按钮。

快速访问工具栏，是由几个最常用的命令按钮组成，如图 5.2 所示。

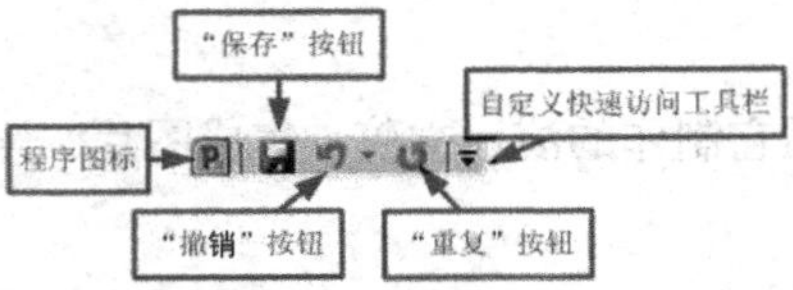

图 5.2 快速访问工具栏

2. 选项卡

选项卡区位于标题栏的下一行，由“文件”选项卡、“开始”选项卡等多个选项卡组成，单击不同的选项卡会出现不同的功能区。

3. 功能区

功能区包含了 PowerPoint 2010 最常用的命令按钮，用鼠标单击这些按钮，可快捷地执行所需的操作。把鼠标光标移到图标按钮处停留片刻，系统将给出该图标的功能提示。

单击“功能区最小化”按钮或按<Ctrl + F1>组合键，可隐藏窗口顶部的功能区，再次单击“展开功能区”按键或按<Ctrl + F1>组合键，可展开功能区。

在功能区，相关的命令组合在一起的称为组，更加易于用户使用。如图 5.3 所示。

图 5.3 功能区

4. 幻灯片编辑区

这个区域主要用于显示和编辑幻灯片。演示文稿中的所有幻灯片都是在此窗格中编辑完成的。也就是说，这里显示的幻灯片效果就是最终显示的效果。在幻灯片编辑区的最下方是备注栏，在此处用户可以根据需要对该幻灯片进行注解。虽然这个注解不显示在幻灯片上，但在文稿打印时会打印到资料上。

5. 幻灯片/大纲窗格

幻灯片/大纲窗格中主要包括“幻灯片”和“大纲”选项卡。幻灯片模式是调整和设置幻灯片的最佳模式，在这种模式下幻灯片会以序号的形式进行排列，用户可以在此预览/幻灯片的整体效果。

用户使用大纲模式可以很好地组织和编辑幻灯片内容。在编辑区的幻灯片中输入文本内容之后，在大纲模式的任务窗格中也会显示文本的内容，用户甚至可以直接在此输入或修改幻灯片的文本内容。

6. 状态栏

状态栏位于窗口底端，显示语言状态、视图和现在正在编辑的幻灯片所处状态，主要有幻灯片的总页数和当前页数、态、幻灯片的放大比例等。

5.1.3　常用术语

1. 演示文稿

演示文稿是指由 PowerPoint 2010 创建的文档，包括为某一演示目的而制作的所有幻灯片、演讲者备注和旁白等内容，存盘时以.pptx 为文件扩展名。

2. 幻灯片

演示文稿中的每一单页称为一张幻灯片，每张幻灯片都是演示文稿中既相互独立又相互联系的内容。制作一个演示文稿的过程就是依次制作每张幻灯片的过程，每张幻灯片中既可以包含常用的文字和图表，还可以包含声音、图像和视频。

3. 演讲者备注

指在演示时演示者所需要的文章内容、提示注解和备用信息等。演示文稿中每一张幻灯片都有一张备注页，它包含该幻灯片的缩图且提供演讲者备注的空间，用户可在此空间输入备注内容供演讲时参考。备注内容可打印到纸上。

4. 讲义

指发给听众的幻灯片复制材料，可把一张幻灯片打印在一张纸上，也可把多张幻灯片压缩到一张纸上。

5. 母版

PowerPoint 2010 为每个演示文稿创建一个母版集合（幻灯片母版、演讲者备注母版和讲义母版等）。母版中的信息一般是共有的信息，改变母版中的信息可统一改变演示文稿的外观。

6. 模板

PowerPoint 2010 模板是指预先定义好格式的演示文稿。

7. 版式

演示文稿中的每张幻灯片都是基于某种自动版式创建的。在新建幻灯片时，可以从 PowerPoint 2010 提供的自动版式中选择一种。每种版式预定义了新建幻灯片的各种占位符的布局情况。占位符是指应用版式创建新幻灯片时出现的虚线框。

8. 占位符

占位符是在幻灯片中带虚线或阴影边缘的框，在这个框内可以放置标题及正文，或者图表、表格和图片等对象。

5.1.4 视图方式

PowerPoint 2010 有 3 种主要视图：普通视图、幻灯片浏览视图和幻灯片放映视图。单击 PowerPoint 2010 窗口左下角的切换按钮，如图 5.4 所示，可在各种视图方式之间进行切换。

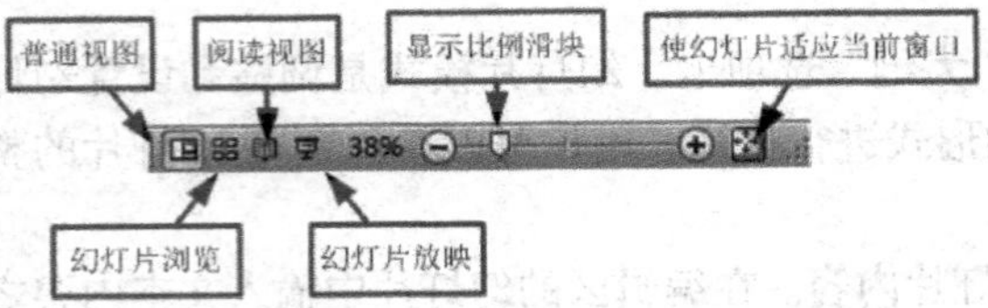

图 5.4　视图栏

1. 普通视图

普通视图是主要的编辑视图，可用于编辑或设计演示文稿。该视图有选项卡和窗格，分别为“幻灯片”选项卡和“大纲”选项卡，幻灯片窗格和备注窗格，通过拖动边框可调整选项卡和窗格的大小，选项卡也可以关闭。

“幻灯片”选项卡，如图 5.5 所示。“大纲”选项卡，如图 5.6 所示。

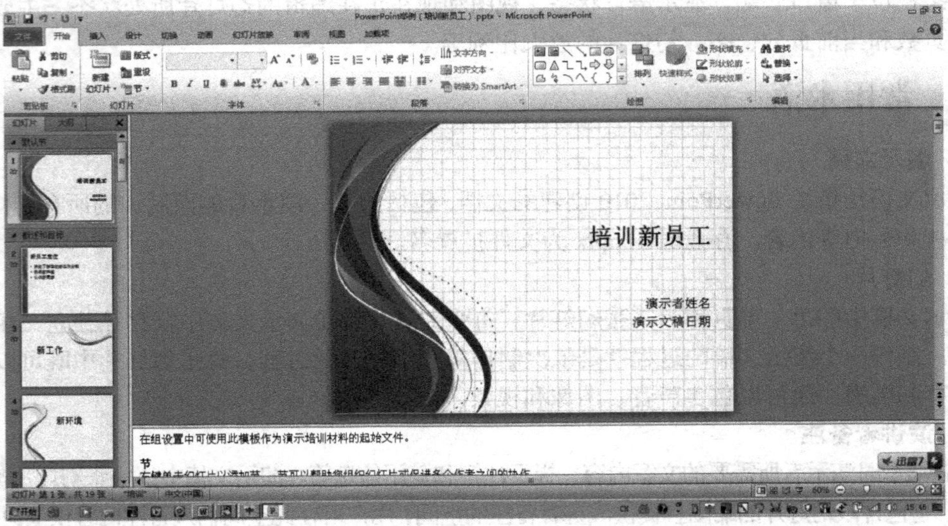

图 5.5　“幻灯片”选项卡

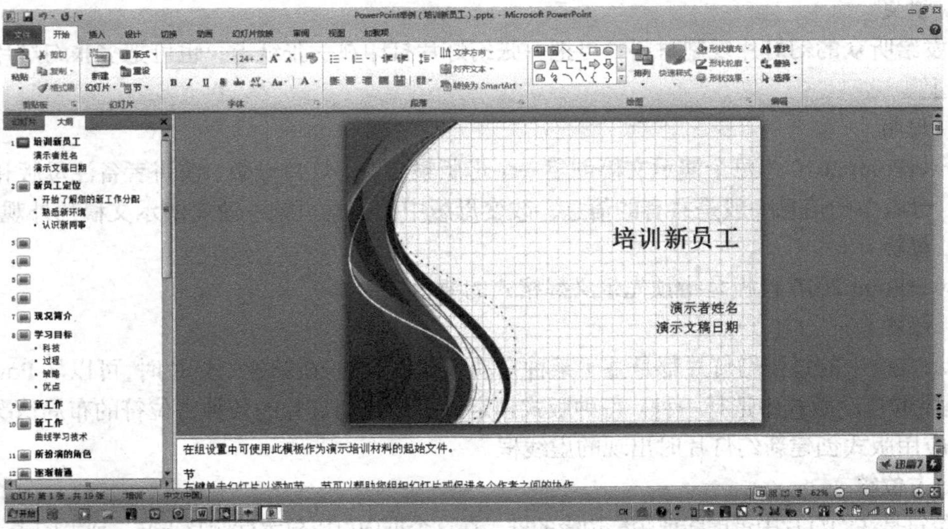

图 5.6　“大纲”选项卡

（1）“幻灯片”选项卡。在左侧工作区域显示幻灯片的缩略图，可以方便地观看整个演示文稿设计的效果，也可以重新排列、添加或删除幻灯片。

（2）“大纲”选项卡。在左侧工作区域显示幻灯片的文本大纲，方便组织和开发演示文稿中的内容，如输入演示文稿中的所有文本，然后重新排列项目符号、段落和幻灯片。

（3）幻灯片窗格。以大视图显示当前幻灯片，可以在当前幻灯片中添加文本，插入图片、表格、图表、绘图对象、文本框、电影、声音、超链接和动画等。

（4）备注窗格。可添加与每个幻灯片的内容相关的备注。这些备注可打印出来，在放映演示文稿时作为参考资料，或者可以在演示文稿保存为网页时显示出来。

2. 幻灯片浏览视图

在幻灯片浏览视图中，可同时看到演示文稿中的所有幻灯片，这些幻灯片以缩略图显示，如图 5.7 所示。此视图可以很方便地在幻灯片之间添加、删除和移动幻灯片以及选择动画切换，但不能对幻灯片内容进行修改。如果要对某张幻灯片内容进行修改，可以双击该幻灯片切换到普通视图，再进行修改。

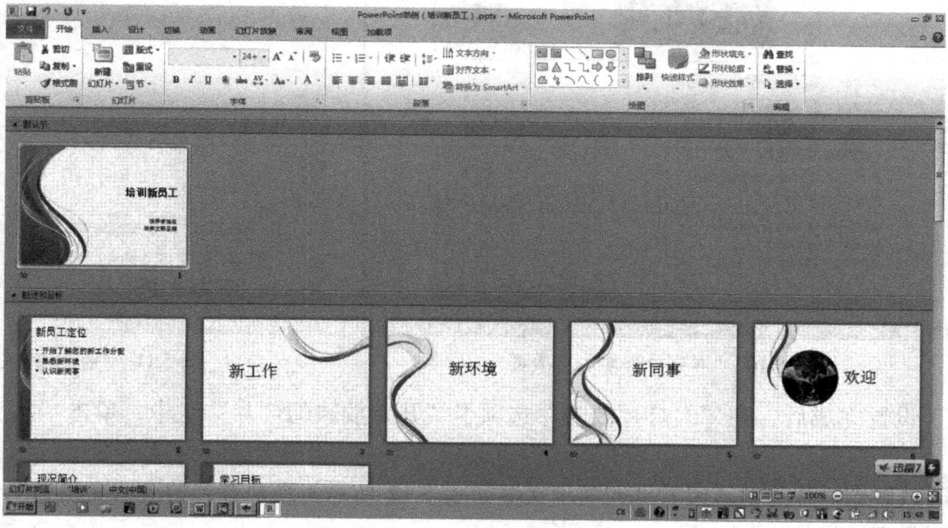

图 5.7　幻灯片浏览视图

3. 幻灯片放映视图

在创建演示文稿的任何时候，都可通过单击“幻灯片放映视图”按钮或按<F5>快捷键来启动幻灯片放映和预览演示文稿，如图 5.8 所示。按<Esc>键可退出放映视图。

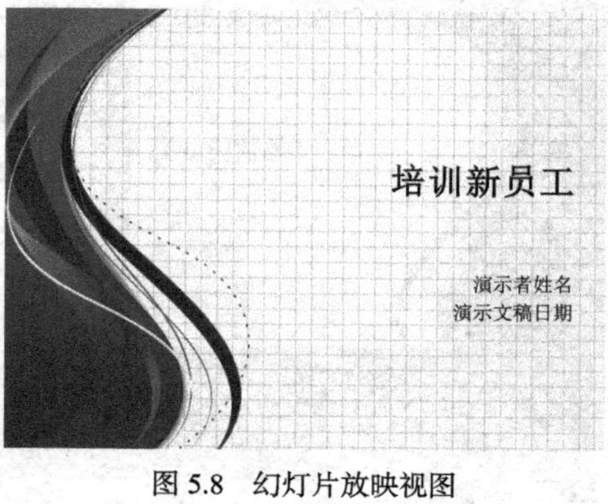

图 5.8　幻灯片放映视图

4. 使用演示者视图

使用演示者视图是查看带有演讲者备注的演示文稿的一种好方法，演示者可以在一台电脑（笔记本电脑）上查看带有演讲者备注的演示文稿，而观众可以在其他监视器（如投影到大屏幕）上观看不带备注的演示文稿。具体操作步骤如下。

（1）打开演示文稿。

（2）在“幻灯片放映”选项卡“监视器”组中，选定“使用演示者视图”，会弹出警告对话框，单击“检查”按钮。如图 5.9 所示。

图 5.9　警告对话框

（3）此时弹出“屏幕分辨率”选项页，如图 5.10 所示。如果这时计算机连有 2 个监视器，显示器的外观会出现 2 个监视器，如果没有，单击“检测”按钮。在多显示器下拉列表中选择“扩展这个显示”。设置完成后单击“应用”按钮，然后关闭此页。

（4）此时，在“幻灯片放映”选项卡“监视器”组中，选定“使用演示者视图”，在显示位置选择“监视器 2”，如图 5.11 所示。

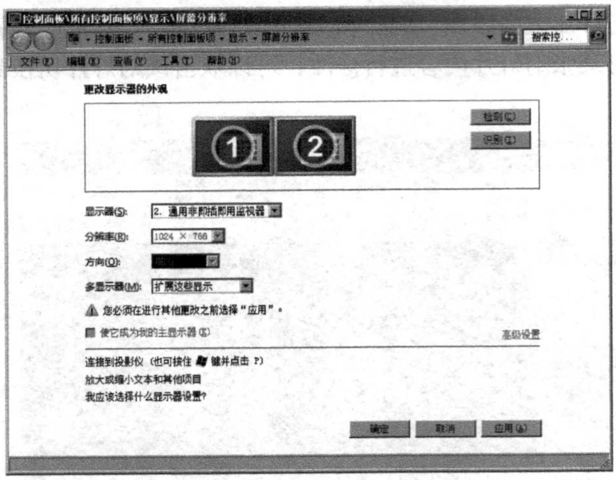

图 5.10　“屏幕分辨率”选项页

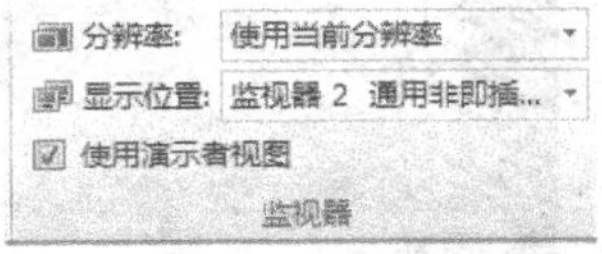

图 5.11　“监视器”组

（5）设置完成后，在“幻灯片放映”选项卡“开始放映幻灯片”组中，单击“从头开始”按钮。

此时放映幻灯片时演示者看到的演示文稿如图 5.12 所示，观众看到的演示文稿如图 5.13 所示，两者是不一样的。

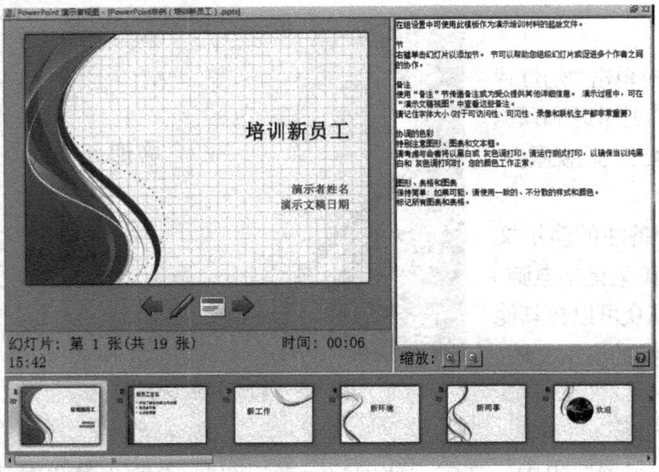

图 5.12　演示者看到的演示文稿

图 5.13　观众看到的演示文稿

5.2 创建演示文稿

5.2.1 演示文稿的基本操作

5.2.1.1 演示文稿的创建

首先要创建演示文稿，然后才能对演示文稿进行编辑。PowerPoint 2010 提供了多种创建演示文稿的方法，用户可以创建空白的演示文稿，也可以根据 PowerPoint 2010 提供的模板进行创建，还可以根据内容提示向导进行创建，甚至可以在原有的演示文稿基础上进行创建，下面将对这些不同的创建方法分别进行介绍。

PowerPoint 2010 软件打开后就会自动创建一个空白的演示文稿，新建 PowerPoint 空白演示文稿默认的文件名为“演示文稿 1”，其扩展名为.pptx。

PowerPoint 2010 程序窗口，在“文件”选项卡选项“新建”选项，如图 5.14 所示。提供了多种新建 PowerPoint 文档的方法。

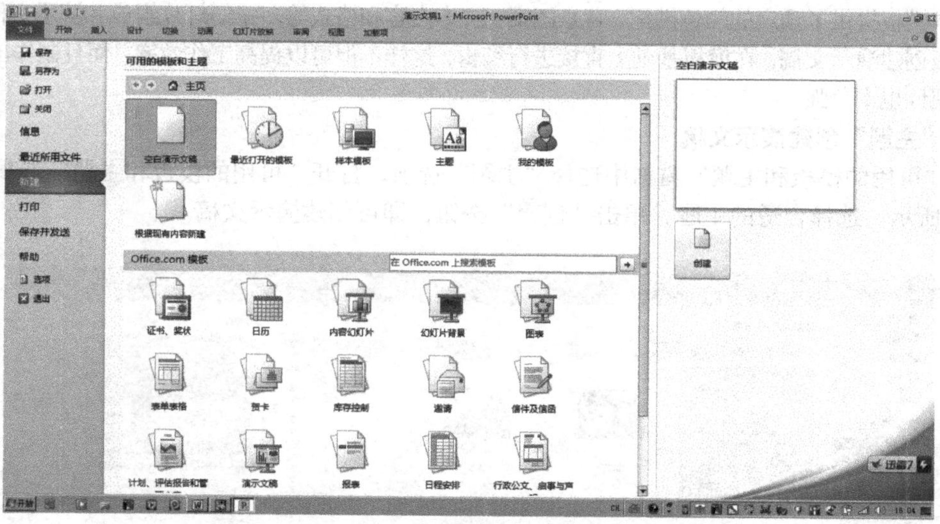

图 5.14 “新建”选项页

创建演示文稿的方法如下。

1. “空白演示文稿”创建演示文稿

在“可用的模板和主题”窗格中选择“空白演示文稿”选项，单击“创建”按钮，创建新演示文稿的第一张幻灯片。

空白演示文稿是一种形式最简单的演示文稿，没有任何设计模板、配色方案、动画方案和实例文本。若希望在幻灯片上创出自己的风格，不受模板风格的限制，获得最大程度的灵活性，可用该方法创建演示文稿。

2. “样本模板”创建演示文稿

在“可用的模板和主题”窗格中选择“样本模板”选项，打开“可用的模板和主题”选项页，如图 5.15 所示。选择合适的模板，单击“创建”按钮，即可创建演示文稿。

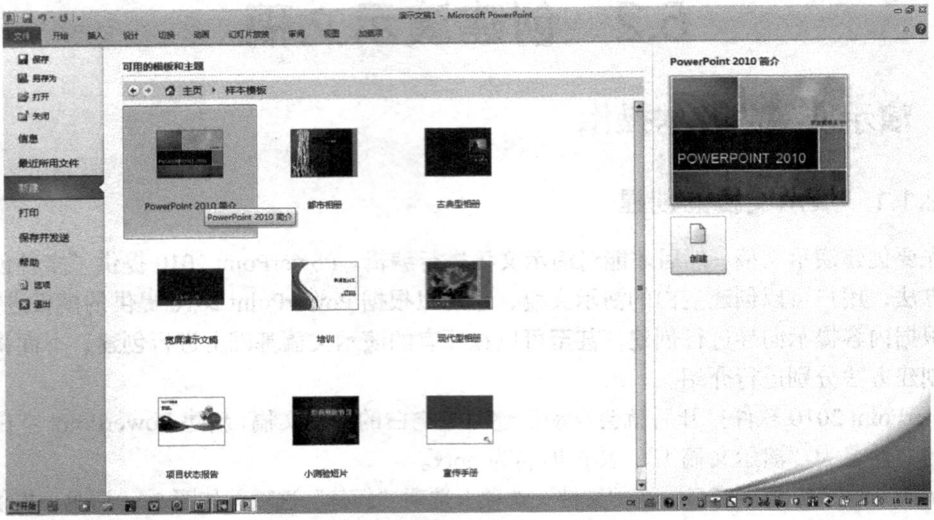

图 5.15　“可用的模板和主题”选项页

样本模板提供了预定的颜色搭配、背景图案、文本内容和格式等多张幻灯片组成和演示文稿。用户根据模板创建演示文稿，在模板基础上直接进行编辑，这样不但可以提高工作效率，而且制作出的幻灯片的可视性也十分强。

3.“主题”创建演示文稿

在“可用的模板和主题”窗格中选择“主题”选项，打开“可用的模板和主题”选项页，如图 5.16 所示。选择合适的主题，单击“创建”按钮，即可创建演示文稿。

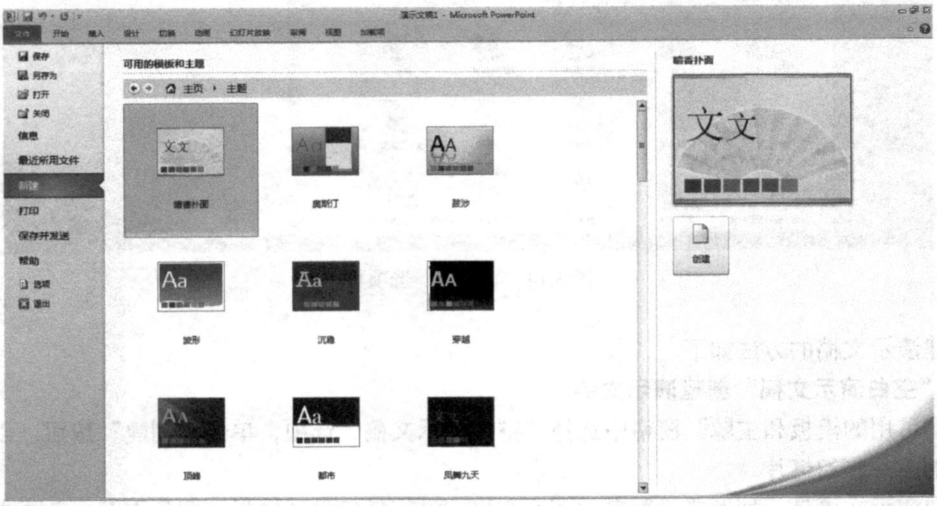

图 5.16　“可用的模板和主题”选项页

主题提供了一张预定的颜色搭配、背景图案、文本格式但没有内容的幻灯片，如图 5.17 所示。

除此之外，还可以通过现有的演示文稿创建新的演示文稿等方法。

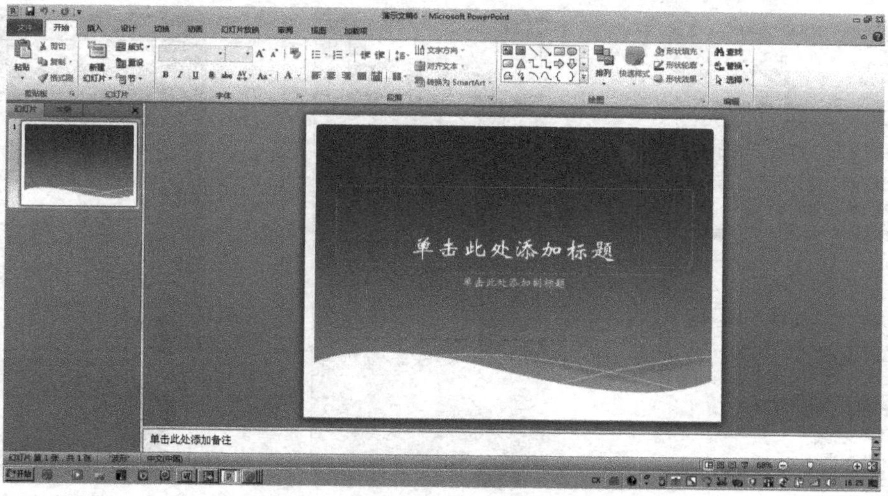

图 5.17 使用“主题”创建幻灯片示例

5.2.1.2 演示文稿的保存或关闭

演示文稿的保存或关闭同 Word 2010 文档、Excel 2010 文档的操作方法一样。

PowerPoint 2010 程序窗口中有一个快捷访问工具栏，单击“快速启动工具栏”中的“保存”按钮，或者选择“文件”|“保存”菜单命令，若是新建演示文稿的第一次存盘，系统会弹出“另存为”对话框。默认的“保存类型”是“演示文稿”。

选择“文件”|“退出”菜单命令即可关闭当前演示文稿。如果对文稿进行了修改，关闭前会提示保存。

演示文稿也可以设置自动保存和打开密码，同 Word 2010 文档、Excel 2010 文档的操作方法一样。

5.2.1.3 演示文稿的打开

演示文稿的打开同 Word 2010 文档、Excel 2010 文档的操作方法一样。

选择“文件”|“打开”菜单命令，可弹出“打开”对话框。用户可改变“查找范围”或“文件类型”的内容，选择所需要的演示文稿并将它打开。

5.2.1.4 创建幻灯片

在“开始”选项卡“幻灯片”组中，如图 5.18 所示。单击“新建幻灯片”按钮，即可创建新幻灯片。

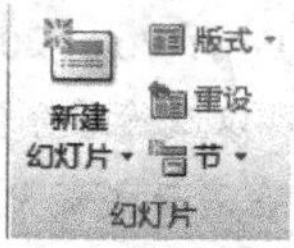

图 5.18 “幻灯片”组

如果单击“新建幻灯片”下半部分按钮，弹出下拉列表，如图 5.19 所示。选择合适的选项，即可创建新的幻灯片。

下拉列表展示的是幻灯片的版式，每种版式有一个名字，版式就是一张幻灯片的组成元素和该元素的排列方式。

“重用幻灯片”选项，可以把另一个演示文稿的幻灯片，复制过来使用。选择该项，弹出“重用幻灯片”窗格，如图 5.20 所示。

单击“浏览”按钮，进行相关操作，打开合适的演示文稿，“重用幻灯片”窗格出现演示文稿中的幻灯片，如图 5.21 所示。选择合适的幻灯片双击，即可插入重用该幻灯片。

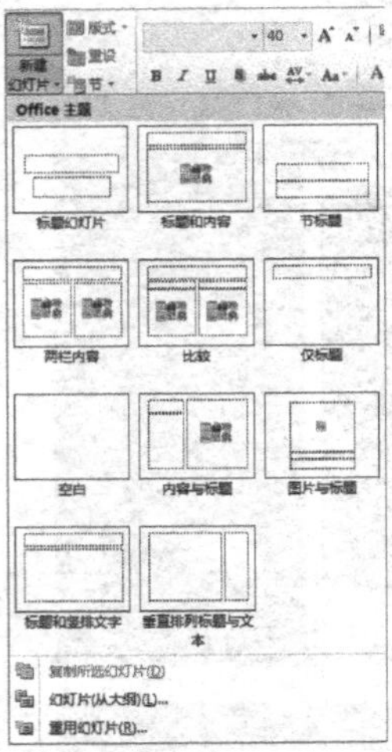

图 5.19　“幻灯片”版式

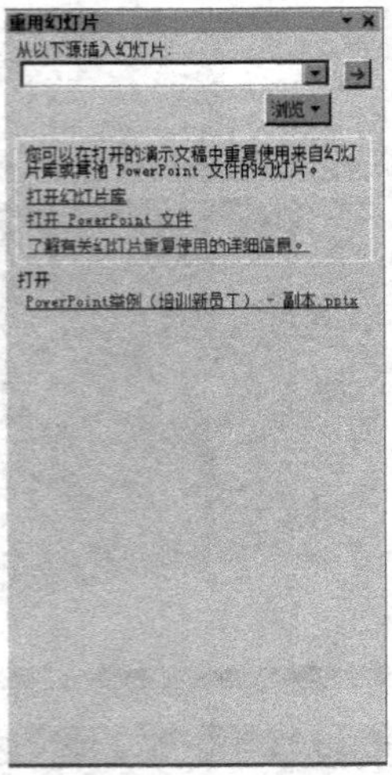

图 5.20　“重用幻灯片”窗格

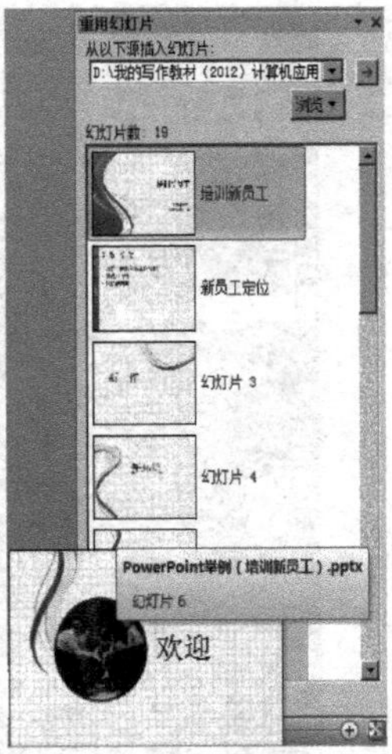

图 5.21　“重用幻灯片”列表

5.2.2　幻灯片中插入对象

PowerPoint 2010 允许在幻灯片中插入多种对象，可以是文本、图片、组织结构图、艺术字、表格、声音和视频等。

1. 输入文本

制作一张幻灯片，应首先输入文本。输入文本分两种情况。

（1）有占位符。占位符是在幻灯片中虚线框，如图 5.23 所示。

单击占位符，占位符的虚线框变成粗边线的矩形框，原有文本消失，同时在文本框中出现一个闪烁的“I”形插入光标，表示可以直接输入文本内容。

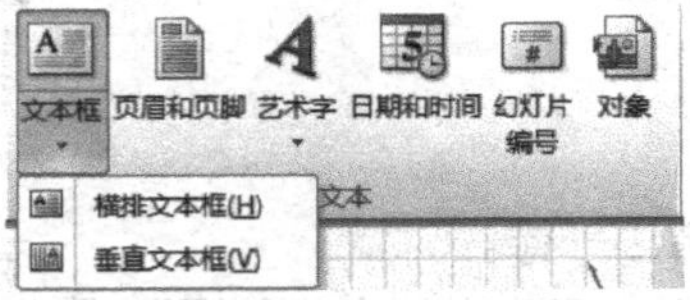

图 5.22　“文本框”列表

输入完毕，单击文本占位符以外的地方即可结束输入，占位符的虚线框消失。

（2）无占位符。在“插入”选项卡“文本”组中，单击“文本框”按钮，弹出下拉列表，如图 5.22 所示。选择合适的选项，插入文本框，在文本框内输入文本，输入完毕，可对文本进行格式化。

输入完文本后，可以对文本格式进行设置，方法与 Word 2010 相同，此处省略。

补充知识

PowerPoint 2010 文本格式化，包括设置字体格式和效果，设置段落的对齐、缩进方式，设置行和段的间距，以及段落分栏、项目符号和编辑的设置等。

在演示文稿中选择需要设置字体格式的文字，使用“开始”选项卡中设置字体格式，字体格式主要包括文字的字体、字号、字形，以及文字颜色等。

除了设置字体格式外，用户还可以设置字体的艺术效果，这样能更加美化文稿，特别是在演示文稿标题文字中，适当地为文字添加艺术效果。在演示文稿中选择需要设置效果的字体，选择“格式”选项卡，可以在其中设置字体效果。

在“视图”选项卡“显示/隐藏”组中选中“标尺”和“网格线”后设置文本格式会更方便一些。

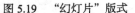

2. 插入图片

幻灯片中插入图片，也分两种情况如下。

（1）有占位符。在幻灯片上如果有占位符，如图 5.23 所示。

单击占位符“插入来自文件图片”按钮，打开“插入图片”对话框，输入合适的选项，即可在幻灯片中插入图片。

单击占位符的“剪贴画”按钮，弹出“剪贴画”窗格，如图 5.24 所示。在搜索文字文本框输入关键字，单击“搜索”按钮，在搜索结果中选择合适的剪贴画，双击即可插入剪贴画到幻灯片中。

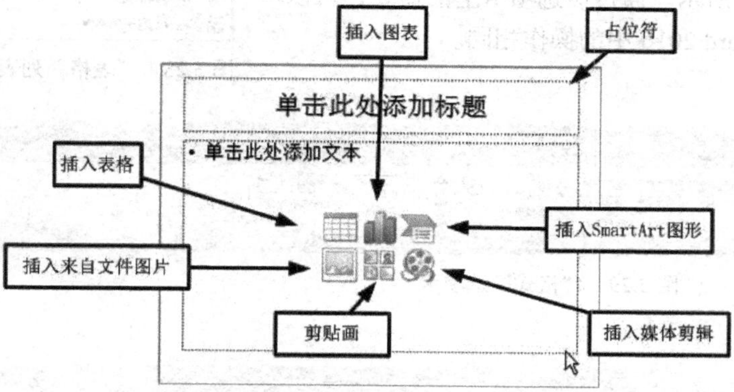

图 5.23　有占位符的幻灯片

图 5.24　“剪贴画”窗格

（2）无占位符。选定需要插入图片的幻灯片，在“插入”选项卡“图像”组中，如图 5.25 所示。单击“图片”、“剪贴画”、“屏幕截图”和“相册”等按钮，即可在幻灯片中插入合适的图像。

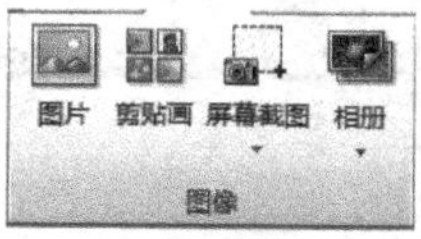

图 5.25　“图像”组

在幻灯片中插入图像后，PowerPoint 2010 功能区会出现“格式”选项卡，通过相关的命令，可以对图像进行编辑操作，方法与 Word 2010 中的操作相同，如图 5.26 所示。

图 5.26　“格式”选项卡示例

3. 插入表格

在幻灯片上如果有占位符，单击“插入表格”图标，打开“插入表格”对话框，输入行数和列数，单击“确定”按钮即可，如图 5.27 所示。

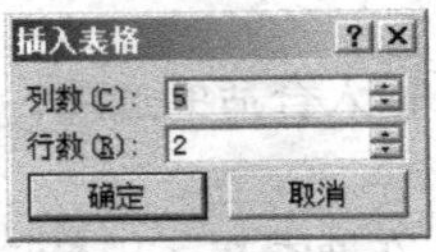

图 5.27 “插入表格”对话框

如果没有内容占位符，在“插入”选项卡“表格”组中，单击“表格”按钮，在弹出的下拉列表中选择合适的选项，即可在幻灯片中插入表格，如图 5.28 所示。

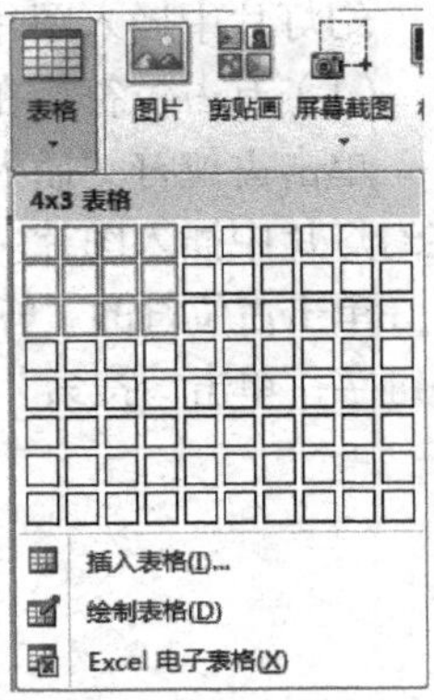

图 5.28 “表格”列表

插入表格后，PowerPoint 2010 功能区会出现“格式”选项卡和“布局”选项卡，如图 5.29 和图 5.30 所示。通过该选项卡上的命令，可以对表格进行编辑操作，方法与 Word 2010 中的操作相同。

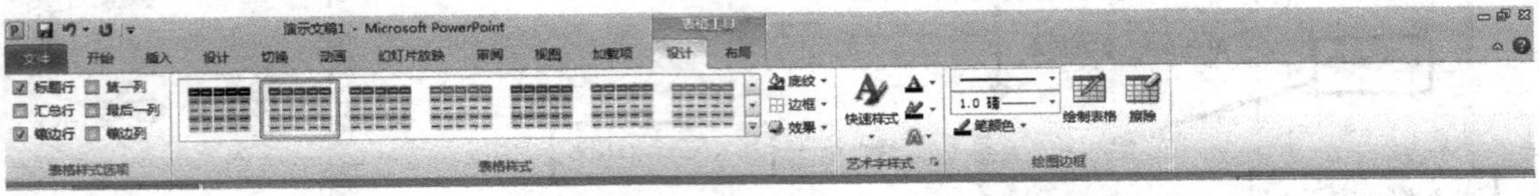

图 5.29 “格式”选项卡

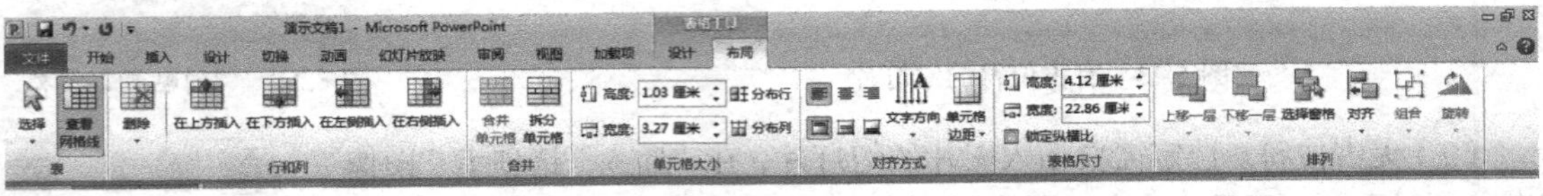

图 5.30 “布局”选项卡

4. 加入图表

PowerPoint 2010 可直接利用“图表生成器”提供的各种图表类型和图表向导，创建具有复杂功能和丰富界面的各种图表，增强演示文稿的演示效果。

（1）有占位符。在占位符中，单击“插入图表”按钮，打开“插入图表”对话框，如图 5.31 所示。选择合适的样式，单击“确定”按钮。

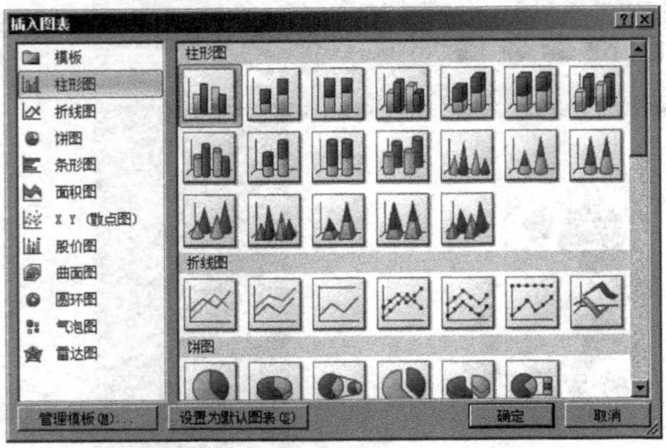

图 5.31 “插入图表”对话框

此时，屏幕分成了两部分，左边显示图表，右边是图表的数据源，如图 5.32 所示。编辑数据源内容，左边幻灯片上的图表会随输入数据的不同而发生相应的变化，编辑完成后，关闭右边的数据源即可。

（2）无内容占位符。如果没有内容占位符，在“插入”选项卡“插图”组中，单击“图表”按钮，即可在幻灯片中插入图表。

5. 插入 SmartArt 图形

在占位符中，单击“插入 SmartArt 图形”按钮，打开“选择 SmartArt 图形”对话框，如图 5.33 所示。选择合适的样式，单击“确定”按钮。

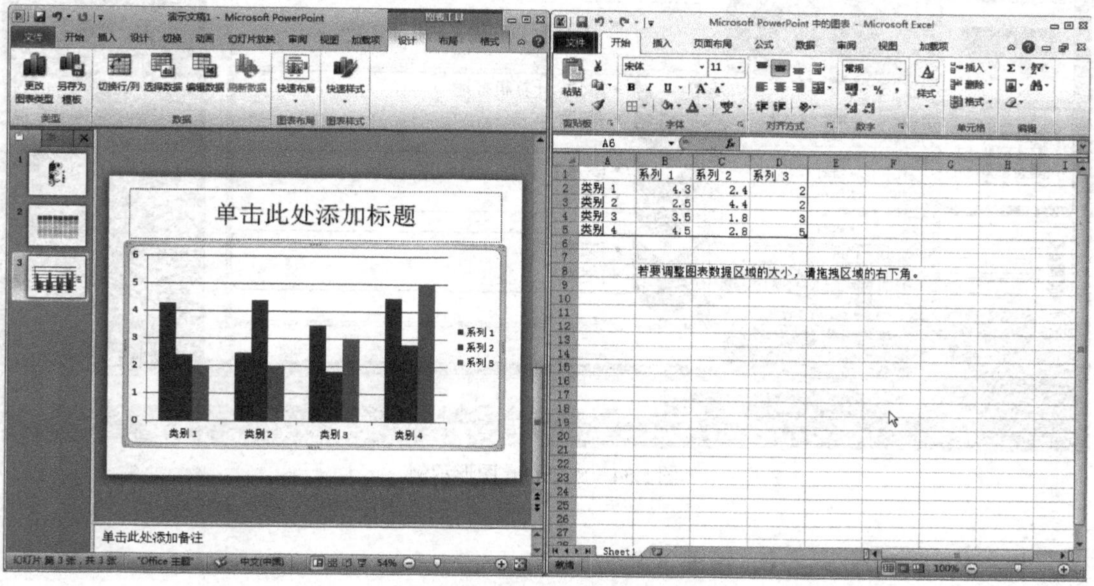

图 5.32　“插入图表”示例

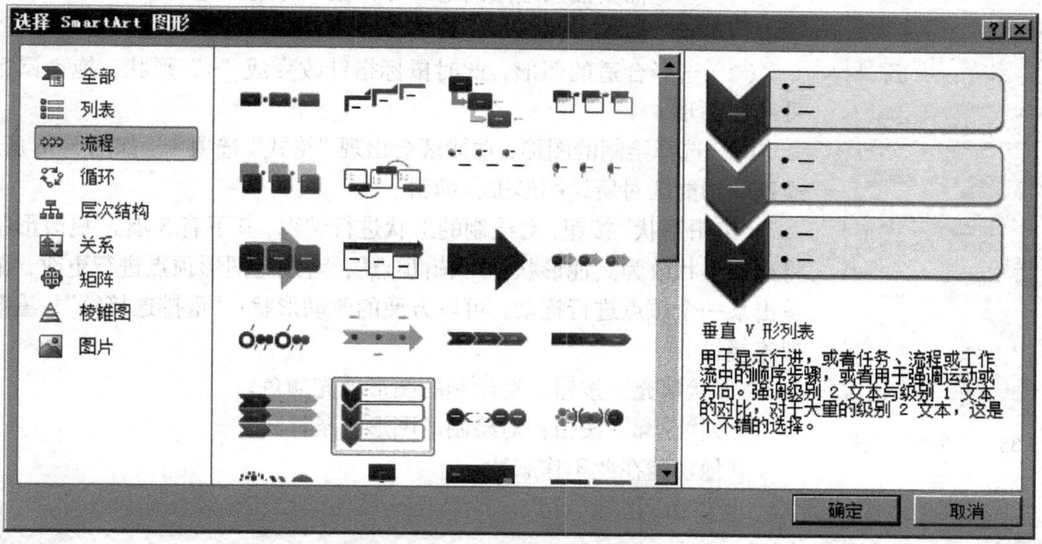

图 5.33　“选择 SmartArt 图形”对话框

此时，在幻灯片上已经插入了 SmartArt 图形，打开“在此输入文字”对话框，可以在此编辑 SmartArt 图形内的文字，如图 5.34 所示。输入文字完毕后，单击“在此输入文字”对话框右上角的“关闭”按钮。

如果无占位符，在“插入”选项卡功能区也有“插入 SmartArt 图形”按钮。

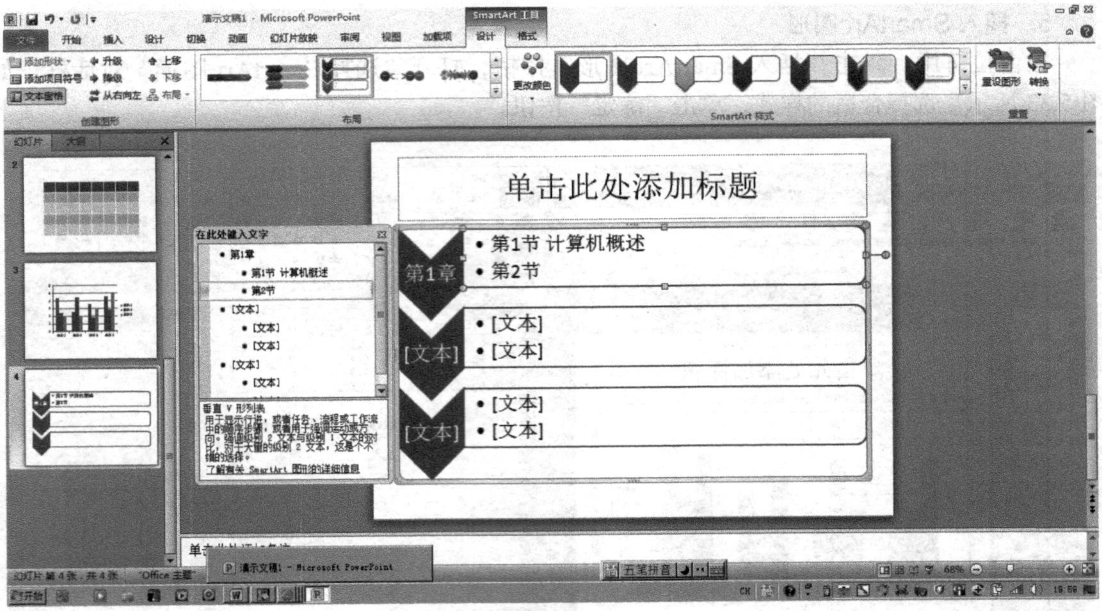

图 5.34　SmartArt 图形示例

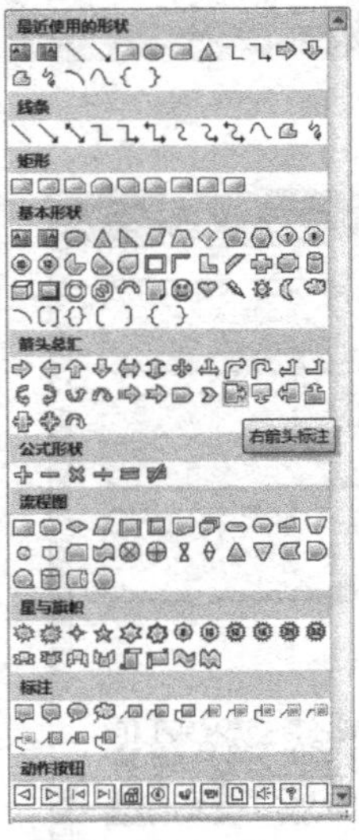

图 5.35　“形状”列表

6. 绘图

在幻灯片中插入绘图的操作步骤如下。

（1）选定需要插入绘图的幻灯片，在“开始”选项卡“绘图”组中，单击“形状”按钮，弹出下拉列表，如图 5.35 所示。

（2）选择合适的图形，此时鼠标指针改变成“+”形状，拖动鼠标即可绘制图形。

（3）选择绘制的图形，功能区会出现“格式”选项卡，如图 5.36 所示。通过此功能区对所绘图形进行编辑。

“编辑形状”按钮：对绘制的形状进行编辑，其下有 3 项。“更改形状”，将选定形状改为其他形状；“编辑顶点”，对选定图形顶点进行更改，鼠标单击某一个顶点进行拖动，可以方便的改动形状；“重排连接符”，重新排列连接符。

“形状填充”按钮：对绘制的图形填充颜色。

“形状轮廓”按钮：对绘制的图形线条样式。

其他功能在此不作叙述。

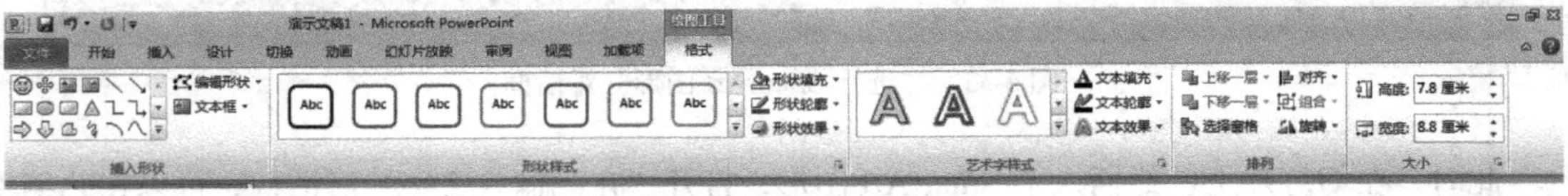

图 5.36　“格式”选项卡

7. 插入艺术字

在普通视图的幻灯片窗格中可以插入艺术字，在“插入”选项卡“文本”组中，如图 5.37 所示。有文本框、艺术字、日期的时间等，操作方法与 Word 2010 一样。

图 5.37　“文本”组

8. 插入声音

在“插入”选项卡“媒体”组中，单击“声音”按钮，弹出下拉列表，如图 5.38 所示。

在下拉列表中选择“文件中的音频”的选项，打开“插入声音”对话框，选择合适的声音文件，单击“插入”按钮，如图 5.39 所示。

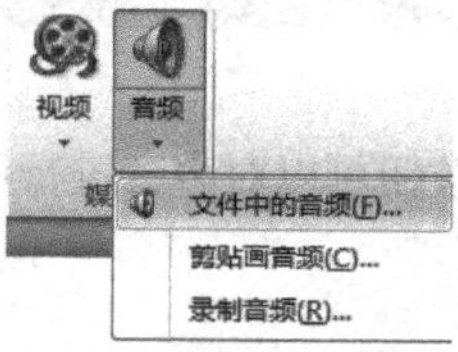

图 5.38　“音频”列表

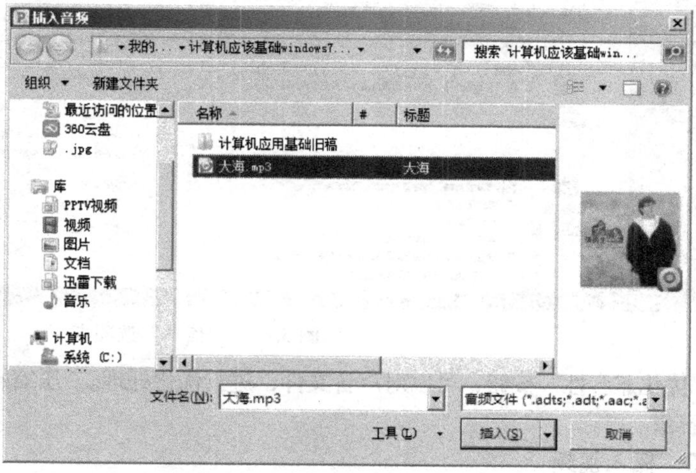

图 5.39　“插入声音”对话框

此时，在幻灯片中插入了声音图标，如图 5.40 所示，功能区多了“播放”选项卡，通过按钮命令可对插入的音频设置。

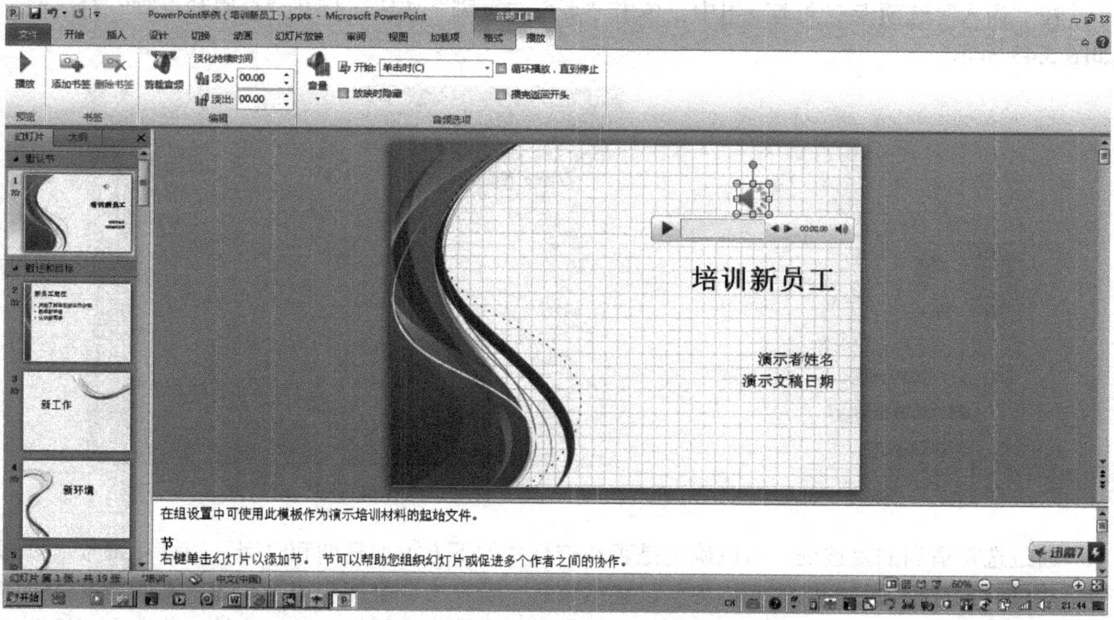

图 5.40　插入声音示例

单击“文件”选项卡，选择“信息”选项卡，如图 5.41 所示。

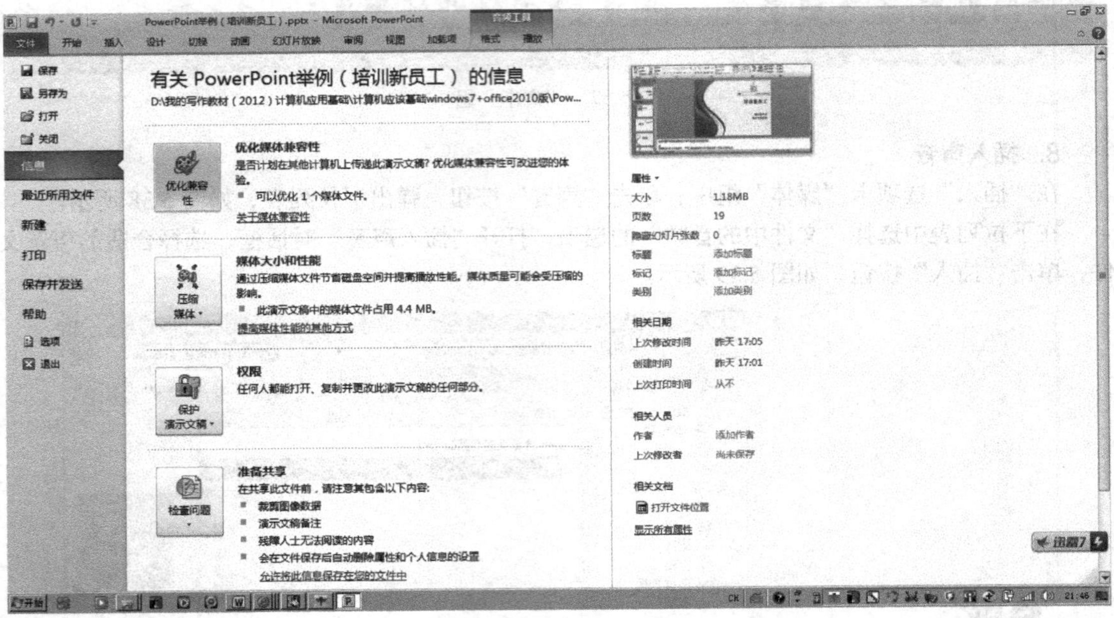

图 5.41 “信息”选项卡

“优化兼容性”按钮，可以对声音文件，进行优化处理。“压缩媒体”按钮可以对声音进行压缩，减少容量。

9. 插入视频

在“插入”选项卡“媒体”组中，单击“视频”按钮，在弹出的下拉列表中选择合适的选项，如图 5.42 所示。

10. 插入页眉与页脚

在“插入”选项卡“文本”组中，单击“页眉与页脚”按钮，打开“页眉和页脚”对话框，如图 5.43 所示。

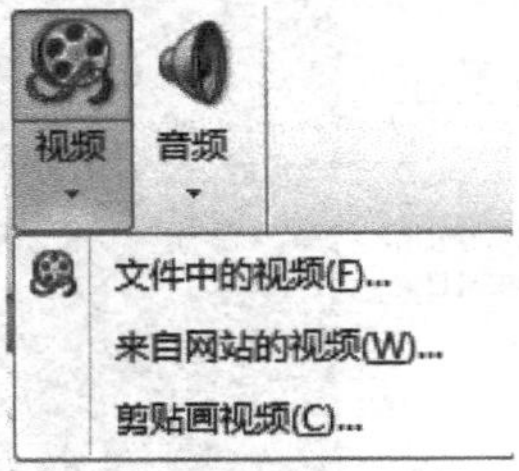

图 5.42 “视频”列表

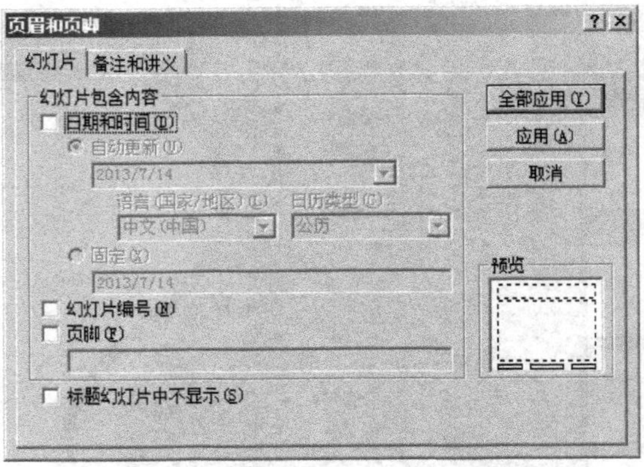

图 5.43 “页眉和页脚”对话框

通过选择适当的复选框，可以确定是否在幻灯片的下方添加日期和时间、幻灯片编号、页脚等，并可设置选定项目的格式和内容。设置结束后，若单击“全部应用”按钮，则所做设置将应用于所有幻灯片；若单击“应用”按钮，则所做设置应用于当前幻灯片。此外，若选中“标题幻灯片中不显示”复选框，则所做设置将不应用于第 1 张幻灯片。

11. 插入批注

利用批注的形式可以对演示文稿提出修改意见。批注就是审阅文稿时在幻灯片上插入的附注，批注会出现在黄色的批注框内，不会影响原演示文稿。

在“审阅”选项卡“批注”组中，单击“新建批注”按钮，如图 5.44 所示，即可建立批注。当前幻灯片上出现批注框，在框内输入批注内容后，单击批注框以外的区域即可。

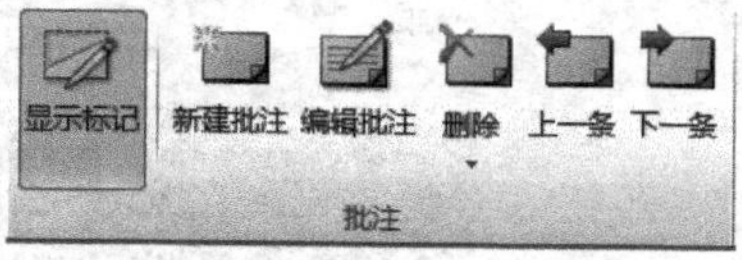

图 5.44　“批注”组

5.2.3　节

PowerPoint 2010 中的“节”，将整个演示文稿划分成若干个小节来管理。类似于文件夹功能，由多张连续的幻灯片组成一个节，可以帮助用户合理的规划文稿结构；同时，编辑和维护可以把节作为操作对象，能大大节省时间。

1. 新增节

新增节，操作步骤如下。

（1）打开需要分节的演示文稿。

（2）在普通视图“幻灯片”选项卡窗格中，选择需要插入节的幻灯片，（或者两张幻灯片之间的位置），在“开始”选项卡“幻灯片”组中，单击“节”按钮，打开下拉列表，如图 5.45 所示。

（3）在下拉列表中，选择“新增节”选项，即可在该幻灯片前插入一个节，如图 5.46 所示。

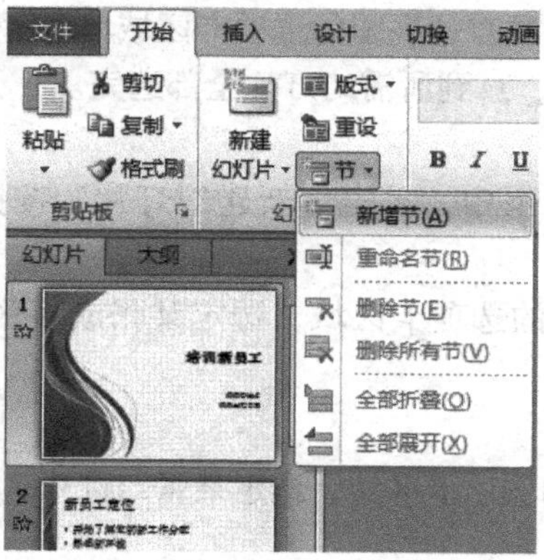

图 5.45　“节”列表

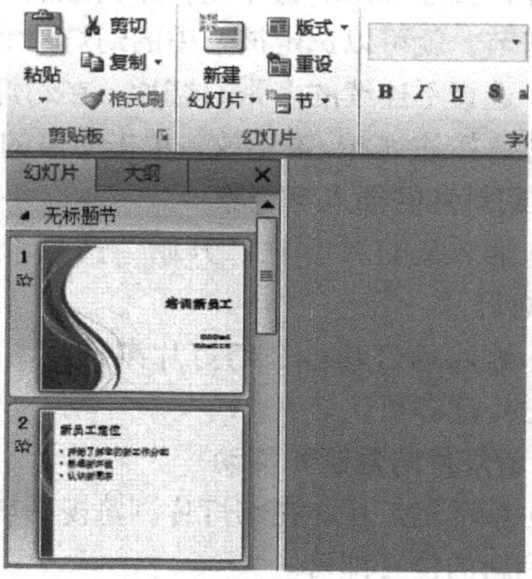

图 5.46　插入节示例

2. 编辑节

插入节后，首要的工作是对“节”重命名，操作步骤如下。

（1）选定需要命名的节。

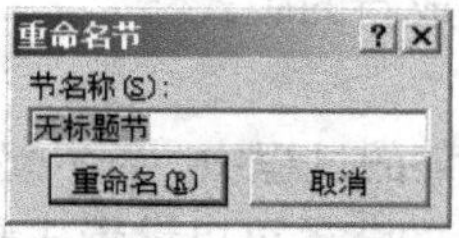

图 5.47　“重命名节”对话框

（2）在“开始”选项卡“幻灯片”组中，单击“节”按钮，打开下拉列表，选择“重命名节”选项，打开“重命名节”对话框，如图 5.47 所示。输入新的名字，单击“重命名”按钮即可。

如果在“节”按钮的下拉列表中，选择“全部折叠”选项，即可把节中的幻灯片隐藏起来，只显示节名，如图 5.48 所示。

此时，“节”就为一个操作对象，选定一个节，右击鼠标打开下拉菜单，如图 5.49 所示，就可以对节进行操作。

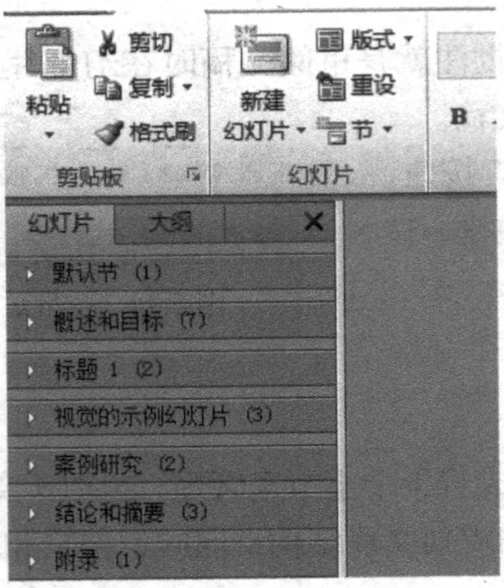

图 5.48　折叠节示例

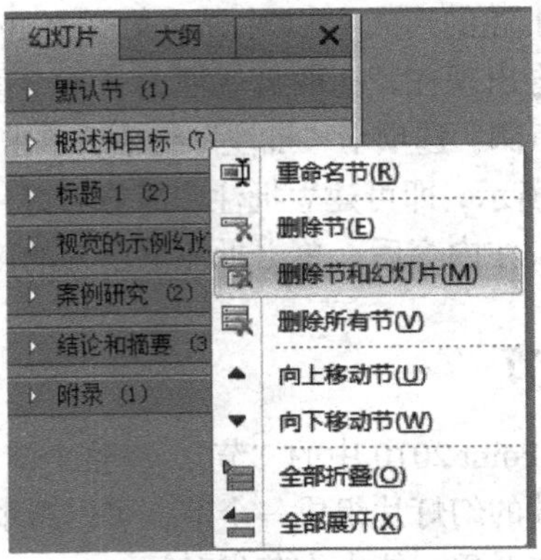

图 5.49　节操作示例

5.2.4　美化演示文稿

1. 幻灯片的选定

（1）选择单张幻灯片。在幻灯片浏览视图或普通视图的选项卡区域，单击所需的幻灯片。

（2）选择连续的多张幻灯片。在幻灯片浏览视图或普通视图的选项卡区域，单击所需的第 1 张幻灯片，按住<Shift>键不放，单击最后一张幻灯片。

单击节，就可以选定该节中的幻灯片。

（3）选择不连续的多张幻灯片。在幻灯片浏览视图或普通视图的选项卡区域单击所需的第 1 张幻灯片，按住<Ctrl>键不放，单击所需的其他幻灯片，直到所需幻灯片全部选完。

2. 幻灯片的插入与删除

（1）插入幻灯片。在“开始”选项卡“幻灯片”组中，单击“新建幻灯片”按钮，即可创建新幻灯片。

（2）删除幻灯片。在幻灯片浏览视图或普通视图的选项卡区域，选定某张或多张幻灯片，按<Delete>键即可。

3. 幻灯片的复制和移动

（1）移动幻灯片。在幻灯片浏览视图或普通视图的选项卡区域，选定某张幻灯片，拖动鼠标将它移到新的位置即可。

（2）复制幻灯片。在幻灯片浏览视图或普通视图的选项卡区域，选定某张幻灯片，按住<Ctrl>键同时拖动鼠标到目标位置即可。

4. 改变幻灯片的版式

在普通视图方式下，选定需要改变的幻灯片，在“开始”选项卡“幻灯片”组中，单击“版式”按钮，弹出下拉列表，如图 5.50 所示，选择合适的选项，即可改变成新的版式。

5. 幻灯片背景

在 PowerPoint 2010 中默认幻灯片的背景都是空白的，在制作演示文稿的过程中，为了起到美化幻灯片的效果，通常情况下会对幻灯片的背景进行一定的设置。幻灯片的背景可以设置成彩色，也可以设置成图片或纹理。设置幻灯片背景样式，操作方法如下。

选定需要设置背景的幻灯片，在“设计”选项卡“背景”组中，单击“背景样式”按钮，弹出下拉列表，如图 5.51 所示，选择合适的选项即可。

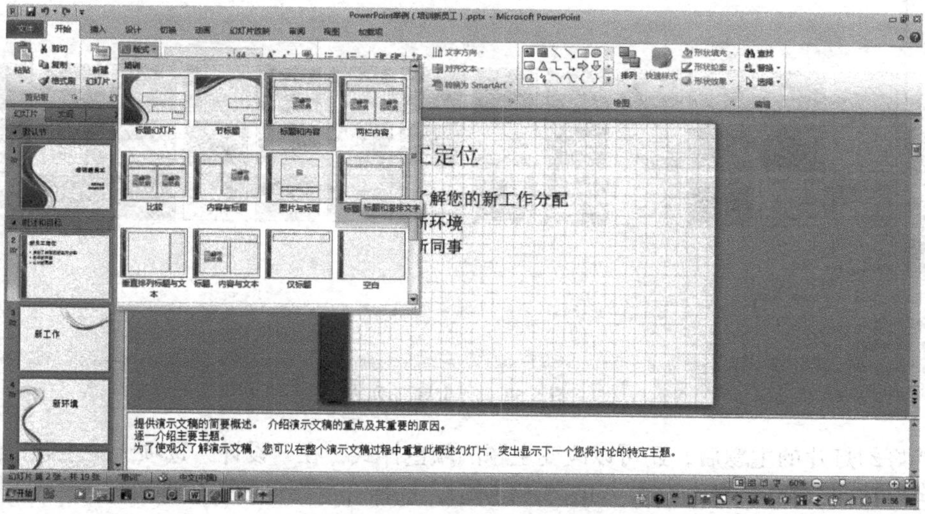

图 5.50　“版式”列表

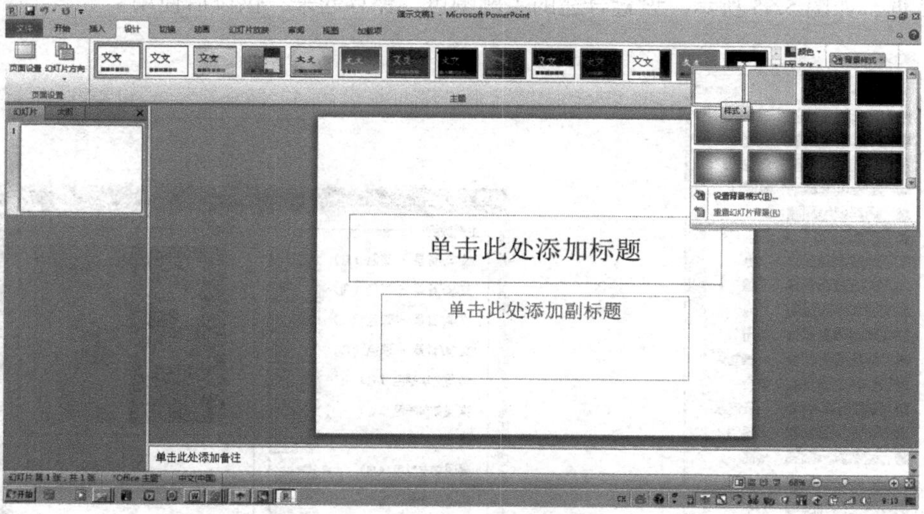

图 5.51　“背景样式”列表

如果选择“设置背景格式”选项，可以打开“设置背景格式”对话框，如图 5.52 所示。可以精细设置背景格式。

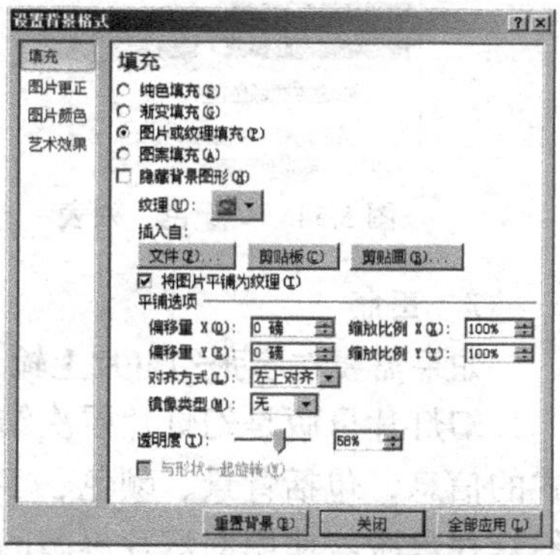

图 5.52　“设置背景格式”对话框

6. 幻灯片主题

主题是一组统一的设计元素，使用颜色、字体和图形设置文档的外观，通过应用文档主题，可以快速地设置整个文档的格式。文档主题包括主题颜色、主题字体和主题效果等。使用幻灯片主题的具体操作方法如下。

选定需要设置背景的幻灯片，在“设计”选项卡“主题”组中，单击“其他”扩展按钮，弹出下拉列表，如图 5.53 所示，选择合适的选项即可。

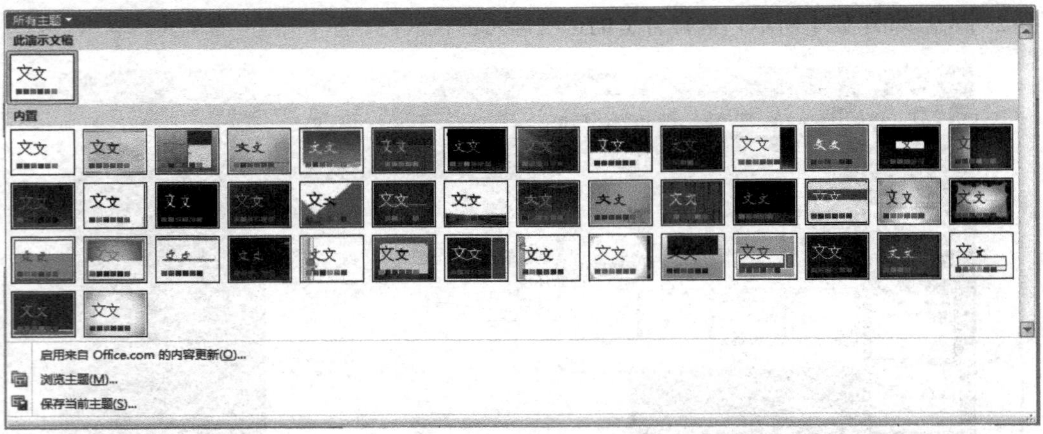

图 5.53 “主题”列表

选择好幻灯片的主题后，还可以改变主题的颜色样式，在“设计”选项卡“主题”组中，单击“颜色”按钮，弹出下拉列表，如图 5.54 所示，选择合适颜色的选项即可。

如果不满意下拉列表中的颜色样式，还可以选择“新建主题颜色”选项，打开“新建主题颜色”对话框，如图 5.55 所示。设置合适的主题颜色，保存起来，供以后使用。

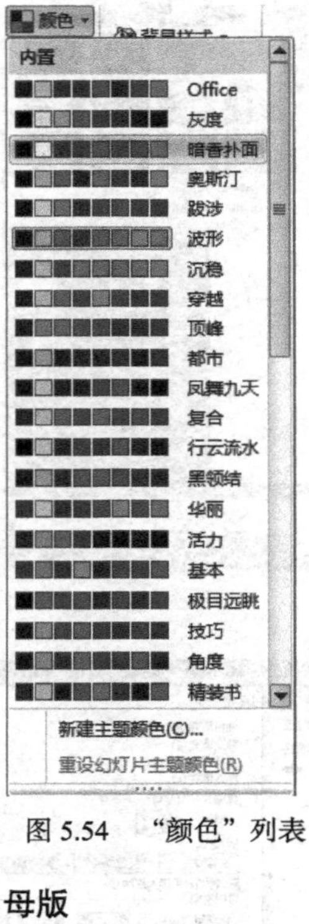

图 5.54 “颜色”列表

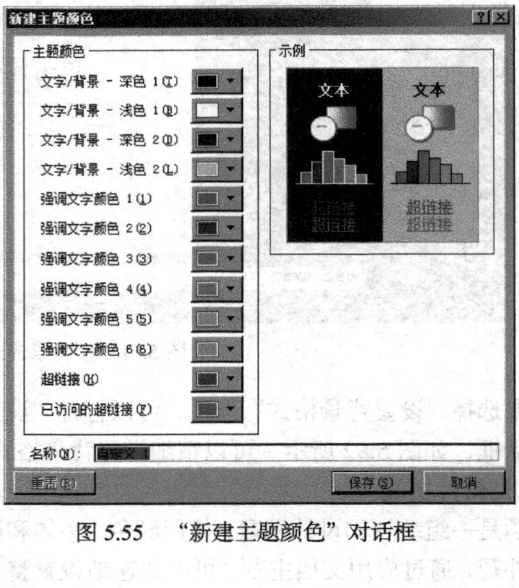

图 5.55 “新建主题颜色”对话框

7. 母版

如果需要在多张幻灯片上输入相同的信息，进行相同的设置，那使用幻灯片母版特别方便。

幻灯片母版是幻灯片层次结构中的顶层幻灯片，用于存储有关演示文稿的主题和幻灯片版式的信息，包括背景、颜色、字体、效果、占位符的大小和位置。每个演示文稿至少包含一个幻灯片母版。使用幻灯片母版的主要优点是可以对演示文稿中的每张幻灯片（包括以后添加到演示文稿中的幻灯片）进行统一的样式更改。

由于幻灯片母版影响整个演示文稿的外观，因此在创建和编辑幻灯片母版或相应版式时，在“幻灯片母版”视图下进行操作，具体操作方法如下。

（1）打开演示文稿，在“视图”选项卡下“演示文稿视图”组中，单击“幻灯片母版”按钮，进入母版视图，如图 5.56 所示。

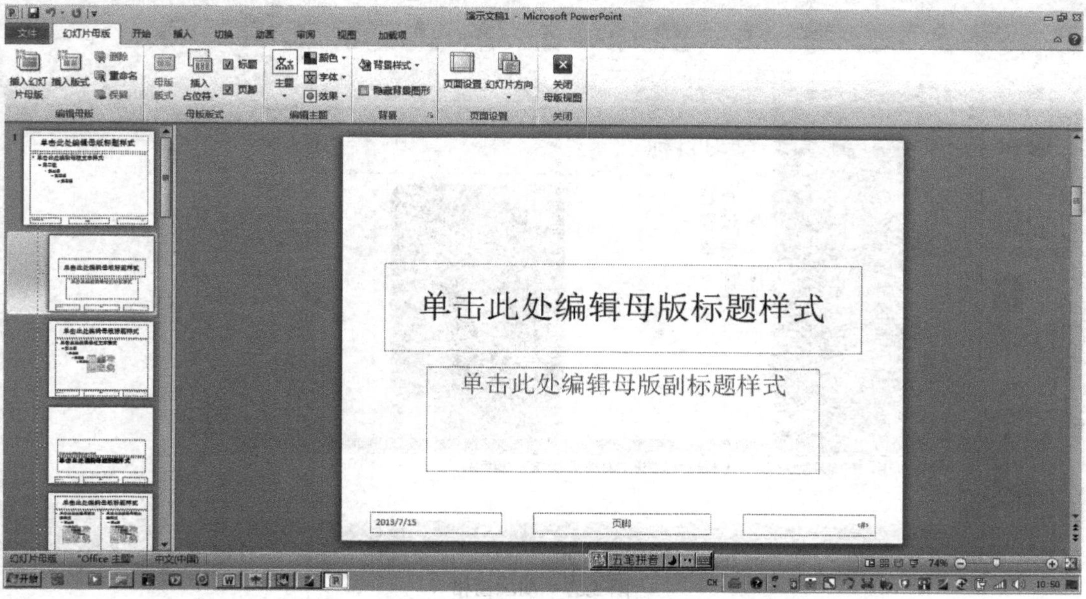

图 5.56　“幻灯片母版”视图

（2）在母版视图左侧窗格中有所有母版的缩略图，最上面的是大母版，对所有幻灯片起作用，下面的子母版，只能对一种版式的幻灯片起作用，选定母版，就可以进行操作。

（3）在“幻灯片母版”选项卡下“背景”组中，单击“背景样式”按钮，选择背景样式。

（4）选择占位符中的文本，在“开始”选项卡“字体”组中，单击“字体”下拉按钮，在弹出的下拉列表中选择需要的字体。

（5）设置完成后，单击“关闭母版视图”按钮。

此时，更改后的母版就起作用了，新建的幻灯片就有了新的样式。

5.3　演示文稿的放映

放映幻灯片时，演示文稿内容是展示的主要部分，若加上动画、超链接和设置切换方式，将有利于突出重点，使放映过程更加形象生动，实现动态演示效果。

5.3.1　设置动态效果

幻灯片的动态效果包括幻灯片对象的动画、幻灯片之间的切换及幻灯片的超链接等动作效果等。

1. 设置动画

为幻灯片中的对象设置动画，可以突出重点，控制信息，还可以增强演示文稿的趣味性。

用户可以对幻灯片母版上的选定幻灯片设置动画，这样所有的幻灯片都有该动画效果。

（1）打开演示文稿，选定需要设置动画的幻灯片，在幻灯片窗格中选定要设置动画的某个对象，如标题、文本或图片等。在“动画”选项卡“高级动画”组中，单击“动画窗格”按钮，打开动画窗格，如图 5.57 所示。

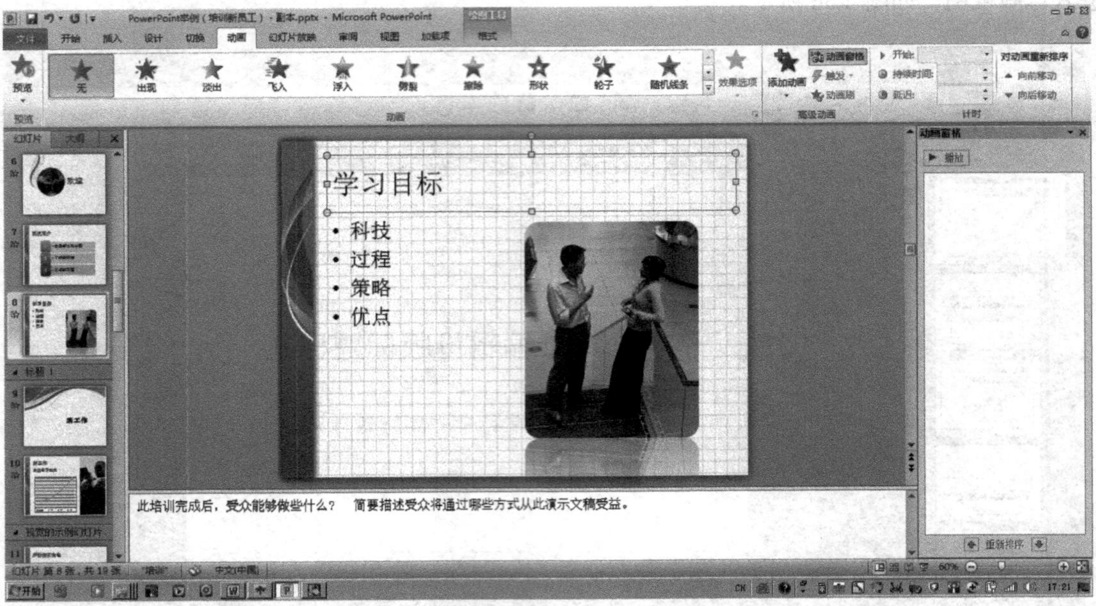

图 5.57　动画窗格

（2）在“动画”选项卡“动画”组中，单击“其他”按钮，弹出下拉列表，如图 5.58 所示。选择合适的选项，即可为该对象设置动画。

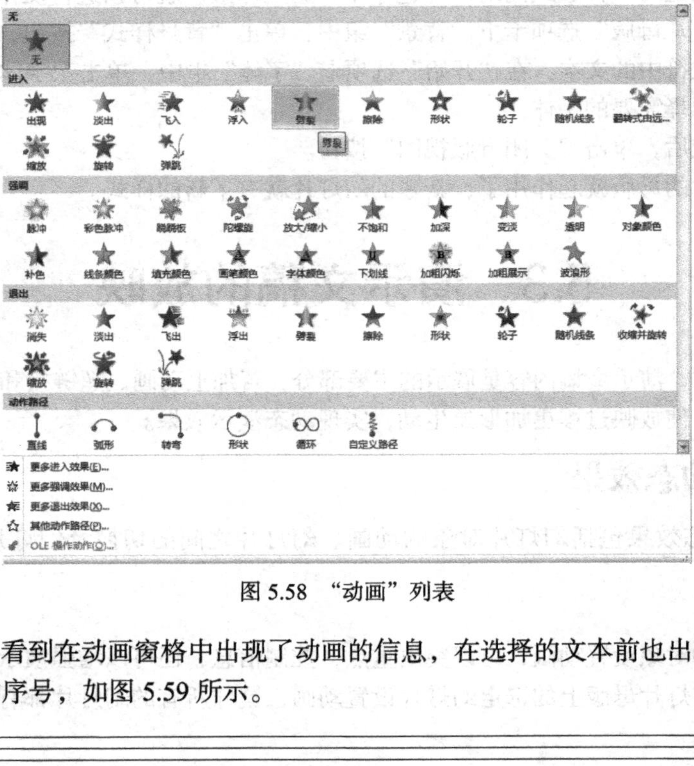

图 5.58　“动画”列表

（3）此时可以看到在动画窗格中出现了动画的信息，在选择的文本前也出现了一个数字，这个数字就是动画的序号，如图 5.59 所示。

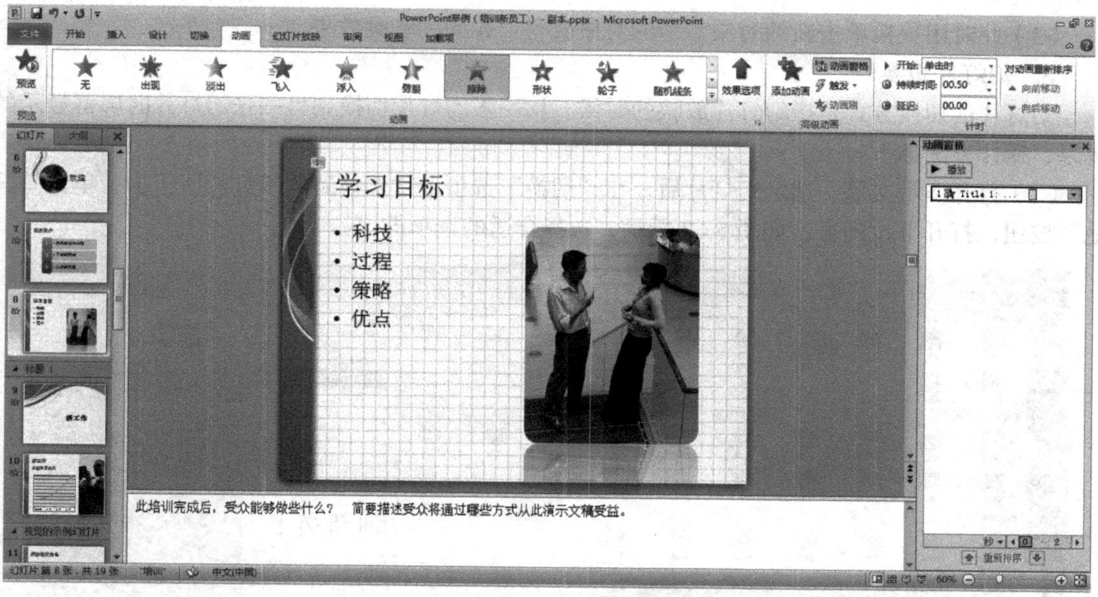

图 5.59　动画窗格示例

（4）选定设置动画的对象，在“动画”选项卡“动画”组中，单击“效果选项”按钮，在弹出的下拉列表中选择动画方向。在“动画”选项卡“计时”组中，设置动画的时间。如图 5.60 所示。

（5）在动画窗格中，单击动画选项后面的下拉按钮，在弹出的下拉列表中选择“效果选项”，打开“动画属性”对话框，如图 5.61 所示。可以设置动画的效果、计时等。

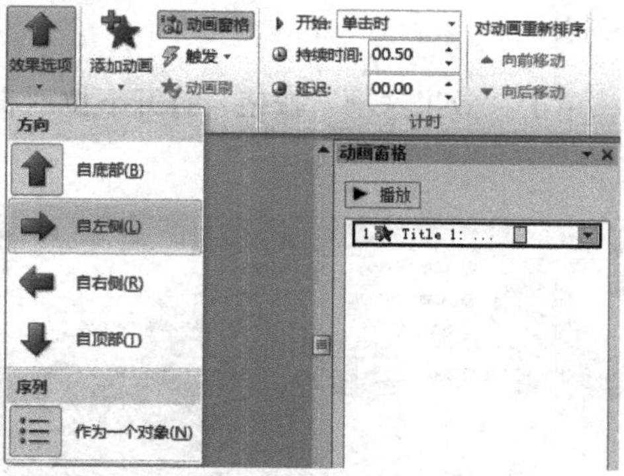

图 5.60　“效果选项”列表

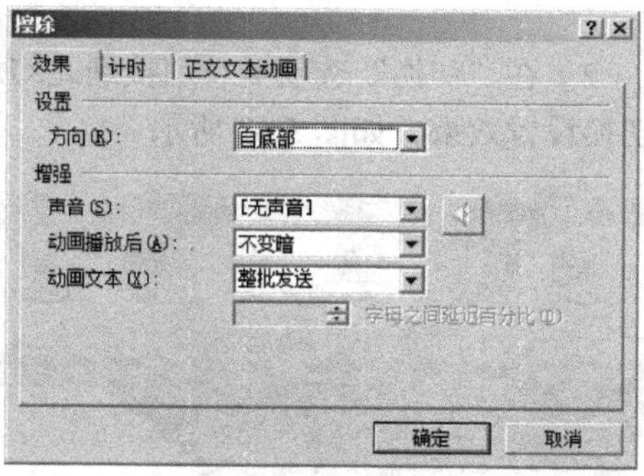

图 5.61　“动画属性”对话框

（6）动画设置完成后，可以单击“预览”按钮或者在动画窗格中“播放”按钮，即可进行动画的播放，显示效果。

如果为幻灯片的多个对象设置了动画后，动画窗格就会有多个项目，在动画窗格内也可以对动画进行操作，如删除、更改、改变动画顺序等。

2. 动画刷

利用动画刷工具，用户可以使用动画刷快速、轻松地将动画从一个对象复制到另一个对象，操作方法如下。

（1）打开演示文稿，在幻灯片中选定一个已经设置动画的对象。

（2）在“动画”选项卡“高级动画”组中，单击“动画刷”按钮。此时鼠标指针改成指针加刷子形状。

（3）此时用鼠标单击新的对象，新的对象就有了相同的动画效果。

3. 幻灯片切换

幻灯片的切换方式是指幻灯片放映的时候，从一张幻灯片切换到另一张幻灯片时屏幕显示的效果，操作方法如下。

（1）打开演示文稿，选定幻灯片后，在“切换”选项卡“切换到此幻灯片”组中，单击“其他”按钮，打开下拉列表，如图 5.62 所示，选择合适的选项即可。

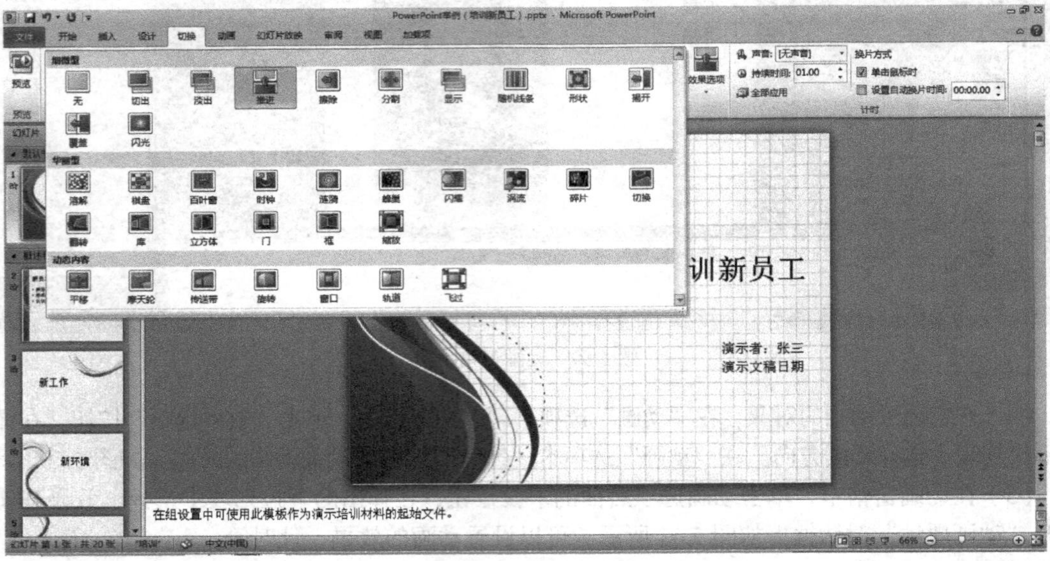

图 5.62 “切换”列表

（2）在“切换”选项卡“切换到此幻灯片”组中，单击“效果选项”按钮，打开下拉列表，为切换设置效果，如图 5.63 所示。

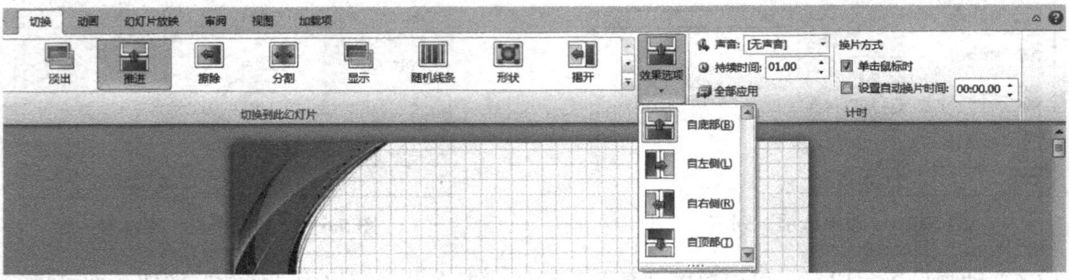

图 5.63 “效果选项”列表

（3）在“切换”选项卡“计时”组中，设置切换的声音、持续时间和换片方式等。单击“全部应用”按钮，可以把切换效果应用到所有幻灯片中，否则，效果只在该幻灯片起作用。

4. 设置超链接效果

超链接是指向特定位置或文件的一种连接方式，利用它将下一步的显示跳转到指定的位置。超链接只有在幻灯片放映时才激活，把鼠标移到设有超链接的对象上，鼠标指针会变成“小手”的形状，单击鼠标或鼠标移过该对象即可启动超链接。设置超链接有两种方式。

（1）超链接。选定需要插入超链接的文字或某个对象，在“插入”选项卡“链接”组中，单击“超链接”按钮，打开“插入超链接”对话框，如图 5.64 所示。选择要链接的文档、Web 页或电子邮件地址，单击“确定”按钮。

（2）动作设置。在幻灯片中选定要设置动作的某个对象，在“插入”选项卡“链接”组中，单击“动作”按钮，打开“动作设置”对话框，如图 5.65 所示。在对话框中设置完成后，单击“确定”按钮。

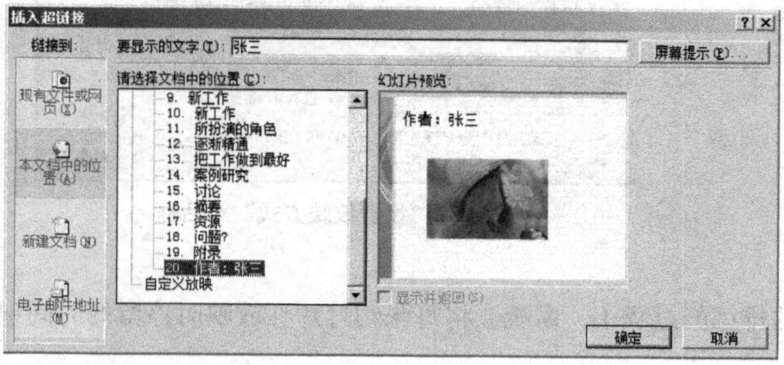

图 5.64 “插入超链接”对话框

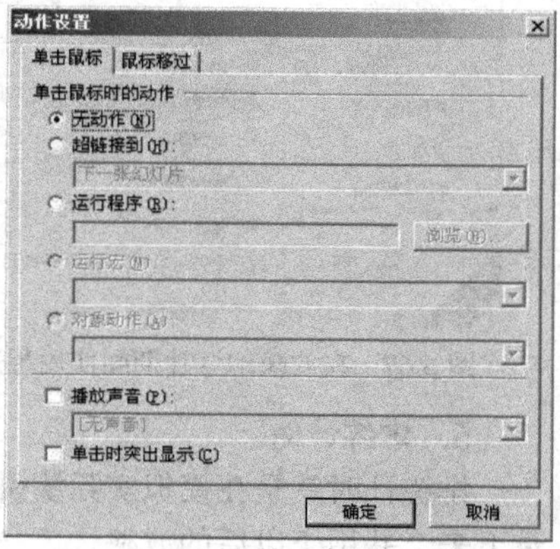

图 5.65 “动作设置”对话框

5.3.2 放映幻灯片

创建好的演示文稿通过放映展示它的效果。

1. 幻灯片的放映

要放映幻灯片，在“幻灯片放映”选项卡“开始放映幻灯片”组中，如图 5.66 所示。单击“从头开始”或者“从当前幻灯片开始”按钮，或快捷键<F5>即可。在演示文稿未放映到最后一张时想终止放映，可右击鼠标打开快捷菜单，选择“结束放映”或按<Esc>键。

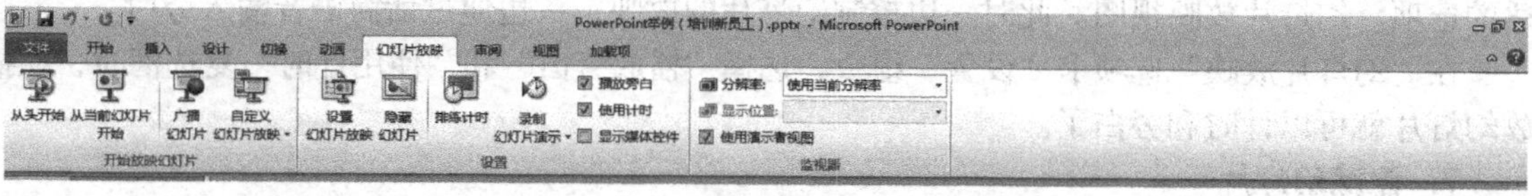

图 5.66 “幻灯片放映”选项卡

2. 放映幻灯片时使用墨迹

放映幻灯片时，可以在幻灯片的中加入手写墨迹，可以强调重点，操作方法如下。

右击鼠标，打开快捷菜单，如图 5.67 所示。选择“指针选项”下的“笔”或“荧光笔”命令，就可在幻灯片上进行书写了，选择“箭头”即可使鼠标指针恢复正常，选择“擦除幻灯片上的所有墨迹”可删除刚才手写的墨迹。

3. 设置放映方式

放映方式的设置，在“幻灯片放映”选项卡“设置”组中，单击“设置幻灯片放映”按钮，打开“设置放映方式”对话框，如图 5.68 所示。根据需要进行设置，单击“确定”按钮即可。

4. 放映文件

演示文稿保存为放映文件（扩展名为.ppxs）后，双击文件的时候就会直接播放，不再需要 PowerPoint 2010 软件的支持。

操作方法为选择“文件”|“另存为”命令，把它另存为“PowerPoint 放映”类型的文件。

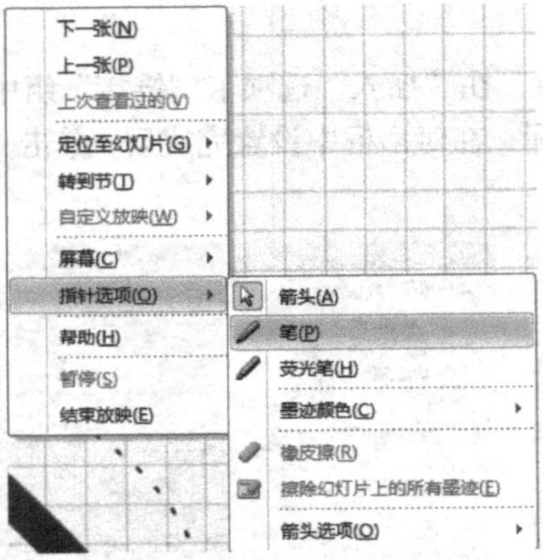

图 5.67 在放映幻灯片期间使用墨迹

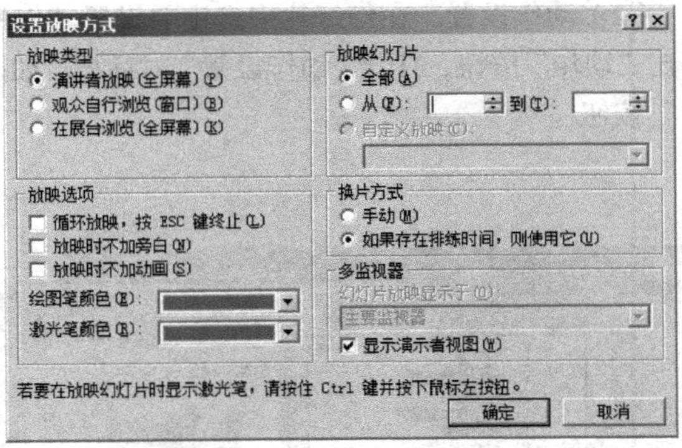

图 5.68 “设置放映方式”对话框

5. 排练计时

排练计时就是在模拟实际演讲的排练的过程中，系统会将每张幻灯片在放映时停留的时间记录下来，并用于以后的放映。

在“幻灯片放映”选项卡“设置”组中，单击“排练计时”按钮，此时演示文稿开始放映，按自己需要的速度把幻灯片放映一遍。到达幻灯片末尾时，单击“是”按钮，接受排练时间，或单击“否”按钮，重新开始排练。

设置了排练计时后，在幻灯片在放映时若没有单击鼠标，按排练计时放映。

6. 录制幻灯片演示

录制幻灯片演示是模拟实际演讲时，即排练计时，又把演示者的语音旁白进行录制，用于以后的放映。

在“幻灯片放映”选项卡“设置”组中，单击“录制幻灯片演示”按钮在下拉列表中选择合适的选项。幻灯片放映视图。此时一边控制幻灯片的放映，一边通过话筒语音输入旁白。

在“幻灯片放映”选项卡“设置”组中，选择“播放旁白”和“使用计时”复选框时，在播放幻灯片就可以计时和旁白了。

7. 隐藏幻灯片

隐蔽幻灯片是在演示文稿中把不需要放映的幻灯片隐蔽，操作步骤如下。

（1）首先在幻灯片浏览视图方式下选定需要隐藏的幻灯片。

（2）在“幻灯片放映”选项卡“设置”组中，单击“隐藏幻灯片”按钮，即可隐蔽该幻灯片，该幻灯片的右下方出现图标 ，表示该幻灯片已经隐藏，不会放映。

若需要重新放映已经隐藏的幻灯片，首先在幻灯片浏览视图方式下选定需要恢复的幻灯片，在“幻灯片放映”选项卡“设置”组中，单击“恢复隐藏幻灯片”按钮即可。

8. 自定义放映

自定义放映，可以根据实际情况选择现有演示文稿中相关的幻灯片组成一个新的演示文稿，操作步骤如下。

（1）在“幻灯片放映”选项卡“开始放映幻灯片”组中，单击“自定义放映”按钮，弹出下拉列表，选择“自定义放映”选项，打开“自定义放映”对话框，如图 5.69 所示。

（2）单击“新建”按钮，弹出“定义自定义放映”对话框，如图 5.70 所示。

（3）在“幻灯片放映名称”文本框中，系统自动将自定义放映的名称设置为“自定义放映 1”，若想重新命名，可在该文本框中输入一个新的名称。

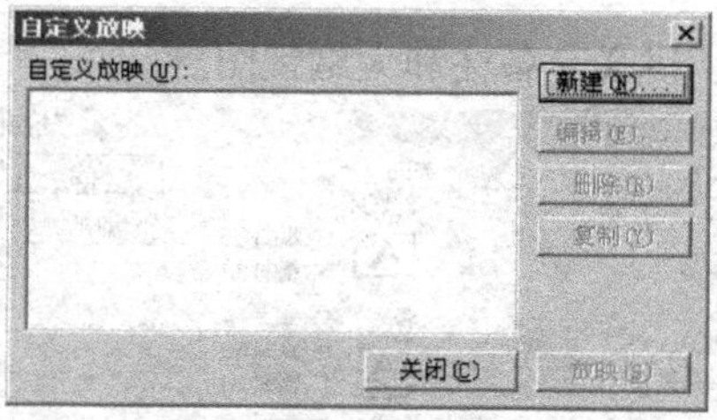

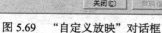

图 5.69 “自定义放映”对话框

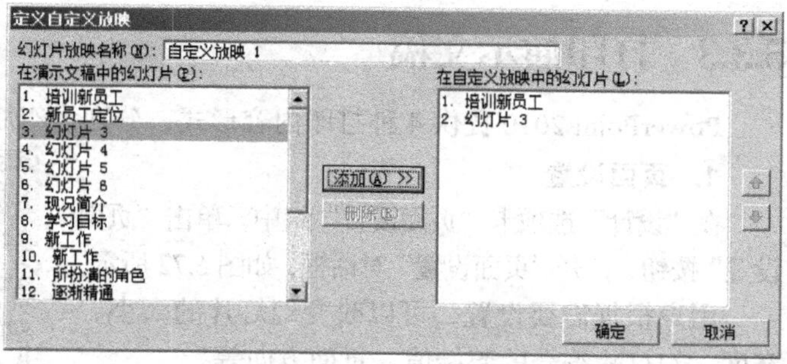

图 5.70 “定义自定义放映”对话框

（4）在“在演示文稿中的幻灯片”列表框中，单击需要的幻灯片，再单击“添加”按钮，该幻灯片出现在对话框右侧的“在自定义放映中的幻灯片”列表框中。然后添加需要的幻灯片到右侧的列表中。

（5）需要的幻灯片选择完毕后，单击“确定”按钮。

如果按自定义放映的方式放映，选择“幻灯片放映”|“设置放映方式”菜单命令，弹出“设置放映方式”对话框，在“放映幻灯片”选项组中选择“自定义放映”，并在其下拉列表中选择设置。设置完毕后单击“确定”按钮。

9. 在其他计算机中放映幻灯片

若要在没有安装 PowerPoint 2010 的计算机上放映幻灯片，可使用 PowerPoint 2010 提供的打包工具，将演示文稿及相关文件制作成一个可在其他计算机中放映的文件，操作步骤如下。

（1）打开要打包的演示文稿。

（2）选择“文件”|“保存并发送”菜单命令，如图 5.71 所示。选择合适的选项即可。

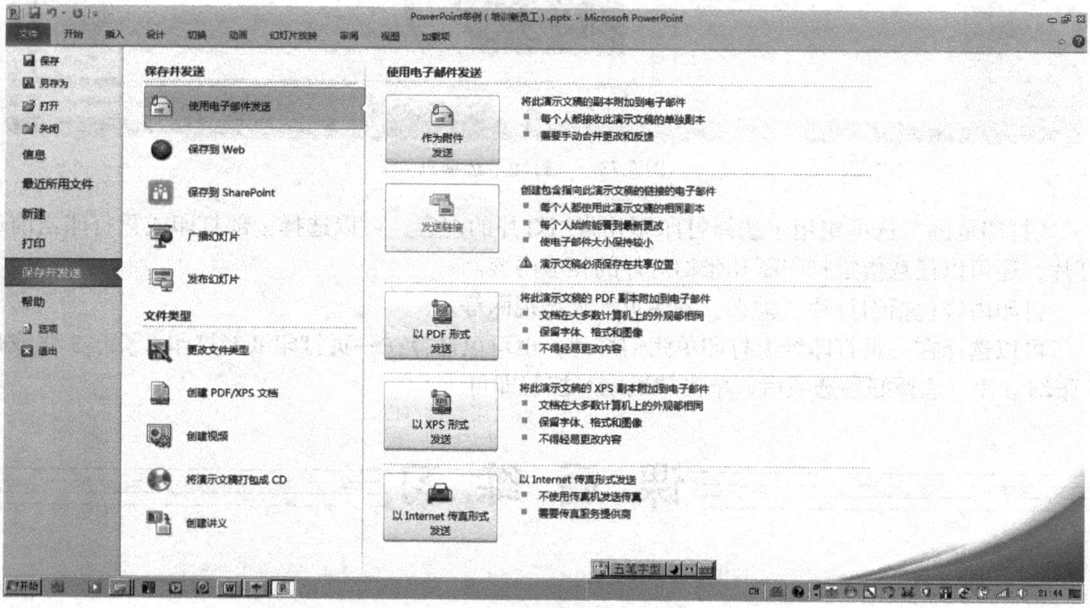

图 5.71 “打包成 CD”对话框

5.3.3 打印演示文稿

PowerPoint 2010 提供 4 种打印内容形式，分别为幻灯片、讲义、备注和大纲视图。

1. 页面设置

在“设计”选项卡“页面设置”组中，单击“页面设置”按钮，打开“页面设置”对话框，如图 5.72 所示。

用户根据需要设置，可以改变幻灯片的大小、宽度、幻灯片编号的起始值、页面方向等。

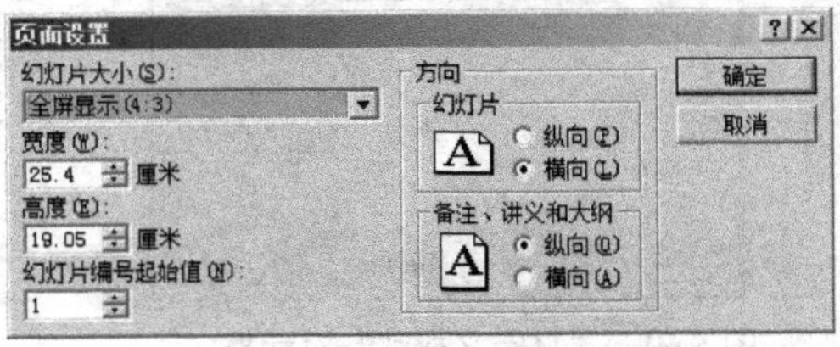

图 5.72 “页面设置”对话框

2. 打印

打印演示文稿的方法如下。

选择“文件”|“打印”菜单命令，打开打印选项页，如图 5.73 所示。

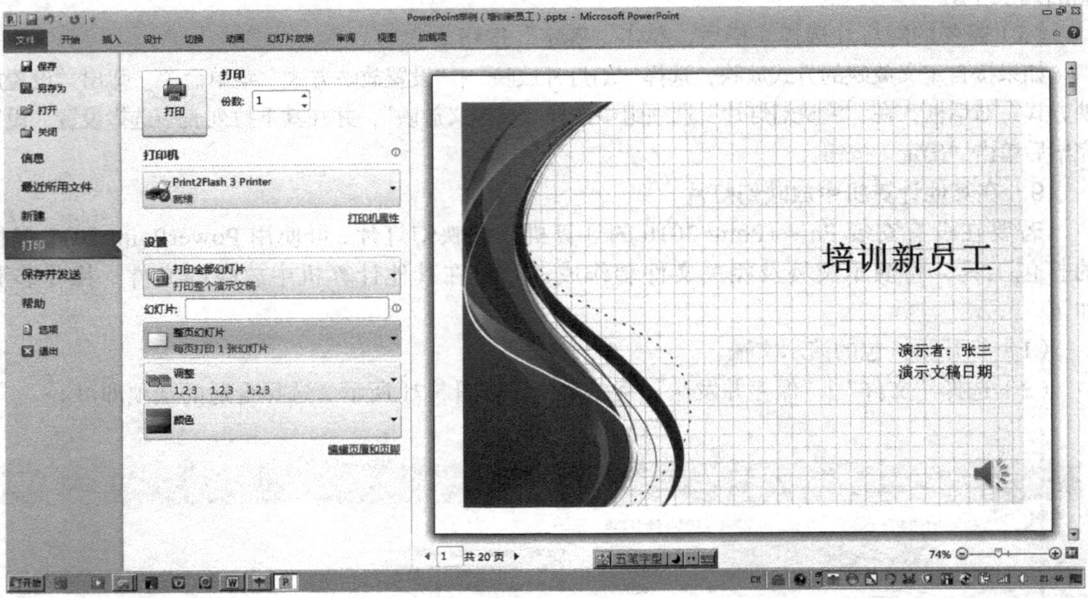

图 5.73 “打印”选项页

“打印范围”选项组用于选择打印哪几张幻灯片的内容，可以选择全部打印或只打印当前幻灯片，还可以任意指定打印哪几张幻灯片的相应内容。

打印内容包括幻灯片、讲义、备注页和大纲视图等。

可以选择在一页打印纸上打印单张幻灯片，也可以选择在一页打印纸上打印 2 张、3 张或是 6 张幻灯片。选择好各选项后，单击“确定”按钮即可。

课 后 练 习

一、单选题

1. 演示文稿存盘时以（　　　）作为文件扩展名。

   A. .txt　　B. .pptx　　C. .ppsx　　D. .exe

2. 在普通视图中，以大视图显示当前幻灯片，可以在当前幻灯片中添加文本，插入图片、表格、图表、绘图对象、文本框、电影、声音、超链接和动画等的窗格是（　　）。

A. 备注窗格　B. 大纲窗格　C. 幻灯片窗格　D. 放映窗格

3. 普通视图包含幻灯片选项卡和（　　）选项卡及幻灯片窗格和备注窗格。

A. 幻灯片　B. 大纲　C. 普通　D. 备注

4. PowerPoint 2010 视图方式包括普通视图、幻灯片浏览视图和（　　）。

A. 大纲视图　B. 幻灯片视图　C. 备注视图　D. 幻灯片放映视图

5.（　　）指由用户创建和编辑的每一个演示单页。

A. 幻灯片　B. 模板　C. 版式　D. 备注

6. PowerPoint 2010 中，在浏览视图下，按住<Ctrl>键并拖动某张幻灯片，可以完成的操作是（　　）。

A. 移动幻灯片　B. 复制幻灯片　C. 删除幻灯片　D. 选定幻灯片

7. 根据（　　）创建演示文稿，已经包含各种不同主题的演示文稿的内容模板。

A. 内容提示向导　B. 设计模板　C. 版式　D. 大纲

8. 根据（　　）创建演示文稿，提供了预定的颜色搭配、背景图案、文本格式等幻灯片显示方式，但不包含演示文稿的设计内容。

A. 内容提示向导　B. 设计模板　C. 版式　D. 大纲

9. 幻灯片的（　　）是指某张幻灯片进入或退出屏幕时的特殊视觉效果，目的是为了使前后两张幻灯片之间的过渡自然。

A. 切换方式　B. 视图方式　C. 动画方式　D. 自动方式

10. 在（　　）中，可同时看到演示文稿中的所有幻灯片，而且这些幻灯片以缩略图显示。

A. 普通视图　B. 幻灯片浏览视图　C. 大纲视图　D. 幻灯片放映视图

11. 幻灯片的切换方式是指（　　）。

A. 在编辑幻灯片时切换不同视图

B. 在编辑新幻灯片时的过渡形式

C. 在幻灯片放映时两张幻灯片之间的过渡形式

D. 在编辑幻灯片时两个文本框间过渡形式

12. 在 Power Point 2010 环境中，插入新幻灯片的快捷键是（　　）。

A. Ctrl+n　B. Ctrl+m　C. Alt+n　D. Alt+m

13. PowerPoint 2010 放映文件的扩展名是（　　）。

A. .txt　B. .gif　C. .ppsx　D. .exe

14. 如果想打印黑白演示文稿，可以在“颜色/灰度”设置框中选择（　　）选项。

A. 纯黑白　B. 黑白　C. 灰度　D. 深度

15. 利用（　　）功能，可以根据实际情况选择现有演示文稿中相关的幻灯片组成一个新的演示文稿，即在现有演示文稿基础上自定义一个演示文稿。

A. 隐藏幻灯片　B. 打包　C. 设置放映方式　D. 自定义放映

二、操作题

打开素材库，进入 PowerPoint 文件夹，选中文件，用 PowerPoint 2010 打开文件，按要求操作（操作要求在最后一张幻灯片中），完成后另存为文件“学号+姓名+原文件名. PPT”。

第6章 计算机网络基础

本章学习要求

1. 了解计算机网络的基本知识。
2. 了解因特网的原理，掌握IP地址、域名概念。
3. 熟练掌握浏览器操作、文件传输操作及电子邮件操作。

互联网把世界各地的计算机通过网络线路连接起来，进行数据和信息的交换，从而实现资源共享。互联网正不断地融入到我们的生活中，提供了大量的资讯信息、快捷的通信方式以及全方位的政治、经济、军事、娱乐信息，各种网上购物、网上聊天、微博与博客等已经成为人们生活的一部分。

6.1 计算机网络基础知识

计算机已全面进入网络时代，从较小的办公局域网到将全世界连成一体的互联网，计算机网络处处可见，计算机网络已经深入到社会的各个方面。因此，学习计算机网络知识是进一步掌握计算机应用技能的基本要求。

6.1.1 计算机网络概述

计算机网络是计算机技术与通信技术相结合的产物。

1. 计算机网络定义

通过通信线路和通信设备，将地理位置不同的、功能独立的多台计算机互连起来，以功能完善的网络软件来实现资源共享和信息传递就构成了计算机网络系统。

2. 计算机网络的发展简史

计算机网络的发展可分为4个阶段。

（1）诞生阶段。以一台中央主计算机连接大量的处于不同地理位置的终端，形成“计算机—通信线路—终端”系统，这是20世纪50—60年代初出现的计算机网络雏形阶段。

（2）形成阶段。通过通信线路将若干台计算机互连起来，实现资源共享。这是现代计算机网络兴起的标志。典型的网络是20世纪60年代后期由美国国防部高级研究计划局组建的ARPAnet。

（3）互联互通阶段。为了实现计算机网络的互联互通，迫切需要一种开放性的标准化实用网络环境，就出现具有统一的网络体系结构并遵循国际标准的开放式和标准化的网络。20世纪80年代，诞生了两种国际通用的最重要的体系结构，即TCP/IP网络体系结构和国际标准化组织（ISO）的开放系统互联（OSI）体系结构。

（4）高速网络技术阶段。20 世纪 90 年代末至今，由于局域网技术发展成熟，出现光纤及高速网络技术、多媒体网络、智能网络，整个网络就像一个对用户透明的大的计算机系统，发展为以因特网（Internet）为代表的互联网。

3. 计算机网络的分类

计算机网络分类方法很多，但最常用的分类方法是按网络分布范围的大小来分类，计算机网络可分成局域网（LAN）、城域网（MAN）和广域网（WAN）。

（1）局域网。局域网（local area network，LAN）是在小范围内组成的网络。一般在 10 公里以内，以一个单位或一个部门为限，如在一个建筑物、一个工厂、一个校园内等。这种网络可用多种介质通信，具有较高的传输速率，一般可达到 100Mbit/s。

（2）城域网。城域网（metropolitan area network，MAN）是介于局域网与广域网之间，范围在一个城市内的网络，一般在几十公里以内。

（3）广域网。广域网（wide area network，WAN）不受地区的限制，可以在全省、全国、甚至横跨几大洲，进行全球联网。这种网络能实现大范围内的资源共享，通常采用电信部门提供的通信装置和传输介质。因特网就是最著名的广域网。

4. 计算机网络的功能

计算机网络的功能主要表现在 3 个方面。

（1）资源共享。共享硬件资源，如打印机、光盘、磁带备份机等。共享软件资源，如各种应用软件、公共使用的数据库。

资源共享可以减少重复投资，降低费用，推动计算机应用的发展，这是计算机网络的突出优点之一。

（2）信息交换。利用计算机网络提供的信息交换功能，用户可以在网上传送电子邮件、发布新闻消息、进行远程电子购货、电子金融贸易、远程电子教育等。

（3）协同处理。协同处理是指计算机网络中各主机间均衡负荷，把在某时刻负荷较重的主机的任务传送给空闲的主机，利用多个主机协同工作来完成靠单一主机难以完成的大型任务。

6.1.2 计算机网络的组成与结构

计算机网络组成分逻辑组成和物理组成，物理组成是指计算机网络所包括的硬件设备，计算机网络的结构是指网络的连接方式。

1. 计算机网络的组成

计算机网络的逻辑组成分为资源子网和通信子网，结构如图 6.1 所示。

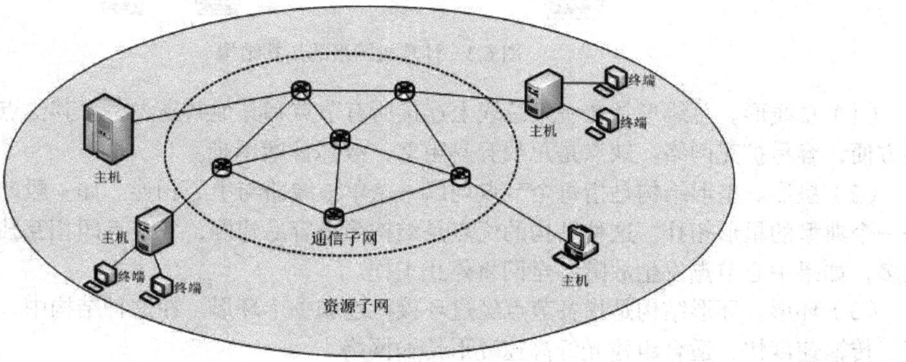

图 6.1 计算机网络结构

（1）通信子网。通信子网负责网络中的信息传递，由传输线路、分组交换设备、网控中心设备等组成。

（2）资源子网。资源子网负责网络中数据的处理工作，由连入网络的所有计算机、面向用户的外部设备、软件和可供共享的数据等组成。

计算机网络的物理组成分为网络硬件和网络软件。

网络硬件是组成网络的实体，由服务器、工作站、网卡、集线器、传输介质及其他配件组成。最重要的网络软件是网络操作系统，包括服务器软件部分、客户软件部分和通信协议软件。

（1）服务器。服务器（server）为网络提供各种公共的服务。按服务器所提供的功能不同，又分为文件服务器和应用服务器。

（2）工作站。工作站（work station）是指连接到网络中的用户端电脑。工作站仅仅为它们的操作者服务。

（3）网卡。又称为网络适配器，对于局域网来说，网络中每台服务器和工作站都应当装上一块网卡，才可以进行网络通信，实现网络存取。

（4）网络传输介质。指在网络中传输信息的载体，包括各种电缆、光纤和双绞线。

（5）网络连接设备。网络连接设备主要有集线器、交换器、路由器和网关等。

2. 计算机网络的拓扑结构

网络拓扑就是指网络的连接形状，即网络在物理上的连通性。从拓扑的角度看，计算机网络中的处理机称为节点，通信线路称为链路。因此，计算机网络的拓扑结构就是指节点和链路的结构。

网络拓扑结构常见的有 4 种，分别是总线形、星形、环形和网形，如图 6.2 所示。

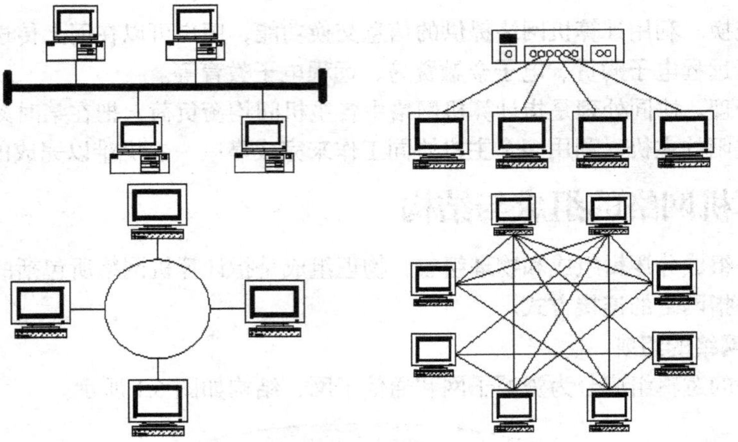

图 6.2　计算机网络的拓扑结构

（1）总线形。总线形是在一条总线上连接所有节点和其他共享设备。其优点是结构简单，连接方便，容易扩充网络。缺点是总线容易阻塞，故障诊断困难。

（2）星形。星形结构是指每个节点均以一条单独线路与中心相连。如一般的电话交换系统就是一个典型的星形拓扑。这种结构的优点是结构简单容易建网，各节点间相互独立。缺点是线路太多，如果中心节点发生故障，全网将停止工作。

（3）环形。环形结构是指各节点经过环接口连成一个环形。在这种结构中，每个节点地位平等，传输速度快，适合组建光纤高速环形传输网络。

（4）网形。网形结构是指每个节点至少有 2 条链路与其他节点相连，任何一条链路出故障时，数据可由其他链路传输，可靠性较高。广域网均属于这种类型。

6.1.3　计算机网络协议

计算机网络中节点之间要进行有效的通信，必须遵守一定的规则，这种规则就是协议。

计算机网络的通信是一个复杂的过程，分层技术很好地解决这个问题，将这些规则按功能划分成不同的层次，下层为上层提供服务，上层利用下层的服务完成本层的功能，同时这些规则应具有通用性，即不依赖于节点的硬件或软件，适用于各种网络。

邮政系统是在实际生活中使用层结构的例子，如图 6.3 所示。

1. OSI 参考模型

1984 年国际标准化组织公布了开放系统互联参考模型 OSI/RM（open system interconnection reference model），简称 7 层协议，成为国际上通用的协议标准。

这 7 层协议的名称分别是：物理层、数据链路层、网络层、传输层、会话层、表示层和应用层。

2. OSI 的各层功能

OSI 的 7 层协议，如图 6.4 所示，功能简述如下。

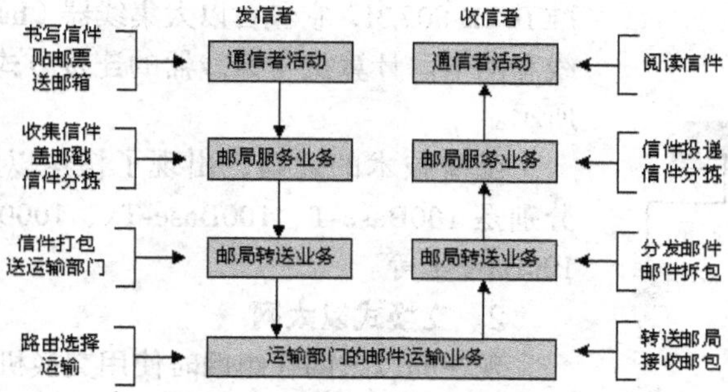

图 6.3　“邮政系统”层结构

图 6.4　OSI 的 7 层协议

（1）物理层。物理层是传送电信号（bit）的物理实体。该层协议描述物理媒介的各种参数，如电缆类型、传输速率等。

（2）数据链路层。数据链路层的功能是数据链路连接的设定和释放以及传输差错的检查和恢复。

（3）网络层。网络层是决定网络间路径的选择和信息转换。还具有数据流量控制、数据顺序控制和差错控制功能。

（4）传输层。传输层的功能是保证任意节点间数据传送的正确性。

（5）会话层。会话层的功能是建立通信双方会话的连接和解除，负责将网络地址的逻辑名转换成物理地址。

（6）表示层。表示层功能是为通信双方提供通用的数据表示形式，并进行代码格式转换、数据压缩等。

（7）应用层。应用层为应用进程使用网络环境交换信息提供服务。如电子邮件、网络共享数据库软件等。

6.1.4　计算机局域网

局域网是计算机网络的一个重要领域，其特点是连网的地理范围小、通信速率高、可选用多种传输介质、误码率低、组网容易、便于集中管理。

局域网的硬件组成包括网络服务器、工作站、传输介质、各种网络连接部件。局域网络软件包括网络操作系统软件和网络应用软件，如 Microsoft 公司的 Windows NT Server、Linux 和 UNIX 等都是当今流行的网络操作系统。

6.1.4.1 常见的局域网

在局域网中，按介质的访问控制方法，可将网络分为以太网、令牌环网和令牌总线网。

局域网组网中最多、最常用的是以太网，以太网的核心思想是使用共享的公共传输信道，采用典型的总线形拓扑结构，对通道的信息采用载波监听多路存取和冲突检测存取方法，简称为 CSMA/CD。

1. 传统以太网

以太网有多种标准，分别是 10Base-5、10Base-2、10Base-T、10Base-F 等。其中 10 代表传输速度为 10Mbit/s、Base 代表基带传输、5 代表粗缆、2 代表细缆、T 代表双绞线、F 代表光纤。

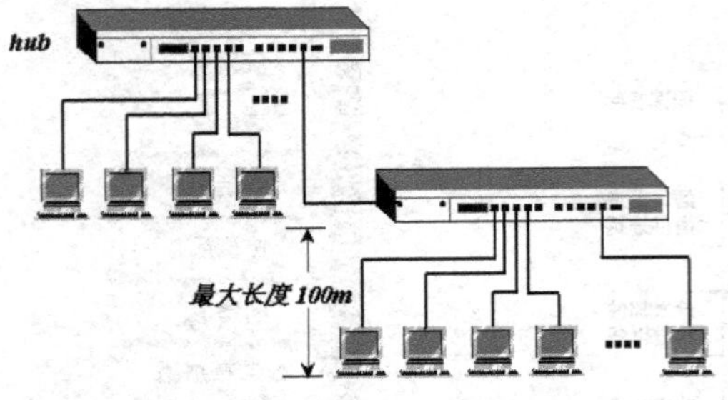

图 6.5　10Base-t：双绞线以太网

10Base-T 是 1990 年通过的以太网物理层标准 IEEE-802.3i，它包含以太集线器（hub）、双绞线和网卡。计算机与集线器的连接方式如图 6.5 所示。

随着技术的提高，出现了快速以太网标准分别是 100Base-T、100Base-Tx、1000Base-X、100Base-T 等。

2. 交换式以太网

现在的以太网在组网时使用交换机代替传统以太网中的集线器，交换机可以独享带宽。这样会大大提高局域网的交换速度，这样的网络也称为交换式以太网。

6.1.4.2 网络操作系统

网络中的服务器上必须安装网络操作系统。对于服务器来说，网络操作系统必须具备单机操作系统的进程管理、任务管理、存储器管理、文件管理及设备管理 5 大功能以外，还要具备基本的网络管理功能，能利用局域网低层提供的数据传输能力，为高层网络用户提供共享资源及其他网络服务。

目前微机局域网的网络操作系统流行版本是 Windows Server 2003。网络管理员可以方便地启用服务器的管理功能，对局域网中的用户账号、权限和各种服务进行管理。

6.2 因　特　网

因特网[1]（internet）是世界上最大的计算机互联网络，它把各种局域网、城域网、广域网和互联网通过路由器或网关及通信线路进行连接。

1因特网和互联网经常被混用，应该说因特网是目前全球最大的一个计算机互联网络，当下还存在其他形式的计算机互联网络，本书不加以区分。

6.2.1 因特网发展概况

1. 因特网的起步与发展

1969 年，美国国防部高级研究规划署建立了一个军用计算机网络 ARPAnet（阿帕网），其目的是为了在战争中保障计算机系统工作的不间断性，当初建了 4 个实验性节点，这就是因特网的前身。该网络的通信采用了一组称为 TCP/IP 的协议。

因特网的真正发展是从 1985 年美国国家科学基金会（NSF）建设 NSFnet 开始的。NSF 把分布在全美的 5 个超级计算机中心通过通信线路连接起来，组成用于支持科研和教育的全国性规模的计算机网络 NSFnet，并以此作为基础，实现同其他网络的连接。

因特网的迅猛发展是进入 20 世纪 90 年代才实现的。首先是超文本标记语言 HTML 的发明，标志着 WWW（world wide web）进入 Internet 这一广阔的领域。

其次是 Web 浏览器的出现，使得 Internet 这列快车驶入了一个五彩缤纷的世界。

2. 因特网在中国

我国在 1994 年 4 月正式加入因特网。此后，当时的一些部要和中科院相继建立了连入因特网的 4 大网络，即中科院的中国科技网（CSTNET）、国家教委的中国教育和科研网（CERNET）、原邮电部的中国互联网（CHINANET）和原电子工业部的金桥网（GBNET），这 4 大网于 1997 年 4 月相互联通。

（1）中国教育和科研网。中国教育和科研网（CERNET）的主要成员是全国各地的高等院校和科研机构。CERNET 的骨干网以分布在全国大城市的著名高校为节点组成，网管中心设在清华大学。

（2）中国互联网。中国互联网（CHINANET）又称中国公用因特网，是原邮电部经营管理的基于 Internet 网络技术的电子信息网，向全社会提供服务。它由核心层、接入层和网管中心组成。

（3）中国科技网。中国科技网（CSTNET）是为中国地域广、用量大、性能好、通信量大、服务设施齐全的全国性科研教育网络，主要为科技用户、科技管理部门及科技有关的政府部门服务。网管中心设在中科院计算机应用研究所。

（4）金桥网。金桥网（GBNET）又称国家公用经济信息通信网，由原电子工业部管理，面向政府、企业、事业单位和社会公众提供数据通信和信息服务。网管中心设在吉通通信公司。

除这 4 大网外，最近几年又出现了中国移动互联网（CMNET）、中国联通互联网（UNINET）等。

据中国互联网络信息中心的统计报告，截至 2012 年 6 月底，中国网民数量达到 5.38 亿，互联网普及率为 39.9%。引人注目的是，手机网民规模达到 3.88 亿，手机首次超越台式电脑成为第一大上网终端。

6.2.2 TCP/IP

因特网的传输基础是 TCP/IP（transmission control protocol/internet protocol），其核心思想是网络基本传输单位是数据包（datagram），TCP 代表传输控制协议，负责把数据分成若干个数据包，并给每个数据包加上包头，包头上有相应的编号，以保证在数据接收端能正确地将数据还原为原来的格式。IP 代表网际协议，它在每个包头上再加上接收端主机的 IP 地址，以便数据能准确地传到目的地。

实践证明，TCP/IP 协议组是一组非常成功的网络协议，它虽然不是国际标准，但已成为网络互联事实上的工业标准。

1. TCP/IP 分层模型

TCP/IP 将网络服务划分为 4 层，即应用层、传输层、网际层与网络访问层。每一层都包含若干个子协议，如传输层包括 TCP、UDP 两个子协议，网际层包括 IP、ICMP、ARP 和 RARP4 个子协议，其中 TCP 与 IP 是两个最关键的协议。发送端在进行数据传输时，从上往下，每经过一层就要在数据上加个包头，而在接收端，从下往上，每经过一层就要把用过的包头去掉，以保证传输数据的一致性。

OSI 模型			TCP/IP 模型
第七层	应用层	Application	应用层
第六层	表示层	Presentation	
第五层	会话层	Session	
第四层	传输层	Transport	传输层
第三层	网络层	Network	Internet 层
第二层	数据链路层	Data Link	网络访问层
第一层	物理层	Physical	

图 6.6　TCP/IP 和 OSI 7 层模型的比较

TCP/IP 协议和 OSI 7 层模型的比较，如图 6.6 所示。

2. IP 地址

IP 规定连网的每一台计算机都必须有一个唯一的地址，这个地址由一个 32 位的二进制数组成。如图 6.7 所示。

0 0 0 0 1 0 1 0 . 1 0 0 1 1 0 1 1 . 0 0 1 0 1 1 0 0 . 1 1 1 1 1 0 1 1

图 6.7　IP 地址示例

通常把 32 位分成 4 组，每组 8 位，用一个小于 256 的十进制数表示出来，各组数间用圆点连接，这种方法叫做“点分十进制”。例如，192.168.0.1 就是 Internet 上的一台计算机的 IP 地址。

常用的 IP 地址分为 A、B、C 三大类。

（1）A 类地址。A 类地址分配给规模特别大的网络使用，用第一组数字表示网络标识，后三组数字表示网络上的主机地址，第一组数字的范围为 1～126。

（2）B 类地址。B 类地址分配给中型网络，用第一、二组数字表示网络标识，后面两组数字表示网络上的主机地址，第一组数字的范围为 128～191。

（3）C 类地址。C 类地址分配给小型网络，用前三组数字表示网络标识，最后一组数字作为网络上的主机地址，第一组数字的范围为 192～223。

第一组数字为 127 及在 224～255 之间的地址则用作测试和保留给实验使用。

测试类：127.0.0.1 代表主机本身地址。

IP 地址是一种世界级的网络资源，由国际权威机构进行配置，所有的 IP 地址都由国际组织网络信息中心（network information center，NIC）负责统一分配。目前全世界共有 3 个这样的网络信息中心，分别是 InterNIC 负责美国及其他地区，ENIC 负责欧洲地区，APNIC 负责亚太地区。我国申请 IP 地址要通过 APNIC。APNIC 的总部设在日本东京大学。申请时要考虑申请哪一类的 IP 地址，然后向国内的代理机构提出。

IP 地址又分为公有 IP 与私有 IP 两种。公有 IP 地址分配给注册并向 NIC 提出申请的组织机构，通过它直接访问因特网。私有地址属于非注册地址，专门为组织机构内部使用。像 192.168.0.1～192.168.0.254 等之类的 IP 地址都是单位内部 IP，并不能直接访问因特网，而需要通过配有公有 IP 地址的网关服务器才能访问因特网。

随着 Internet 应用的发展，IPv4 的 IP 地址数已不能满足用户的需要。为此，IETF（因特网工程任务组织）提出了新一代 IP 协议 IPv6，采用 128 位地址长度，几乎可以不受限制地提供地址。IPv6 的主要优势体现在以下几方面：扩大地址空间、提高网络的整体吞吐量、改善服务质量（QoS）、安全性有更好的保证、支持即插即用和移动性、更好地实现多播功能。

3. 域名

域（Domain）是指网络中某些计算机及网络设备的集合。而域名则是指某一区域的名称，它可以用来当作互联网上一台主机的代称，而且域名比 IP 地址更容易记忆。

域名使用分层的结构，结构如下。

计算机名.组织机构名.网络名.最高层名

例如，www.163.com 就是网易 Web 服务器的域名，在网络中把域名转换成 IP 地址的任务是由域名服务器来完成，如图 6.8 所示。

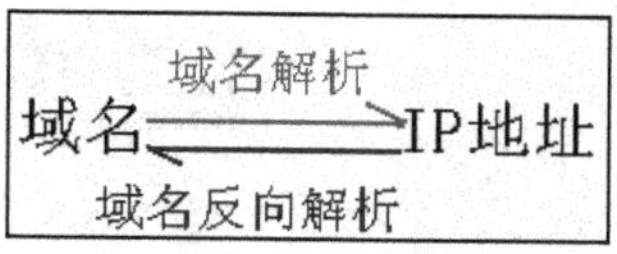

图 6.8　域名服务器的功能

域名的命名方法有约定，最高层域名分为组织域和国家或地区域两类。组织域，如表 6.1 所示。国家或地区域，如表 6.2 所示。

表 6.1　组织性最高层域名

最高层域名	机构类型	最高层域名	机构类型
com	商业系统	firm	商业和公司
edu	教育系统	store	提供购买商品的部门
gov	政府机关	web	主要活动与 www 有关的实体
mil	军队部门	arts	以文化为主的实体
net	网络组织	rec	以消遣性娱乐活动为主的实体
org	非营利性组织	infu	提供信息服务的实体

表 6.2　地理性最高层域名

域名缩写	国家或地区	域名缩写	国家或地区
au	澳大利亚	it	意大利
ca	加拿大	jp	日本
ch	瑞士	kr	韩国
cn	中国	nz	新西兰
de	德国	no	挪威
es	西班牙	se	瑞典
fr	法国	tw	中国台湾
hk	中国香港	uk	英国

在中国互联网中心（CNNIC）发布的第 32 次《中国互联网络发展状况统计报告》，报告显示，截至 2013 年 6 月底，我国域名总数为 1469 万个，其中.cn 域名总数为 781 万，占中国域名总数比例达到 53.1%。

6.2.3 因特网的连接

一台计算机要连入 Internet，首先需要选择连接 Internet 的方式。一般情况下，连接方式有 3 大类，即专线、拨号、宽带。专线是指通过以太网方式接入局域网，然后再通过专线的方式接入互联网；拨号是指通过调制解调器借助公用电话线接入互联网；宽带则是指使用 xDSL、Cable Modem 等方式接入互联网。

补充知识

接入互联网除了上面介绍的有线方式外，现在移动（无线）接入互联网的用户也越来越多，包括 GPRS、3G 和现在最新的 4G。但是由于移动接入的带宽和费用等原因，现在的移动接入一般只是在手机等移动终端上使用。

1. 局域网连接上网

计算机通过局域网连接因特网的原理是先将多台计算机组成一个局域网，局域网中的服务器通过路由或专线连接因特网，局域网的工作站通过网关联入因特网。

作为局域网的一个工作站应首先安装好网卡，并通过网线（双绞线或同轴电缆）与服务器连接好，然后进行软件配置，主要是配置 TCP/IP，操作方法如下。

在 Windows 7 桌面上右击"网络"图标，弹出快捷菜单，选择"属性"选项，打开"网络和共享中心"窗口，如图 6.9 所示。

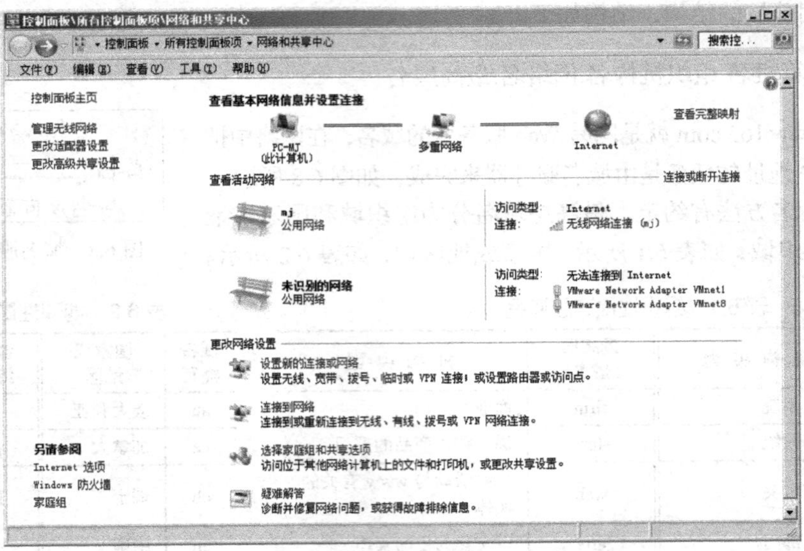

图 6.9 "网络和共享中心"窗口

在窗口中，用户可以通过形象化的映射图了解到自己的网络状况，当然更重要的是在这里可以进行各种网络相关的设置。

Windows 7 的安装会自动将网络协议等配置妥当，基本不需要用户手工设置，一般情况下用户只要把网线插入接口即可，至多就是一个拨号验证身份的步骤。

需要注意的是 Windows 7 默认将本地连接设置为自动获取网络连接的 IP 地址，一般情况我们使用 ADSL 或路由器等都无需修改，但是如果确实需要另行指定，操作步骤如下。

（1）在"网络和共享中心"窗口中，单击"本地连接"，弹出本地连接状态对话框，选择"属性"按钮，打开"属性"对话框，如图 6.10 所示。

（2）在"属性"对话框中，此连接使用下列项目中选择"Internet 协议版本 4"选项，单击"属性"，打开"Internet 协议版本 4 属性"对话框，此时可以设置 IP 地址，如图 6.11 所示。输入合适的地址后，单击"确定"按钮即可。

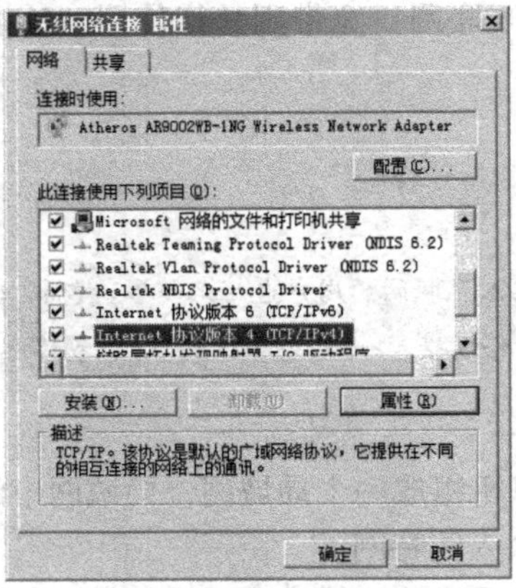

图 6.10 "网络属性"对话框

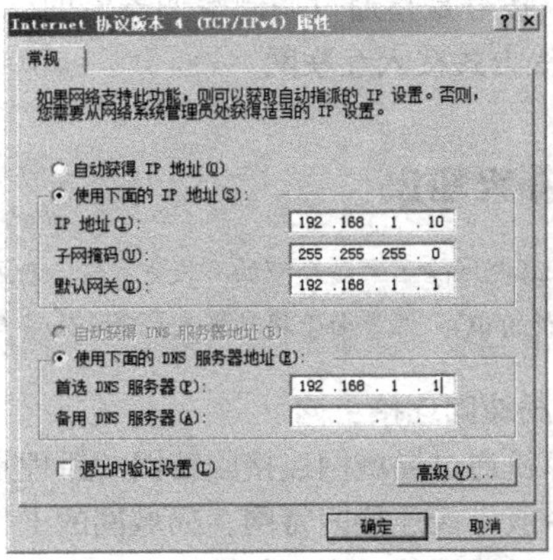

图 6.11 "Internet 协议版本 4 属性"对话框

如果在局域网中有 DHCP 服务器（自动为网络中的工作站分配 IP 地址的服务器），可以选中“自动获取 IP 地址”与“自动获取 DNS 服务器 IP 地址”单选按钮。此时，局域网的服务器必须开通自动分配 IP 地址这一服务功能。

上述设置中，由于使用的是内部私有 IP 地址，本计算机必须通过网关才能访问 Internet，担当网关的计算机必须具有直接连入 Internet 的公有 IP 地址。

Wi-Fi（wireless fidelity）是当今使用最广的一种无线网络传输技术，实际上就是把有线网络信号转换成无线信号，供支持 Wi-Fi 技术的相关电脑、手机、PDA 等接收。但是 Wi-Fi 信号也是由有线网提供的，如 ADSL、小区宽带等，只要接一个无线路由器，就可以把有线信号转换成 Wi-Fi 信号。现在城市里的很多公共场所或者家庭里都覆盖 Wi-Fi 信号。当计算机安装了无线网卡，鼠标单击系统任务栏托盘区域“网络连接”图标，弹出“当前连接到”列表。系统就会自动搜索附近的 Wi-Fi 信号，所有搜索到的可用 Wi-Fi 信号就会显示在列表中。每一个 Wi-Fi 信号都会显示信号如何，如果将鼠标移动上去，还可以查看更具体的信息，如名称、强度、安全类型等，如图 6.12 所示。

单击要连接的 Wi-Fi 信号列表选项，弹出下拉列表。选择“连接”按钮，稍等片刻，如果是加密的网络，就会打开“连接到网络”对话框，输入密码，单击“确定”按钮即可连接上网了，如图 6.13 所示。

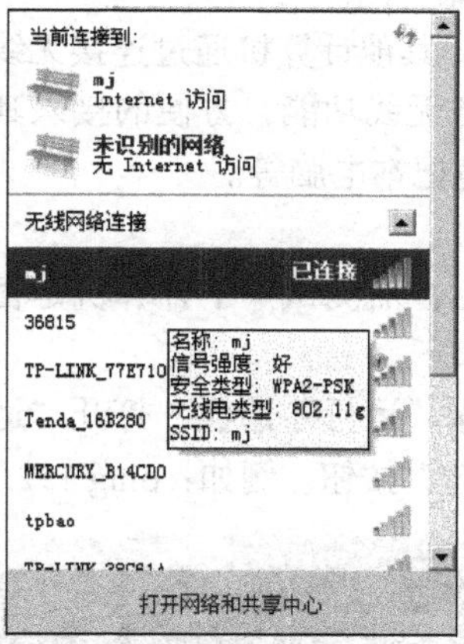

图 6.12 “当前连接到”列表

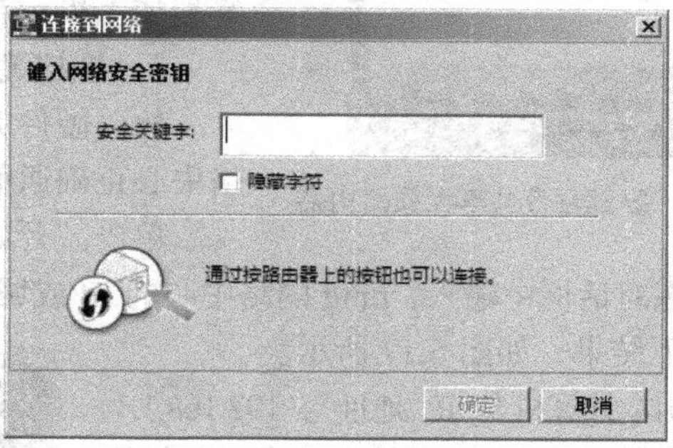

图 6.13 “连接到网络”对话框

2. 拨号连接上网

拨号连接上网是计算机通过传统的电话线连接 Internet。拨号上网，首先要获取上网的许可权，这可在当地的 Internet 服务供应商（ISP）处办理，取得如用户注册名、密码、服务器 IP 地址、向服务器拨号的电话号码、E-mail 地址、邮件服务器地址等。

拨号上网需要的硬件是调制解调器（modem）。把 modem 与计算机及电话机连接好，如图 6.14 所示。

拨号上网的软件配置是安装 modem 驱动程序，并配置 TCP/IP。

3. 宽带连接上网

宽带连接中以数字用户环路技术（digital subscriber line，DSL）为主，根据环路技术的不同，DSL 分为 ADSL、RADSL、HDSL 和 VDSL 等多种形式，而应用最多的是 ADSL。

ADSL 是非对称数字用户环路的简称，所谓非对称是指用户线路的数据上传速率与下载速率不同，上载速率较低，下载速率较高，特别适合传输多媒体信息业务，如视频点播（VOD）、多媒体信息检索和其他交互式业务。ADSL 在一对铜线上支持上传速率 512kbit/s～3.5Mbit/s，下载速率 1Mbit/s～24Mbit/s，有效传输距离在 3～5km 范围以内，电话与上网可同时进行。

ADSL 接入因特网时，需要安装 ADSL 适配器，其具有路由器的功能，通过双绞线与服务器或集线器上的 RJ-45 连接，如图 6.15 所示。

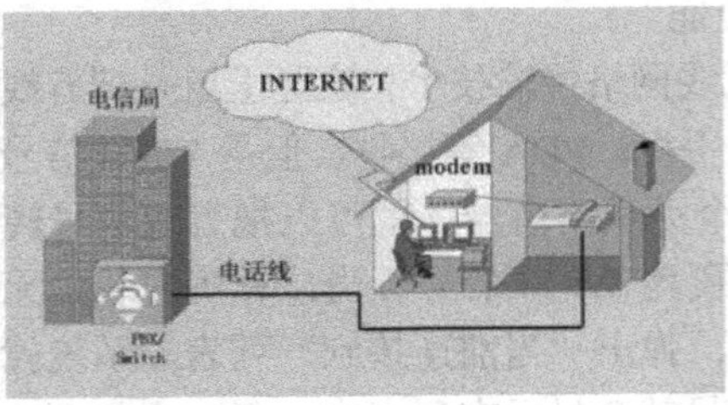

图 6.14　拨号连接上网

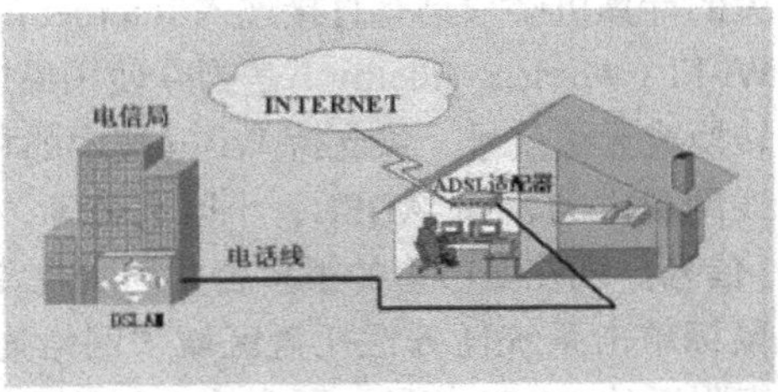

图 6.15　ADSL 连接上网

4. 多用户共享宽带上网

几台计算机连接起来组成一个小型局域网，就能实现共享一条宽带接入，还可以共享其他计算机资源，共享宽带上网的方式如下。

（1）通过交换机连接计算机，局域网中的其中一台计算机作为宽带接入的主机，然后共享因特网。该方式的特点，是主机必须开启，网络中其他计算机才能上网。

（2）使用无线路由器作为宽带接入的主机，如图 6.16 所示。其他计算机通过连接无线路由器访问因特网。无线路由器具备无线功能，方便的接入其他无线终端如手机、有无线网卡的笔记本电脑等。

图 6.16　家庭宽带共享无线路由器

5. 连接测试

软、硬件完全配置好以后，需测试一下计算机是否能与网络中心正确通信，操作步骤如下。

单击“开始”按钮，选择“运行”选项，打开“运行”对话框，在对话框中输入：ping 网络中心的 IP 或域名，单击“确定”按钮。例如：ping 192.168.1.1，得到如下结果，如图 6.17 所示。

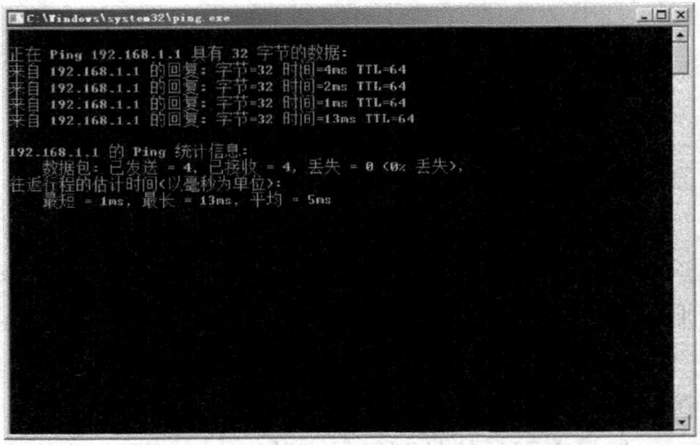

图 6.17　运行结果

表明本计算机与 IP 地址与 192.168.1.1 的计算机是连通的，若连接不正确，将出现一系列“Request timed out”错误信息。

ping 程序的原理是：从源端向目的端发出一定数量的网络包，然后从目的端返回这些包的响应，如果在一定的时间内收到响应，则程序返回从包发出到收到的时间间隔，如果网络包的响应在一定时间间隔内没有收到，则程序认为包丢失，返回请求超时的结果。

6.2.4　因特网提供的服务

TCP/IP 的应用层包括 HTTP、FTP、SMTP、TELNET、SNMP、DNS、RTP、GOPH 等多个子协议，因此 Internet 提供的服务主要有基于 HTTP 协议的 WWW 服务，简称 Web 服务、基于 FTP 的文件传输服务、基于 SMTP 的电子邮件服务、基于 TELNET 的远程登录与 BBS 等。

1. WWW 服务

WWW（world wide web）又称为万维网，它是一种基于超链接的超文本系统。WWW 采用客户机/服务器工作模式，通信过程按照 HTTP 协议来进行。信息资源以网页文件的形式存放在 WWW 服务器中，用户通过 WWW 客户端程序（浏览器）向 WWW 服务器发出请求；WWW 服务器响应客户端的请求，将某个页面文件发送给客户端；浏览器在接收到返回的页面文件后对其进行解释，并在显示器上将图、文、声并茂的画面呈现给用户。

2. FTP 服务

FTP（file transfer protocol）是文件传输协议。该协议规定了在不同机器之间传输文件的方法与步骤。FTP 采用客户机/服务器工作模式，要传输的文件存放在 FTP 服务器中，用户通过客户端程序向 FTP 服务器发出请求；FTP 服务器响应客户端的请求，将某个文件发送给客户。

3. 电子邮件服务

电子邮件也是一种基于客户机/服务器模式的服务，整个系统由邮件通信协议、邮件服务器和邮件客户软件 3 部分组成。

（1）邮件通信协议。邮件通信协议有 3 种：SMTP、MIME、POP3。

SMTP 意指简单邮件传输协议，它描述了电子邮件的信息格式及其传递处理方法，以保证电子邮件能够正确地寻址和可靠地传输。SMTP 只支持文本形式的电子邮件。

MIME 的含义是多用途网际邮件扩展协议，它支持二进制文件的传输，同时也支持文本文件的传输。

POP3 是邮局协议的第三个版本，它提供了一种接收邮件的方式，用户通过它可以直接将邮件从邮件服务器下载到本地计算机。

（2）邮件服务器。邮件服务器的功能一是为用户提供电子邮箱，二是承担发送邮件和接收邮件的业务，其实质就是电子化邮局。邮件服务器按功能可分为接收邮件服务器（POP 服务器）和发送邮件服务器（SMTP 服务器）。

（3）邮件客户软件。客户端软件是用户用来编辑、发送、阅读、管理电子邮件及邮箱的工具。发送邮件时，客户端软件可以将用户的电子邮件发送到指定的 SMTP 服务器中；接收邮件时，客户端软件可以从指定的 POP 服务器中将邮件取回到本地计算机中。

4. 即时通信

即时通信（instant messenger，IM）是指能够即时发送和接收互联网消息等的业务。自 1998 年面世以来，特别是近几年的迅速发展，即时通信的功能日益丰富，它已经发展成为集交流、资讯、娱乐、搜索、电子商务、办公协作和企业客户服务等为一体的综合化信息平台。即时通信不同于 E-mail 的地方在于它的交谈是即时的。大部分的即时通信服务提供了状态信息的功能——显示联络人名单，联络人是否在线与能否与联络人交谈。

即时通信领域比较有名的应用有 ICQ、QQ、MSN、Skype 等。Skype 的界面，如图 6.18 所示。

图 6.18　Skype 界面

5. 社交网络

社交网络（social network site，SNS）起源于美国，旨在帮助人们建立社会性网络的互联网应用服务。社交网的理论源于哈佛大学的心理学教授 Stanley Milgram 创立的六度分割理论。该理论认为，一个人最多只需要通过六个人就可以认识任何一个毫不相干的陌生人。按照六度分割理论，每个个体的社交圈都不断放大，最后成为一个大型网络。如今流行的开心网、校内网、人人网等都属于 SNS 范畴，而“种地”、“偷菜”等也成为用户非常熟悉的网络用语。其中，Facebook 是目前世界上用户最多的社交网络。

6.3 浏览器操作

浏览器是指可以显示网页服务器或者文件系统的 HTML 文件内容，并让用户与这些文件交互的一种软件。用户上网看网页，就必须有一个浏览器。Windows 操作系统自带了微软公司的 IE 浏览器，当然也有多种其他的浏览器提供给用户使用。

6.3.1 基本术语

使用浏览器之前先了解计算机网络的基本术语。

1. 文本和超文本

文本是指可见字符（文字、字母、数字和符号等）的有序组合，又称为普通文本。

超文本是一种新的文件形式，指一个文件的内容可以无限地与相关内容链接。超文本是自然语言文本与计算机交互、转移和动态显示等能力的组合，文本系统允许用户任意构造链接，通过超级链接来实现。

2. 超文本标记语言

超文本标记语言（hyper text markup language，HTML）是编写网页、包含超级链接的超文本的标准语言，它由文本和标记组成。

3. 网页文件

网页文件是用超文本标记语言（HTML）编写的一个文件，扩展名一般是 htm 或 html，文件中的标记可由浏览器进行解释。

互联网中一个网站是由一系列网页组成的，其中第一个网页文件称为该网站的主页。

4. URL

URL（uniform resource locator）是统一资源定位器，用来指示查找文件的方式及文件标识符。URL 由 3 部分组成，其格式如下。

传输协议：//计算机地址/文件全路径及名称

第一部分是传输协议，协议名后必须跟一个冒号。对于 WWW（万维网）来说，传输协议是 HTTP，对于文件传输来说，传输协议是 FTP。

第二部分是计算机地址，可以是 IP 地址或域名，地址前必须有两个斜杠。

第三部分是文件全路径及名称，前面必须有一个斜杠。

例如 http://www.pku.edu.cn/index.html。

5. 浏览器

浏览器（browser）是用来阅读网页文件的客户端软件，现在流行的访问 WWW 服务器的是图形界面浏览器，如自傲游浏览器、猎豹浏览器、微软 IE 浏览器等。

6.3.2　浏览器的基本操作

1. 浏览器窗口

双击 Windows 7 桌面上的 Internet Explorer 图标将启动 IE 9.0 浏览器，同时将打开默认的主页（Home page），如图 6.19 所示。

图 6.19　IE 窗口

浏览器窗口构成如下：标题栏、常用工具按钮、地址栏、显示窗口。

标题栏：标题栏位于界面的顶部，用来显示当前网页的名称。

常用工具按钮：提供 IE 浏览器的常用操作命令按钮。

地址栏：是输入和显示网页地址的地方。

按钮功能，如图 6.20 所示。

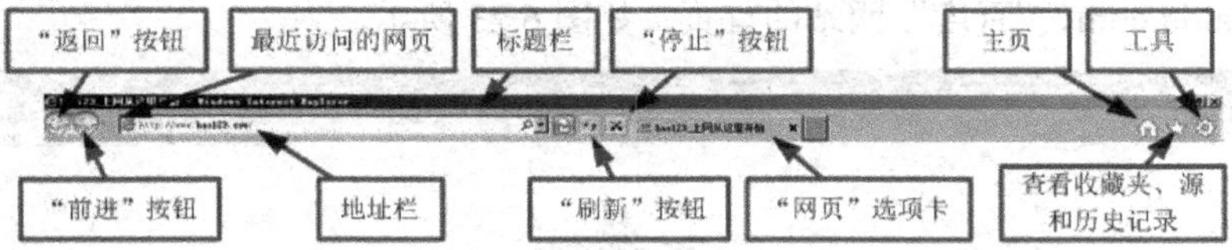

图 6.20　IE 窗口工具按钮

显示窗口：浏览器把从用户输入的网址上的服务器读回来的网页文件内容进行解释并显示在该窗口内。

2. 收藏夹

IE 9.0 浏览器提供了地址收藏功能，让用户把感兴趣的网址保存下来，下次要用时只要在地址收藏夹中选中该网址，就可以快速访问该网站。

添加网址到收藏夹的操作步骤如下。

（1）通过浏览器进入需要保存的网站。

（2）单击"查看收藏夹、源和历史记录"按钮，弹出下拉列表，如图 6.21 所示。

图 6.21　“收藏夹”列表

（3）在下拉列表中，单击“添加到收藏夹”按钮，打开“添加收藏”对话框，进行设置即可，如图 6.22 所示。

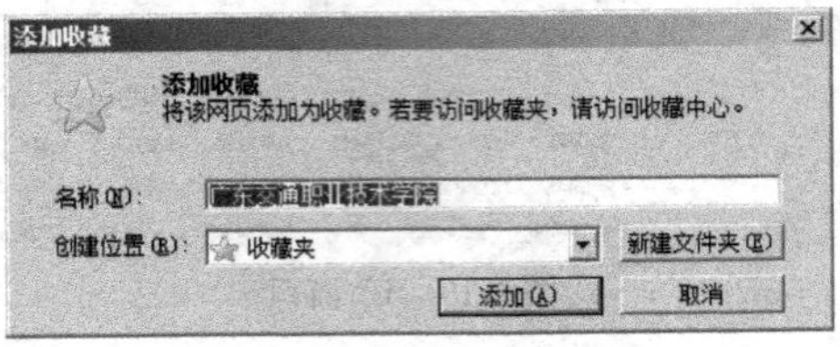

图 6.22　“添加收藏”对话框

可以通过“新建文件夹”在收藏夹内新建文件夹，进行收藏夹的管理。

6.3.3　网页搜索

在互联网寻找想要的资料，最好的手段是使用搜索引擎。目前流行的搜索引擎网站是“百度”，网址是 www.baidu.com，“百度”网站的首页，如图 6.23 所示。

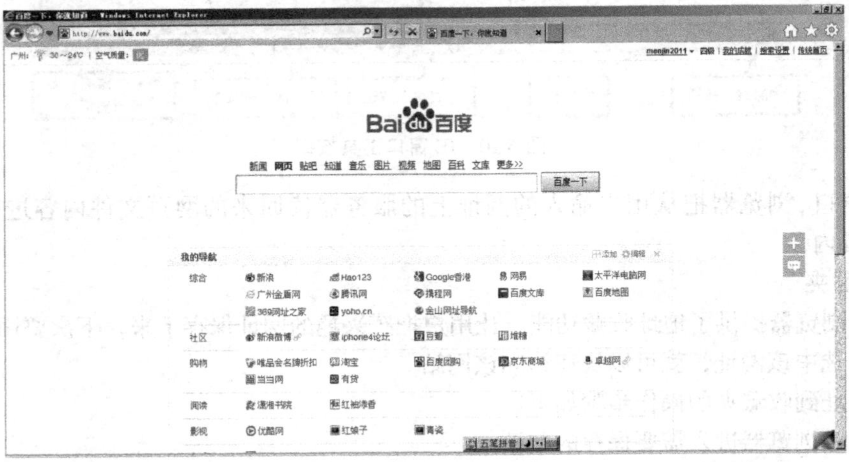

图 6.23　“百度”搜索窗口

1. 按关键词搜索

在文本框中输入关键词，单击“百度一下”按钮，就可以搜索到包含关键字的大量网页地址，并以超链接的形式在窗口显示出来。

2. 保存搜索结果

在搜索结果窗口中，单击某个与搜索关键词相关的超级链接，将进入另一个网页，该网页就是搜索的最后结果，这些结果可能由文字或图形、图像组成。如果用户需要保存搜索的内容，具体的方法如下。

（1）保存整个网页，操作步骤如下。

打开需要保存的网页，单击“工具” | “文件” | “另存为”命令。打开“保存网页”对话框。

在“保存网页”对话框中选择保存的位置与文件名，单击“保存”按钮，即可保存整个网页。

（2）保存网页中的图片，操作步骤如下。

在网页中，右击网页中需要保存的图片，在弹出的快捷菜单中选择“图片另存为”命令，打开“另存为”对话框。设置后，单击“保存”按钮。

（3）保存网页上的文本，操作步骤如下。

拖动鼠标选定文字内容，右击打开快捷菜单，选择“复制”。

打开 Word 2010 文档窗口，将光标移到目标处。在“开始”选项卡中“剪贴板”组中，单击“粘贴”按钮或按<Ctrl + V>组合键，即可把所选内容复制到目标位置。

6.3.4　设置 IE 浏览器

设置 IE 浏览器的目的是使浏览器更好地工作，启动得更快、浏览得更快、浏览效果更好。

在 IE 浏览器窗口，选择“工具” | “Internet 选项”菜单命令，打开“Internet 选项”对话框，如图 6.24 所示。对话框共有 7 个选项卡。

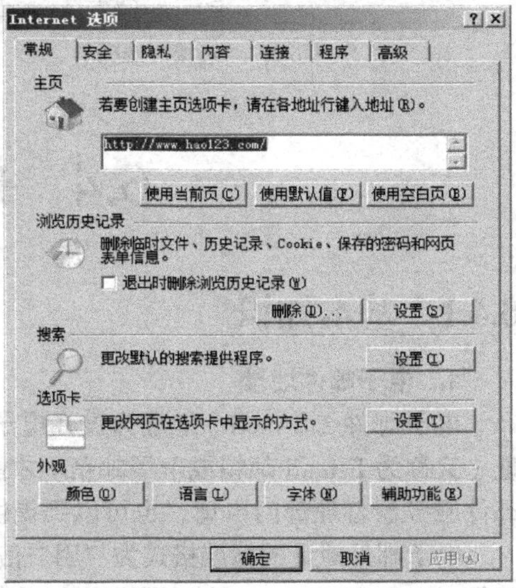

图 6.24　“Internet 选项”窗口

1. 常规设置

在“常规”选项卡中，可以在“主页地址”栏中输入网址，作为 IE 启动时自动访问的主页（home page）。单击“清除历史记录”按钮，可将 IE 地址栏下拉框中记录的网址全部删除，单击“网页保存在历史记录中的天数”右边的微调按钮，可改变网页历史记录的保存时间。

2. 安全设置

在“安全”选项卡，可以设置网络的安全级别。

单击选项卡中的“自定义级别”按钮，可以设置“Internet”、“本地 Intranet”、“受信任的站点”和“受限制的站点”的安全级别。对于 Internet 的安全级别应考虑设置较高一点，以应对各种网络安全的威胁。对于本地 Intranet 的安全级别可以考虑设置较低一点，以提高本地局域网内程序下载与运行的速度，例如对各种“ActiveX 控件和插件”选择“启用”项，则本局域网内的控件可直接通过浏览器下载运行。

3. 连接设置

打开“连接”选项卡，如图 6.25 所示。

一般情况下，用户不需要设置此中的内容，对于拨号上网用户，可以在此修改拨号设置。

如选择默认拨号对象、删除或添加拨号对象、对拨号对象的属性作修改、设置自动拨号方式等操作。

对于由局域网接入因特网的用户，单击 “局域网设置” 按钮，将显示 “局域网（LAN）设置” 对话框。在该对话框中，可以设置 “使用自动配置脚本” 文件，即指定 IE 使用由系统管理员提供的文件中所包含的配置信息。还可以选择 “自动检测设置”，即指定自动检测代理服务器的设置或自动配置，并使用这些配置连接到因特网。

4. 高级设置

打开 “高级” 选项卡，如图 6.26 所示。该选项卡主要是对 IE 浏览器进行精细设置。

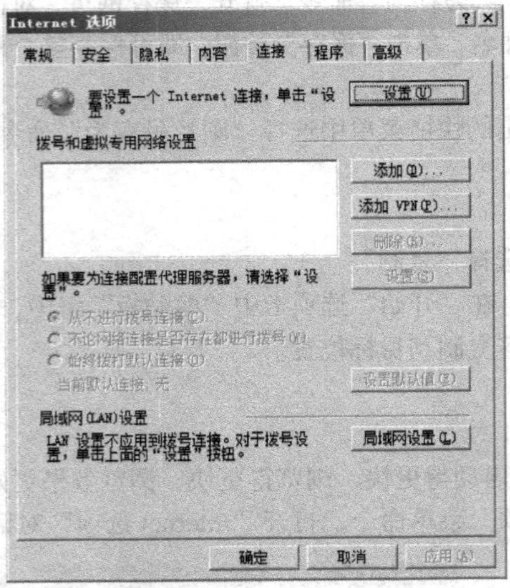

图 6.25 “连接”选项卡

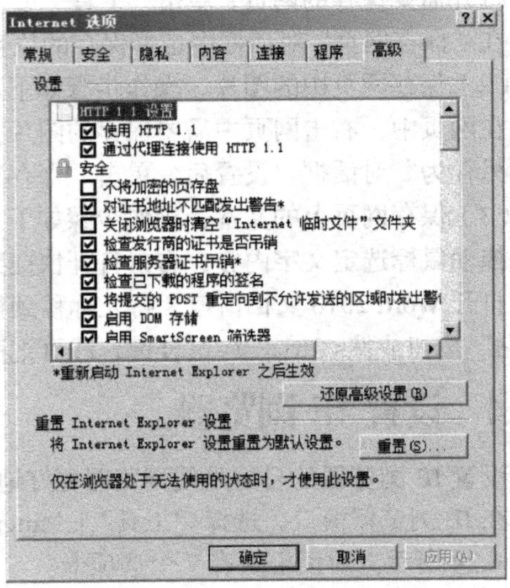

图 6.26 高级设置

6.4 电子邮件操作

6.4.1 基本知识

1. 电子邮件地址

电子邮件（E-mail）地址为设在电子邮局的用户信箱地址，用户必须拥有一个电子邮件地址（又称为 E-mail 邮箱或电子邮箱）才能进行电子邮件收发。要获得一个电子邮件邮箱需要向邮件服务器管理部门申请，也可以到提供免费邮件信箱的网站上申请免费信箱。

电子邮件地址的标准格式为 “用户信箱名@邮件服务器域名”，例如本书主编的 E-mail 地址就是 menjin@163.com，读者可以通过此邮箱同本书主编交流。

2. 申请 E-mail 邮箱

目前提供电子邮件服务的网站有很多。

如在网易中申请电子邮箱，操作步骤如下。

（1）打开 IE 浏览器，在地址栏输入 http://mail.163.com，进入 “163 网易免费邮” 网站。

（2）单击 “注册” 按钮，进入 “欢迎注册网易免费邮！” 网页，如图 6.27 所示。

（3）在网页中按要求输入信息资料，有“*”标志为必填项。

（4）检查无误后单击“立即注册”按钮，完成注册。

至此，就完成电子信箱的申请，电子邮箱的地址为：用户名@163.com。

3. E-mail 邮箱的使用

有了电子邮箱以后，就可以进行邮件收发。

（1）登录邮箱。打开 IE 浏览器，在地址栏输入 http://mail.163.com，进入“163 网易免费邮”网站。输入用户名和密码，单击“登录”按钮，便可登录邮箱界面，如图 6.28 所示。

（2）邮件的收发。邮箱界面窗口分成左右两部分，左边文件夹切换区，右边是具体的邮件，单击邮件的主题，可以打开邮件查看详细内容。

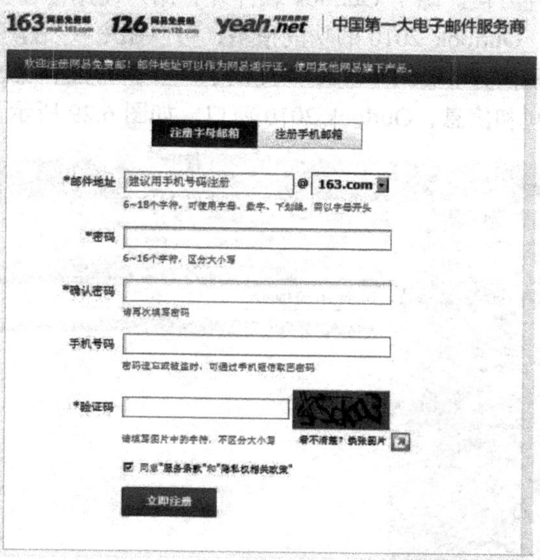

图 6.27　网易邮件注册界面

界面的上边有一排按钮，是功能菜单区，可以收信、发信，也可以对邮件进行操作。

图 6.28　网易邮件界面

6.4.2　Outlook 2010 应用

通常用户在某个网站注册了自己的电子邮箱后，要收发电子邮件，必须登录该网站，进入电子邮箱网页，输入用户名和密码，然后进行电子邮件的收、发、写操作。这种登录电子邮箱网络在线的进行电子邮件的操作有两个缺点，分别是效率不高和不安全。

Outlook 2010 是 Office 2010 办公套装软件的一个重要组成部分，是专为收发电子邮件的客户软件。这样邮件都保存在自己计算机中，可以离线对邮件进行阅读和管理，比登录 Web 网站收发邮件方便。除了 Outlook 软件外，用户使用比较多的还有 Foxmail 等软件。

Outlook 2010 的功能很多，可以用来收发电子邮件、管理联系人信息、记日记、安排日程、分配任务。Outlook 2010 提供了一些新特性和功能，可以帮助您与他人保持联系，并更好地管理时间和信息，Outlook 2010 窗口，如图 6.29 所示。

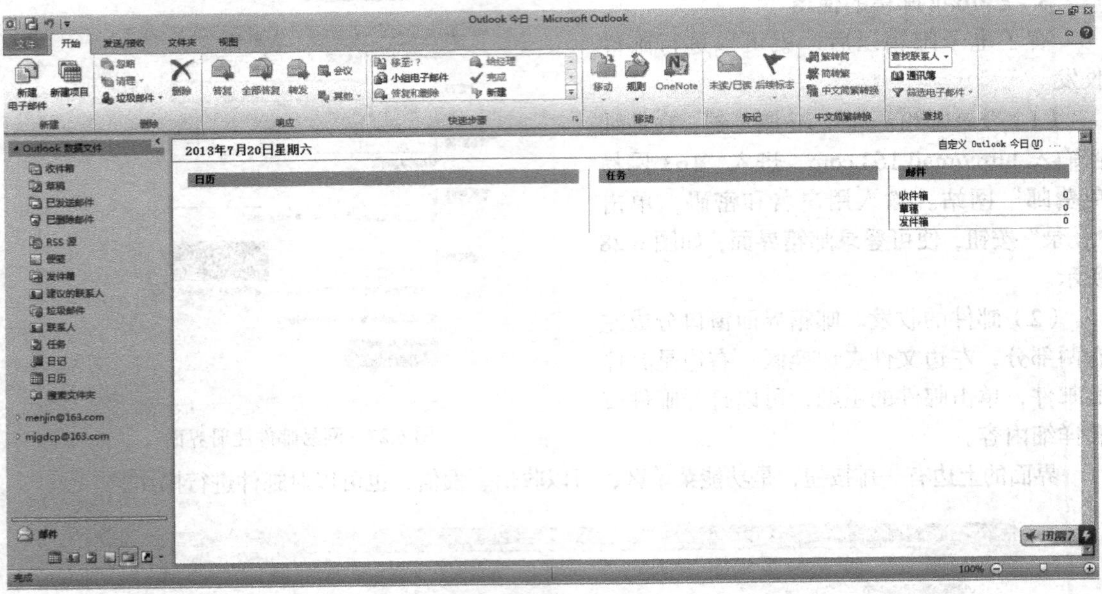

图 6.29　Outlook 2010 窗口

窗口分为左右两个窗格，左边窗格为文件夹列表，显示本地文件夹，其中“收件箱”保存用户收到的所有邮件，“发件箱”保存用户未发送的邮件，“已发送邮件”保存用户已发送邮件的副本。“已删除邮件”保存用户从“发件箱”中删除的邮件，“草稿”保存用户未写好的邮件；右边空格为客户区和显示窗口。

1. 设置新账号

在使用 Outlook 2010 收发电子邮件前，需要设定邮件账号。

用户需要从因特网服务提供商（ISP）得到下列信息：发送（SMTP）和接收（POP3）邮件服务器的域名或 IP 地址、用户账号名、密码、E-mail 地址。现有以下一组信息。

用户账号：menjin，密码：******

E-mail 地址：menjin@163.com

接收邮件服务器名：imap.163.com

发送邮件服务器名：smtp.163.com

则在 Outlook 2010 中设定邮件账号的操作步骤如下。

（1）在“文件”选项卡，选择“信息”选项，单击“添加帐户”按钮，如图 6.30 所示。

（2）此时打开“添加新帐户”对话框，选择“电子邮件客户”单选框，单击“下一步”按钮，如图 6.31 所示。

（3）打开“添加新帐户”对话框，设置电子邮件账户信息，如图 6.32 所示，输入完成后单击“下一步”按钮。

（4）此时，Outlook 2010 会自动搜索邮件服务器，进行配置，经过一段时间后，IMAP 电子邮件客户已配置成功，如图 6.33 所示，单击“完成”按钮即可。

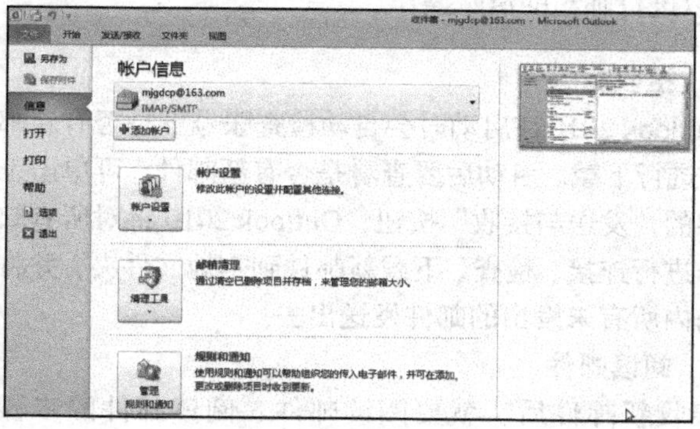

图 6.30　“信息”选项

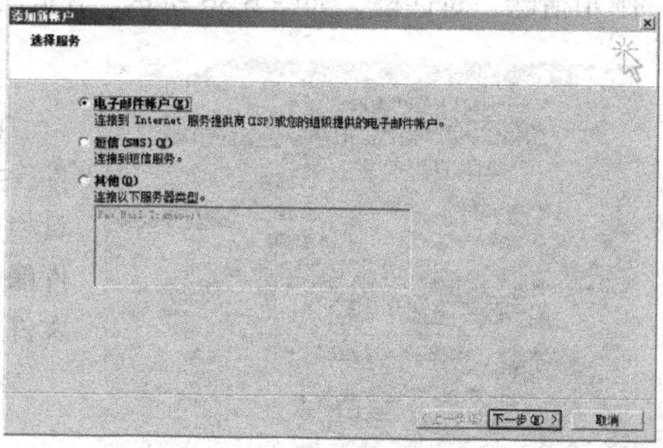

图 6.31　“添加新帐户”对话框

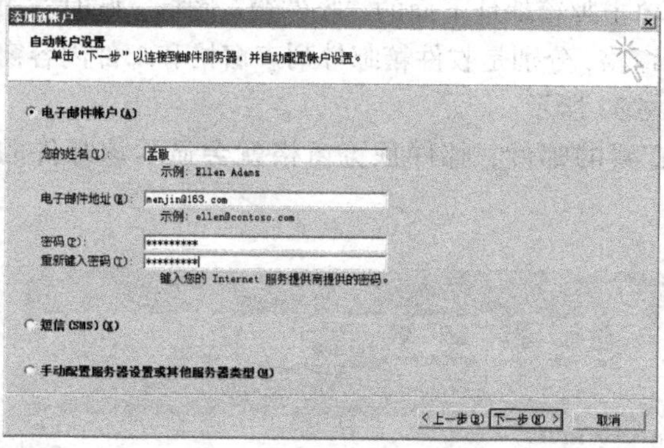

图 6.32　“添加新帐户”对话框

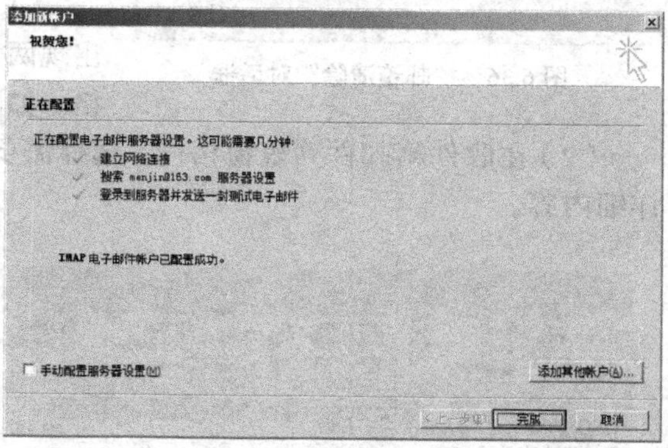

图 6.33　“添加新帐户”对话框

如果自动配置不成功，也可以进行手动配置，选择“手动配置服务器配置”复选框，单击“下一步”按钮，打开手动配置对话框，如图 6.34 所示。输入配置信息，单击“完成”按钮即可。

2．账户属性

在“文件”选项卡，选择“信息”选项，单击“帐户设置”按钮，打开“帐户设置”对话框，如图 6.35 所示。在此可以进行账户设置。

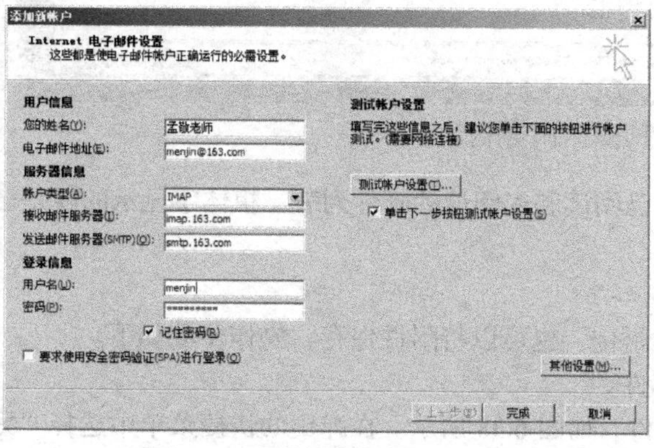

图 6.34　“添加新帐户”对话框

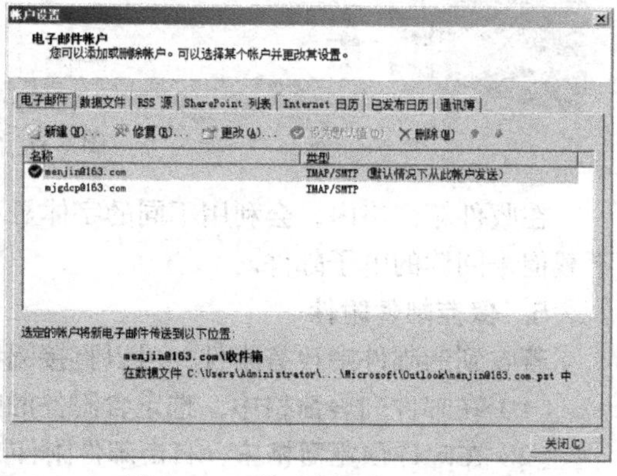

图 6.35　“帐户设置”对话框

在“文件”选项卡，选择“信息”选项，单击“清理工具”按钮，在弹出的下拉列表中选择“邮箱清除”对话框，如图 6.36 所示。在此可以进行邮箱的清除操作。

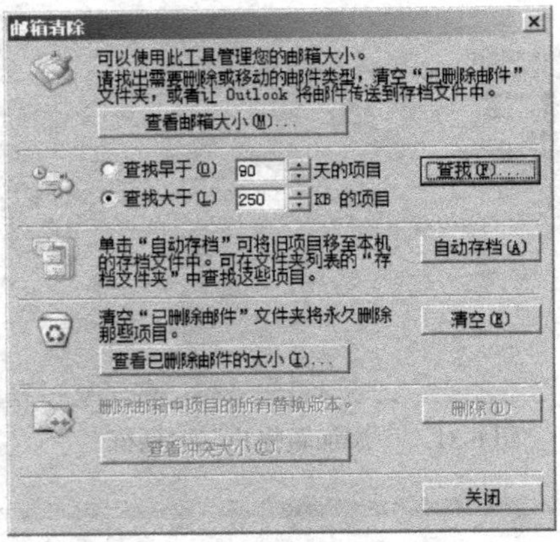

图 6.36 “邮箱清除”对话框

3. 接收新邮件

Outlook 2010在启动时会自动检查账号下是否有新邮件，并进行下载。启动后要查看是否有新邮件，可单击工具栏中的“发送与接收”按钮，Outlook 2010 将对所有邮件账号进行连接、检查、下载新邮件到本地文件夹，并将发件箱内所有未发出的邮件发送出去。

4. 阅读邮件

接收新邮件后，就要阅读邮件，阅读邮件的步骤如下。

（1）单击邮箱地址下面的“收件箱”图标，此时右边出现两个窗格，分别是收件箱邮件列表窗格和邮件内容窗格，如图 6.37 所示。

（2）在收件箱邮件列表窗格内，选择需要查看的邮件，邮件预览窗格就会显示该邮件的详细内容。

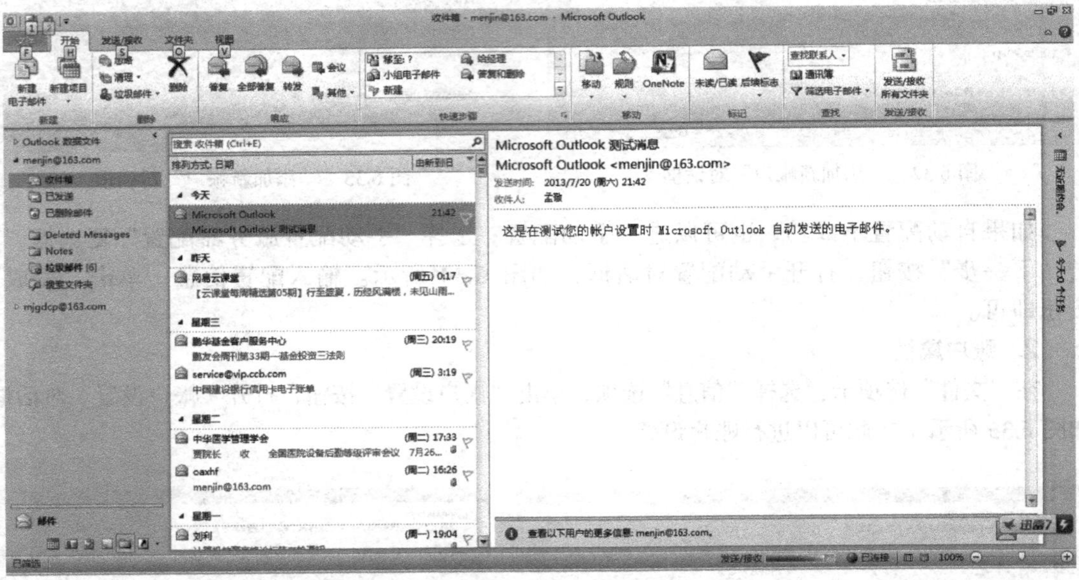

图 6.37 “阅读邮件”示例

在收件箱窗格内，会利用不同的字体显示已阅读和未阅读的邮件列表，粗体字显示的就是已下载但未阅读的电子邮件。

5. 保存邮件附件

若收到的邮件中含有附件，可以直接阅读附件，也可以将附件保存，操作步骤如下。

（1）在邮件列表窗格中，选定含附件的邮件。

（2）在邮件预览窗格中，右击邮件附件文件，如图 6.38 所示。在弹出的快捷菜单中选择“另存为”选项，打开“保存附件”对话框，输入合适的内容，单击“保存”按钮即可。

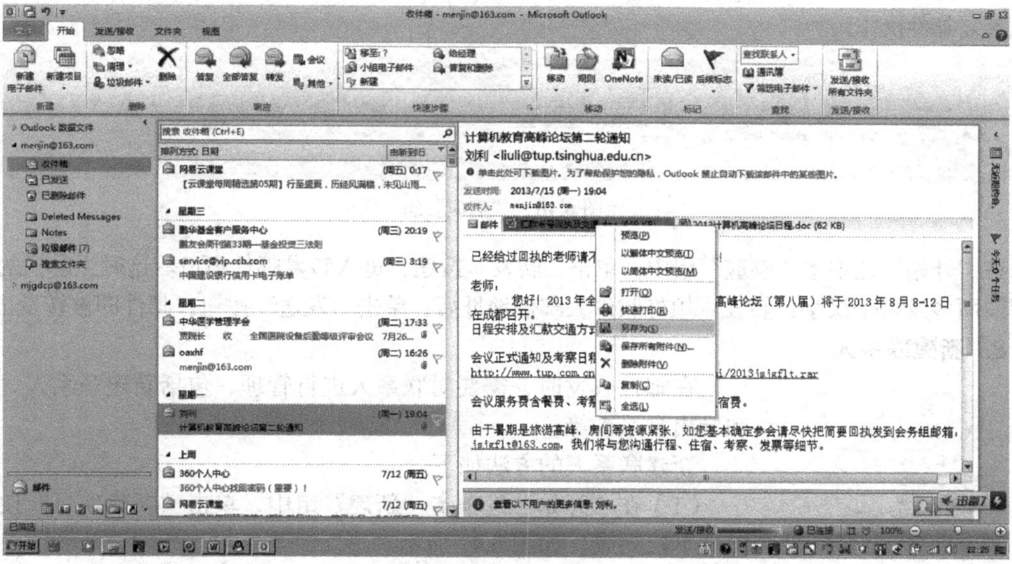

图 6.38　邮件附件

6. 发送新邮件

编写新邮件与发送，操作步骤如下。

（1）在“开始”选项卡“新建”组中，单击“新建电子邮件”按钮，打开“新邮件”窗口，如图 6.39 所示。

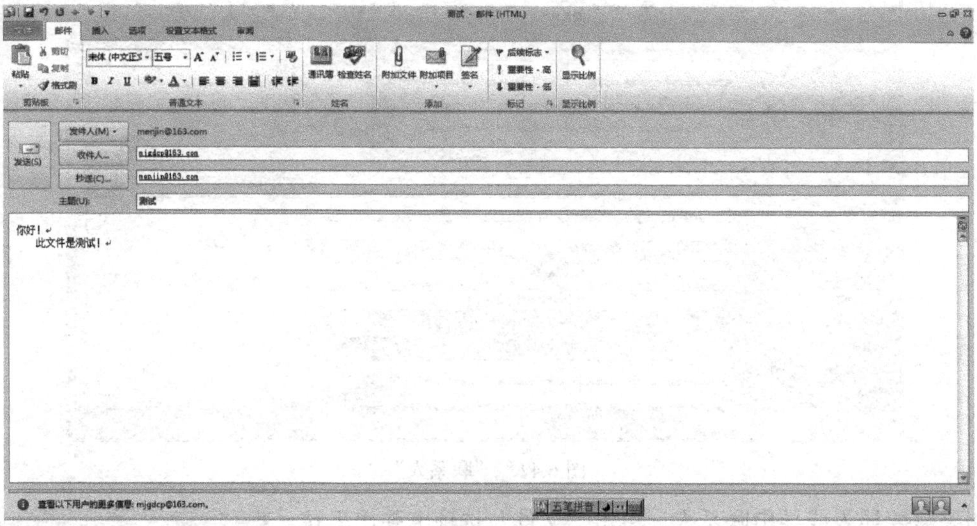

图 6.39　“新邮件”窗口

（2）在收件人、抄送、主题和正文窗口中填上相应内容。

（3）如果有附件，在“邮件”选项卡“添加”组中，单击“附加文件”按钮，打开“插入文件”对话框，选中附件文件，单击“插入”按钮。

（4）写好邮件后，单击“发送”按钮，将邮件发送出去。

7. 答复、转发邮件

在阅读邮件时，在“开始”选项卡“响应”组中，如图 6.40 所示。单击“答复”按钮，进入答复邮件窗口。这时主题栏的原主题词前面多了两个汉字：答复。输入内容后，单击“发送”按钮，即完成答复邮件操作。

图 6.40 “响应”组

在“开始”选项卡“响应”组中，单击“转发”按钮，进入转发邮件窗口。这时主题栏的原主题词前面多发两个汉字：转发。填好收件人邮件地址后，单击“发送”按钮，邮件即被转发出去。

8. 新建联系人

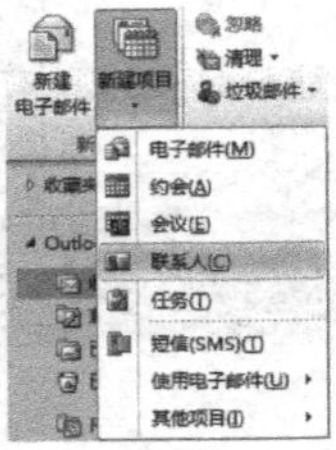

图 6.41 “新建项目”列表

在邮件收发时，需要对联系人进行管理，包括新建联系人、导入和导出联系人等。

新建联系人的方法如下。

（1）在“开始”选项卡“新建”组中，单击“新建项目”按钮，弹出下拉列表，如图 6.41 所示。

（2）在下拉列表中选择“联系人”选项，打开“联系人”对话框，如图 6.42 所示，输入新建的联系人内容，单击“保存并关闭”按钮即可。

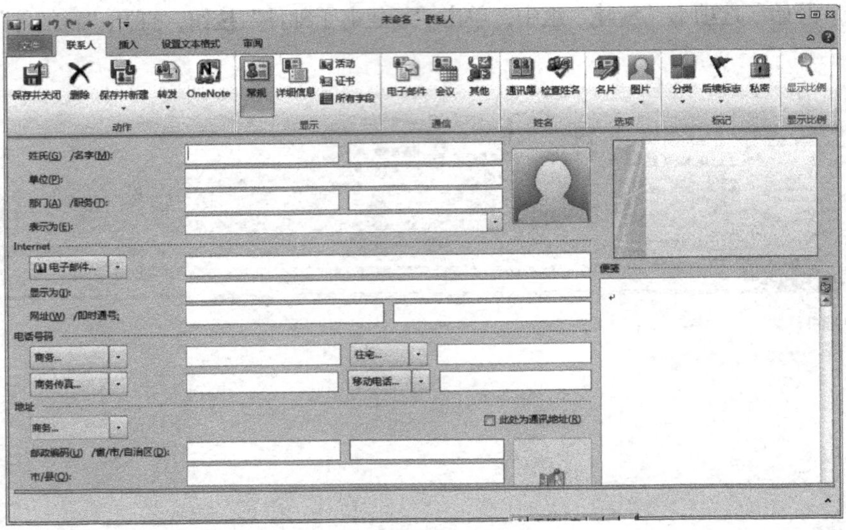

图 6.42 “联系人”

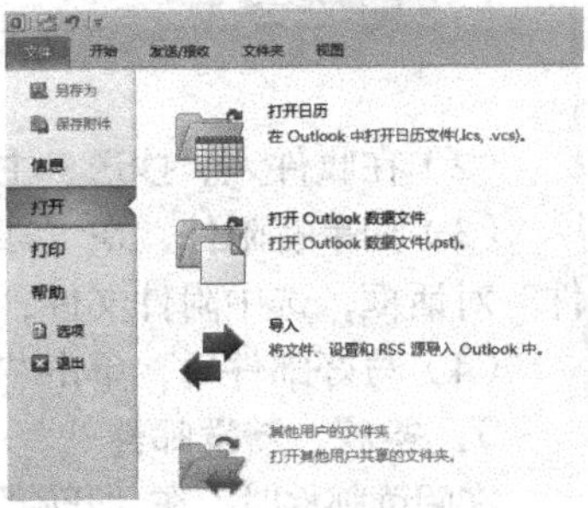

图 6.43 “打开”选项

如果需要导入或导出联系人，单击“文件”选项卡弹出下拉列表选择“打开”选项，如图 6.43 所示。

通过右侧的栏目可以打开 Outlook 数据文件，可以导入或导出联系人文件，还可以打开日历文件。

9. 定制约会

Outlook 2010 可以方便高效地安排约会、共享日历可用性和管理工作计划等，定制约会的方法如下。

（1）在“开始”选项卡“新建”组中，单击“新建项目”按钮，弹出下拉列表。

（2）在下拉列表中选择“约会”选项，打开“约会”对话框，如图 6.44 所示。输入约会内容。

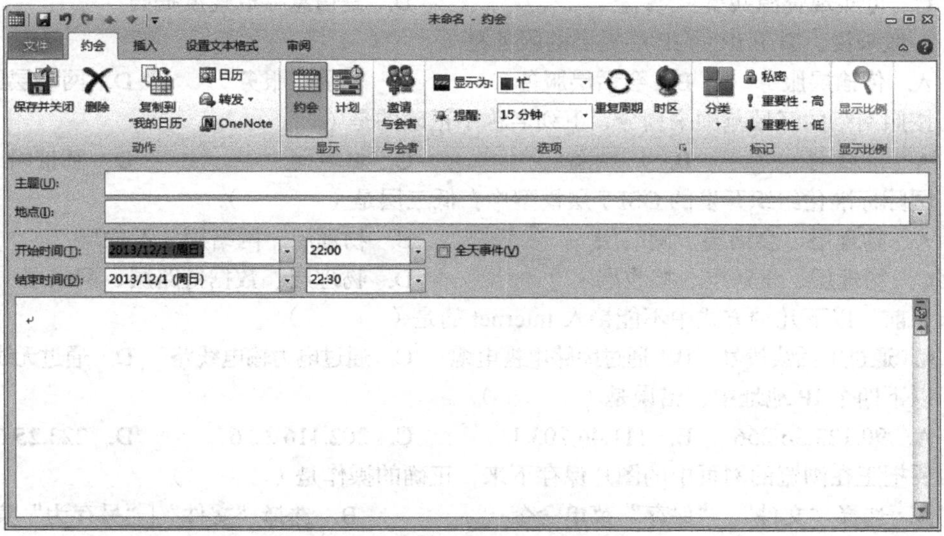

图 6.44 “约会”对话框

（3）在“约会”选项卡“与会者”组中，单击“邀请与会者”按钮，此时出现收件人文本框，选定收件人，如图 6.45 所示。

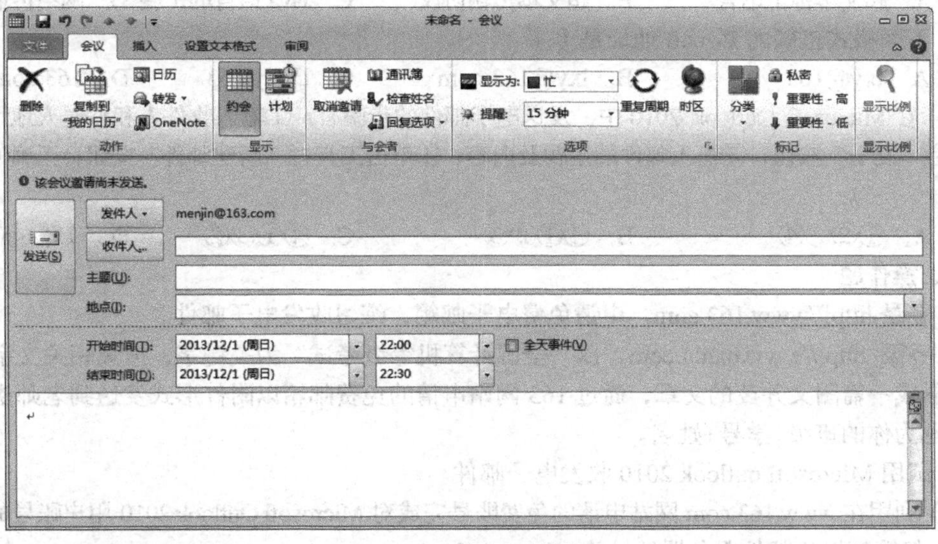

图 6.45 “约会”对话框

（4）单击“发送”按钮。就会把约会通知通过邮件发给被邀请人。

课 后 练 习

一、单选题

1. 计算机网络的应用越来越普遍，它的最大好处在于（　　　　）。

A. 节省人力　　B. 存储容量大
C. 可实现资源共享　　D. 是信息存取速度提高

2. 一般来说，TCP/IP 的 IP 层提供的服务是（　　）。
A. 传输层服务　B. 会话层服务　C. 表示层服务　D. 网络层服务

3. 按照网络的区域范围来划分，下列名称不正确的是（　　）。
A. 局域网　B. 广域网　C. 城域网　D. 基带网

4. 国际标准化组织开发的 OSI 7 层模型中，低三层是（　　）。
A. 物理层、会话层、网络层　　B. 物理层、网络层、运输层
C. 物理层、发送层、接收层　　D. 物理层、数据链路层、网络层

5. 目前，以下几种方式中不能接入 Internet 的是（　　）。
A. 通过电话线拨号　B. 通过闭路电视电缆　C. 通过电力输电线路　D. 通过无线电

6. 以下四个 IP 地址中，错误是（　　）。
A. 90.123.36.256　B. 111.46.203.1　C. 202.116.32.6　D. 223.25.67.8

7. 要把正在浏览的网页中的图片保存下来，正确的操作是（　　）。
A. 选择“文件”|“保存”菜单命令　　B. 选择“文件”|“另存为”菜单命令
C. 单击该图片，选择“图片另存为”菜单命令　D. 右击该图片，选择“图片另存为”菜单命令

8. HTML 的含义是（　　）。
A. 超文本标记语言　B. 超文本传输协议　C. Java 语言的扩展　D. 网络传输协议

9. 下面格式正确的 E-mail 地址是（　　）。
A. lxy@163　B. lxy@163.com　C. @lxy.163　D. 163.com@lxy

10. 在 Microsoft Outlook 2010 中，发送电子邮件的步骤有：①输入收件人和抄送人地址；②单击工具栏“发送”按钮；③输入邮件的主题及内容；④单击工具栏“新建邮件”按钮；正确的步骤组合是（　　）。
A. ①②③④　B. ④①②③　C. ④①③②　D. ①③④②

二、操作题

1. 登录 http://www.163.com，申请免费电子邮箱，练习收发电子邮件。

2. 登录 http://www.baidu.com，以“全国计算机等级考试”为关键字，搜集相关文字和图片资料，形成一篇图文并茂的文章，通过 163 网站申请的免费邮箱以附件形式发送到老师指定的邮箱，主题为你的班级+学号+姓名。

3. 试用 Microsoft outlook 2010 收发电子邮件。

（1）利用在 www.163.com 网站申请的免费账号完成对 Microsoft Outlook 2010 用户账号的设置。
163 邮箱的接收邮件服务器地址为：imap.163.com；
发送邮件服务器地址为：smtp.163.com。

（2）发邮件给你的一位朋友，抄送到老师指定的邮箱，并附上一张图片一起发送。

（3）若发送不成功，请仔细检查账户设置是否正确。

4. 申请腾讯 QQ 号码、下载 QQ 软件、使用 QQ 进行交流。

第2部分 实训项目

本部分以若干个实际项目为载体，引导用户通过项目的完成，掌握计算机常用的操作方法和技巧，培养用户进行信息收集、判断、筛选、整理、处理、传输和表达的能力。

项目设计贴近社会、贴近生活、贴近用户，围绕职业能力的形成和工作任务，完成每个项目任务后，请填写项目实训报告，进行自我评价，了解自己的优势和不足。

项目1 计算机基础操作

项目能力目标

1. 掌握计算机的组成。
2. 掌握微型计算机的配置结构。
3. 熟练使用键盘和鼠标等输入设备。

任务1.1 键盘操作

键盘和鼠标是计算机的重要输入设备，数据信息的输入主要是由键盘来完成。

1.1.1 任务描述

（1）开机和关机是使用计算机的第一步，应该养成良好的习惯。

（2）英文输入是计算机的最基本的操作，具体要求英文录入速度不低于35WPM（35个单词/分钟）。

（3）掌握正确的击键姿势和指法，要求可以进行盲打。

1.1.2 方法与步骤

1. 观察计算机的硬件设备
2. 计算机的开机
3. 在桌面上进行鼠标操作的练习

进行鼠标的基本操作：指向、单击、双击、拖动、右击和滚动练习。

把桌面的图标排成一排，然后还原。再排成一列，再还原。

4. 进入金山打字，进行指法练习

单击“开始”菜单，选择“所有程序”|“金山打字”命令，启动金山打字程序，如项目图1.1 所示。

项目图 1.1　金山打字通界面

操作步骤如下。

（1）在金山打字窗口中，单击“打字教程”，进行打字学习。

（2）在金山打字窗口中，单击“英文打字”，进入英文打字练习，如项目图 1.2 所示。

（3）进行键位练习（初级）、键位练习（高级）、单词练习和文章练习。

项目图 1.2　英文打字界面

任务 1.2 汉 字 输 入

汉字输入是计算机处理中文的基础。

1.2.1 任务描述

（1）掌握汉字输入法，具体要求不低于 25WPM。

（2）汉字的快速输入。掌握一种快速汉字输入方法，如五笔输入，要求不低于 30WPM。

1.2.2 任务分析

汉字输入是计算机处理中文的基础，在中文办公时，一定要会快速汉字输入。要求计算机使用人员熟练使用一种汉字输入方法实现汉字录入，并达到一定的录入速度。

1. 汉字输入的方法

通过键盘输入汉字，按其编码的不同可以分为“形码、音码、音形码和数字码”4 类。

音码输入法有微软拼音输入法、全拼输入法和智能 ABC 输入法等几种。

2. 五笔输入

形码输入法的主要代表是五笔输入法。

1.2.3 方法与步骤

1. 打字姿势和打字方法

计算机开机后，就进行汉字录入练习，录入过程中要注意的事项如下。

（1）正确的打字姿势

上臂和肘应靠近身体，下臂和腕略向上倾斜，与键盘保持相同的斜度。手指微曲，轻轻放在与各手指相关的基准键位上，座位的高低应便于手指操作。

用户可对照金山打字通中打字教程里的图像，调整自己的姿势。

（2）正确的打字方法

正确的打字方法是“触觉打字法”，又称“盲打法”。所谓“触觉”，是指打字时敲击各键靠手指的感觉而不是靠眼的视觉。采用触觉打字法，就是做到眼睛看稿件，手指打字，各司其职，通力合作，从而大大提高打字的速度。

2. 进入金山打字，进行中文输入练习

单击“开始”菜单按钮，打开“开始”菜单，选择“所有程序”|“金山打字”命令，启动金山打字程序，如项目图 1.1 所示。

操作步骤如下。

（1）在金山打字窗口中，单击“拼音打字”，进入拼音打字练习，如项目图 1.3 所示。

（2）进行音节练习、词汇练习和文章练习。

（3）在金山打字窗口中，单击“五笔打字”，进入五笔打字练习。

（4）在金山打字窗口中，单击“速度测试”，进入速度测试，测试汉字输入速度。

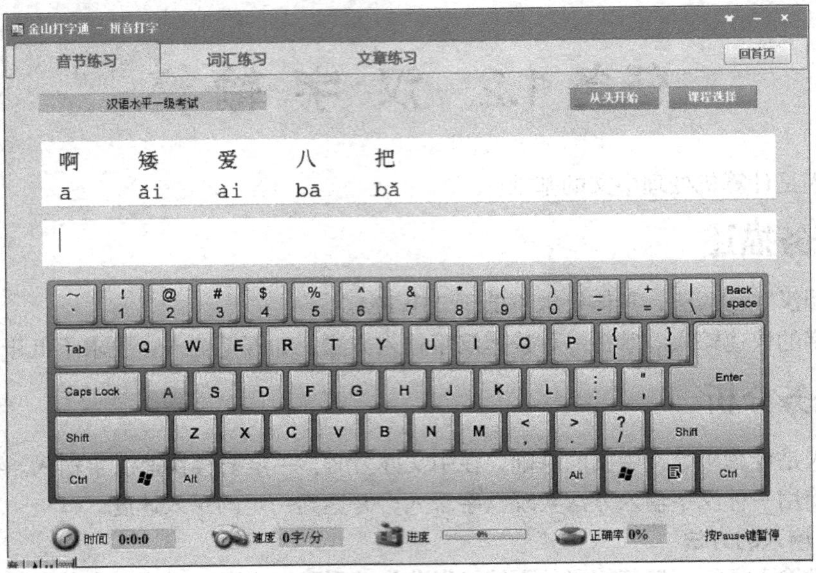

项目图 1.3　拼音打字界面

任务 1.3　杀毒软件的使用

杀毒软件是计算机系统的基本软件，计算机系统必须在杀毒软件的保护下工作。

杀毒软件很多，本任务是学习 360 杀毒软件的使用。360 杀毒是 360 安全中心出品的一款免费的云安全杀毒软件。

1.3.1　任务描述

1. 下载安装杀毒软件

使用杀毒软件，首先要安装软件，可以在 360 杀毒官方网站，下载最新版本的 360 杀毒安装程序。

下载完成后安装即可。

2. 查杀病毒

360 杀毒具有实时病毒防护和手动扫描功能，为您的系统提供全面的安全防护。

实时防护功能在文件被访问时对文件进行扫描，及时拦截活动的病毒。在发现病毒时会通过提示窗口警告用户。

360 杀毒提供了 4 种手动病毒扫描方式：快速扫描、全盘扫描、指定位置扫描及右键扫描。

（1）快速扫描：扫描 Windows 系统目录及 Program Files 目录。

（2）全盘扫描：扫描所有磁盘。

（3）指定位置扫描：扫描您指定的目录。

（4）右键扫描：集成到右键菜单中，当您在文件或文件夹上单击鼠标右键时，可以选择“使用 360 杀毒扫描”对选中文件或文件夹进行扫描。

3. 升级

360 杀毒具有自动升级功能，如果您开启了自动升级功能，360 杀毒会在有升级可用时自动下载并安装升级文件。自动升级完成后会通过气泡窗口提示您。

如果您想手动进行升级，请在 360 杀毒主界面点击“升级”标签，进入升级界面，并单击“检查更新”按钮。

升级程序会连接服务器检查是否有可用更新，如果有的话就会下载并安装升级文件。

升级完成后会提示您：“恭喜您！现在，360 杀毒已经可以查杀最新病毒啦！”。

1.3.2　任务分析

国产的杀毒软件最常见的有 360 杀毒、瑞星、金山毒霸等。

国外的杀毒软件在中国最常用的有卡巴斯基、诺顿、east nod32、小红伞等。

注意安装杀毒软件后还应该安装安全辅助软件，如 360 杀毒搭配 360 安全卫士，金山毒霸搭配金山网盾等。

杀毒软件和防火墙都是计算机安全必备的软件，都必须安装。

1.3.3　方法与步骤

略。

任务 1.4　计算器的使用

计算机附件程序计算器的使用方法与日常生活中的计算器的使用方法一样。

如果规定时间完成任务，可进行补充任务的操作，参见本书配套资源库中的“补充练习”文件夹。

1.4.1　任务描述

1. 通过计算器进行数学计算

（1）计算（91+85+52+14+45-56+45）/8 的值。

（2）计算 28/（4+4）+74*2+20*9+67+39 的值。

（3）计算 1/7 的值。

（4）计算的 $\sqrt{\frac{2}{3}}$ 值。

（5）求 16、17、23、45、38、43、99 的平均值。

2. 通过计算器进行数据转换

$(34.34)_{10}=(\qquad\qquad)_2$

$(52.52)_8=(\qquad\qquad)_2$

$(65FA)_{16}=(\qquad\qquad)_{10}$

$(11000110.10111)_2=(\qquad\qquad)_{10}$

1.4.2　任务分析

Windows 7 的计算器程序分标准型、科学型、程序员和统计信息 4 种类型，分别完成不同的任务。

1.4.3　方法与步骤

略。

项目2 Windows 7的操作

项目能力目标

1. 掌握 Windows 7 的基本操作方法。
2. 会用 Windows 7 提供的附件程序。

任务2.1 Windows 7的基本操作

对 Windows 7 的操作，是使用计算机的基础。

如果规定时间完成任务，可进行补充任务的操作，参见本书配套资源库中的“补充练习”文件夹。

2.1.1 任务描述

1. 编辑个性桌面

进行屏幕显示属性的设置，可以实现对计算机的个性化操作。具体设为：给桌面设置一个背景（例如自选图片），使用“拉伸”方式。设置屏幕分辨率为“1024×768”像素；设置屏幕保护为“三维文字”。

桌面使用 Aero 主题，观察与原有桌面主题的什么区别。

2. 任务栏的设置

具体要求是：设置不锁定任务栏、自动隐藏任务栏，然后还原以前的设置。

3. 用户账户

具体要求是：创建新的用户账户，设置密码，然后使用新账户登录计算机，观察与原用户有什么区别。

4. 窗口的操作

启动“计算机”、“记事本”、“画图”（附件中）等应用程序，对这 3 个程序窗口进行如下操作，层叠、横向平铺和纵向平铺等。

在这三个程序中进行切换，然后移动窗口、最大化、最小化和还原窗口，改变窗口的大小，最后关闭三个程序窗口。

5. 输入法的设置

将智能 ABC 输入法设置为默认的输入法。

6. 创建快捷方式

给附件中的应用程序“画图”创建桌面快捷方式，重命名为“画画”。

7. 显示文件的扩展名

设置在文件显示时，显示文件的扩展名。

8. 附件“画图”的使用

（1）打开“附件”组中的“画图”程序，练习画一幅五星红旗，并以“图片 1.jpg”为文件名保存在 D 盘。

（2）打开“计算机”程序，按下组合键<Alt + Print Screen>，（<Print Screen>键是整个屏幕被复制到剪贴板中）。启动“画图”程序，用“编辑/粘贴”命令将剪贴板上的内容复制到画图中，并以“图片 2.jpg”为文件名保存在 D 盘。

9. 附件“记事本”的使用

打开“附件”组中的“记事本”程序，使用中文输入法，时间半刻钟，录入课本前言内容，要求正确输入中文标点符号，完成后以“中文练习.txt”为文件名保存在 D 盘。

2.1.2 任务分析

本任务主要包括如下操作内容：

（1）计算机桌面、任务栏和开始菜单的设置；

（2）用户账户的管理；

（3）窗口的操作；

（4）菜单的操作；

（5）使用控制面板对计算机进行管理；

（6）附件程序的使用。

2.1.3 方法与步骤

（1）观察计算机的硬件设备；

（2）计算机的开机；

（3）在桌面上进行任务操作的练习。

任务 2.2 文件与文件夹的操作

计算机的所有的软件都是以文件的形式存储在存储设备上，对文件与文件夹的操作是计算机管理的重要部分。

如果规定时间完成任务，可进行补充任务的操作，参见本书配套资源库中的“补充练习”文件夹。

2.2.1 任务描述

1. 新建文件夹

在 D 盘上建立如项目图 2.1 所示的文件夹结构。（注意，图中的 XX 表示你的学号）

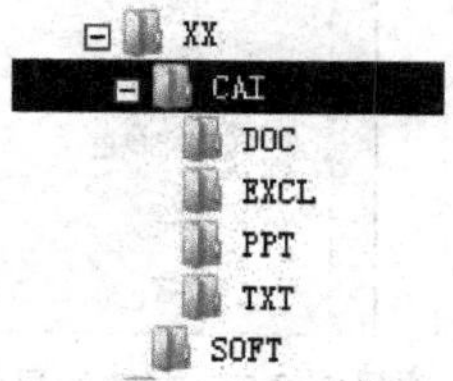

项目图 2.1　目录结构

2. 文件搜索

（1）在 C 盘 Windows 文件夹中搜索不大于 10KB 的 TXT 文件，把其中最大的三个文件复制到刚刚新建的文件夹 XX 里。

（2）在 C 盘中搜索文件主名的第二个、第三个字母是“in”的所有文件，把其中最小的一个文件复制到刚刚新建的文件夹 XX 里。

3. 文件的重命名

把 XX 文件夹里的 3 个文本文件，按大小分别改名为“1.TXT”、“2.TXT”、“3.TXT”。第四个文件的改名为“4.XX”。

4. 文件的移动和复制

（1）将“1.TXT”、“2.TXT”、“3.TXT”三个文件移动到 TXT 文件夹中。

（2）将“4.XX”文件复制到 SOFT 文件中。

5. 文件的属性

（1）改变文件“1.TXT”的属性“隐藏”，使其不显示出来。

（2）改变文件夹“SOFT”的属性只读。

6. 文件的删除

（1）删除文件“2.TXT”。

（2）删除文件夹 SOFT。

7. 回收站的操作

把回收站的文件夹 SOFT 还原，然后清空回收站。

2.2.2 任务分析

文件与文件夹的管理是 Windows 7 中非常重要的操作，文件与文件夹的管理主要包括如下的操作内容：

（1）新建文件与文件夹；

（2）文件与文件夹的重命名；

（3）文件与文件夹的移动或复制；

（4）文件与文件夹的删除；

（5）设置文件的显示方式。

2.2.3 方法与步骤

文件与文件夹的操作都是在“计算机”窗口中进行的。

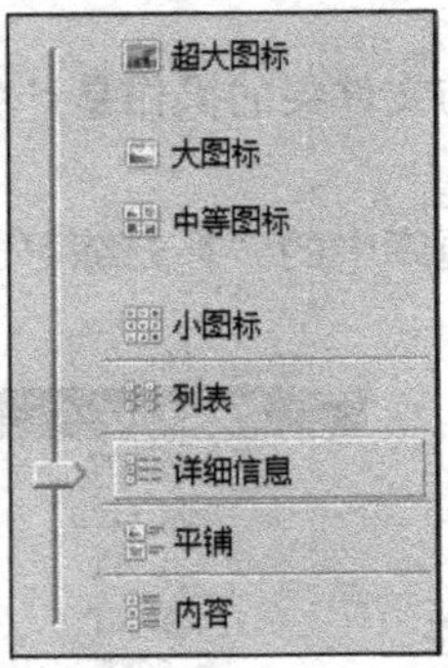

项目图 2.2 文件的显示方式

在“计算机”窗口中，文件的显示方式很重要，使用时选择一种用户喜欢的模式，如项目图 2.2 所示。

（1）打开“计算机”窗口。

（2）设置文件显示方式。

（3）在“计算机”窗口中进行文件或文件夹的操作。

文件与文件夹的管理操作可以有多种方法，可以通过鼠标拖动、键盘组合键和通过程序菜单命令，用户在操作时，可以分别使用各种方法来实现任务。

项目 3 Word 2010 的操作

项目能力目标

1. 熟练掌握 Word 2010 文档编辑的基本操作方法。
2. 熟练掌握 Word 2010 表格的制作方法。
3. 熟练掌握 Word 2010 中长文档的排版技巧。
4. 熟练掌握 Word 2010 文档图形的处理方法。

任务 3.1　Word 2010 的基本操作

文字处理是现代人们工作、生活应该掌握的基本技能，Word 2010 是一款功能强大的文字处理软件，大大提高了使用者的工作效率。

如果规定时间完成任务，可进行补充任务的操作，参见本书配套资源库中的“补充练习”文件夹。

3.1.1　任务描述

1. Word 2010 的启动与退出

打开 Word 2010 录入文章后，以文件名“自荐信.docx”保存在 D 盘。

2. 文字录入及特殊符号的录入

按照“样文 1”的内容录入，样文中的××部分，请用填入合适的内容，注意中文标点符号。

3. 编辑及修改文档

对文章进行如下的操作。

（1）把文章的“真诚的心”改成“赤诚的心”。

（2）把文章中的“我是×××……”这句移动到这段的最前面。

（3）利用查找替换命令把文章中的“你”替换成“您”。

（4）在文章的最后插入日期。

3.1.2　任务分析

文字处理是现代人们办公的基本工具，在日常办公中，各种文档编辑工作占很大的比例，其主要概括为录入文字初稿、进行编辑、表格和图形处理、排版美化、打印等。

（1）Word 2010 的启动与退出；

（2）文字录入及特殊符号的录入；

（3）编辑及修改文档；

（4）文件的保存和打开。

3.1.3 方法与步骤

通过菜单命令插入日期

选择“插入”｜“日期和时间”命令，打开“日期和时间”对话框，如项目图 3.1 所示。在“可用格式”列表选择所需的日期格式，选中“自动更新”，然后单击“确定”按钮。

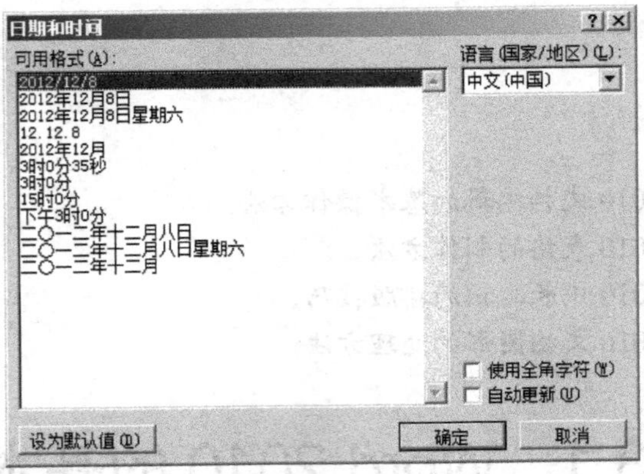

项目图 3.1 “日期和时间”对话框

3.1.4 样文 1

自荐书

尊敬的领导：

你好！

首先衷心感谢你在百忙之中抽出宝贵的时间来阅读我的自荐书。

在面临择业之际，我怀着一颗真诚的心和对事业的执着追求，真诚地推荐自己。我是××××××学院××××届的一名毕业生，所学专业是××。

我热爱××专业，在校期间我刻苦学习专业知识，积极进取，在各方面严格要求自己，并且以社会对人才的需求为导向，使自己向复合型人才的方向发展。在课余时间，我还进行了一些知识储备和技能训练，自学了××等知识，努力使自身适应社会需求。

我性格开朗、自信，为人真诚，善于与人交流，踏实肯干，责任心很强，具有良好的敬业精神，并敢于接受具有挑战性的工作。一个人只有不断地培养自身能力，提高专业素质，拓展内在潜能，才能更好地完善自己、充实自己，更好地服务于社会。不是所有的事情都要靠“聪明”才能完成，成功更青睐于勤奋、执着、脚踏实地的人。

也许在众多的求职者中，我不是最好的，但我可能是最合适的。“自强不息”是我的追求，“脚踏实地”是我做人的原则，我相信我有足够的能力面对今后工作中的各种挑战，真诚希望您能给我一个机会来证明我的实力，我将以优秀的业绩来答谢你的选择！

此致

敬礼！

自荐人：×××

任务 3.2　Word 2010 的排版

3.2.1　任务描述

1. 文档的打开与保存

打开任务 3.1 中的文件名为“自荐信.docx”的文件，完成操作后再保存。

2. 文档排版

按“样文 2”的格式排版、美化文档。

3.2.2　任务分析

1. 字符格式化

第 1 段（标题）字符设置为“黑体、小初，字符间距加宽 20 磅”。

第 2 段字符设置为“幼圆、小二”。

其余各段字符设置为“华文楷体、小四”。

2. 段落格式

第 1 段设置为居中对齐，段前 1 行、段后 1 行。

第 2～8 段设置为两端对齐，段前 1 行、段后 0.5 行，第 3～8 段首行缩进 2 个字符，结尾一段设置为右对齐，段前 2 行。

除第 1 段外其余各段设置为行距固定为 20 磅。

3. 页面设置

文字设置底纹、页面设置外框。

4. 插入脚注

在文档中为学院加入脚注，如“样文 2”所示。

3.2.3　方法与步骤

文档添加边框和底纹是可以美化文档、突出文档的重点。操作时要注意，如果只要给文档的某一页添加边框，其他页不加，方法是在该页的前后插入节。

建立新文档时，Word 2010 将整篇文档视为一节。为了便于对文档进行格式化，可以将文档分割成任意数量的节，然后就可以根据需要分别为每节设置不同的格式。

3.2.4 样文 2

见项目图 3.2。

自 荐 书

尊敬的领导：

您好！

首先衷心感谢您在百忙之中抽出宝贵的时间来阅读我的自荐书。

我是××××××学院[1]××××届的一名毕业生，所学专业是××。在面临择业之际，我怀着一颗赤诚的心和对事业的执着追求，真诚地推荐自己。

我热爱××专业，在校期间我刻苦学习专业知识，积极进取，在各方面严格要求自己，并且以社会对人才的需求为导向，使自己向复合型人才的方向发展。在课余时间，我还进行了一些知识储备和技能训练，自学了××等知识，努力使自身适应社会需求。

我性格开朗、自信，为人真诚，善于与人交流，踏实肯干，责任心很强，具有良好的敬业精神，并敢于接受具有挑战性的工作。一个人只有不断地培养自身能力，提高专业素质，拓展内在潜能，才能更好地完善自己、充实自己，更好地服务于社会。不是所有的事情都要靠“聪明”才能完成，成功更青睐于勤奋、执着、脚踏实地的人。

也许在众多的求职者中，我不是最好的，但我可能是最合适的。“自强不息”是我的追求，“脚踏实地”是我做人的原则，我相信我有足够的能力面对今后工作中的各种挑战，真诚希望您能给我一个机会来证明我的实力，我将以优秀的业绩来答谢您的选择！

此致

敬礼！

自荐人：×××

2012 年 12 月 14 日

[1] 国家示范高职院校

项目图 3.2 样文 2

任务 3.3　Word 2010 的制作

3.3.1　任务描述

新建一个空白文档，在文档中进行如下操作。

1. 制作课程表

按“样文 3”格式制作课程表。

2. 制作流程图

按“样文 3”格式制作流程图。

3. 制作组织结构图

按“样文 3”格式制作组织结构图。

4. 输入数学公式

按“样文 3”格式制作数学公式。

5. 邮件合并

通过邮件合并功能把数据源“数据源. DOC”文件中的数据插入到主文档“主文档. DOC”文件中，形成一个开会通知，保存到学号文件夹中。

3.3.2　任务分析

略。

3.3.3　方法与步骤

在 Word 2010 程序中新建文档，按上面要求进行操作，结果保存为文件名“学号+姓名+任务 3.docx”。

邮件合并操作时，需要使用的素材文件放置在素材库中的项目文件夹内，将合并后的文档保存为文件名“学号+姓名+任务 3 邮件合并.docx”。

3.3.4　样文 3

1. 课程表

见项目表 3.1。

项目 3.1　课程表

<table>
<tr><th colspan="2">星期
时间</th><th>星　期　一</th><th>星　期　二</th><th>星　期　三</th><th>星　期　四</th><th>星　期　五</th></tr>
<tr><td rowspan="4">上
午</td><td>第 1 节</td><td rowspan="2">计算机应用
综合楼 201</td><td></td><td></td><td rowspan="2">大学英语
教学楼 205</td><td></td></tr>
<tr><td>第 2 节</td><td></td><td></td><td></td></tr>
<tr><td>第 3 节</td><td></td><td rowspan="2">计算机应用
综合楼 201</td><td></td><td></td><td rowspan="2">大学英语
教学楼 205</td></tr>
<tr><td>第 4 节</td><td></td><td></td><td></td></tr>
<tr><td rowspan="4">下
午</td><td>第 5 节</td><td rowspan="2">班会
教学楼 102</td><td></td><td rowspan="2">大学体育
体育馆</td><td></td><td></td></tr>
<tr><td>第 6 节</td><td></td><td></td><td></td></tr>
<tr><td>第 7 节</td><td></td><td></td><td></td><td></td><td></td></tr>
<tr><td>第 8 节</td><td></td><td></td><td></td><td></td><td></td></tr>
<tr><td rowspan="2">晚</td><td>第 9 节</td><td></td><td></td><td></td><td></td><td rowspan="2">实训
机房</td></tr>
<tr><td>第 10 节</td><td></td><td></td><td></td><td></td></tr>
</table>

2. 流程图

见项目图 3.3。

3. 组织结构图

见项目图 3.4。

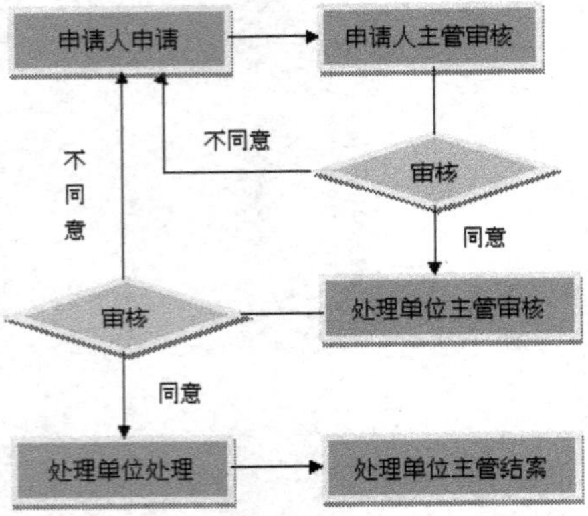

项目图 3.3　流程图

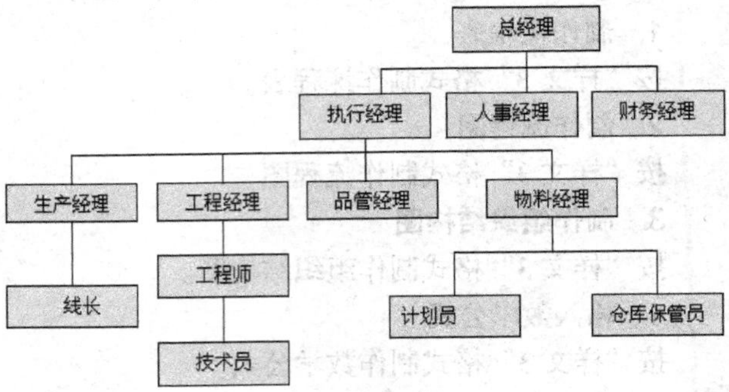

项目图 3.4　组织结构图

4. 数学公式

三角恒等式：$\sin\alpha \pm \sin\beta = 2\sin\frac{1}{2}(\alpha \pm \beta)\cos\frac{1}{2}(\alpha \mp \beta)$

傅里叶级数：$f(x) = a_0 + \sum_{x=1}^{x}\left(a_n \cos\frac{n\pi x}{2} + b_n \sin\frac{n\pi x}{2}\right)$

任务 3.4　Word 2010 的综合操作

本任务是一个 Word 2010 的综合应用，打开文档进行多项编辑、排版操作。

如果规定时间完成任务，可进行补充任务的操作，参见本书配套资源库中的“补充练习”文件夹。

3.4.1　任务描述

打开素材库文件夹内的文档“项目 3 任务 4.docx”，按照样文进行如下操作。

1. 设置文档页面格式

（1）设置页眉和页脚，在页眉左侧录入文本“网络世界”，在右侧插页码“第 1 页”。

（2）设置页边距，上、下各 4.1cm，左、右各 3.25cm，页眉、页脚距边界各为 3.2cm。

2. 设置文档编排格式

（1）将标题设置为艺术字，式样为艺术字库中的第 4 行第 4 列，字体为隶书，文本填充色为红色，文本轮廓线条色为蓝色，文本效果为波形 1，环绕方式为嵌入型。

（2）将正文第 1 段文本字体设置为华文新魏，四号；第 2 段文本字体设置为仿宋，小四，字体颜色为蓝色，加粗；第 3 段文本字体为楷体，颜色为橙色；第 4 段至文章末尾所有段落文本字号为小五。

（3）将正文第 1 段、第 2 段和第 3 段固定行距设置为 18 磅。

（4）为正文第 4 段至第 10 段共 7 段设置项目符号，并设置字体为宋体。

3. 文档插入设置

在“样文4”中所示的位置插入图片，图片为素材库里文件“电脑病毒.JPG”，设置图片缩放为57%，环绕方式为紧密型。

4. 文档的整理、修改和保护

保护文档的“修订”，设置密码为123。

3.4.2 任务分析

本任务主要概括为文档的页面设置，文档的字符、段落设置，图片设置和文档保护等。

3.4.3 方法与步骤

略。

3.4.4 样文4

见项目图3.5。

网络世界　　第1页

怎样预防电脑病毒

电脑病毒有许多种类，大体上可分为源码病毒、外壳病毒、操作系统病毒等几类，例如，大麻病毒就是一种操作系统病毒。

电脑病毒能够像生物病毒一样，在许多电脑之间传播，危害极大。电脑可以通过软件盘、网络传播，使电脑“生病”。

当电脑出现异常现象时，我们应先确认它是否有病毒。如果系统不认硬盘，应从软盘启动，然后再利用杀毒软件来检查并清除病毒。病毒对电脑系统造成的破坏是很大的，而且被破坏的部分是很难恢复甚至是不可恢复的；一些电脑病毒隐蔽性较强不易被发现，还有一部分病毒即使被发现也不易被清除；而且一些新的病毒又不断出现。因此，我们必须通过严密的措施防止电脑病毒的侵入，具体措施如下：

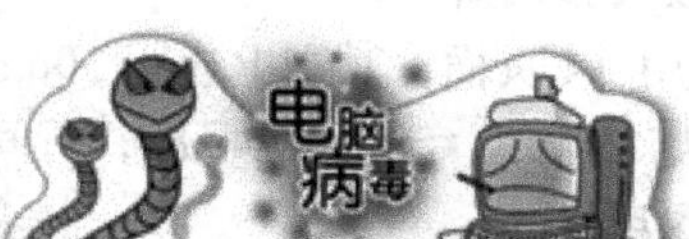

1. 要防止“病从口入”，在使用任何磁盘时都要事先用杀病毒软件检查是否带毒。
2. 安装防病毒卡。
3. 严禁任何人员使用其他外来拷贝盘，不使用盗版软件，特别是不得用盗版软件盘玩电脑游戏。
4. 对于系统文件，如DOS各种文件，以及所有需要保护的数据文件，如自己录入好的文章等都要作好备份以进行保存。
5. 将有关文件和数据加密保护，在需要时再对其进行解密。
6. 对一些文件和子目录进行加密，或将其属性改为只读或隐含。
7. 电脑系统感染病毒后，可利用一定的防毒硬件和软件进行清除。

硬件清除法是通过硬件方式来实现杀毒的。对于非电脑专业人员该方法是一种较好的选择。我国的反病毒产品主要是以反病毒卡为代表的辅助硬件产品。如华能反病毒卡、智能病毒防护卡和瑞星防病毒卡等。

软件清除法是利用一定的杀毒软件清除程序中存留的有害的病毒程序。例如金山公司的金山毒霸，江民公司的KV3000等都是很好的杀毒软件。

项目图3.5　样文4

任务 3.5 Word 2010 的高级操作

本任务是学生期间最重要工作之一，对毕业论文进行编辑和排版操作。

如果规定时间完成任务，可进行补充任务的操作，参见本书配套资源库中的“补充练习”文件夹。

3.5.1 任务描述

打开素材库中项目文件夹内的文档“毕业论文.docx”进行如下的操作。完成后另存为文件名“学号+姓名+任务 5.docx”。

1. 设置文档字符格式

（1）标题设置为三号、黑体、加粗和居中。

（2）摘要设置为四号、黑体、居中；摘要内容设置为小四号、宋体。

（3）关键词设置为小四号、黑体；关键词内容设置为小四号、宋体。

（4）目录设置为四号、黑体、居中；一级纲目（章）四号、黑体；二级纲目（节）小四、黑体；三级纲目（小节）小四、楷体。

（5）正文设置为小四号、宋体；一级纲目四号、黑体；二级纲目小四、黑体；三级纲目小四、楷体。

（6）致谢设置为四号、黑体和居中；内容设置为小四号、宋体。

（7）参考文献四个字设置为四号、黑体和居中；文献内容设置为小四号、宋体。

2. 设置文档段落格式（通过样式）

（1）一级纲目 1 设置段前段后 0.5 行，单倍行距。

（2）二级纲目 1.1 设置段前段后 8 磅，单倍行距。

（3）三级纲目 1.1.1 设置段前段后 0 磅，1.5 倍行距。

3. 设置页面设置

纸张使用 A4 页面，其中上边距 30mm、下边距 30mm、左边距 30mm、右边距 20mm、页眉 15mm、页脚 15mm。字间距为标准，行间距为固定值 22 磅。

4. 设置目录

利用三级目录样式生成毕业论文目录，目录中内有“一级纲目”、“二级纲目”和“三级纲目”。

5. 添加页眉和页脚

添加页眉为论文题目，页脚为页码。

6. 设置文档属性

设置文档属性标题为论文题目，作者为自己的学号+姓名，单位为自己所在的班级。

3.5.2 任务分析

毕业论文不仅文档长，而且格式多，处理起来比普通文档要复杂得多。毕业论文主要组成部分如下。

1. 题目

应简洁、明确、有概括性，字数不宜超过 20 个字（不同院校可能要求不同）。

2. 摘要

要有高度的概括力，语言精练、明确，中文摘要约 100～200 字（不同院校可能要求不同）。

3. 关键词

从论文标题或正文中挑选 3～5 个（不同院校可能要求不同）最能表达主要内容的词作为关键词。

4. 目录

论文要有目录，标明页码。

5. 正文

专科毕业论文正文字数一般应在 3000 字以上（不同院校可能要求不同），本科要求 5000 字以上。毕业论文正文包括前言、本论和结论 3 个部分。

（1）前言（引言）。前言是论文的开头部分，主要说明论文写作的目的、现实意义、对所研究问题的认识，并提出论文的中心论点等。前言要写得简明扼要，篇幅不要太长。

（2）本论。本论是毕业论文的主体，包括研究内容与方法、实验材料、实验结果与分析（讨论）等。在本部分要运用各方面的研究方法和实验结果，分析问题，论证观点，尽量反映出自己的科研能力和学术水平。

（3）结论。结论是毕业论文的收尾部分，是围绕本论所作的结束语。其基本的要点就是总结全文，加深题意。

6. 谢辞

简述自己通过做毕业论文的体会，并应对指导教师和协助完成论文的有关人员表示谢意。

7. 参考文献

毕业论文末尾要列出在论文中参考过的专著、论文及其他资料，所列参考文献应按文中参考或引证的先后顺序排列。

3.5.3 方法与步骤

略。

项目4 Excel 2010的操作

项目能力目标

1. 掌握 Excel 2010 的基本功能和基本操作方法。
2. 熟练掌握工作表的建立和格式编辑操作，运用公式与函数对数据进行计算和统计的方法。
3. 熟练掌握图表的操作方法。
4. 掌握排序、筛选、分类汇总和数据透视表等操作方法。

任务 4.1 Excel 2010 的基本操作

本任务是完成 Excel 2010 的工作表建立、录入、编辑、排版及函数建立等操作。

如果规定时间完成任务，可进行补充任务的操作，参见本书配套资源库中的“补充练习”文件夹。

4.1.1 任务描述

打开素材库文件夹内的文档“项目 4 任务 1.xlsx”，如项目图 4.1 所示。

	A	B	C	D	E	F	G	H	I	J
1	学生成绩表									
2	学号	姓名	性别	数学	英语	语文	计算机	总分	平均分	评定等级
3	GM2011001	包星	男	73	70	50	88			
4		陈刚	男	93	61	59	75			
5		陈敏	女	69	56	78	86			
6		代新杰	男	45	68	63	60			
7		董华	女	53	74	78	62			
8		王刚毅	男	81	53	90	75			
9		郭星	男	83	65	71	59			
10		王林	男	75	40	58	53			
11		国亚军	男	59	79	90	88			
12		张楠	男	61	48	76	87			
13		李伟	男	78	68	85	69			
14		李肇东	男	84	76	88	75			
15		黄欣	女	60	58	84	70			
16		霍伟伟	男	75	66	94	59			
17										
18		男生人数＝								
19		女生人数＝								
20		总人数＝								
21		合格人数＝								
22		合格率＝								

项目图 4.1　数据表

进行如下的操作。

1. 表格的环境设置与修改

（1）在 Sheet1 工作表标题行下插入一个空行，将表格中的“数学”和“计算机”两列对调。

（2）将标题行的行高设为 25，将插入空行的行高设为 6，将标题单元格名称定义为“成绩表”。

（3）给 Sheet1 工作表重命名为学生成绩表。

2. 表格格式的编排和修改

（1）将 Sheet1 工作表表格的标题行 A1：J1 区域设置为：合并居中、垂直居中，字体为隶书，加粗，25 磅；填充颜色为：白色，背景 1，深色 25%。

（2）为 A3：A17 单元格区域添加浅绿色底纹。

（3）将表格中的 4 门课程成绩不及格的单元格字体设为红色，黄色底纹。

（4）为表格 A3：I17 单元格区域添加边框：外框双细线、内框单细线。

3. 数据的管理与分析

（1）在 A4：A17 区域自动填充，产生 GM2001002～GM2011014。

（2）用函数计算各位学生的总分和平均分，平均分一列中小数点位数 2 位。

（3）使用 IF 函数计算分学生的评定等级，如果“平均分”大于等于 60 为“合格”，否则为“不合格”。

4. 数据库统计

（1）统计男生人数、女生人数和总人数。

（2）统计合格人数和合格率等。

完成后另存为文件“学号+姓名+任务 1.xlsx”。

4.1.2　任务分析

本任务主要是在电子表格 Excel 2010 软件的中，对表格数据录入、编辑、排版及函数等操作应用。

4.1.3　方法与步骤

在统计男生人数是要使用 COUNTIF 函数，是要计算某个区域满足条件的单元格数目,如项目图 4.2 所示。

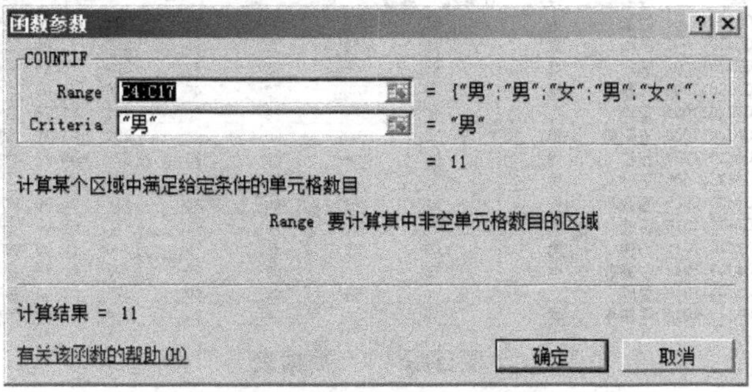

项目图 4.2　“函数参数”对话框

4.1.4　样文 5

完成后，结果如项目图 4.3 所示。

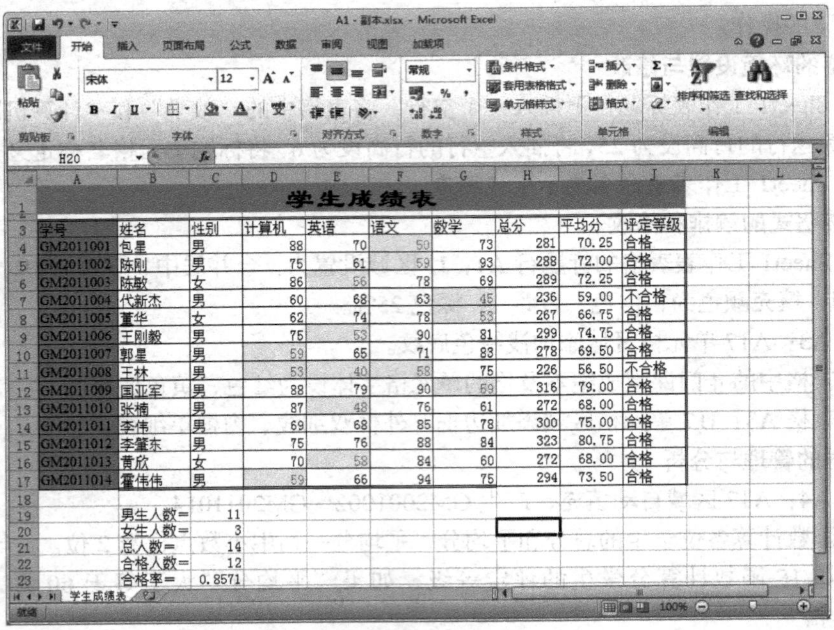

学号	姓名	性别	计算机	英语	语文	数学	总分	平均分	评定等级
GM2011001	包星	男	88	70	50	73	281	70.25	合格
GM2011002	陈刚	男	75	61	59	93	288	72.00	合格
GM2011003	陈敏	女	86	56	78	69	289	72.25	合格
GM2011004	代新杰	男	60	68	63	45	236	59.00	不合格
GM2011005	董华	女	62	74	78	53	267	66.75	合格
GM2011006	王刚毅	男	75	53	90	81	299	74.75	合格
GM2011007	郭星	男	59	65	71	83	278	69.50	合格
GM2011008	王林	男	53	40	58	75	226	56.50	不合格
GM2011009	国亚军	男	88	79	90	59	316	79.00	合格
GM2011010	张楠	男	87	48	76	61	272	68.00	合格
GM2011011	李伟	男	69	68	85	78	300	75.00	合格
GM2011012	李鳘东	男	75	76	88	84	323	80.75	合格
GM2011013	黄欣	女	70	58	84	60	272	68.00	合格
GM2011014	霍伟伟	男	59	66	94	75	294	73.50	合格

男生人数=	11
女生人数=	3
总人数=	14
合格人数=	12
合格率=	0.8571

项目图 4.3　操作结果

任务 4.2　Excel 2010 的综合操作

本任务是对 Excel 2010 的工作表进行筛选、排序、分类汇总等综合操作。

如果规定时间完成任务，可进行补充任务的操作，参见本书配套资源库中的“补充练习”文件夹。

4.2.1　任务描述

打开素材库文件夹内的文档“项目 4 任务 2.xlsx”，如项目图 4.4 所示。

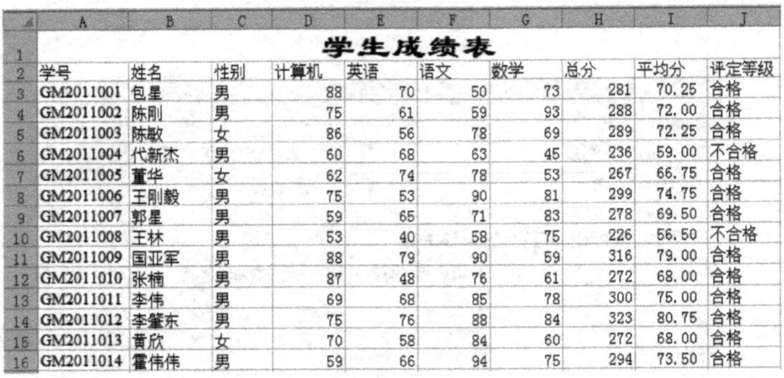

学生成绩表

学号	姓名	性别	计算机	英语	语文	数学	总分	平均分	评定等级
GM2011001	包星	男	88	70	50	73	281	70.25	合格
GM2011002	陈刚	男	75	61	59	93	288	72.00	合格
GM2011003	陈敏	女	86	56	78	69	289	72.25	合格
GM2011004	代新杰	男	60	68	63	45	236	59.00	不合格
GM2011005	董华	女	62	74	78	53	267	66.75	合格
GM2011006	王刚毅	男	75	53	90	81	299	74.75	合格
GM2011007	郭星	男	59	65	71	83	278	69.50	合格
GM2011008	王林	男	53	40	58	75	226	56.50	不合格
GM2011009	国亚军	男	88	79	90	59	316	79.00	合格
GM2011010	张楠	男	87	48	76	61	272	68.00	合格
GM2011011	李伟	男	69	68	85	78	300	75.00	合格
GM2011012	李鳘东	男	75	76	88	84	323	80.75	合格
GM2011013	黄欣	女	70	58	84	60	272	68.00	合格
GM2011014	霍伟伟	男	59	66	94	75	294	73.50	合格

项目图 4.4　数据表

进行如下的操作。

1. 自动筛选

在“自动筛选”工作表中进行自动筛选，筛选出性别是男、平均分在 70～80（包括 70 和 80 分）之间的所有记录。

2. 高级筛选

在“高级筛选”工作表中进行高级筛选，要求以单元格 K8 为条件区域的左上角，筛选出性别是男，或者平均分在 70～80（包括 70 和 80 分）之间的所有记录，将筛选结果放在 A20 开始的区域中。

3. 排序

（1）在“排序 1”工作表中进行排序操作，具体要求是以“平均分”为主要关键字，以“数学”为将次要关键字，以递减顺序进行排序。

（2）在“排序 2”工作表中单元格 J4 到 J16 中，通过排序函数，填充名次。

4. 分类汇总

在“汇总”工作表中进行数据分类汇总，求出以性别为关键字，对计算机和总分进行平均值汇总，汇总结果显示在数据在下方。

完成后另存为文件“学号+姓名+任务 2.xlsx”。

4.2.2　任务分析

略。

4.2.3　方法与步骤

Excel 2010 中对数据操作时要用到的条件区域，条件是筛选出性别是男，或者平均分在 70～80（包括 70 和 80 分）分，条件区域如项目图 4.5 所示。

条件是筛选出性别是男的，且平均分在 70～80（包括 70 和 80 分）。条件区域如项目图 4.6 所示。

分类汇总是一定要对关键字进行排序后，才能进行分类汇总。

排序函数的使用方法介绍如下。

RANK.EQ 是 Excel 2010 中的一个最常用的统计函数，是求某一个数值在某一区域内的排名，如项目图 4.7 所示。

性别	平均分	平均分
男		
	>=70	<=80

项目图 4.5　条件区域（一）

性别	平均分	平均分
男	>=70	<=80

项目图 4.6　条件区域（二）

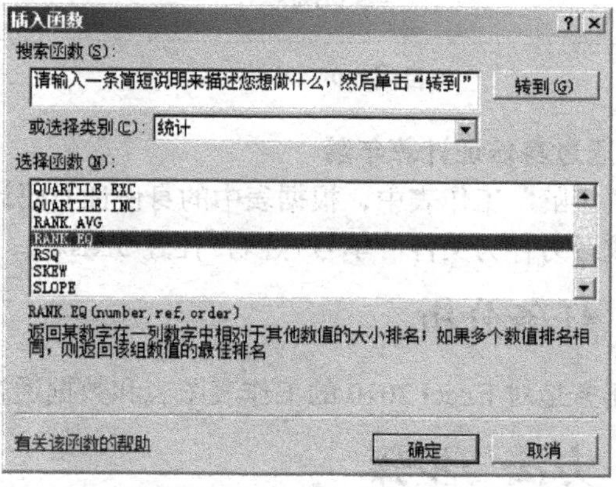

项目图 4.7　插入函数对话框

排序函数在使用时，要注意在函数的参数中单元格地址的相对引用和绝对引用。

任务 4.3　Excel 2010 的高级操作

本任务是对 Excel 2010 的工作表进行图表和数据透视图等进行综合操作。

如果规定时间完成任务，可进行补充任务的操作，参见本书配套资源库中的“补充练习”文件夹。

4.3.1 任务描述

打开素材库文件夹内的文档“项目 4 任务 3.xlsx”，如项目图 4.8 所示。

	A	B	C	D	E
1	部门	一季度	二季度	三季度	四季度
2	文具部	3.53	2.91	2.22	2.25
3	电器部	8.89	8.65	7.55	10.25
4	服装部	7.07	6.80	5.88	9.33
5	食品部	13.45	11.32	12.87	14.23

项目图 4.8 数据表

进行如下的操作。

1. 图表

在“图表”工作表中，根据表中数据创建图表。具体要求：生成图表的区域是 A1：E5，生成三维堆积条形图、数据系列在列、图表标题为“部门销售表”、不显示图例、其他设置如项目图 4.9 所示。

2. 数据透视表

在“透视表”工作表中，根据表中数据创建数据透视表，要求以“职业”为行字段，以“性别”为列字段，以“年龄”为平均值为汇总数据项，汇总列中的数据保留小数点后 1 位。将数据透视表放在 A20 开始的区域中，结果如项目图 4.10 所示。

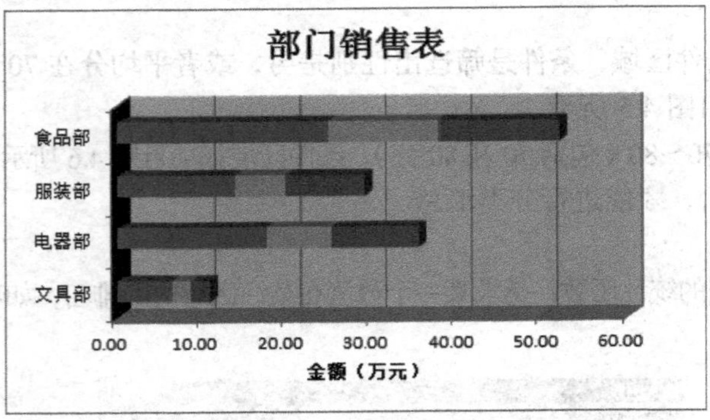

项目图 4.9 图表

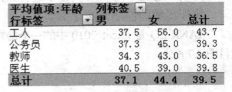

平均值项:年龄	列标签		
行标签	男	女	总计
工人	37.5	56.0	43.7
公务员	37.3	45.0	39.3
教师	34.3	43.0	36.5
医生	40.5	39.0	39.8
总计	37.1	44.4	39.5

项目图 4.10 数据透视表

3. 通过身份证计算年龄

在“年龄”工作表中，根据表中的身份证号码计算出出生日期和年龄，填写在对应的位置。完成后另存为文件“学号+姓名+任务 3.xlsx”。

4.3.2 任务分析

本任务是对 Excel 2010 的工作表图表和数据透视图等进行综合应用。

4.3.3 方法与步骤

公民身份证号码按照 GB11643—1999《公民身份证号码》国家标准编制，由 18 位数字组成：前 6 位为行政区划分代码，第 7 位至 14 位为出生日期码，第 15 位至 17 位为顺序码，第 18 位为校验码。

通过身份证计算出生年龄使用函数为=DATE(MID(E3,7,4),MID(E3,11,2),MID(E3,13,2))。其中 E3 单元格存放的是身份证号码。

项目5 PowerPoint 2010 的操作

项目能力目标

1. 掌握演示文稿的创建、编辑等基本操作方法。
2. 掌握幻灯片的修饰和美化方法。
3. 掌握幻灯片的动画效果和放映方法。

任务 5.1 PowerPoint 2010 的基本操作

本任务是在 PowerPoint 2010 中，对幻灯片进行设计和编辑等操作。

如果规定时间完成任务，可进行补充任务的操作，参见本书配套资源库中的“补充练习”文件夹。

5.1.1 任务描述

打开素材库中文件夹内的文档“黄山风景.pptx”，进行如下操作。

1. 设置演示文稿页面格式

（1）将第 1 张幻灯片中的标题设置为黑体、加粗、字号 72、绿色。

（2）在幻灯片的母版上使用“波形”主题，将整个演示文稿的标题文本样式设置为华文行楷、字号为 48、红色。

2. 演示文稿的插入设置

（1）在第 1 张幻灯片中插入声音文件“声音 1.MID”（在素材库中文件夹内），设置跨幻灯片播放、循环播放。

（2）在第 4 张幻灯片后插入一张新的幻灯片，使用“标题和内容”版式，标题输入内容为“远方的家介绍黄山”，内容选择插入媒体剪辑。插入素材视频文件“视频 1.WMV”，在单击后播放。

（3）第 5 张幻灯片中单独设置主题为沉稳，如项目图 5.1 所示。

3. 设置幻灯片的放映

（1）设置所有幻灯片的切换效果为垂直百叶窗，持续时间为 3 秒，爆炸声音，单击鼠标换页。

（2）设置第 1 张幻灯片标题的动画效果为飞入，单击鼠标启动动画效果。

（3）设置“黄山四绝（1）”和“黄山四绝（2）”标题的动画效果为从右侧飞入，单击鼠标启动动画效果。

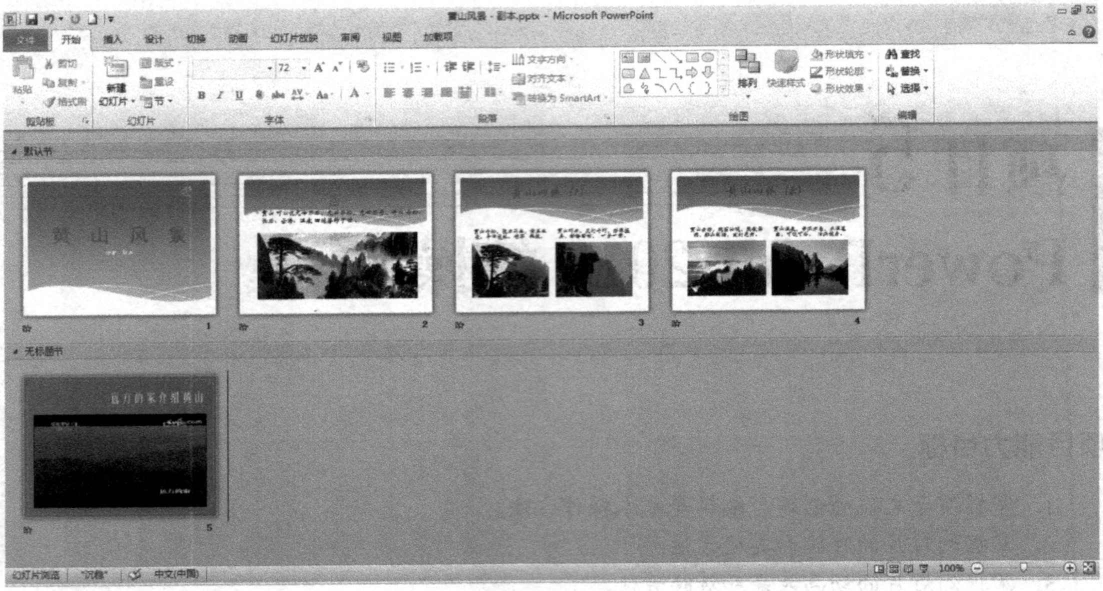

项目图 5.1　幻灯片

（4）设置“黄山四绝（1）”和“黄山四绝（2）”幻灯片中 4 张图片的动画效果为螺旋，单击鼠标启动动画效果。

完成后另存为文件“学号+姓名+任务 1.pptx”。

5.1.2　任务分析

本任务是通过对 PowerPoint 2010 程序的使用，达到的目标是掌握演示文稿的创建、编辑等基本操作、掌握幻灯片的修饰和美化、掌握幻灯片的动画效果和放映方法。

5.1.3　方法与步骤

略。

任务 5.2　PowerPoint 2010 综合操作

本任务要求用 PowerPoint 2010 制作一个具有专业水准的演示文稿。

如果规定时间完成任务，可进行补充任务的操作，参见本书配套资源库中的“补充练习”文件夹。

5.2.1　任务描述

在 PowerPoint 2010 程序中制作一份自我推荐的演示文稿，具体要求进行如下。

1. 内容要求

内容包括基本信息、学习现状、兴趣爱好、优点展示、不足自省、远大理想等，更多内容不限。

2. 格式要求

演示文稿至少包含背景音乐、动画、文本、图片、表格及图表等元素，更多不限。

3. 播放要求

（1）使用幻灯片切换方式设置不同切换形式。

（2）使用排练计时进行播放计时，实现自动播放，

（3）存储为 PowerPoint 放映文件，即*.ppsx 类型的文件。

完成后另存为文件“学号+姓名+任务 3.ppsx”。

注：演示文稿内容要求真实，以制作美观、无误为评分主要依据。

5.2.2 任务分析

本任务是通过对 PowerPoint 2010 程序的综合应用，熟练掌握演示文稿制作技巧，同时展示自己的能力。

5.2.3 方法与步骤

首先根据自我介绍使用的场合选择比较合适的 ppt 模板，比如黑色庄重、绿色活泼等。

然后把要介绍的基本情况、爱好、性格分不同页面设计。字体大小要考虑坐在后排的人能够看见，可以导入一些照片展示自己的爱好，可以通过网上的一些职业测评数据来说明自己的性格特点。还要考虑介绍的时候是不是要自己边放映、边讲解，如果是的话有一些补充的内容可以不设计进去，以达到精简的效果。注意以下几点。

（1）选择别人用得少，而且能够突出你特点的模板，一定要美观。

（2）设计上不要过于复杂，不要把自己的自定义动画做得很花哨。

（3）不要有过多的文字，可以的话可以展示你的一些生活、工作的照片，尽量用轻松活泼的图片、自定义图形、图表等东西来代替你的文字。

（4）少用背景音乐和自定义声音，你的 PPT 是用来帮助你进行自我介绍的，不要喧宾夺主。

项目6 网络操作

项目能力目标

1. 了解计算机网络基础知识。
2. 掌握IE浏览器和搜索引擎的使用。
3. 掌握电子邮件的使用。

任务6.1 IE浏览器和搜索引擎的使用

本任务主要是掌握搜索引擎的使用与检索文献的方法，掌握IE浏览器和邮件的使用。

如果规定时间完成任务，可进行补充任务的操作，参见本书配套资源库中的“补充练习”文件夹。

6.1.1 任务描述

双击桌面图标IE，打开浏览器窗口，进行如下操作。

1. IE浏览器的操作

（1）IE常规设置，设置http://www.baidu.com为启动主页。

（2）设置退出时删除浏览器历史记录。

（3）在地址栏输入http://www.hao123.com/，并将其加到收藏夹。

2. 搜索引擎的操作

打开百度搜索引擎，在搜索栏输入“大学生诚信要求”，打开一个搜索结果网页，进行如下操作。

（1）保存整个网页，文件名为“诚信.htm”。

（2）保存网页中的图片，文件名为“诚信.jpg”。（如果网页没有图片，请换一个搜索结果网页）。

（3）保存网页中的部分文本到Word文档“诚信.docx”中。

6.1.2 任务分析

本任务主要是掌握Internet的应用技巧，通过浏览器浏览网页，搜索引擎搜索用户需要的内容，通过电子邮件进行交流。

6.1.3 方法与步骤

略。

任务6.2 电子邮件的收发

本任务主要是掌握电子邮箱的申请、电子邮件的收发操作。

如果规定时间完成任务，可进行补充任务的操作，参见本书配套资源库中的“补充练习”文件夹。

6.2.1 任务描述

1. 申请免费邮箱

在网站 http://www.163.com/上申请免费电子邮箱，然后进行如下操作。

（1）写新邮箱：收件人对同桌的邮箱（刚申请的），主题为实验，内容为实验，附件为“诚信.docx”。

（2）发送邮件，然后接收对方的邮箱，验证。

2. 利用 Outlook 2010 收发邮件

（1）Outlook 2010 收发邮件设置，POP3 为 POP.163.com；SMTP 为 SMTP.163.com。

（2）写新邮箱：收件人对同桌的邮箱（刚申请的），主题为成功，内容为实验，附件为“诚信.docx”。

（3）发送邮件，然后接收对方的邮箱，验证。

6.2.2 任务分析

本任务主要是要求用户能够通过电子邮件进行交流。

6.2.3 方法与步骤

略。

附录1 项目实训报告模板

________________学院

《____________________》课程

项目实训报告

系部名称：____________

专业名称：____________

班　　级：____________

学生姓名：____________

学生学号：____________

指导教师：______________

实训报告

项目序号：第　　次

<table>
<tr><td>项目名称</td><td colspan="3"></td><td>学时</td><td></td></tr>
<tr><td>课程名称</td><td colspan="2"></td><td>教　　材</td><td colspan="2"></td></tr>
<tr><td>实训地点</td><td colspan="2"></td><td>实训时间</td><td colspan="2"></td></tr>
<tr><td>主要仪器设备</td><td colspan="2"></td><td>同组人员</td><td colspan="2"></td></tr>
<tr><td>实训目的</td><td colspan="5"></td></tr>
<tr><td>实训内容</td><td colspan="5"></td></tr>
<tr><td>实训步骤</td><td colspan="5"></td></tr>
<tr><td>实训总结</td><td colspan="5"></td></tr>
<tr><td rowspan="2">自我评价</td><td>职业能力
（是否达到实训能力要求）</td><td colspan="4"></td></tr>
<tr><td>通用能力
（实训过程表现）</td><td colspan="4"></td></tr>
<tr><td>老师评价</td><td colspan="2"></td><td>实
训
成
绩</td><td colspan="2">报导教师签名：
日期：</td></tr>
</table>

注：每次实训课程写一份报告，实训步骤和总结可以加行，也可以加附页显示结果。

评价使用等级，A、B、C、D 和 E 级分别代表优、良、中、及格和不及格。

附录2 五笔字型键盘字根表

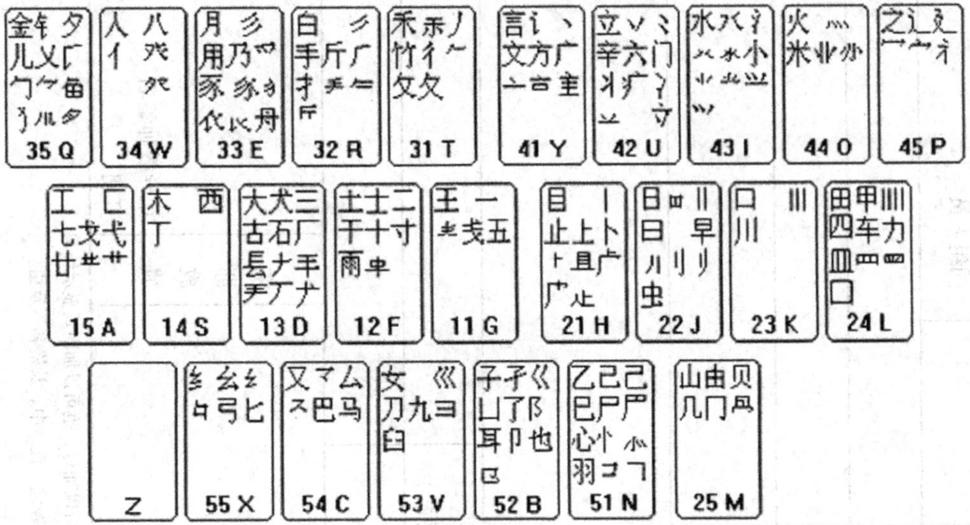

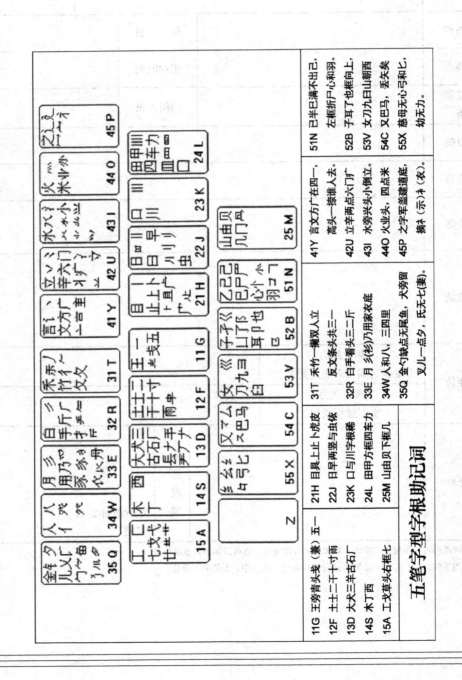

11G 王旁青头戋（兼）五一
12F 土士二干十寸雨
13D 大犬三羊古石厂
14S 木丁西
15A 工戈草头右框七

21H 目具上止卜虎皮
22J 日早两竖与虫依
23K 口与川字根稀
24L 田甲方框四车力
25M 山由贝下框几

31T 禾竹一撇双人立
反文条头共三一
32R 白手看头三二斤
33E 月 彡(衫)乃用家衣底
34W 人和八，三四里
35Q 金勺缺点无尾鱼，犬旁留
叉儿一点夕，氏无七(妻)。

41Y 言文方广在四一，
高头一捺谁人去。
42U 立辛两点六门疒
43I 水旁兴头小倒立。
44O 火业头，四点米
45P 之字军盖建道底，
摘礻(示)衤(衣)。

51N 已半巳满不出己，
左框折尸心和羽。
52B 子耳了也框向上，
53V 女刀九臼山朝西
54C 又巴马，丢矢矣
55X 慈母无心弓和匕，
幼无力。

五笔字型字根助记词

附录3
五笔字型汉字编码流程图

汉字

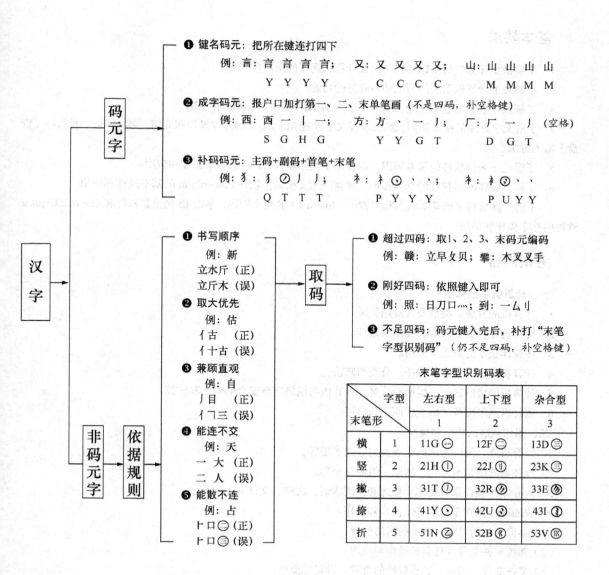

- 码元字
  - ❶ 键名码元：把所在键连打四下
    例：言：言 言 言 言； 又：又 又 又 又； 山：山 山 山 山
    Y Y Y Y C C C C M M M M
  - ❷ 成字码元：报户口加打第一、二、末单笔画（不足四码，补空格键）
    例：西：西 一 丨 一； 方：方 丶 一 丿； 厂：厂 一 丿（空格）
    S G H G Y Y G T D G T
  - ❸ 补码码元：主码+副码+首笔+末笔
    例：犭：犭 (丿) 丿 丿； 礻：礻 (丶) 丶 丶； 衤：衤 (冫) 丶 丶
    Q T T T P Y Y Y P U Y Y
- 非码元字 → 依据规则
  - ❶ 书写顺序
    例：新
    立水斤（正）
    立斤木（误）
  - ❷ 取大优先
    例：估
    亻古（正）
    亻十古（误）
  - ❸ 兼顾直观
    例：自
    丿目（正）
    亻乛三（误）
  - ❹ 能连不交
    例：天
    一 大（正）
    二 人（误）
  - ❺ 能散不连
    例：占
    ⺊口(二)（正）
    ⺊口(三)（误）
  → 取码
  - ❶ 超过四码：取1、2、3、末码元编码
    例：赣：立早夂贝；攀：木乂乂手
  - ❷ 刚好四码：依照键入即可
    例：照：日刀口灬；到：一厶刂
  - ❸ 不足四码：码元键入完后，补打"末笔字型识别码"（仍不足四码，补空格键）

末笔字型识别码表

末笔形 \ 字型		左右型 1	上下型 2	杂合型 3
横	1	11G(一)	12F(二)	13D(三)
竖	2	21H(丨)	22J(刂)	23K(川)
撇	3	31T(丿)	32R(彡)	33E(彡)
捺	4	41Y(丶)	42U(冫)	43I(氵)
折	5	51N(乙)	52B(巜)	53V(巛)

附录4 全国计算机等级考试一级MS Office考试大纲（2013年版）

基本要求

1. 了解微型计算机的基础知识（包括计算机病毒的防治常识）。
2. 了解微型计算机系统的组成和各部分的功能。
3. 了解操作系统的基本功能和作用，掌握Windows的基本操作和应用。
4. 了解文字处理的基本知识，熟练掌握文字处理MS Word的基本操作和应用，熟练掌握一种汉字（键盘）输入方法。
5. 了解电子表格软件的基本知识，掌握电子表格软件Excel的基本操作和应用。
6. 了解多媒体演示软件的基本知识，掌握演示文稿制作软件PowerPoint的基本操作和应用。
7. 了解计算机网络的基本概念和因特网（Internet）的初步知识，掌握IE浏览器软件和Outlook Express软件的基本操作和使用。

考试内容

一、计算机基础知识

1. 计算机的发展、类型及其应用领域。
2. 计算机中数据的表示、存储与处理。
3. 多媒体技术的概念与应用。
4. 计算机病毒的概念、特征、分类与防治。
5. 计算机网络的概念、组成和分类；计算机与网络信息安全的概念和防控。
6. 因特网网络服务的概念、原理和应用。

二、操作系统的功能和使用

1. 计算机软、硬件系统的组成及主要技术指标。
2. 操作系统的基本概念、功能、组成及分类。
3. Windows操作系统的基本概念和常用术语，文件、文件夹、库等。
4. Windows操作系统的基本操作和应用：

（1）桌面外观的设置，基本的网络配置。

（2）熟练掌握资源管理器的操作与应用。

（3）掌握文件、磁盘、显示属性的查看、设置等操作。

（4）中文输入法的安装、删除和选用。

（5）掌握检索文件、查询程序的方法。

（6）了解软、硬件的基本系统工具。

三、文字处理软件的功能和使用

1. Word 的基本概念，Word 的基本功能和运行环境，Word 的启动和退出。

2. 文档的创建、打开、输入、保存等基本操作。

3. 文本的选定、插入与删除、复制与移动、查找与替换等基本编辑技术；多窗口和多文档的编辑。

4. 字体格式设置、段落格式设置、文档页面设置、文档背景设置和文档分栏等基本排版技术。

5. 表格的创建、修改；表格的修饰；表格中数据的输入与编辑；数据的排序和计算。

6. 图形和图片的插入；图形的建立和编辑；文本框、艺术字的使用和编辑。

7. 文档的保护和打印。

四、电子表格软件的功能和使用

1. 电子表格的基本概念和基本功能，Excel 的基本功能、运行环境、启动和退出。

2. 工作簿和工作表的基本概念和基本操作，工作簿和工作表的建立、保存和退出；数据输入和编辑；工作表和单元格的选定、插入、删除、复制、移动；工作表的重命名和工作表窗口的拆分和冻结。

3. 工作表的格式化，包括设置单元格格式、设置列宽和行高、设置条件格式、使用样式、自动套用模式和使用模板等。

4. 单元格绝对地址和相对地址的概念，工作表中公式的输入和复制，常用函数的使用。

5. 图表的建立、编辑和修改以及修饰。

6. 数据清单的概念，数据清单的建立，数据清单内容的排序、筛选、分类汇总，数据合并，数据透视表的建立。

7. 工作表的页面设置、打印预览和打印，工作表中链接的建立。

8. 保护和隐藏工作簿和工作表。

五、PowerPoint 的功能和使用

1. 中文 PowerPoint 的功能、运行环境、启动和退出。

2. 演示文稿的创建、打开、关闭和保存。

3. 演示文稿视图的使用，幻灯片基本操作（版式、插入、移动、复制和删除）。

4. 幻灯片基本制作（文本、图片、艺术字、形状、表格等插入及其格式化）。

5. 演示文稿主题选用与幻灯片背景设置。

6. 演示文稿放映设计（动画设计、放映方式、切换效果）。

7. 演示文稿的打包和打印。

六、因特网（Internet）的初步知识和应用

1. 了解计算机网络的基本概念和因特网的基础知识，主要包括网络硬件和软件，TCP / IP 协议的工作原理，以及网络应用中常见的概念，如域名、IP 地址、DNS 服务等。

2. 能够熟练掌握浏览器、电子邮件的使用和操作。

考试方式

1. 采用无纸化考试，上机操作。考试时间为 90 分钟。

2. 软件环境：Windows 7 操作系统，Microsoft Office 2010 办公软件。

3. 在指定时间内，完成下列各项操作：

（1）选择题（计算机基础知识和网络的基本知识）。（20 分）

（2）Windows 操作系统的使用。（10 分）

（3）Word 操作。（25 分）

（4）Excel 操作。（20 分）

（5）PowerPoint 操作。（15 分）

（6）浏览器（IE）的简单使用和电子邮件收发。（10 分）

附录 5 全国计算机等级考试二级 MS Office 高级应用考试大纲（2013 年版）

基本要求

1. 掌握计算机基础知识及计算机系统组成。
2. 了解信息安全的基本知识，掌握计算机病毒及防治的基本概念。
3. 掌握多媒体技术基本概念和基本应用。
4. 了解计算机网络的基本概念和基本原理，掌握因特网网络服务和应用。
5. 正确采集信息并能在文字处理软件 Word、电子表格软件 Excel、演示文稿制作软件 PowerPoint 中熟练应用。
6. 掌握 Word 的操作技能，并熟练应用编制文档。
7. 掌握 Excel 的操作技能，并熟练应用进行数据计算及分析。
8. 掌握 PowerPoint 的操作技能，并熟练应用制作演示文稿。

考试内容

一、计算机基础知识

1. 计算机的发展、类型及其应用领域。
2. 计算机软硬件系统的组成及主要技术指标。
3. 计算机中数据的表示与存储。
4. 多媒体技术的概念与应用。
5. 计算机病毒的特征、分类与防治。
6. 计算机网络的概念、组成和分类；计算机与网络信息安全的概念和防控。
7. 因特网网络服务的概念、原理和应用。

二、Word 的功能和使用

1. Microsoft Office 应用界面使用和功能设置。
2. Word 的基本功能，文档的创建、编辑、保存、打印和保护等基本操作。
3. 设置字体和段落格式、应用文档样式和主题、调整页面布局等排版操作
4. 文档中表格的制作与编辑。
5. 文档中图形、图像（片）对象的编辑和处理，文本框和文档部件的使用，符号与数学公式的输入与编辑。
6. 文档的分栏、分页和分节操作，文档页眉、页脚的设置，文档内容引用操作。

7. 文档审阅和修订。
8. 利用邮件合并功能批量制作和处理文档。
9. 多窗口和多文档的编辑，文档视图的使用。
10. 分析图文素材，并根据需求提取相关信息引用到 Word 文档中。

三、Excel 的功能和使用

1. Excel 的基本功能，工作簿和工作表的基本操作，工作视图的控制。
2. 工作表数据的输入、编辑和修改。
3. 单元格格式化操作、数据格式的设置。
4. 工作簿和工作表的保护、共享及修订。
5. 单元格的引用、公式和函数的使用。
6. 多个工作表的联动操作。
7. 迷你图和图表的创建、编辑与修饰。
8. 数据的排序、筛选、分类汇总、分组显示和合并计算。
9. 数据透视表和数据透视图的使用。
10. 数据模拟分析和运算。
11. 宏功能的简单使用。
12. 获取外部数据并分析处理。
13. 分析数据素材，并根据需求提取相关信息引用到 Excel 文档中。

四、PowerPoint 的功能和使用

1. PowerPoint 的基本功能和基本操作，演示文稿的视图模式和使用。
2. 演示文稿中幻灯片的主题设置、背景设置、母版制作和使用。
3. 幻灯片中文本、图形、SmartArt、图像（片）、图表、音频、视频、艺术字等对象的编辑和应用。
4. 幻灯片中对象动画、幻灯片切换效果、链接操作等交互设置。
5. 幻灯片放映设置，演示文稿的打包和输出。
6. 分析图文素材，并根据需求提取相关信息引用到 PowerPoint 文档中。

考试方式

采用无纸化考试，上机操作。

考试时间：120 分钟

软件环境：操作系统 Windows 7

办公软件 MicrosoftOffice 2010

在指定时间内，完成下列各项操作：

1. 选择题（计算机基础知识）（20 分）
2. Word 操作（30 分）
3. Excel 操作（30 分）
4. PowerPoint 操作（20 分）

主要参考文献

[1] 陈一明. 2009. 计算机应用基础. 北京：北京邮电大学出版社.

[2] 顾翠芬. 2011. 计算机应用基础. 北京：清华大学出版社.

[3] 郝军启，李振山，郑丹. 2004. Office 2003 中文版培训教程. 北京：清华大学出版社.

[4] 刘创宇，陈长忆，高洁. 2006. 大学计算机应用教程. 北京：清华大学出版社.

[5] 吕晓阳. 2002. 计算机网络应用. 广州：广东科技出版社.

[6] 孟敬. 2011. 计算机网络基础. 北京：北京交通大学出版社.

[7] 孟敬. 2013. 计算机应用基础. 北京：北京交通大学出版社.

[8] 乔桂芳，卢明波. 2005. 计算机文化基础（Windows XP 版）. 北京：清华大学出版社.

[9] 王诚君. 2000. 中文 Excel 2000 培训教程. 北京：清华大学出版社.

[10] 郑德庆. 2005. 大学计算机基础. 广州：暨南大学出版社.

[11] 朱伟忠. 2006. 计算机信息技术基础教程. 北京：清华大学出版社.

配套资料索取说明

购买本书的读者可在 www.ptpedu.com.cm 注册后下载本书配套学习资料。

采用本书授课的老师，可发邮件至 13051901888@163.com 或 menjin@163.com 索取本书配套教学资料。

姓　　名：__________性　　别：________职　　称：___________职　　务：______________

办公电话：__________手　　机：__________________电子邮箱：__________________________

学　　校：____院　　系：__________________________

通信地址：____邮　　编：__________________________

本课程开设学年/学期：__________，原采用_________出版社，_________主编的《________》为本课程教材，__________专业__________个班共__________人使用该教材。

证 明 人：_________办公电话：__________手机：__________电子邮箱：__________